U0306005

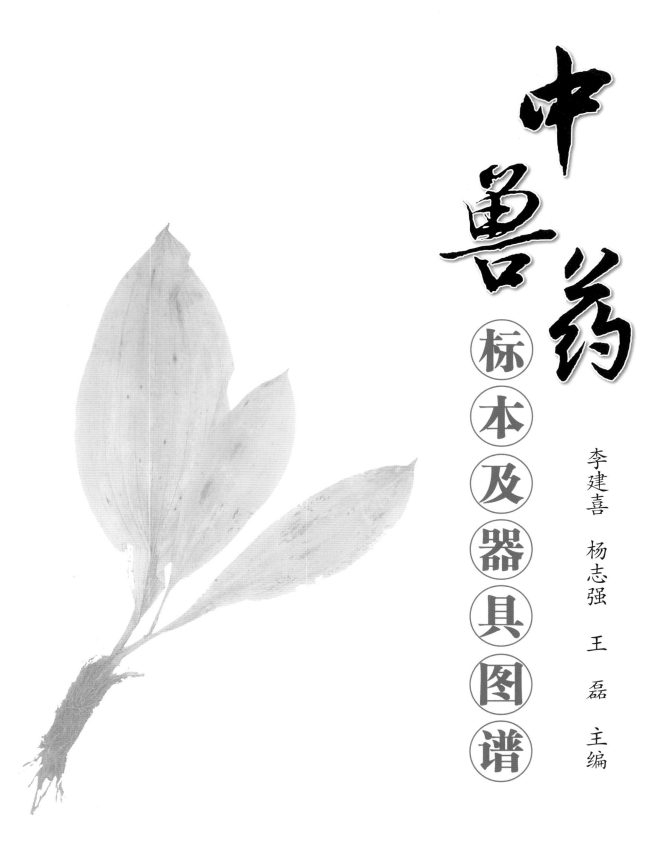

中兽药
标本及器具图谱

李建喜　杨志强　王　磊　主编

中国农业科学技术出版社

图书在版编目（CIP）数据

中兽药标本及器具图谱 / 李建喜，杨志强，王磊主编 . -- 北京：中国农业科学技术出版社，2024.9.

ISBN 978-7-5116-7005-2

Ⅰ . S853.7-64

中国国家版本馆 CIP 数据核字第 2024QM9525 号

责任编辑　闫庆健

责任校对　王　彦

责任印制　姜义伟　王思文

出 版 者　中国农业科学技术出版社

　　　　　北京市中关村南大街 12 号　邮编：100081

电　　话　(010)82106632（编辑室）　　(010)82106624（发行部）

　　　　　(010)82109703（读者服务部）

传　　真　(010)82106632

网　　址　https://castp.caas.cn

经 销 者　各地新华书店

印 刷 者　鸿博睿特（天津）印刷科技有限公司

开　　本　210mm×285mm　　1/16

印　　张　28.75

字　　数　850 千字

版　　次　2024 年 9 月第 1 版　　2024 年 9 月第 1 次印刷

定　　价　360.00 元

《中兽药标本及器具图谱》
编 委 会

主　编： 李建喜　　杨志强　　王　磊

副主编： 王学智　　王贵波　　张　凯

参　编： 王旭荣　　张景艳　　张　康　　李　旭　　闫遵祥

　　　　　张继瑜　　郑继方　　罗超应　　李锦宇　　辛蕊华

　　　　　崔东安　　仇正英　　孔晓军　　孟嘉仁　　罗永江

　　　　　谢家声　　秦　哲　　尚小飞　　曾玉峰　　周　磊

内容提要

　　本书收录了中国农业科学院兰州畜牧与兽药研究所中兽医药陈列馆收藏的 700 多种中兽药标本和 40 多套中兽医常用器具的图片，详细介绍了每一味中兽药的名称、来源、采集加工、药性、功能、主治、方例等内容以及中兽医常用器具的使用方法，以供读者开展中兽医药研究及应用，促进中兽医药学得以更好的传承和发展。

前言

中兽医学是中国传统医学的重要组成部分，是几千年来华夏民族与畜禽疾病抗争的智慧结晶，有着悠久的历史和丰富的临床经验。早期主要用于马、牛、猪、羊等大家畜，近代开始用于犬、猫等小动物。中兽医学是用人文科学思维构建的医哲交融的自然科学理论体系，注重整体的辩证思维，旨在通过调节机体、扶正祛邪，达到防治疾病的目的。中兽医用的药物来自大自然，顺应了高效低毒、绿色环保的世界医学潮流，已逐渐在世界上传播。美国佛罗里达州成立了中兽医学院（Chi Institute），中国、美国、日本以及欧洲等 25 个国家或地区还发起成立了世界中兽医协会（World Association of Traditional Chinese Veterinary Medicine，WATCVM），致力于行业的规范化以及推动中兽医的现代化研究。

中国农业科学院兰州畜牧与兽药研究所（原中国农业科学院中兽医研究所）自 1958 年建所以来，一直致力于中兽医学研究，开展了兽用中药材鉴定、针灸器具开发、中兽药新药创制、中兽医诊疗技术研发与应用等一系列基础和应用研究工作。2013 年，在国家科学技术部基础性工作专项"传统中兽医药资源抢救和整理"（2013FY110600）以及中国农业科学院科技创新工程"中兽医与临床创新团队建设"（CAAS-ASTIP-2015-LIHPS）的资助下，对全国的兽用中药材、针灸器具、古籍著作、诊疗技艺等资源进行搜集和整理，建成"中兽医药陈列馆"。馆内收藏兽用中药标本 2 000 多种，其中蜡叶标本 700 多种、浸制标本 120 多种、药材标本 1 200 多种，中兽医针灸与诊疗器具 500 多件、中兽医药学古籍 200 多本。

为了促进中兽医药学的传承与发展，特将"中兽医药陈列馆"收藏的 700 多种兽用中药标本和中兽医常用器具整理成书，以期为国内外各农业院校师生、农业农村部门管理人员、兽医兽药科研人员和管理工作者以及养殖企业（户）、饲料企业、兽药企业的技术人员提供参考。

由于笔者水平所限，加之时间仓促，书中难免有错误和不妥之处，恳请广大读者批评指正。

此书收录了中国农业科学院兰州畜牧与兽药研究所建所以来制作收藏的绝大部分兽用中药标本、中兽医常用器具，最早的标本源自 1958 年，很多工作人员已无从查起，在此谨向制作、搜集、珍藏这些物品的工作人员表示衷心的感谢！此书在编纂过程中引用了大量的文献资料，由于版面所限，不能一一列出，在此谨向本书所参考原始资料的众多作者、出版者致以衷心的谢意！

编者

2024 年 6 月

目　录

十画

三、矿 物 药

第三章 中兽医常用器具 …… 399

第一章 中兽医学的起源和发展

一、中兽医学的概念

中兽医学（Traditional Chinese Veterinary Medicine）是研究中国传统兽医理、法、方、药及针灸技术，以防治动物（含家畜、家禽、伴侣动物、水产动物、竞技动物以及野生动物）病症和动物保健为主要内容的一门综合性应用学科。经过数千年的临床实践和继承发展，中兽医学逐渐形成以阴阳五行学说为指导思想，以整体观念和辨证论治为特点的理论体系和以四诊、辨证、方药及针灸为主要手段的诊疗方法。中兽医学的主要内容包括基础理论、诊法、中药、方剂、针灸和病证防治等部分。

二、中兽医学的起源和发展

（一）中兽医学的起源——原始社会（远古至公元前 21 世纪）

中兽医学的起源可追溯至原始社会，即人类开始驯养野生动物，将野生动物变家养的时期。考古学发现，我国家畜的饲养约有 1 万年的历史，且已开始把火、石器、骨器等工具用于防治动物疾病，如在内蒙古多伦县头道洼新石器遗址中出土的砭石，经鉴定具有切割脓疡和针刺两种作用。对药物的认识起源于人类的生产劳动和生活实践，《淮南子·修务训》记载："神农……

尝百草之滋味……一日而遇七十毒"。

（二）中兽医学知识的积累和初步发展——夏商周时期（公元前 21 世纪至公元前 476 年）

夏商时期（公元前 21 世纪至公元前 11 世纪）出现"牧竖"（专门从事畜牧业的奴隶）。甲骨文中出现表示猪圈、羊栏、牛棚、马厩、阉割或宫刑的文字，说明当时有了家畜的分栏护养，且出现了阉割术或宫刑。甲骨文中还记载有药酒及病名，如胃肠病、体内寄生虫病、齿病等。河北藁城商代遗址中，出土有郁李仁、桃仁等药物，表明当时对药物也有了进一步的认识。

西周至春秋时期（公元前 11 世纪至公元前 476 年）已有专职兽医出现，且将兽外科病和内科病区分开，家畜去势术已用于猪、马、牛等动物。书籍中还载有对家畜危害大的疾病、兽医专用药等。我国现存最早的兽医针灸专篇《伯乐针经》出自这一时期。

（三）中兽医学知识的不断总结和学术体系的形成及发展——封建社会（公元前 475 年至公元 1840 年）

1. 封建社会前期（公元前475年至公元256年）为中兽医学进一步奠定基础和形成理论体系

的重要阶段。

战国时期（公元前 475 年至公元前 221 年）
出现专职"马医"，家畜疾病的记载多集中于牛病，如"牛疡""马肘溃""马暴死"等。《足臂十一脉灸经》和《阴阳十一脉灸经》据析为最早的针灸经络古籍。公元前 3 世纪《黄帝内经》的问世，奠定了我国医学、中兽医学发展的理论基础，中兽医学形成了以阴阳五行为指导思想，以整体观念和辨证论治为特点的学术体系。

秦汉时期（公元前 221 年至公元 220 年）
颁布了世界上最早的畜牧兽医法规——"厩苑律"（汉更名为"厩律"）。汉代出现了现存最早的药学专著《神农本草经》，人畜通用，有诊疗动物疾病的记载。汉简中记载了兽医方剂，汉代已采用针药结合法治疗动物疾病。张仲景著《伤寒杂病论》，其创立的六经辨证方法及许多方剂，为临床兽医所沿用。

三国时期（公元 220—280 年） 相传名医华佗有关于鸡、猪去势的著述。

2. 封建社会中期（公元 265—1368 年）

中兽医学形成了完整的学术体系，并继续向前发展。

魏晋南北朝时期（公元 220—589 年） 动物疾病治疗技术快速发展，已经达到了较高水平。北魏贾思勰所著《齐民要术》中有畜牧兽医专卷，载有刺法治骚蹄、驴漏蹄、马喉痹等。晋代皇甫谧所著《针灸甲乙经》的出现促进了兽医针灸的形成和发展。梁代出现《伯乐疗马经》。

隋唐时期（公元 581—907 年） 隋代，兽医学分科趋于完善，出现了兽医分科专著，如《治马、牛、驼、骡等经》《治马经》《疗马方》等，但原书散佚。唐代有了兽医教育的开端。唐代李石编著的《司牧安骥集》为我国现存最早的较为完整的一部中兽医学古籍，也是我国最早的一部兽医学教科书，标志着中兽医和兽医针灸学成为具有完整理论体系的独立学科。唐代《新修本草》是我国历史上第一部官修本草，被认为是最早的一部人畜通用的药典，收载药物 844 种。唐代制定了畜牧兽医法。在这一时期，我国少数民族兽医学也有了很大发展。

宋代（公元 960—1279 年） 设置了最早的兽医院，还设有我国最早的尸体剖检机构"皮剥所"和最早的兽医药房"药蜜库"。当时的兽医专著较多，现存王愈所著的《蕃牧纂验方》载方 57 个，并附有针灸疗法。我国少数民族地区已用醇作麻醉剂为马做切肺手术。

元代（公元 1279—1368 年） 元代兽医本草学的代表作当推卞管勾的《痊骥通玄论》，该书论述了马的起卧症，提出了脾胃发病学说。

3. 封建社会后期（公元 1368—1840 年）

为中兽医学在中国古代发展的高峰时期。

明代（公元 1368—1644 年） 喻氏兄弟编

3

著了《元亨疗马集》(附牛驼经),该书理、法、方、药俱备,是国内外流传最广的一部中兽医古籍。明代李时珍编著的《本草纲目》,是中国古代医药学百科全书,为中外医药学的发展作出了杰出的贡献,该书载有专述兽医方面的内容。

4. 鸦片战争以前的清代(公元 1644—1840 年)

中兽医学处于缓慢发展期,这一时期的兽医著作有《串雅外编》《抱犊集》《养耕集》《牛医金鉴》《相牛心镜要览》《牛马捷经》等。

(四)中兽医学的发展——近代(公元 1840—1949 年)

鸦片战争以后,中国沦为半殖民地半封建社会,中兽医学的发展陷入了困境。这一时期的主要著作有《活兽慈舟》《牛经切要》《猪经大全》等。《活兽慈舟》收载了 240 余种马、牛、羊、猪、犬、猫等动物的病证,是我国较早记载犬、猫疾病的书籍。《猪经大全》提出了 48 种猪病疗法,并附有病形图,是我国现存中兽医古籍中唯一的一部猪病学专著。

1904 年,北洋政府建立了北洋马医学堂,兽医学有了中、西兽医学之分。国内的反动统治阶级对中医和中兽医学采取了摧残及扼杀的政策,西兽医学迅速发展,传统兽医学受到严重压迫和歧视,阻碍了中兽医学的发展。

(五)中兽医发展的新阶段——当代(1949 年至今)

1949 年中华人民共和国成立后,因为政府的高度重视和广大兽医工作者的努力,中兽医学进入了蓬勃发展的新阶段。先后设立了中兽医学课程和中兽医学专业,培养了大批专业人才。鼓励对外交流,促进了中兽医学在世界范围内的传播。

目前,中兽医学面临前所未有的机遇和挑战。2016 年 2 月 26 日,国务院印发《中医药发展战略规划纲要(2016—2030 年)》。要点是:坚持中西并重,坚持地位平等;遵循中医药发展规律,以推进"继承 - 创新"为主题,以增进和维护人民群众健康为目标,拓展中医药服务领域,推进中医药事业振兴发展。规划提出到 2020 年,实现"人人享有中医药服务",中医药产业成为国民经济重要支柱之一;2030 年,中医药服务领域实现全覆盖,对经济和社会发展作出更大贡献。2016 年 12 月 25 日,通过了《中华人民共和国中医药法》,2017 年 7 月 1 日正式实施,第一次从法律层面确定中医药地位,这是中医药发展史上具有里程碑式的大事，同时也将对中兽医药事业、畜牧养殖产业和兽药加工业等产生深远的影响。中兽医学源远流长，博大精深。虽然，中兽医在理论、针灸及作用原理、兽医中药及方剂、病症防治等方面取得了新的进展，形成了中兽医理论学、兽医中药学、中兽医方剂学、兽医针灸学、家畜病症防治学等分支学科。但是，中兽医也面临前所未有的挑战，处于人才及教育缺乏、在现代养殖业中的应用难、中兽药制剂开发难等困境，中兽医传承问题亟待解决。

因此，加强人才教育和培养是振兴中兽医，使其焕发青春活力的关键；提高研究水平是21世纪中兽医的必经之路；加快中药质量标准制定和技术监督平台的建设，是中兽医走向国际市场的技术保障；传播中兽医医药知识和推广兽医针灸医术是传承中兽医，弘扬中华优秀传统文化的重要举措。中兽医之继承和未来需要中兽医工作者的共同努力，还要动员多学科的力量，使中兽医学取得更大的成就，为动物的医疗保健、畜牧业的健康发展作出更大的贡献。

第二章 常见中兽药标本

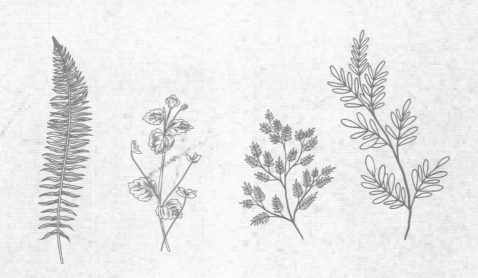

一、植物药

1. 一枝黄花

一 画

【别　　名】白条根，黄花仔，山马兰，一支箭，金锁匙，满山黄，蛇头王，见血飞。

【来　　源】菊科植物一枝黄花 *Solidago decurrens* Lour. 的全草。主产于江苏、浙江、安徽、江西等地。

【采集加工】夏、秋采收，采收后切细晒干。

【药　　性】辛、苦，凉。归肺、肝经。

【功　　能】疏风清热，消肿解毒。

【主　　治】猪、牛喉风症，风热感冒，肠热痢疾，跌打损伤，皮肤湿毒。

【用法用量】马、牛 60 ~ 120g，羊、猪 30 ~ 60g。

【禁　　忌】脾胃虚寒、大便溏薄者慎用。

【方　　例】1. 治牛喉风症方（《农村实用手册》）：鲜金锁匙根（一枝黄花）250g，鲜土牛膝 120g。捣烂取汁，灌入咽喉立效。

2. 治猪风热感冒方（《常见猪病防治》）：一枝黄花、橘皮各 15 ~ 30g。煎水喂服。

3. 治牛刀伤出血方（《兽医中草药临症应用》）：鲜一枝黄花叶 1 把，冷水洗净，捣烂外敷。

2. 丁子香

二 画

【别　　名】丁香，支解香，雄丁香，公丁香，鸡舌香。

【来　　源】桃金娘科植物丁子香 *Syzygium aromaticum*（L.）Merr. et L.M.Perry 的花蕾。主要分布在马来群岛及非洲，我国广东、广西等地有栽培。

【采集加工】9 月至翌年 3 月，花蕾由绿转红时采收，晒干。

【药　　性】微辛，温。归脾、胃、肾经。

【功　　能】温中暖胃，行气降逆。

【主　　治】脘腹冷痛，呃逆，恶心，呕吐。

【用法用量】马、牛 9 ~ 30g，羊、猪 3 ~ 6g。

【禁　　忌】热证及阴虚内热者忌用。

【方　　例】1. 丁香散（《元亨疗马集》）：丁香、茴香、当归、官桂、麻黄、汉防己、玄胡索、川乌、羌活。共为细末，葱白（切细），温酒为引，同煎取汁，草前灌之，治疗马内肾积冷，滞气把腰，及抽肾把胯。

2. 豆蔻引（《圣济总录》）：丁香、肉豆蔻、胡芦巴、小茴香、沉香。主治脾肾虚寒所致慢性结肠炎、肠粘连。

3. 治马气胀病（即风气疝）方（《兽医中草药选》）：丁香、马蹄香（杜衡）、肉桂、草果、车前子、广木香、藁本、芒硝、大黄。共研细末，香油为引，开水调服，治疗马气胀病。

4. 六磨汤加味（《中兽医诊疗》）：丁香、木香、槟榔、乌药、茴香、枳实、大黄、香附、郁李仁、莱菔子。共研细末，开水冲服，治疗牛、马气闭证。

3. 丁香（附药：母丁香）

【别　　名】丁香，丁子香，支解香，鸡舌香，公丁香。

【来　　源】桃金娘科植物丁香 *Eugenia caryophyllata* Thunb. 的干燥花蕾。国外主产于坦桑尼亚、马来西亚、印度尼西亚，我国主产于广东、海南等地。

【采集加工】当花蕾由绿色转红时采摘，晒干。

【药　　性】辛，温。归脾、胃、肺、肾经。

【功　　能】温中降逆，补肾助阳。

【主　　治】胃寒呕吐，肚胀，冷肠腹泻，肾虚阳痿，宫寒。

【用法用量】马、牛 10 ～ 30g，羊、猪 3 ～ 6g，犬、猫 1 ～ 2g，兔、禽 0.3 ～ 0.6g。

【禁　　忌】不宜与郁金同用；热证及阴虚内热者忌用。

【方　　例】1. 丁香散（《牛马病例汇编》）：丁香、木香、小茴香、青皮、陈皮、槟榔、丑牛、麻油、童便。功用温中散寒降逆，治疗马肠胀。

　　　　　　2. 豆蔻引（《圣济总录》）：丁香、肉豆蔻、胡芦巴、小茴香、沉香。功用温肾散寒、行气止痛，主治脾肾虚寒所致慢性结肠炎、肠粘连。

附药：母丁香

母丁香为桃金娘科植物丁香 *Eugenia caryophyllata* Thunb. 的干燥近成熟果实。性味归经、功效主治、用法用量等与公丁香（药用部位：花蕾）相似，但气味较淡，功力较逊。

4. 丁香蓼

【别　　名】丁子蓼，水丁香，银仙草，小石榴树，小石榴叶。

【来　　源】柳叶菜科植物丁香蓼 *Ludwigia prostrata* Roxb. 的全草。主产于江苏、安徽、浙江、江西、福建等地。

【采集加工】夏、秋采集，切段，鲜用或晒干。

【药　　性】苦，凉。

【功　　能】清热解毒，利尿通淋，化瘀止血。

【主　　治】肺热咳嗽，咽喉肿痛，目赤肿痛，湿热泻痢，黄疸，淋症、吐血、便血、尿血等。

【用法用量】马、牛 30 ～ 120g，羊、猪 15 ～ 30g。

【禁　　忌】脾胃虚弱、食少便溏者慎用。

【方　　例】1. 治牛尿道炎、血淋方（《赤脚兽医手册》）：鲜丁香蓼、积雪草、海金沙、爵床各 120g。煎水喂服。

　　　　　　2. 治母牛产后出血方（《赤脚兽医手册》）：丁香蓼、龙芽草、侧柏叶各 90g，血余炭 15g。煎水喂服。

　　　　　　3. 治家畜刀伤出血方（《福建中兽医草药图说》）：鲜丁香蓼适量，石臼捣烂，涂敷患处。

5. 七彩菊

【别　　名】蜡菊，洋菊花，变色菊。

【来　　源】菊科植物七彩菊 *Bracteantha bracteata* 的干燥头状花序。产于西藏。

【采集加工】花盛开时分批采收。

【药　　性】苦，凉。

【功　　能】散风清热，平肝明目。

【主　　治】风热感冒，目赤肿痛，翳膜遮睛。

【用法用量】马、牛 15 ～ 45g，驼 30 ～ 60g，羊、猪 3 ～ 10g，兔、禽 1.5 ～ 3g。

6. 八角枫

【别　　名】异瓜木，白金条（侧根），白龙须（须根）。

【来　　源】八角枫科植物八角枫 *Alangium chinense*（Lour.）Harms 的根或茎叶。主产于河南、陕西、甘肃、西藏南部等地。

【采集加工】根全年可采。挖取侧根直径在 8mm 以下的细根及须根，除去泥沙后晒干。忌水洗，切段，生用。茎叶夏秋季采收，采后晒干或鲜用。

【药　　性】辛、苦，微温，有毒。归肝、肾、心经。

【功　　能】祛风除湿，舒筋活络，散瘀止痛。

【主　　治】风湿痹痛，跌打损伤。

【用法用量】马、牛 15 ～ 30g，羊、猪 9 ～ 15g。

【禁　　忌】内服不宜过量，孕畜忌服，幼畜慎用。

【方　　例】1. 治猪牛风寒湿痹，关节肿痛方：①治猪风湿痹痛：八角枫根 15g，酒酿 120g。煎水调服（《兽医中草药临症应用》）。②治牛风湿痹痛：八角枫、威灵仙、五加皮、扶芳藤、淫羊藿、鬼箭羽、水酒各半煎服（《中兽医手册》）。

2. 治牛脚扭伤方（《江西省中兽医研究所研究资料汇编》）：八角枫、松树根。米酒为引，煎水冲服。

【别　　名】八角连，独脚莲，六角莲，八角金盘。

【来　　源】小檗科植物角莲 *Dysosma pleiantha*（Hance）Woods.
　　　　　　的根状茎及根。主产于浙江、福建、安徽、江西、湖
　　　　　　北等地。

【采集加工】秋、冬采挖，洗净泥沙，晒干或鲜用。

【药　　性】苦、辛，平；有小毒。

【功　　能】清热解毒，化痰散结，祛瘀消肿。

【主　　治】疮疖疔肿，跌打损伤，蛇、虫咬伤。

【用法用量】马、牛 120 ~ 240g，羊、猪 30 ~ 90g。

【禁　　忌】内服不宜过量。

【方　　例】1. 治牛喉黄病方（《中兽医验方汇编》）：八角莲、
　　　　　　金狗胆（金果榄），冰片各少许。共为细末，吹入喉内。
　　　　　　2. 治家畜皮肤肿毒方（《兽医常用中草药》）：鲜八
　　　　　　角莲 1 块，用米醋磨汁，用鸡毛刷敷患处。

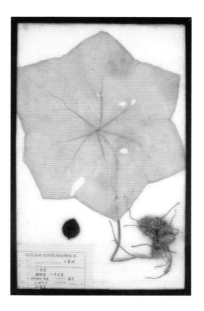

【别　　名】小菖蒲，节菖蒲，鸡爪莲，九节离，穿骨七。

【来　　源】毛茛科植物阿尔泰银莲花 *Anemone altaica* Fisch.ex C.
　　　　　　A. Mey. 的干燥根茎。主产于湖北、河南、陕西、山西
　　　　　　等地。

【采集加工】5—9 月采挖，除去茎叶及须根，洗净，晒干。

【药　　性】辛，温。归心、胃经。

【功　　能】化痰开窍，安神和胃。

【主　　治】神昏，癫痫，寒湿泄泻。

【用法用量】马、牛 15 ~ 30g，驼 25 ~ 45g，羊、猪 5 ~ 10g。
　　　　　　外用适量，煎水洗；或鲜品捣敷；或研末调敷。

【禁　　忌】阴虚阳亢、烦躁汗多、滑精者慎服。

中兽药标本及器具图谱

11

9. 九头狮子草

【别　　名】接长草，土细辛，九头青。

【来　　源】爵床科植物九头狮子草 *Peristrophe japonica* (Thunb.) Bremek. 的全草。主产于河南、安徽、江苏、福建等地。

【采集加工】夏、秋采收。采后晒干。

【药　　性】辛，凉。

【功　　能】发汗解表，清热解毒，定惊。

【主　　治】感冒发热，肺热咳喘，高热惊风，跌打损伤，无名肿毒。

【用法用量】马、牛 30 ~ 60g，羊、猪 15 ~ 30g。

【方　　例】1. 治猪流感方：①九头狮子草 30g。煎汁喂服（《中兽医手册》）。②九头狮子草、一枝黄花、白毛藤各 30g。煎水喂服（《兽医常用中草药》）。

2. 治毒蛇咬伤方：①九头青（九头狮子草）、乌桕叶各 1 握。煎汤喂服，渣敷患处（《牛病诊疗经验汇编》）。②九头狮子草、半边莲、七叶一枝花、红花落新妇、滴水珠、天南星、泽漆各适量，开水调服（《中兽医手册》）。

3. 治家畜痈肿热毒方（《浙江民间兽医草药集》）：九头狮子草、白毛岩蚕、野菊花全草、紫花地丁各 90 ~ 150g。煎水喂服。

10. 了哥王

【别　　名】南岭荛花，地棉皮，山雁皮，雀儿麻，金腰带，贼裤带，造纸皮。

【来　　源】瑞香科植物了哥王 *Wikstroemia indica*（L.）C.A.Mey. 的根茎。主产于广东、海南、广西、福建、湖南、四川等地。

【采集加工】全年均可采挖，切去地上部分，洗净，晒干。

【药　　性】苦，寒，有毒。

【功　　能】破血消肿，利尿通便。

【主　　治】高热发痧，风湿痹痛，跌打损伤，疮黄肿毒，毒蛇咬伤。

【用法用量】马、牛 60 ~ 120g，羊、猪 30 ~ 60g。

【方　　例】1. 治马感冒发热方（《兽医技术革新成果选编》）：了哥王、鬼针草、黑面神、崩大碗、苦瓜叶、山芝麻、山薄荷。煎水喂服。

2. 治牛马跌打损伤方：①贼裤带（了哥王）、骨碎补、土牛膝、红木香、芙蓉根、杉树皮、桃仁。煎水喂服（《浙江民间兽医草药集》）。②金腰带（了哥王）、威灵仙、花椒根、野苎麻各 1 握。和酒糟捣烂，包敷患处（《兽医中草药验方手册》）。

3. 治猪疥癣病方（《福建中兽医草药图说》）：南岭荛花（了哥王）根 90g，洗净捣烂，和桐油 120mL，煎沸后用硫黄 30g 调擦患处。

11. 三白草

【别　　名】水木通，白面姑，百节藕。

【来　　源】三白草科植物三白草 *Saururus chinensis*（Lour.）Baill. 的干燥地上部分。主产于河北、山东、河南等地。

【采集加工】全年采收，洗净，晒干。

【药　　性】甘、辛，寒。归肺、膀胱经。

【功　　能】清热解毒，利尿消肿。

【主　　治】膀胱湿热，小便不利，四肢水肿，疮黄疔毒。

【用法用量】马、牛 60 ～ 120g，羊、猪 15 ～ 30g，犬、猫 2 ～ 5g，兔、禽 1 ～ 3g。外用适量。

【禁　　忌】脾胃虚寒者慎服。

【方　　例】1. 治猪、牛尿淋、尿闭方：①三白草、车前草，煎水喂服（《兽医手册》）。②三白草、车前草、海金沙、生茶叶、青木香、灯心草、萹蓄草、瞿麦草、木通等。煎水喂服（《中兽医诊疗经验第五集》）。

2. 治牛风湿痹痛、风湿转筋方：①三白草、土牛膝、胡颓子根、毛竹根。煎水喂服（《兽医手册》）。②百节藕（三白草）、五加皮、土牛膝。水酒煎服（《中兽医诊疗经验》）。

12. 三桠乌药

【别　　名】大官桂，三钻风。

【来　　源】樟科植物三桠乌药 *Lindera obtusiloba* Blume 的树皮。主产于辽宁、山东、安徽、江苏、河南等地。

【采集加工】全年均可采剥，鲜用或晒干。

【药　　性】辛，温。归肝、胃经。

【功　　能】温中行气，活血散瘀。

【主　　治】跌打损伤，瘀血肿痛，疮毒。

【用法用量】马、牛 15 ～ 60g，羊、猪 6 ～ 12g，犬、猫 2 ～ 5g，兔、禽 1.5 ～ 3g。

【方　　例】治跌打损伤，瘀血肿痛：鲜三桠乌药树皮，捣烂敷患处；或配泽兰、透骨草、白茄根，水煎服。

中兽药标本及器具图谱

13. 三桠苦

【别　　名】三叉苦，三脚鳖，三支枪，白芸香，三岔叶。

【来　　源】芸香科植物三桠苦 *Evodia lepta*（Spreng.）Merr. 的根、叶、果。主产于福建、江西、广东等地。

【采集加工】秋季采收根，洗净，切片晒干备用；夏季采收叶，阴干备用。

【药　　性】苦，寒。归心、肝经。

【功　　能】清热解毒，祛风除湿。

【主　　治】咽喉肿痛，风湿痹痛，黄疸，湿疹，跌打损伤。

【用法用量】马、牛 30～60g，羊、猪 15～30g。

【禁　　忌】脾胃虚寒者慎服。

【方　　例】1. 治牛感冒发热方（《中兽医方剂汇编》）：三桠苦根、黄栀子根、秤星木根、山芝麻、大泽兰各 90～150g。煎水喂服。

2. 治马肺炎发热方（《兽医技术革新成果选编》）：三桠苦 120g，麦冬、川黄柏、破故纸（补骨脂）、百部各 60g，桂枝 30g。煎水喂服。

3. 治牛蹄叉腐烂方（《兽医手册》）：三桠苦叶、山竹子皮各 30～60g，桉树叶煎汁。混合调敷患处。

14. 三　棱

【别　　名】京三棱，红蒲根，光三棱，荆三棱，黑三棱。

【来　　源】黑三棱科植物黑三棱 *Sparganium stoloniferum* Buch.-Ham.ex Ju2. 的干燥块茎。主产于江苏、河南、山东、江西等地。

【采集加工】冬季至翌年春季采挖，洗净，削去外皮，晒干。

【药　　性】辛，苦，平。归肝、脾经。

【功　　能】破血行气，消积止痛。

【主　　治】瘀血作痛，宿草不转，腹胀，秘结。

【用法用量】马、牛 15～60g，羊、猪 5～10g，犬、猫 1～3g。

【禁　　忌】孕畜忌用。

【方　　例】1. 消积散（《家畜病中药治疗法》）：三棱、莪术、大黄。共为细末，开水冲服。功能消积导滞，治疗马、牛食积不化。

2. 治臌香橼丸（《杂病源流犀烛》）：陈香橼 120g，去白陈皮、醋三棱、醋蓬术、泽泻、茯苓各 60g，醋香附 90g，炒莱菔子 180g，青皮（去瓤）、净楂肉各 30g，制成糊丸。主治臌胀兼痧。

小黄连刺
Berberis wilsonae Hemsl.

匙叶小檗
Berberis vernae Schneid.

【别　　名】铜针刺，刺黄连，鸡脚刺，豪猪刺。

【来　　源】小檗科植物拟豪猪刺 *Berberis soulieana* Schneid.、小黄连刺 *Berberis wilsonae* Hemsl.、细叶小檗 *Berberis poiretii* Schneid. 或匙叶小檗 *Berberis vernae* Schneid. 等同属数种植物的干燥根。主产于西北及西南各省。

【采集加工】春、秋二季采挖，除去泥沙和须根，晒干或切片晒干。

【药　　性】苦，寒；有毒。归肝、胃、大肠经。

【功　　能】清热燥湿，泻火解毒。

【主　　治】湿热黄疸，目赤肿痛，咽喉肿痛，湿疹，疮黄肿毒。

【用法用量】马、牛 15 ~ 60g，羊、猪 10 ~ 15g，犬、猫 3 ~ 5g，兔、禽 1 ~ 3g。

【方　　例】1. 治眼结膜炎、角膜炎方（《藏兽医经验选编》）：三颗针、黄连、硼砂。共为细末，慢火煎熬，趁热过滤，点入眼内。

2. 治牛马喉炎、肺黄方（《兽医中草药选》）：三颗针、马尾黄连、羊角天麻、硼砂各 30g。共为细末，开水泡服。

三颗针

短柄小檗 *Berberis brachypoda* Maxim.

堆花小檗 *Berberis aggregata* Schneid.

大黄檗 *Berberis froncisci-ferdinandi* Schneid.

鲜黄小檗 *Berberis diaphana* Maxim.

甘肃小檗 *Berberis kansuensis* Schneid.

少齿小檗 *Berberis potaninii* Maxim.

秦岭小檗 *Berberis circumserrata* (Schneid.) Schneid.

直穗小檗 *Berberis dasystachya* Maxim.

中兽药标本及器具图谱

16. 干 姜

【别　　名】白姜，干生姜，均姜。

【来　　源】姜科植物姜 *Zingiber officinale* Rosc. 的干燥根茎。主产于四川、贵州、广东、广西、湖南、湖北等地。

【采集加工】冬季采收，除去茎叶、须根及泥沙，晒干或低温干燥。

【药　　性】辛，热。归脾、胃、肾、心、肺经。

【功　　能】温中散寒，回阳通脉，温肺化饮。

【主　　治】厥逆亡阳，肺寒痰饮，中寒腹痛，呕吐泄泻。

【用法用量】马、牛、驼 15 ~ 30g，猪、羊 3 ~ 10g，犬、猫 1 ~ 3g。

【禁　　忌】阴虚内热、血热妄行者忌用，孕畜慎用。

【方　　例】1. 三物备急丸（《金匮要略》）：干姜、大黄、制巴豆。有攻逐寒积功用，主治寒实冷积、心腹胀痛、心急口噤、大便不通。

2. 理中汤（《伤寒论》）：人参、白术、干姜、炙甘草。有温中散寒、健运脾阳功用，主治脾胃虚寒证。

3. 治牛瘤胃臌气方，用消食理气汤（《中兽医诊疗》）：干姜、陈皮、香附、豆蔻、砂仁、木香、麦芽、神曲、萝卜子为引，煎水喂服。

4. 治家畜寒结腹痛，用温脾汤《中兽医方剂选解》：当归、干姜、熟附子、党参、大黄、炙甘草。煎水去渣，芒硝为引，调匀喂服。

17. 土千年健

【别　　名】乌鸦果，千年矮，土千年剑，乌饭子。

【来　　源】杜鹃花科植物乌鸦果 *Vaccinium fragile* Franch. 的根。主产于四川、贵州、云南等地。

【采集加工】全年可采，切片晒干或鲜用。

【药　　性】甘、酸，温。

【功　　能】安神，止咳。

【主　　治】心悸怔忡，夜不安眠，久咳。

【别　　名】土贝，大贝，假贝母。

【来　　源】葫芦科植物假贝母 *Bolbostemma paniculatum*（Maxim.）Franquet 的干燥块茎。主产于河北、山东、河南、山西、陕西、甘肃等地。

【采集加工】秋季采挖，洗净，掰开，煮至无白心，取出，晒干。

【药　　性】苦，微寒。归肺、脾经。

【功　　能】解毒，散结，消肿。

【主　　治】乳痈，瘰疬，痰核。

【用法用量】马、牛 60 ~ 100g，羊、猪 30 ~ 60g。

【方　　例】1. 治牛乳房炎方：土贝母 100g，全瓜蒌 200g，蒲公英 150g，香白芷 40g。共研细末，开水冲服。

2. 治牛马创伤方（《畜禽病土方偏方治疗集》）：土贝母、黄栀子各适量。焙干研末，搽敷患处。

19. 土牛膝

【别　　名】倒扣草，倒扣簕，倒钩草，粗毛牛膝，鸡掇鼻，鸡骨癀。

【来　　源】苋科植物土牛膝 *Achyranthes aspera* L. 的根。主产于湖南、江西、福建、广东、广西等地。

【采集加工】夏、秋采收，除去茎叶，将根晒干，即为土牛膝；若将全草晒干则为倒扣草。

【药　　性】微苦，凉。

【功　　能】清热，解毒，利尿。

【主　　治】感冒发热，疟疾，风湿痹痛，跌打损伤，水肿。

【用法用量】马、牛 60 ~ 90g，羊、猪 15 ~ 30g。

【方　　例】1. 治牛四脚风湿，关节肿痛方（《浙江民间兽医草药集》）：土牛膝、大活血、土黄芪、威灵仙、绣花针、伸筋草、凌霄花各 30g。煎水喂服。

2. 治牛马尿血方（《安徽省中兽医经验集》）：土牛膝、石菖蒲、车前草、翻白草、白茅根、瓦松各 60 ~ 90g。煎水喂服。

20. 土杜仲

【别　　名】山杜仲，疏花卫矛，飞天驳。

【来　　源】卫矛科植物疏花卫矛 *Euonymus laxiflorus* Champ.ex Benth. 的根及树皮。主产于江西、湖南、广西、贵州、云南等地。

【采集加工】秋冬季采收，切片，晒干。

【药　　性】甘、辛，微温。归肝、肾、脾经。

【功　　能】祛风湿，强筋骨，活血解毒，利水。

【主　　治】风湿痹痛，腰膝酸软，跌打骨折，疮疡肿毒，肾炎水肿。

21. 土荆芥

【别　　名】鹅脚草，杀虫芥，钩虫草，臭藜藿。

【来　　源】藜科植物土荆芥 *Chenopodium ambrosioides* L. 的全草。原产于热带美洲，现广布于世界热带及温带地区。我国主产于广西、广东、福建、江苏、浙江等地。

【采集加工】8 月下旬至 9 月下旬收割全草，摊放在通风处，或捆束悬挂阴干，避免日晒及雨淋。

【药　　性】辛、苦，微温。归脾、胃经。

【功　　能】祛风除湿，杀虫止痒，活血消肿。

【主　　治】钩虫病，蛔虫病，蛲虫病，头虱，皮肤瘙痒，风湿痹痛，咽喉肿痛，跌打损伤，蛇虫咬伤。

【用法用量】马、牛 30 ~ 45g，羊、猪 10 ~ 30g。

【禁　　忌】不宜久服，服前不宜用泻药；孕畜慎用。

【方　　例】1. 治牛流行性感冒方：①鲜土荆芥、山紫苏、橘皮、生姜。咳嗽加枇杷叶，腹胀加薄荷、韭菜。煎水喂服（《赤脚兽医手册》）。②土荆芥、土青蒿、山薄荷、银花藤、鸡骨香。煎水喂服（《中兽医方剂汇编》）。

2. 治猪皮肤湿疹方（《赤脚兽医手册》）：鲜土荆芥、鲜苍耳草各 1 握，明矾少许。煎洗患处。

22. 土茯苓

【别　　名】刺猪苓，禹余粮，白余粮，山遗粮，山奇粮，冷饭团，硬饭头。

【来　　源】百合科植物土茯苓 *Smilax glabra* Roxb. 的干燥根茎。长江流域及南部各省均有分布。

【采集加工】秋末、冬初采挖，除去芦头及须根，洗净泥沙，晒干，或切片晒干。

【药　　性】甘、淡，平。归肝、胃经。

【功　　能】除湿，解毒，利关节。

【主　　治】湿热淋浊，带下，痈肿，疔癣，筋骨疼痛。

【用法用量】马、牛 30 ~ 90g，羊、猪 15 ~ 30g，犬、猫 3 ~ 6g，兔、禽 1 ~ 3g。

【方　　例】1.治牛、猪久泻不止方：①土茯苓单方 90 ~ 120g，煎水喂服（《民间兽医献方汇编》）。②土茯苓、山楂肉，煎水喂服（《中兽医验方汇编》）。

　　　　　　2.治家畜尿淋白浊方：①土茯苓、桑白皮、桂枝、木通。煎水喂服（《兽医手册》）。②土茯苓、金银花、生白术、怀山药、天门冬、山茱萸、熟地、连翘、芡实。煎水喂服（《中兽医诊疗经验第五集》）。

23. 土香薷

【别　　名】牛至，土香如，香草，小叶薄荷，野荆芥，土茵陈。

【来　　源】唇形科植物牛至 *Origanum vulgare* L. 的全草。全国大部分地区均产。

【采集加工】7—8 月开花前采收，晒干或鲜用。

【药　　性】辛，凉。

【功　　能】解表退热，理气化湿。

【主　　治】感冒发热，食积不化，白带，痢疾。

【用法用量】马、牛 60 ~ 120g，羊、猪 15 ~ 30g。

【方　　例】1.治家畜伤风感冒方（《浙江民间兽医验方集》）：土香薷、枇杷叶、野席草、紫苏。煎水喂服，葱白为引。

　　　　　　2.治家畜食积腹胀方（《浙江民间兽医草药集》）：土香薷、化食丹、刘寄奴、山楂、神曲、谷芽、麦芽、木香。共为细末，开水冲服。

24. 大风子

【别　　名】大枫子，大疯子。

【来　　源】大风子科植物大风子 *Hydnocarpus anthelmintica* Pier. 的成熟种子。原产于印度、泰国、越南，我国广西、云南、台湾亦有栽培。

【采集加工】4—6 月采摘成熟果实，除去果皮，取出种子，晒干。

【药　　性】辛，热，有毒。

【功　　能】祛风燥湿，攻毒杀虫。

【主　　治】风疹疥癣，杨梅诸疮。

【用法用量】外用适量，视患处大小而定。

【方　　例】1. 治牲畜疥癣方：①大风子、巴豆霜、苍术、花椒、苦矾、硫黄、绿豆各适量。共为细末，棉油调搽（《五十年疗畜积方》）。②大风子、木鳖子、巴豆仁、狼毒、硫黄。共为细末，豆油熬搽（《吉林省中兽医验方选集》）。

2. 治家畜褥疮瘙痒方：①大风子、地肤子、密陀僧、孩儿茶、苍术、升麻、枯矾，共为细末，用麻油、茶油、黄蜡等适量，共熬成膏，涂擦患处。②大风子、苍耳子各等份，煎洗患处（《家畜病中药治疗法》）。

3. 治仔猪湿毒方（《金华地区中兽医诊疗经验选编》）：大风子、炉甘石、石膏、轻粉、冰片。共为细末，麻油调搽。

25. 大火草根

【别　　名】野棉花，大头翁。

【来　　源】毛茛科植物大火草 *Anemone tomentosa* (Maxim.) Pei 的根。主产于四川、青海、甘肃、陕西等地。

【采集加工】春季或秋季挖取根，去净茎叶，晒干。

【药　　性】苦，温；有小毒。归肺、大肠经。

【功　　能】化痰，散瘀，消食化积，截疟，解毒，杀虫。

【主　　治】劳伤咳喘，跌打损伤，疟疾，疮疖痈肿，顽癣。

【禁　　忌】孕畜慎用。

【别　　名】大叶乌梢，大叶马料梢，活血丹。

【来　　源】豆科植物大叶胡枝子 *Lespedeza davidii* Franch. 的
根、叶。主产于江苏、安徽、浙江、江西等地。

【功　　能】宣开毛窍，通经活络。

【主　　治】疹痧不透，头晕眼花，汗不出，手臂酸麻。

【别　　名】蚊仔树。

【来　　源】桃金娘科植物桉 *Eucalyptus robusta* Smith 的干燥叶。
原产于澳大利亚，我国华南、西南等地有栽培。

【采集加工】秋季采收，阴干或鲜用。

【药　　性】微辛、微苦，平。

【功　　能】疏风发表，祛痰止咳，清热解毒，杀虫止痒。

【主　　治】感冒，肺热喘咳，风湿痹痛，风疹瘙痒。

【禁　　忌】脾胃虚寒者忌服。

【方　　例】1. 治疗感冒（《岭南草药志》）：大叶桉，煎汤熏浴。
2. 治湿疹、疮疡（《广西中草药》）：大叶桉，煎水
洗患处。
3. 治哮喘（《江西草药手册》）：大叶桉、白英、黄荆，
水煎服。

中兽药标本及器具图谱

23

28. 大叶铁包金

【别　　名】勾儿茶。

【来　　源】鼠李科植物牛鼻拳 *Berchemia giraldiana* Schneid. 的根。主产于山西、陕西、甘肃、河南等地。

【采集加工】全年可采，晒干备用。

【药　　性】微涩，平。

【功　　能】祛风利湿，止咳化痰。

【主　　治】风湿痹痛，跌打损伤，咳喘。

29. 大叶紫珠（附药：裸花紫珠）

【别　　名】羊耳朵，止血草，赶风紫，贼子叶。

【来　　源】马鞭草科植物大叶紫珠 *Callicarpa macrophylla* Vahl 的干燥叶或带叶嫩枝。主产于广东、广西、贵州、云南等地。

【采集加工】夏、秋二季采摘，晒干。

【药　　性】辛、苦，平。归肝、肺、胃经。

【功　　能】散瘀止血，消肿止痛。

【主　　治】衄血，咯血，吐血，便血，外伤出血，跌扑肿痛。

【用法用量】马、牛 30 ~ 120g，羊、猪 15 ~ 30g，犬、猫 3 ~ 5g，兔、禽 1 ~ 3g。外用适量，研末敷于患处。

【方　　例】1. 治扭伤肿痛（《广西本草选编》）：大叶紫珠鲜叶，捣烂外敷。

　　　　　　2. 治外伤出血（《广西本草选编》）：大叶紫珠叶适量，研粉敷患处。

附药：裸花紫珠

裸花紫珠 马鞭草科植物裸花紫珠 *Callicarpa nudiflora* Hook.et Arn. 的叶。有止血止痛、散瘀消肿之效。主治外伤出血，跌打肿痛，风湿肿痛，咯血、吐血等症。

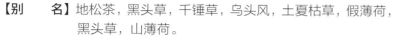

30. 大头陈

【别　　名】地松茶，黑头草，千锤草，乌头风，土夏枯草，假薄荷，
　　　　　　黑头草，山薄荷。

【来　　源】玄参科植物球花毛麝香 Adenosma indianum（Lour.）
　　　　　　Merr. 的带花全草。主产于广东、广西、云南等地。

【采集加工】开花时采收，切段晒干或鲜用。

【药　　性】辛、微苦，平。归肺、大肠经。

【功　　能】疏风解表，化湿消滞。

【主　　治】感冒头痛，发热，腹痛泄泻，消化不良。

【用法用量】马、牛60～120g，羊、猪15～30g，犬、猫3～5g，
　　　　　　兔、禽1～3g。外用适量。

【方　　例】1.治猪、牛感冒发热方（《民间兽医本草续编》）：
　　　　　　大头陈、野紫苏、生姜、葱白各30～120g。煎水喂服，
　　　　　　每天1剂，连服2～3剂。
　　　　　　2.治猪、牛伤食腹泻方（《浙江民间兽医草药集》）：
　　　　　　神曲草（大头陈）、刘寄奴、消饭花、山楂、神曲。
　　　　　　煎水喂服，每天1剂。

31. 大血藤

【别　　名】血藤，红藤，红皮藤，大活血，
　　　　　　黄梗藤，黄鸡藤，血陈根，活血藤。

【来　　源】木通科植物大血藤 Sargentodoxa
　　　　　　cuneata（Oliv.）Rehd.et Wils.
　　　　　　的干燥藤茎。主产于江西、湖北、
　　　　　　湖南、江苏等地。

【采集加工】秋、冬二季采收，除去侧枝，切段，
　　　　　　干燥。

【药　　性】苦，平。归大肠、肝经。

【功　　能】清热解毒，活血，祛风止痛。

【主　　治】肠痈腹痛，热毒疮疡，经闭，痛
　　　　　　经，跌扑肿痛，风湿痹痛。

【用法用量】马、牛30～60g，羊、猪15～30g，犬、猫3～6g，兔、禽1.5～3g。

【方　　例】1.治牛、马寒瘫，用大血藤汤（《兽医常用中草药》）：大血藤、威灵仙、五加皮、土牛膝、
　　　　　　蒴藋根。煎水喂服，黄酒为引。
　　　　　　2.治牛、马软脚风方（《四川省中兽医经验集》）：大血藤、薏苡仁、骨碎补、当归、川芎、
　　　　　　红花、桃仁、独活、牛膝、羌活、麻黄、桂枝、川乌、松节、甘草。煎水喂服。
　　　　　　3.治家畜跌打损伤方（《浙江民间兽医草药集》）：大血藤、鸡血藤、当归、川芎、续断、
　　　　　　牛膝、乳香、没药、接骨木、骨碎补、三七参。煎水喂服，黄酒为引。

32. 大沙叶

【别　　名】茜木，满天星，仙人托伞，白花丹，木仔根。

【来　　源】茜草科植物香港大沙叶 *Pavetta hongkongensis* Bremek. 的茎叶。主产于广东、香港、海南等地。

【采集加工】全年可采，采后晒干，或随采随用。

【药　　性】苦、辛，寒。归心、脾经。

【功　　能】清热解毒，活血化瘀。

【主　　治】感冒发热，跌打损伤，暑热痧胀。

【用法用量】马、牛 30 ～ 60g，羊、猪 15 ～ 30g。

【方　　例】1. 治牛托舌黄方（《广东中兽医常用草药》）：大沙叶、侧柏叶、山芝麻、了哥王各 250g。共同捣烂，煎水去渣，和童便喂服。

2. 治牛锁喉黄方（《兽医中草药验方选编》）：大沙叶、大泽兰、乌桕叶、银花藤、勒党叶、薜荔藤、山芝麻、金钱草、车前草各 90 ～ 120g。煎水喂服。

33. 大青叶（附药：大青）

【别　　名】菘蓝，大青，路边黄，鸭公青，牛皮青，山大青。

【来　　源】十字花科植物菘蓝 *Isatis indigotica* Fort. 的干燥叶。主产于河北、陕西、江苏、安徽等地。

【采集加工】夏、秋二季分 2 ～ 3 次采收，除去杂质，晒干。

【药　　性】苦，寒。归心、胃经。

【功　　能】清热解毒，凉血消斑。

【主　　治】热病发斑，咽喉肿痛，热痢，黄疸，痈肿，丹毒。

【用法用量】马、牛 30 ～ 90g，羊、猪 15 ～ 30g，犬、猫 3 ～ 6g，兔、禽 1 ～ 3g。

【禁　　忌】脾胃虚寒者忌用。

【方　　例】1. 犀角大青汤（《活命书》）：大青叶、水牛角、淡豆豉、栀子。能清热解毒，凉血止血。对治血热引起的斑疹、鼻出血和热毒泻痢等效好。

2. 治鸡腹泻方（《青海省中兽医验方汇编》）：大青叶、诃子、黄连、雄黄各少许。神曲 1 块，共为细末，拌料喂服，治疗鸡腹泻，效果显著。

3. 治牛鸡心黄方（《广东中兽医常用草药》）：大青叶 500g，煎水取汁，黄酒冲服。

附药：大青

大青　大青来源于马鞭草科植物大青 *Clerodendrum cyrtophyllum* Turcz. 的干燥叶，别名大青叶。治马、猪感冒方用路边青（大青）250g，煎水喂服（《兽医技术革新成果选编》）。

【别　　名】入地金牛，大兰青，大金草，紫背金牛。

【来　　源】远志科植物华南远志 *Polygala glomerata* Lour. 的全草。主产于福建、广东、海南等地。

【采集加工】夏、秋季采集带根全草，洗净，晒干。

【药　　性】辛、甘，平。归肺、脾经。

【功　　能】活血化瘀，消积止咳。

【主　　治】咳嗽咽痛，跌打损伤，瘰疬，痈肿，毒蛇咬伤。

【用法用量】马、牛 60 ～ 120g，羊、猪 30 ～ 60g。

【方　　例】治马、骡风湿痹痛方（《兽医技术革新成果选编》）：入地金牛（大金不换）、水杨梅根、石菖蒲、千斤拔、过江龙、鸡骨香、车前草、白半枫荷、苏叶。煎水喂服。

35. 大 黄

掌叶大黄　　　　　　药用大黄
Rheum palmatum L.　　*Rheum officinale* Baill.

【别　　名】将军，锦纹大黄，川军，黄良，火参，肤如，破门，无声虎，锦庄黄。

【来　　源】蓼科植物掌叶大黄 *Rheum palmatum* L.、唐古特大黄 *Rheum tanguticum* Maxim.ex Balf. 或药用大黄 *Rheum officinale* Baill. 的干燥根及根茎。掌叶大黄和唐古特大黄称北大黄，掌叶大黄产自甘肃、四川、青海、云南、西藏等地，唐古特大黄产自甘肃、青海及青海与西藏交界一带。药用大黄称南大黄或川大黄，产自陕西、四川、湖北、贵州、云南等省及河南西南部与湖北交界处。

【采集加工】秋末茎叶枯萎或次春发芽前采挖，除去细根，刮去外皮，切瓣或段，干燥，或直接干燥。

【药　　性】苦，寒。归脾、胃、大肠、肝、心包经。

【功　　能】泻热通肠，凉血解毒，破积行瘀。

【主　　治】实热便秘，结症，疮黄疔毒，目赤肿痛，烧伤烫伤，跌打损伤。

【用法用量】马、牛 18 ～ 30g，驼 35 ～ 65g，羊、猪 6 ～ 12g，犬、猫 3 ～ 5g，兔、禽 1.5 ～ 3g。

【禁　　忌】脾胃虚弱、胎前产后慎用。

【方　　例】1. 大承气汤（《伤寒论》）：大黄、厚朴、枳实、芒硝。主治阳明热结，痞满燥实之重症。
　　　　　　 2. 大黄散（《司牧安骥集》）：大黄、牵牛子、郁李仁、甘草。攻积导滞，主治马粪头紧硬、抛脂裹粪、脏腑热秘。

36. 大　蓟

【别　　名】虎蓟，刺蓟，野刺菜，大刺儿菜，大刺盖，恶鸡婆，牛头刺，六月冻。

【来　　源】菊科植物蓟 Cirsium japonicum Fisch.ex DC. 的干燥地上部分或根。主产于江苏、安徽等地。

【采集加工】全草于夏、秋两季花盛开时采割地上部分，除去杂质，晒干，以秋季采者为佳。根于 8—10 月采挖，除去泥土、残茎，洗净晒干。

【药　　性】甘、苦，凉。归心、肝经。

【功　　能】凉血止血，散瘀消肿。

【主　　治】衄血，便血，尿血，子宫出血，外伤出血，疮黄疔毒。

【用法用量】马、牛、驼 30 ～ 60g，猪、羊 10 ～ 20g，犬 2 ～ 6g。

【方　　例】1. 牛喉风方（《抱犊集》）：大蓟、紫花地丁、蒲公英、铅丹，用白蜜调敷。

2. 治牛肠胃炎、痢疾便血方：①鲜大蓟根 500g，鲜仙鹤草 250g。捣烂取汁服（《赤脚兽医手册》）。②大蓟止痢方（《中兽医治疗经验集》）：大蓟、生地黄、当归、藕根、大黄、仙鹤草、血余炭、甘草各适量，诸药共为细末，开水冲服，能清热凉血、涩肠止痢、治疗牛肠胃炎、痢疾便血。

37. 大腹皮

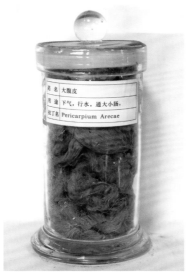

【别　　名】槟榔皮，大腹毛，茯毛，槟榔衣，大腹绒，腹毛。

【来　　源】棕榈科植物槟榔 Areca catechu L. 的干燥果皮。主产于印度尼西亚、印度、菲律宾。我国广东、云南、台湾亦产。

【采集加工】秋初至冬季采收成熟果实，煮后干燥，纵剖两瓣，剥取果皮，习称"大腹皮"；春末至秋初采收成熟果实，煮后干燥，剥取果皮，打松，晒干，习称"大腹毛"。生用。

【药　　性】辛，微温。归脾、胃、大肠、小肠经。

【功　　能】行气宽中，行水消肿。

【主　　治】湿阻气滞，水肿胀满，宿水停脐，小便不利。

【用法用量】马、牛20 ～ 45g，羊、猪6 ～ 12g，兔、禽1 ～ 3g。

【方　　例】1. 治孕马腹痛不宁，用腹皮散（《元亨疗马集》）：大腹皮、人参、川芎、白芍药、熟地黄、陈皮、桔梗、半夏、紫苏、甘草。共为细末，青葱（细切），同煎三沸，候温灌之。

2. 治牛食积气胀，用腹皮行气散（《安徽省中兽医经验集》）：大腹皮、广陈皮、川厚朴、枳壳、枳实、青皮、花槟榔。共研细末，开水冲服。

3. 治马下腹水肿，用五皮饮（《黑龙江中兽医经验集》）：大腹皮、茯苓皮、地骨皮、生姜皮、桑白皮、共研细末，开水冲服。

38. 万丈深

【别　　名】马尾参，铁扫把，细草。

【来　　源】菊科植物绿茎还阳参 *Crepis lignea*（Vant.）Babc. 的根。主产于云南、贵州、四川等地。

【采集加工】夏、秋季采收，洗净，晒干。

【药　　性】微甘、苦，凉。归肺、肝经。

【功　　能】清热，止咳，利湿，消痈。

【主　　治】肺热咳喘，疮疖痈疽。

【方　　例】治咳嗽、百日咳、哮喘（《红河中草药》）：万丈深30g，煎服。

39. 小叶双眼龙

【别　　名】毛果巴豆，毛巴豆，山辣蓼，下山虎，双眼龙。

【来　　源】大戟科植物毛果巴豆 *Croton lachnocarpus* Benth. 的根、叶。主产于江西、湖南、贵州等地。

【采集加工】全年可采，采后鲜用，或晒干用。

【药　　性】苦、微辛，温；有毒。

【功　　能】祛风除湿，消肿解毒。

【主　　治】风湿痹痛，跌打损伤，疮疡肿毒，毒蛇咬伤。

【用法用量】马、牛 30 ~ 60g，羊、猪 15 ~ 30g。

【禁　　忌】孕畜忌服。

【方　　例】1. 母牛产后风方（《中兽医疗牛集》）：细叶双眼龙（小叶双眼龙）根、豆豉姜（山苍子）根、桃金娘根。煎水取汁，米酒为引，混合喂服。

2. 治牛痈疮肿毒方（广东省清远市冯锦伦经验）：毛果巴豆（小叶双眼龙）、飞龙掌血、两面针、竹叶椒、三加皮、一枝黄花、牛耳枫、半边旗等根皮。共同捣烂，雄黄、米酒为引，煮沸热洗患部。

40. 小冬青

【别　　名】小叶女贞，小叶冬青，小蜡树，禾子草，米仔树，蚊子花。

【来　　源】木科植物小蜡树 *Ligustrum sinense* Lour. 的根皮、枝叶。主产于江苏、安徽、浙江、江西等地。

【采集加工】根全年可采，采后切细，晒干。叶多为鲜用。

【药　　性】苦，凉。

【功　　能】清热解暑，消肿解毒。

【主　　治】感冒发热，肺热咳嗽，咽喉肿痛，口舌生疮，湿热黄疸，痈肿疮毒。

【用法用量】马、牛 60 ~ 120g，羊、猪 30 ~ 60g。

【方　　例】治牛中暑发热方：①蚊子树（小冬青）、木患树（无患子）叶、三亚苦、银花藤、黄栀子、黑面神、秤星木各 100 ~ 150g。煎水灌服（《中兽医疗牛集》）。②小冬青 500g，煎水喂服（《兽医中草药临症应用》）。

41. 小连翘

【别　　名】小翘，瑞香草，音切草，弟切草，土连翘，小连召，小元宝草。

【来　　源】藤黄科植物小连翘 *Hypericum erectum* Thunb. 的全草。主产于江苏、安徽、浙江、福建等地。

【采集加工】6—8 月采收，采收后洗净晒干。

【药　　性】辛，平。

【功　　能】活血止血，消肿止痛，调经通乳。

【主　　治】吐血，衄血，子宫出血，乳汁不通，疖肿，跌打损伤，创伤出血。

【用法用量】马、牛 60 ~ 120g，羊、猪 30 ~ 60g。

【方　　例】1. 治牛、马内伤出血方（《兽医常用中草药》）：鲜小连翘全草 120 ~ 250g，干品 60 ~ 120g。煎水取汁，候温灌服。
2. 治耕牛关节肿痛方（《浙江民间兽医草药集》）：小连翘、土牛膝、地骨皮、威灵仙。煎水喂服。

42. 小鱼仙草

【别　　名】土荆芥，假鱼香，野香薷，热痱草，痱子草，月味草，山苏麻。

【来　　源】唇形科植物小鱼仙草 *Mosla dianthera*（Buch.-Ham.）Maxim. 的全草。主产于江苏、浙江、江西、福建等地。

【采集加工】夏秋采收，洗净，鲜用或晒干。

【药　　性】辛，温。

【功　　能】祛风发表，利湿止痒

【主　　治】感冒头痛，中暑，痢疾，湿疹，痈疽疮疖，皮肤瘙痒。

43. 小茴香

【别　　名】茴香，土茴香，谷茴香，谷香，香子，野茴香。

【来　　源】伞形科植物茴香 *Foeniculum vulgare* Mill. 的干燥成熟果实。主产于内蒙古、山西等地。

【采集加工】秋季果实初熟时采割植株，晒干，打下果实，除去杂质。

【药　　性】辛，温。归肝、肾、脾、胃经。

【功　　能】散寒止痛，理气和胃。

【主　　治】寒伤腰胯，冷痛，冷肠泄泻，胃寒草少，腹胀，宫寒不孕。

【用法用量】马、牛 15～60g，羊、猪 5～10g，犬、猫 1～3g，兔、禽 0.5～2g。

【方　　例】1. 治马伤冷拖腰胯痛，用茴香补腰散（《元亨疗马集》）：茴香、肉桂、槟榔、白术、木通、巴戟、当归、牵牛、藁本、白附子、川楝子、肉豆蔻、荜澄茄。各等份为末，以飞盐、苦酒为引，同煎取汁，候温灌之。

2. 少腹逐瘀汤（《医林改错》）：小茴香、干姜、延胡索、没药、当归、川芎、官桂、赤芍、麻黄、五灵脂。治小腹积块疼痛或不痛、或疼痛无积块、或小腹胀满、或经期腰酸小腹胀。

3. 安神丸（《三因极－病症方论》）：小茴香、补骨脂、胡芦巴、续断、川楝子、桃仁、杏仁、山药、茯苓。有补肾益精、行气活血功用，主治肾虚腰疼、公畜性欲能力下降。

44. 小通草（附药：中华青荚叶）

中国旌节花
Stachyurus chinensis Franch.

青荚叶
Helwingia japonica (Thunb.) Dietr.

中华青荚叶
Helwingia chinensis Batal.

【别　　名】旌节花，小通花，鱼泡桐，山通草。

【来　　源】旌节花科植物喜马山旌节花 *Stachyurus himalaicus* Hook.f.et Thoms.、中国旌节花 *Stachyurus chinensis* Franch. 或山茱萸科植物青荚叶 *Helwingia japonica*（Thunb.）Dietr. 的干燥茎髓。喜马山旌节花产自陕西、浙江、湖南、湖北、四川等地，中国旌节花产自河南、陕西、西藏、浙江、安徽等地，青荚叶广布于我国黄河流域以南各省区。

【采集加工】秋季割取茎，截成段，趁鲜取出髓部，理直，晒干。

【药　　性】甘、淡，寒。归肺、胃经。

【功　　能】清热，利尿，下乳。

【主　　治】膀胱湿热，小便不利，乳汁不下。

【用法用量】马、牛 15 ～ 30g，羊、猪 3 ～ 10g。

【禁　　忌】孕畜慎用。

【方　　例】1. 治小便短赤（《安徽中药志》）：小通草、木通、车前子（布包），煎服。

2. 治乳少（《甘肃中草药手册》）：黄芪、当归、小通草，煎服。

附药：中华青荚叶

中华青荚叶　　《中华本草》记载中华青荚叶 *Helwingia chinensis* Batal. 的茎髓作青荚叶茎髓用，即为小通草来源之一。

45. 小 蓟

【别　　名】千针草，青刺蓟，刺儿菜，猫蓟，刺蓟菜，小恶鸡婆，曲曲菜。

【来　　源】菊科植物刺儿菜 Cirsium setosum（Willd.）MB. 的干燥地上部分。全国大部分地区均产。

【采集加工】夏、秋二季花开时采割，除去杂质，晒干。

【药　　性】甘、苦，凉。归心、肝经。

【功　　能】凉血止血，祛瘀消肿。

【主　　治】衄血，尿血，血淋，便血，痈肿疮毒，外伤出血。

【用法用量】马、牛 20 ~ 60g，羊、猪 10 ~ 15g。鲜品捣烂外敷。

【方　　例】1. 小蓟饮子（《济生方》）：小蓟、生地黄、滑石、炒蒲黄、淡竹叶、藕节、木通、栀子、炙甘草、当归，水煎服。能凉血止血、利尿通淋，主治热结下焦血淋症。证见尿血频数、赤涩疼痛、舌红、脉数有力。

2. 十灰散（《十药神书》）：大蓟、小蓟、荷叶、侧柏叶、白茅根、茜草根、栀子、大黄、牡丹皮、棕榈皮，以上 10 味药取等份，烧成灰后开水调匀灌服。具有凉血和收涩止血功能，用于血热妄行而致的各种出血症，症见吐血、咯血、衄血等。

46. 山大颜

【别　　名】九节，九节木，大罗伞，火筒树，盆筒，山大刀，大丹叶，暗山公。

【来　　源】茜草科九节属植物九节 Psychotria rubra（Lour.）Poir. 的根、叶。主产于浙江、福建、湖南等地。

【采集加工】全年采集，鲜用或洗净切片晒干。

【药　　性】苦，寒。归肺、膀胱经。

【功　　能】清热解毒，祛风除湿，消肿拔毒。

【主　　治】疮疡肿痛，风湿痹痛，跌打损伤，痢疾。

【用法用量】羊、猪 30 ~ 60g，马、牛 120 ~ 250g，外用适量。

【方　　例】1. 治牛锁喉黄方（《中兽医疗牛集》）：山大颜叶、红花乌桕（山乌桕）叶各 250g。捣烂冲水，去渣灌服。

2. 治牛风湿症方（广东省海丰县可塘公社兽医站王水琼经验）：马胎（九节）根、雨伞根（朱砂根）、蓖麻根、土牛膝、钩藤。煎水去渣，冲酒灌服。

47. 山乌桕

【别　　名】山桕，野乌桕，长叶乌桕，红心乌桕，红苗乌桕，红乌桕，山乌臼。

【来　　源】大戟科植物山乌桕 *Sapium discolor*（Champ.ex Benth.）Müll.Arg. 的根、叶。主产于云南、四川、贵州、湖南等地。

【采集加工】根全年可采，叶夏秋季采，或随采随用。

【药　　性】苦，寒；有小毒。

【功　　能】泻下逐水，散瘀消肿。

【主　　治】大便秘结，小便不利，跌打损伤，疮痈肿毒，毒蛇咬伤。

【用法用量】马、牛 60～120g，羊、猪 30～60g。

【禁　　忌】孕畜及体虚者忌服。

【方　　例】1. 治牛臌胀便秘方：①鲜山乌桕根 500g，加水 1000mL，煎后 1 次喂服，隔 4～6 小时再煎服 1 剂（《兽医中草药临症应用》）。②红乌桕 250g，捣烂冲水服（《中兽医疗牛集》）。

2. 治牛走皮黄方：①山乌桕、山茶子、黑面神各 60～120g。共擂细烂，开水冲服（《广东中兽医常用草药》）。②膝黄：山乌桕根 500g，三桠苦根 350g。煎水取汁，冲酒 250mL 灌服（《中兽医疗牛集》）。

48. 山芝麻

【别　　名】山油麻，假油麻，狗屎树，岗上麻，苦蛇药，山之麻。

【来　　源】梧桐科植物山芝麻 *Helicteres angustifolia* L. 的全株。主产于湖南、江西、广东、广西等地。

【采集加工】6 月前采其全株，切段，晒干或鲜用。

【药　　性】辛，微苦，凉。

【功　　能】解表清热，消肿解毒。

【主　　治】感冒发热，咽喉肿痛，湿疹，痈肿疔毒。

【用法用量】马、牛 60～90g，羊、猪 30～60g。

【禁　　忌】孕畜及体弱者忌服。

【方　　例】1. 治牛中暑发热方：①山芝麻根 250g，叶下珠 30g。煎水服（《中兽医方剂汇编》）。②山芝麻根、苦地胆、三亚苦、玉叶金花、铁冬青、樟树皮。煎水喂服（《广东中兽医常用草药》）。

2. 治牛不吃草反刍方（《兽医中草药处方选编》）：山芝麻、地胆头、救必应各 250g。黄糖为引，煎水调服。

【别　　名】山大豆根，黄结，黄根，苦豆根，豆根，广豆根，南豆根，
　　　　　　金锁匙。

【来　　源】豆科植物越南槐 *Sophora tonkinensis* Gagnep. 的干
　　　　　　燥根和根茎。主产于广西、贵州、云南等地。

【采集加工】秋季采挖，除去杂质，洗净，干燥。

【药　　性】苦，寒；有毒。归肺、胃经。

【功　　能】清热解毒，消肿利咽，祛痰止咳。

【主　　治】喉肿肿痛，肺热咳喘，疮黄疔毒。

【用法用量】马、牛 15 ～ 45g，驼 30 ～ 60g，羊、猪 5 ～ 10g，
　　　　　　兔、禽 1 ～ 2g。

【禁　　忌】脾胃虚寒者慎用。

【方　　例】1. 治猪锁喉黄方（《甘肃省中兽医经验集》）：山豆根、
　　　　　　金银花、山栀子、射干、玄参、连翘、板蓝根、牛蒡子，
　　　　　　共为细末，蜂蜜为引，开水冲服。
　　　　　　2. 治牛锁喉方（《中兽医诊疗经验第五集》）：山豆根、
　　　　　　射干、玄参、桔梗、薄荷、牛蒡子、黄芩、荆芥、大黄、
　　　　　　芒硝、甘草。共研细末，开水调服。
　　　　　　3. 治牛、马疮黄肿毒方（《兽医中草药选》）：山豆
　　　　　　根、孩儿茶、马勃、玄参、重楼、木通、甘草、冰片。
　　　　　　共研细末，开水冲服。
　　　　　　4. 木舌方（《牛经大全》）：山豆根、贯众、硇砂、滑石、
　　　　　　寒水石、海螵蛸、茯苓。各药等份为末，麝香少许，
　　　　　　用芭蕉汁调抹口疮，治疗牛重舌效佳。

50. 山油柑

【别　　名】降真香，石苓舅，山柑，砂糖木。

【来　　源】芸香科植物山油柑 *Acronychia pedunculata*（L.）Miq.
　　　　　　的果实或叶。主产于福建、广东、海南、广西、云南等地。

【采集加工】果实秋、冬采收，用开水烫透，晒干。叶全年均可采，
　　　　　　鲜用或晾干。

【药　　性】甘，平。归脾经。

【功　　能】健脾消食。

【主　　治】食欲不振，消化不良。

51. 山茱萸

【别　　名】山萸肉，萸肉，酒萸肉，肉枣，枣皮，药枣，鸡足。

【来　　源】山茱萸科植物山茱萸 *Cornus officinalis* Sieb.et Zucc. 的干燥成熟果肉。主产于河南、浙江等地。

【采集加工】秋末冬初果皮变红时采收果实，用文火烘或置沸水中略烫后，及时除去果核，干燥。

【药　　性】酸、涩，微温。归肝、肾经。

【功　　能】补益肝肾，涩精敛汗。

【主　　治】肝肾阴亏，腰肢无力，阳痿，滑精，尿频数，虚汗。

【用法用量】马、牛 15 ~ 30g，羊、猪 10 ~ 15g，犬、猫 3 ~ 6g，兔、禽 1.5 ~ 3g。

【禁　　忌】素有湿热而致小便淋涩者不宜服用。

【方　　例】1. 治马体虚多汗症方（《中兽医诊疗》）：山茱萸、生黄芪、煅龙骨、防风、牡蛎。共研细末，开水冲服。

2. 治牛、马肾虚多尿症方（《兽医中药类编》）：山茱萸、覆盆子、桑螵蛸。煎水喂服，连服 3 ~ 4 天。

52. 山胡椒（附药：狭叶山胡椒）

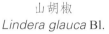

山胡椒
Lindera glauca Bl.

叶山胡椒
Lindera angustifolia Cheng

【别　　名】牛荆条，雷公高，牛筋条，冬不落叶，见风消。

【来　　源】樟科植物山胡椒 *Lindera glauca* Bl. 的根、果实。主产于山东、河南、陕西、甘肃、山西等地。

【采集加工】秋季果实成熟时采摘，晒干。根茎叶全年可采。

【药　　性】辛，温。归肺、胃经。

【功　　能】祛风散瘀，止血消肿。

【主　　治】风湿痹痛，筋骨疼痛，跌打损伤。

【用法用量】马、牛 30 ~ 60g，羊、猪 15 ~ 30g。

【方　　例】1. 治牛流感方（《兽医常用中草药》《民间兽医本草》续编）：山胡椒根 150g，薄荷、青皮各 30g，马兰 250g（捣烂）。煎水喂服。

2. 治牛跌伤肿痛方（《广西兽医药用植物》）：见风消叶（山胡椒）、苦药菜（野薄荷）等各适量。捣烂敷患处。

附药：狭叶山胡椒

狭叶山胡椒　樟科山胡椒属植物狭叶山胡椒 *Lindera angustifolia* Cheng，与山胡椒具有相似的功效。

53. 山 药

【别　　名】山芋，怀山药，薯药，山薯，诸署，署豫，扇子薯，佛掌薯，淮山药。

【来　　源】薯蓣科植物薯蓣 *Dioscotea opposita* Thunb. 的干燥根茎。主产于河南、湖南等地。

【采集加工】冬季茎叶枯萎后采挖，切去根头，洗净，除去外皮和须根，干燥，习称"毛山药"；或除去外皮，趁鲜切厚片，干燥，称"山药片"；也有选择肥大顺直的干燥山药，置清水中，浸至无干心，闷透，切齐两端，用木板搓成圆柱状，晒干，打光，习称"光山药"。

【药　　性】甘，平。归脾、肺、肾经。

【功　　能】补脾养胃，生津益肺，补肾涩精。

【主　　治】脾胃虚弱，食欲不振，脾虚泄泻，虚劳咳喘，滑精，带下，尿频数。

【用法用量】马、牛 30～90g，羊、猪 10～15g，兔、禽 1.5～3g。

【禁　　忌】感冒、温热、实邪及肠胃积滞者忌用。

【方　　例】1.治马热病舌上生疮方（《元亨疗马集》）：山药、桔梗、黄柏、天花粉、栀子、黄芩、木通、白芷、牛蒡子、甘草。共为细末，以蜂蜜、韭菜为引，草后灌之。

2.完带汤（《傅青主女科》）：白术、山药、党参、白芍、车前子、苍术、甘草、陈皮、黑芥穗、柴胡，水煎服。有补脾疏肝、化湿止带功效，主治脾虚肝郁、湿浊带下。

3.六味地黄丸（《小儿药证直诀》）：熟地黄、山茱萸、干山药、泽泻、牡丹皮、白茯苓（去皮），诸药为末，炼蜜为丸，温水送服。滋阴补肾，主治肾阴亏损、腰膝酸软、骨蒸潮热、盗汗滑精等。

54. 山 奈

【别　　名】山辣，三赖，三奈，沙姜，沙羌。

【来　　源】姜科植物山奈 *Kaempferia galangal* L. 的根茎。主产于广西、广东、云南等地。

【采集加工】12月至翌年3月间，地上茎枯萎时，挖取二年生的根茎，洗去泥土，横切成片。用硫黄烟熏1天后，铺在竹席上晒干。切忌火烘，否则变成黑色，缺乏香气。

【药　　性】辛，温。归胃、脾经。

【功　　能】消胀行气，健脾止痛。

【主　　治】脘腹冷痛，寒湿吐泻，食滞腹胀。

【用法用量】马、牛 15～30g，羊、猪 6～15g。

【方　　例】1.治牛急性臌气方（《诊疗牛病经验选编》）：沙姜（山奈）研粉 30g，酸荞头（捣烂）250g。开水冲服。

2.治牛脚肿痛方（《兽医中草药处方选编》）：沙姜（山奈）30g（捣溶），冲酒 250g，鸡蛋 3 只服。并用茶子饼、辣椒叶，煎洗患处。

3.治牛外伤出血方（《中兽医疗牛集》）：沙姜（山奈）250g，晒干研末，用茶油调敷伤口。

【别　　名】山马蝗，羊带归，娘带归，三抓母，拿身草。

【来　　源】豆科植物山蚂蝗 *Desmodium racemosum*（Thunb.）DC. 的全草。主产于江苏、安徽、浙江、江西等地。

【采集加工】夏季采收，采后鲜用，或晒干用。

【药　　性】苦、甘，凉。归肺、大肠经。

【功　　能】祛风除湿，消肿解毒。

【主　　治】风湿痹痛，崩中带下，跌打损伤，毒蛇咬伤。

【用法用量】马、牛60 ～ 120g，羊、猪15 ～ 30g。

【方　　例】1. 治牛食积不化方（《浙江民间兽医草药集》）：羊带归（山蚂蝗）、铁扫帚、青木香、山楂、神曲各30 ～ 60g。煎水喂服。

2. 治家畜毒蛇咬伤方（《广东中兽医常用草药》）：娘带归（山蚂蝗）、三月泡（茅莓根）、鱼腥草、九里香各60 ～ 120g。煎水喂服。

中兽药标本及器具图谱

【别　　名】水皂角，地柏草，土柴胡，西风草，含羞草决明，短叶决明，夜合草。

【来　　源】豆科植物含羞草决明 *Cassia mimosoides* Linn. 或短叶决明 *Cassia leschenaultiana* DC. 的全株。全国大部分地区均产。

【采集加工】夏秋季采收，晒干或焙干。

【药　　性】甘，平。

【功　　能】清肝利湿，散瘀化积。

【主　　治】痢疾，伤风感冒，消化不良。

【用法用量】马、牛60 ～ 120g，羊、猪30 ～ 60g。

【方　　例】1. 治猪、牛痢疾方（《浙江民间兽医草药集》）：含羞草决明（山扁豆）全草 120 ～ 250g，海蚌含珠草250 ～ 500g。煎水喂服。

2. 治牛风湿坐栏方（《江西民间常用兽医草药》）：正西风草（山扁豆）、金线吊葫芦各250 ～ 500g，柳树寄生、石菖蒲、海风藤、双钩藤、山栀根各60 ～ 90g。煎水喂服。

短叶决明
Cassia leschenaultiana DC.

39

57. 山银花

华南忍冬
Lonicera confusa DC.

【别　　名】山花，南银花，山金银花，土忍冬。

【来　　源】忍冬科植物灰毡毛忍冬 *Lonicera macranthoides* Hand.-Mazz.、红腺忍冬 *Lonicera hypoglauca* Miq.、华南忍冬 *Lonicera confusa* DC. 或黄褐毛忍冬 *Lonicera fulvotomentosa* Hsu et S.C.Cheng 的干燥花蕾或带初开的花。主产于安徽、浙江、江西、福建等地。

【采集加工】夏初花开放前采收，干燥。

【药　　性】甘，寒。归肺、心、胃经。

【功　　能】清热解毒，疏散风热。

【主　　治】痈肿疔疮，喉痹，丹毒，热毒血痢，风热感冒，温病发热。

【用法用量】马、牛 15～60g，羊、猪 5～10g，犬、猫 3～5g，兔、禽 1～3g。

【禁　　忌】脾胃虚寒及气虚疮疡脓清者忌用。

58. 山 蒟

【别　　名】石南藤，石蒟，巴岩香，酒饼藤，蒟酱。

【来　　源】胡椒科植物山蒟 *Piper hancei* Maxim. 的藤叶。主产于浙江、福建、江西、湖南、广西、贵州、云南等地。

【采集加工】秋季采收，切段，晒干。用时切片。

【药　　性】辛，温。归肺、脾经。

【功　　能】祛风除湿，活血消肿，行气止痛，化痰止咳。

【主　　治】风湿痹痛，跌打损伤，风寒咳喘。

【用法用量】马、牛 60～120g，猪、羊 15～30g。

【禁　　忌】孕畜及阴虚火旺者禁服。

【方　　例】1. 治牛、马风寒感冒方（《兽医手册》）：山蒟、紫苏、薄荷、石菖蒲、青木香、香薷、藿香、丁香、细辛，煎水喂服。

2. 治牛、马风湿坐栏方：①山蒟、穿破石、双钩藤、粉防己、桐寄生、白芷。以生姜、黄酒为引，煎水喂服（《诊疗牛病经验汇编》）。②山蒟、威灵仙、五加皮、骨碎补、铁凉伞、石菖蒲、西风草。煎水喂服（《农畜土方草药汇编》）。

3. 治牛、马风湿软脚方（《江西省中兽医经验交流会资料选编》）：山蒟、伸筋藤、紫荆皮、威灵仙、五加皮、川牛膝、大活血、骨碎补、羌活、独活、升麻、桂枝。煎水喂服。

4. 治猪软骨病方（《中兽医验方汇编》）：山蒟、石菖蒲、骨碎补、伸筋草、黄荆根。水酒煎服。

【别　　名】山里红，鼠查，赤爪实，映山红果，酸梅子，山梨，红果，酸枣。

【来　　源】蔷薇科植物山里红 *Cralaegus pinnatifida* Bge.*var.major* N.E.Br. 或山楂 *Crataegus pinnatifida* Bge. 的干燥成熟果实。主产于河南、山东、河北等地，以山东产量大、质佳。

【采集加工】9—10月果实成熟后采收。果实采摘后趁鲜横切或纵切成两瓣，晒干，或采用切片机切成薄片，在 60 ~ 65℃条件下烘干。

【药　　性】酸、甘，微温。归脾、胃、肝经。

【功　　能】消食化积，行气散瘀。

【主　　治】伤食腹胀，消化不良，产后恶露不尽。

【用法用量】马、牛 20 ~ 60g，羊、猪 10 ~ 15g，犬、猫 3 ~ 6g，兔、禽 1 ~ 2g。

【禁　　忌】胃酸分泌过多者慎用。

【方　　例】1. 健脾丸（《证治准绳》）：山楂、白术、黄连、茯苓、人参、神曲、陈皮、砂仁、山药、肉豆蔻，有健脾和胃、消食止泻功用，主治食少难消、脘腹痞闷、大便溏薄。

2. 山楂汤（《朱丹溪方》）：山楂打碎，加水煎汤，用少许红糖调味，空腹温服。用于产后恶露不尽，腹中疼痛，或产后血瘀腹痛。

60. 山慈菇（附药：光慈菇）

【别　　名】毛姑，金灯，朱姑，山茨菇，山兹菇。

【来　　源】兰科植物杜鹃兰 *Gremastra appendiculata*（D.Don）Makino、独蒜兰 *Pleione bulbocodioides*（Franch.）Rolfe 或云南独蒜兰 *Pleione yunnanensis* Rolfe 的干燥假鳞茎。前者习称"毛慈菇"，后二者习称"冰球子"。主产于四川、贵州等地。

【采集加工】夏、秋二季采挖，除去地上部分及泥沙，大小分开，置沸水锅中蒸煮至透心，干燥。

【药　　性】甘、微辛，凉。归肝、脾经。

【功　　能】清热解毒，化痰散结。

【主　　治】痈肿疔毒，瘰疬痰核，蛇虫咬伤，癥瘕痞块。

【用法用量】马、牛 30 ~ 45g，猪、羊 15 ~ 30g。

【方　　例】1. 治母畜乳房黄肿方（《吉林省中兽医验方选集》）：山慈菇、蒲公英、金银花、天花粉、炮甲珠、牵牛子、生黄芪、连翘。共为细末，开水冲服。

2. 治牛、马痈疽发背，疔肿恶疮方（《兽医中药与处方学》）：山慈菇、五倍子、大戟、麝香，共为细末，香油调敷。

附药：光慈菇

光慈菇　　百合科植物老鸦瓣 *Tulipa edulis* 的鳞茎。主产于辽宁、山东、江苏、浙江、安徽等地。具有解毒散结，行血化瘀的功效。主治咽喉肿痛，瘰疬，痈疽，疮肿，产后瘀滞。

61. 山 橿

【别　　名】米珠，副山苍，光香，光狗棍，六角樟，观音香，花樟树，
　　　　　　大叶樟。
【来　　源】樟科植物山橿 *Lindera reflexa* Hemsl. 的全株。主产于
　　　　　　浙江、江西、安徽、湖南、广东、广西等地。
【采集加工】根皮随采随用；种子冬季采收，采后晒干，榨油备用。
【药　　性】辛，温。
【功　　能】行气止痛，止血消肿。
【主　　治】肠胃不和，泄泻，呕逆，消化不良。
【用法用量】马、牛60～120g，羊、猪15～30g。
【方　　例】1. 治牛、马消化不良、胃肠不和方（《湖南中兽医药
　　　　　　物集》）：观音香（山橿），配合桂枝、干姜等同服。
　　　　　　2. 治猪、羊、兔皮肤疥癣方（《兽医中草药验方选》）：
　　　　　　大叶樟（山橿）油、樟脑、雄黄、枯矾。共为细末，
　　　　　　调敷患处。

中兽药标本及器具图谱

62. 千斤拔

【别　　名】打地钻，一条根，吊马桩，土黄芪，三脚马。
【来　　源】豆科植物蔓性千斤拔 *Moghania philippinensis*（Merr.
　　　　　　et Rolfe）Li 的根。主产于福建、广东、广西、湖北、
　　　　　　贵州等地。
【采集加工】秋后采挖，洗净，切段，晒干或鲜用。
【药　　性】甘、辛，温。归肺、肾、膀胱经。
【功　　能】祛风除湿。
【主　　治】风湿痹痛，跌打损伤，四肢酸软。
【用法用量】马、牛60～120g，羊、猪30～60g。
【方　　例】1. 治牛劳伤乏力方（《兽医常用中草药》）：千斤
　　　　　　拔180g（切片），糯米共炒，再予蒸晒。米酒
　　　　　　500mL，文火燉后喂服。
　　　　　　2. 治牛、猪关节肿痛方（《兽医中草药临症应用》）：
　　　　　　千斤拔、茅莓根各60g，五加皮90g。煎水喂服。

63. 千年健

【别　　名】千颗针，一包针，绫丝线，千年见。

【来　　源】天南星科植物千年健 *Homalomena occulta*（Lour.）Schott 的干燥根茎。主产于广西、云南等地。

【采集加工】春、秋二季采挖，洗净，除去外皮，晒干。

【药　　性】苦、辛，温。归肝、肾经。

【功　　能】疏通经络，散风祛湿，强筋续骨。

【主　　治】风寒湿痹，筋骨疼痛，四肢拘挛。

【用法用量】马、牛 15 ~ 30g，羊、猪 5 ~ 10g。

【禁　　忌】阴虚内热者忌服。

【方　　例】1.治伤寒拐脚方（《吉林省中兽医经验选集》）：千年健、地枫皮、狗脊各 30g，白附、防风、羌活、白芷、天麻、天南星各 12 ~ 15g。共为细末，以白酒为引，开水冲服，能祛风除湿，治牛、马风寒拐脚效好。

2.治寒伤把胯方（《中兽医验方》）：千年健、追地风、青风藤、海风藤、羌活、肉苁蓉、全当归、牛膝、党参。共为细末，以黄酒为引，开水冲服，能疏通经络、散风祛湿、强筋壮骨，治马、驴寒伤把胯效好。

64. 千里光

【别　　名】千里及，千里急，九里光，九岭光，黄花草。

【来　　源】菊科植物千里光 *Senecio scandens* Buch.-Ham. 的干燥地上部分。主产于江苏、浙江、四川、广西等地。

【采集加工】全年均可采收，除去杂质，阴干。

【药　　性】苦，寒。归肺、肝经。

【功　　能】清热解毒，清肝明目，利湿。

【主　　治】风湿感冒，目赤肿痛，湿热下痢，膀胱湿热，疮黄疔毒。

【用法用量】马、牛 60 ~ 120g，羊、猪 10 ~ 30g。

【方　　例】1.治牛肝热传眼，用平肝疗目汤（《活兽慈舟校注》）：千里光、龙胆草、夏枯草、车前草、灯心草、柴胡、白药、黄芩、当归、川芎、薄荷、荆芥、牛膝、石膏。捣煎极浓，候温啖之。

2.治猪、牛风热感冒方（《兽医常用中草药》）：千里光、野菊花、忍冬藤、水辣蓼，煎水喂服。

3.治猪慢性胃肠炎方（《民间兽医本草》）：千里光、野菊花、犁头草、紫花地丁、蒲公英各等量。诸药共为细末，煎水喂服。

65. 千金子

【别　　名】续随子，千两金，菩萨豆。

【来　　源】大戟科植物续随子 *Euphorbia lathyris* L. 的干燥成熟种子。主产于河北、浙江、四川等地。

【采集加工】夏、秋二季果实成熟时采收，除去杂质，干燥。

【药　　性】辛，温；有毒。归肝、肾、大肠经。

【功　　能】逐水消肿，破血散结。

【主　　治】尿不利，腹水肚胀，粪便秘结。

【用法用量】马、牛 15 ~ 30g，羊、猪 3 ~ 6g。

【禁　　忌】孕畜忌服。

【方　　例】1. 治牛、马胀肚，用千金子散（《吉林省中兽医验方选集》）：千金子、大戟、甘遂、黑丑、木香、香附、枳壳、郁李仁、乌药、车前子。共为细末，以黄芪末、白酒为引，开水冲服。

2. 治马、骡结症，用续随子散（《山西省名兽医座谈会经验秘方汇编》）：续随子（千金子）、大蓟、甘遂、郁李仁、黑白丑、木通、芫花、滑石、木香、大黄、皂角、芒硝。共为细末，开水冲服。

66. 千金藤

【别　　名】山乌龟，白药，小青藤，金线吊乌龟，金线吊蛤蟆，公老鼠藤，天膏药。

【来　　源】防己科植物千金藤 *Stephania japonica*（Thunb.）Miers 的根或茎叶。主产于河南、四川、湖北、湖南等地。

【采集加工】秋季采收，挖根，切片晒干。藤茎随采随用。

【药　　性】苦，寒。归肺、肾、膀胱、肝经。

【功　　能】清热解毒，祛风利湿。

【主　　治】咽喉肿痛，痈肿疮疖，风湿痹痛。

【用法用量】马、牛 30 ~ 90g，羊、猪 15 ~ 30g（藤茎用量加倍）。

【方　　例】1. 千金散（《兽医常用中草药》）：千金藤根、苦参、明矾。共为细末，开水冲服，治牛锁喉黄、咽喉肿痛。

2. 治牛风湿坐栏方（《兽医手册》）：千金藤、土牛膝、牛尾菜、千斤拔、五加皮、山苍子根，煎水喂服。

3. 治牛、马四肢风湿麻木方（《兽医手册》）：山乌龟（千金藤）、白刺藤、乌泡刺根、桂枝、薏米各适量，烧酒浸服。

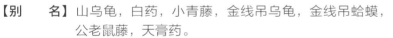

67. 川木通

【别　　名】淮通，淮木通，小木通，白木通。

【来　　源】毛莨科植物小木通 *Clematis armandii* Franch. 或绣球藤 *Clematis montana* Buch.-Ham. 的干燥藤茎。主产于四川、云南、贵州等地。

【采集加工】春、秋二季采收，除去粗皮，晒干，或趁鲜切薄片，晒干。

【药　　性】苦，寒。归心、小肠、膀胱经。

【功　　能】清热利尿，通经下乳。

【主　　治】膀胱湿热，水肿，尿不利，风湿痹痛，乳汁不通。

【用法用量】马、牛 15 ~ 45g，驼 40 ~ 80g，羊、猪 5 ~ 15g，犬、猫 3 ~ 6g，兔、禽 1.2 ~ 3g。

【禁　　忌】孕畜忌服。

68. 川牛膝

【别　　名】牛膝，红牛膝，杜牛膝，牛七。

【来　　源】苋科植物川牛膝 *Cyathula officinalis* Kuan 的干燥根。主产于四川、云南、贵州等地。

【采集加工】秋、冬二季采挖，除去芦头、须根及泥沙，烘或晒至半干，堆放回润，再烘干或晒干。

【药　　性】甘、微苦，平。归肝、肾经。

【功　　能】逐瘀通经，通利关节，利尿通淋。

【主　　治】风湿痹痛，产后血瘀，胎衣不下，跌打损伤，血淋。

【用法用量】马、牛 15 ~ 45g，羊、猪 5 ~ 10g，犬、猫 1 ~ 3g，兔、禽 0.5 ~ 1.5g。

【禁　　忌】气虚下陷及孕畜忌服。

【方　　例】舒筋散（《牛医金鉴》）：川牛膝、当归、萆薢、甘草、续断、木瓜、桂枝、川芎、独活、薏苡仁、杜仲、陈皮，共为细末，引菜瓜子、桑枝、水酒，开水冲调，候温灌服。能舒筋活血、散寒除湿，主治牛风湿痹痛。

69. 川贝母

【别　　名】贝母，青贝，松贝，药实，川贝。

【来　　源】百合科植物川贝母 *Fritillaria cirrhosa* D.Don、暗紫贝母 *Fritillaria unibracteata* Hsiao et K.C.Hsia、甘肃贝母 *Fritillaria przewalskii* Maxim.、梭砂贝母 *Fritillaria delavayi* Franch.、太白贝母 *Fritillaria taipaiensis* P.Y.Li 或瓦布贝母 *Fritillaria unibracteata* Hsiao et K.C.Hsia var.*wabuensis*（S.Y.Tang et S.C.Yue）Z.D.Liu, S.Wang et S.C.Chen 的干燥鳞茎。主产于四川、青海、甘肃、云南等地。

【采集加工】夏、秋二季或积雪融化后采挖，除去须根、粗皮及泥沙，晒干或低温干燥。

【药　　性】苦、甘，微寒。归肺、心经。

【功　　能】清热润肺，化痰止咳，散结消痈。

【主　　治】肺热燥咳，久咳少痰，阴虚劳嗽，阴虚劳咳，疮痈肿毒，乳痈。

【用法用量】马、牛 15 ~ 30g，羊、猪 3 ~ 10g，犬、猫 1 ~ 2g，兔、禽 0.5 ~ 1g。

【禁　　忌】脾胃虚寒及寒痰、湿痰者慎服。不宜与乌头类药材同用。

【方　　例】1. 治牛喉风症，用贝母甘草散（《农学录》）：知母、贝母、黄芩、大黄、甘草、荆芥、栀子、瓜蒌、川芎、牙硝、白矾、皮硝、蛇退。各等份为末，蜜水调灌。

2. 沙参散（《兽医中草药大全》）：川贝母、沙参、麦门冬、白芍、牡丹皮、甜杏仁、陈皮、茯苓、半夏、甘草、蜂蜜。有养阴清热、化痰止咳功效，治疗劳伤咳嗽，久咳不止。

3. 川贝母散（《兽医中草药大全》）：川贝母、款冬花、杏仁、桑白皮、五味子、甘草、生姜。有清热润肺、化痰止咳功效，治咳嗽日久不愈。

70. 川 乌

制川乌

川乌

乌头
Aconitum carmichaelii Debx.

【别　　名】铁花，五毒，川乌头，鹅儿花，毒公，竹节乌头，独白草，鸡毒。

【来　　源】毛茛科植物乌头 *Aconitum carmichaelii* Debx. 的干燥母根。主产于四川、云南、陕西、湖南等地。

【采集加工】6 月下旬至 8 月上旬采挖，除去子根、须根及泥沙，晒干。

【药　　性】辛、苦，热；有大毒。归心、肝、肾、脾经。

【功　　能】祛风除湿，温经止痛。

【主　　治】风寒湿痹，关节疼痛，心腹冷痛，寒疝作痛。

【用法用量】内服用炮制品。外用适量。

【禁　　忌】孕畜忌服；生品内服宜慎；不宜与贝母类、半夏、白及、白蔹、天花粉、瓜蒌子、瓜蒌同用。

【方　　例】1. 五虎丹（《抱犊集》）：生川乌、生草乌、生栀子、生半夏、生南星，共同捣烂，外敷患处。如红肿不消退，加白芥子。能祛寒湿、散风邪，治疗牛寒湿痹证效果显著。

2. 川乌膏（《中兽医治疗学》）：川乌、草乌、白及、白蔹、白矾、大黄、雄黄、龙骨、花椒、肉桂、硫黄、没药、乳香、栀子、白芥子。共为细末，醋熬成胶，麦面调敷患处。能温经止痛，治疗马劳伤筋胀。

【别　　名】芎䓖，香果，胡䓖，台芎，西芎，京芎。

【来　　源】伞形科植物川芎 *Ligusticum chuanxiong* Hort. 的干燥根茎。主产于四川。

【采集加工】夏季当茎上的节盘显著突出，并略带紫色时采挖，除去泥沙，晒后烘干，再去须根。主产于四川。

【药　　性】辛，温。归肝、胆、心包经。

【功　　能】活血行气，祛风止痛。

【主　　治】跌打损伤，气血瘀滞，胎衣不下，产后血瘀，风湿痹痛。

【用法用量】马、牛 5 ~ 45g，羊、猪 3 ~ 10g，犬、猫 1 ~ 3g，兔、禽 0.5 ~ 1.5g。

【禁　　忌】阴虚火旺、上盛下虚及气弱者忌服。

【方　　例】1. 四物汤（《和剂局方》）：当归、川芎、白芍、熟地黄。以上 4 味水煎，候温灌服。能补血活血，主治冲任虚损，血虚，症见舌淡、脉细；或血虚夹有瘀滞者及产后恶露不净。
2. 血府逐瘀汤（《医林改错》）：当归、生地黄、牛膝、红花、桃仁、柴胡、赤芍、枳壳、川芎、桔梗、甘草，水煎，候温灌服。能活血行瘀，理气止痛。主治跌打损伤及气滞血瘀。

72. 川防风

【别　　名】短裂藁本，竹节防风，毛前胡，西风。

【来　　源】伞形科植物短片藁本 *Ligusticum brachylobum* Franch. 的根。主产于四川、贵州、云南等地。

【采集加工】春、秋采收，挖出根部，洗净，晒干。

【药　　性】甘、辛，温。归肝、脾、膀胱经。

【功　　能】发表祛湿，胜湿止痛。

【主　　治】外感表证，头痛昏眩，关节疼痛，四肢拘挛，目赤疮疡，破伤风。

【禁　　忌】虚热、体虚多汗者禁服。

73. 川楝子

【别　　名】金铃子，楝实，川楝实，苦楝子。

【来　　源】楝科植物川楝 *Melia toosendan* Sieb.et Zucc. 的干燥成熟果实。

【采集加工】冬季果实成熟时采收，除去杂质，干燥。主产于甘肃、湖北、四川、贵州和云南等地。

【药　　性】苦，寒；有小毒。归肝、小肠、膀胱经。

【功　　能】疏肝行气，驱虫止痛。

【主　　治】气滞腹胀，腰胯疼痛，虫积腹痛。

【用法用量】马、牛 15 ~ 45g，驼 40 ~ 70g，羊、猪 5 ~ 10g，犬 3 ~ 5g。

【禁　　忌】猪慎用。

【方　　例】1. 茴香散（《蓄牧纂验方》）：川楝子、小茴香、陈皮、当归、芍药、荷叶、厚朴、延胡索、紫牵牛、木通、益智仁。诸药为末，引酒、葱，同煎三五沸，候温空腹灌服。有温肾散寒、理气活血功效，主治马寒湿所伤、腰胯疼痛。

2. 破故纸散（《元亨疗马集》）：川楝子、补骨脂、肉豆蔻、小茴香、胡芦巴、厚朴、青皮、陈皮、巴戟天，共为末，水煎三沸，入童便半盏，候温空腹灌服。有温肾壮阳功效，主治马肾败垂缕不收。

3. 治马口色清白、伤冷腰胯病，或阴肿肚黄病，用金铃子散（《师皇安骥集》）：金铃子（川楝子）、补骨脂、胡芦巴、玄胡索、大茴香、京三棱、蓬莪术、车前子、青橘皮、陈橘皮、香白芷、杏仁、紫菀、乳香、没药、血竭、木通，各等份为末，空草灌之。

4. 治牛、马肾冷拖腰，用加味金铃散（《中兽医治疗学》）：金铃子（川楝子）、枸杞子、大附子、香附子、川牛膝、广木香、杜木瓜、骨碎补、炙黄芪、川杜仲、威灵仙、全当归、肉桂、茴香、续断、熟地、台乌、没药、槟榔、炙草。共为细末，以白酒为引，开水冲服。

【别　　名】獐耳细辛，章耳细辛，四叶细辛，牛细辛，老君须，
四块瓦，四大天王。
【来　　源】金粟兰科植物及己 *Chloranthus serratus*（Thunb.）
Roem 的根。主产于江苏、安徽、湖北、福建、广东、
广西等地。
【采集加工】春季开花前采挖，去掉茎苗、泥沙，阴干。
【药　　性】苦，平。有毒。
【功　　能】活血散瘀，杀虫止痒。
【主　　治】跌打损伤，痈肿疮疖，皮肤瘙痒。
【用法用量】外用药无定量，视患处大小而定。
【禁　　忌】内服宜慎。
【方　　例】1. 治马冷痛方（《黔南兽医常用中草药》）：四块瓦
（及己）、八爪金（百两金）、木姜子（山苍子）各
15g。共研细末，加酒冲服。
2. 治牛跌打损伤方（《中兽医疗牛集》）：四大天王（及己）、小郎伞（朱砂根）、红
花倒水莲各适量。将上药浸酒，用药酒擦患处。
3. 治猪皮炎湿疹方（《中兽医手册》）：用四大金刚根（及己）1 握，野菊花全草适量。
煎后洗猪体，隔天再洗 1 次。
4. 治皮肤疮毒疖肿方（《浙江民间常用草药》）：四大天王根（及己）1 握。研成细末，
香油调敷；或煎汁外敷；或用叶捣烂外敷。

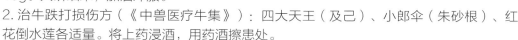
75. 广木香

【别　　名】蜜香，青木香，五香，广香，云木香。
【来　　源】菊科植物云木香 *Saussurea lappa* Clarke. 的根。主产
于云南、广西、四川等地。
【采集加工】10 月至翌年 1 月间采挖，除去残茎，洗净，晒干（不
宜久烘）。
【药　　性】辛、苦，温。归脾、胃、大肠、胆经。
【功　　能】行气止痛，温中和胃。
【主　　治】胃肠气滞，食积肚胀，腹痛。
【用法用量】马、牛 15 ~ 30g，羊、猪 3 ~ 9g。
【方　　例】1. 和气饮（《牛经备要医方》《民间兽医本草》）：
广木香、陈皮、麦芽、木通、川芎、淡豆豉、桔梗、
车前子、柴胡。共研细末，以葱头、陈酒为引，用水
煎服，治牛热病后气胀，立效。
2. 木香止泻散（《中兽医验方汇编》）：广木香、西砂仁、
焦白术、白茯苓、官桂、厚朴、吴茱萸、草豆蔻、建曲、
甘草。以生姜为引，煎水喂服，治牛、马冷肠泄泻。

中兽药标本及器具图谱

76. 广　枣

【别　　名】山枣，山枣子，山桉果，五眼果，醋酸果。

【来　　源】漆树科植物南酸枣 *Choerospondias axillaris*（Roxb.）Burtt et Hill 的干燥成熟果实。蒙古族习用药材。主产于西藏、云南、广西、广东等地。

【采集加工】秋季果实成熟时采收，除去杂质，干燥。

【药　　性】甘、酸，平。

【功　　能】行气活血，养心安神。

【主　　治】气滞血瘀，胸痹作痛，心悸气短，心神不安。

77. 弓果藤

【别　　名】牛茶藤，牛角藤，小羊角拗。

【来　　源】萝藦科弓果藤 *Toxocarpus wightianus* Hook.et Arn. 的全株。主产于贵州、广西、广东等地。

【采集加工】全年可采，除去杂质，干燥。

【药　　性】苦、辛，凉。归脾、胃经。

【功　　能】清热解毒，祛瘀止痛。

【主　　治】食欲不振，宿食不化，痈肿疮毒，跌打肿痛。

【用法用量】外用适量。

78. 女贞子

【别　　名】女贞实，冬青子，白蜡树子，爆格蚤，女精，鼠梓子。
【来　　源】木犀科植物女贞 Ligustrum lucidum Ait. 的干燥成熟果实。主产于浙江、江苏、湖南等地。
【采集加工】冬季果实成熟时采收，除去枝叶，稍蒸或置沸水中略烫后，干燥；或直接干燥。
【药　　性】甘、苦，凉。归肝、肾经。
【功　　能】补肝肾，强筋骨，明目。
【主　　治】阴虚内热，腰肢无力，肾虚滑精，目暗不明。
【用法用量】马、牛 15 ~ 60g，羊、猪 6 ~ 15g，犬、猫 2 ~ 5g，兔、禽 1.5 ~ 3g。
【方　　例】1. 复方一年蓬散（《中兽医方剂大全》）：一年蓬 80g，陈皮、女贞子各 10g，共为细末，以 3% 的比例混饲喂服。开胃进食，增重催肥。用于促进猪的生长和肥育，亦可添加于母猪饲料中，预防仔猪下痢。
2. 二至丸（《医方集解》）：女贞子、墨旱莲各等份。女贞子冬至时采，阴干，蜜酒拌蒸，过 1 夜，粗袋擦去皮，晒干为末；墨旱莲夏至时采，捣汁，熬膏，和前药为丸。补虚损，暖腰膝，壮筋骨，明眼目；补益肝肾，滋阴止血。主治肝肾阴虚，眩晕耳鸣，咽干鼻燥，腰膝酸痛。
3. 治家畜肾虚腰冷，四肢无力方（《兽医手册》）：女贞子、金樱子、巴戟天、淮山药、肉苁蓉、白扁豆、桂枝、龙骨、芡实。煎水喂服。
4. 治公畜阳痿滑精方（《兽医常用中草药》）：女贞子、金樱子、五味子、菟丝子、枸杞子。煎水喂服。

79. 女娄菜

【别　　名】桃色女娄菜。
【来　　源】石竹科植物女娄菜 Melandrium apricum (Turcz.) Rohrb. 的全草。全国大部分地区均产。
【采集加工】夏、秋季采集，除去泥沙，鲜用或晒干。
【药　　性】甘、微苦，凉。归肝、脾经。
【功　　能】清热利胆，消肿解毒。
【主　　治】骨蒸潮热，咽喉肿痛，湿热黄疸，体虚水肿，母畜缺乳。
【用法用量】马、牛 60 ~ 90g，羊、猪 15 ~ 30g。
【方　　例】1. 治人畜咽喉肿痛方：①女娄菜、长松萝、大力子、蛇莓、白薇各适量。煎水喂服（《高原中草药治疗手册》）。
②女娄菜、点地梅、风毛菊、马前蒿。煎水喂服（《青海省兽医中草药》）。
2. 治家畜黄疸肝炎方：①女娄菜、萹蓄草、苦荞叶、青蒿各适量。煎水喂服（《高原中草药治疗手册》）。
②女娄菜、獐牙菜、苦荞、臭蒿、高山龙胆。煎水喂服（《青海省兽医中草药》）。

80. 飞来鹤

【别　　名】奶浆藤，羊角藤，隔山撬，牛皮冻，婆婆针线包，隔山消。

【来　　源】萝藦科植物耳叶牛皮消 *Cynanchum auriculatum* Royle ex Wight 的茎叶。全国大部分地区均产。

【采集加工】根茎全年可采，叶夏秋季采。

【药　　性】甘、微辛，温。

【功　　能】清热解毒，行气止痢。

【主　　治】食积腹痛，痢疾，疮痈肿毒，毒蛇咬伤。

【用法用量】马、牛 45 ~ 90g，羊、猪 15 ~ 30g。

【方　　例】1. 治牛马食积腹胀、腹水方：①隔山消（飞来鹤）、青木香。煎水喂服（《民间兽医本草》续编）。②隔山消（飞来鹤）、瓜子金、破铜钱。煎水喂服（《兽医手册》）。

2. 治牛马疝气痛方：①隔山消（飞来鹤）、吴茱萸、乌贼骨。煎水内服（《兽医手册》）。②飞来鹤、苦荬菜、乌药、青皮。煎水喂服（《中兽医手册》）。③积食气痛方：隔山消 500g，捣绒配淘米水服（《黔南兽医常用中草药》）。

3. 治牛热痢方（《中兽医手册》）：飞来鹤根、板蓝根、大青叶、炒银花。煎水喂服。

81. 马 兰

【别　　名】鸡儿肠，紫菊，鱼秋串，路边菊，田边菊，马连甲。

【来　　源】菊科植物马兰 *Kalimeris indica*（L.）Sch.-Bip. 的全草及根。全国大部分地区均产。

【采集加工】夏、秋采收，鲜用或晒干。

【药　　性】辛，凉。有小毒。

【功　　能】清热利湿，凉血解毒。

【主　　治】吐血，衄血，血痢，崩漏，创伤出血，黄疸，水肿，淋浊，痈肿。

【用法用量】马、牛 250 ~ 500g，羊、猪 120 ~ 250g。

【方　　例】1. 治牛、马咽喉肿痛方（《兽医中草药临症应用》）：鲜马兰、土牛膝、苍耳子各 60 ~ 90g，煎水喂服。

2. 治牛拉血方（《中兽医科技参考资料》第 2 辑）：马兰根、车前草、水杨柳、百节藕、石菖蒲、紫金牛、大活血、牛膝各 30 ~ 60g。煎水喂服。

3. 治母畜乳房肿毒方（《兽医中草药临症应用》）：马兰、天胡荽各 90 ~ 150g，煎水喂服。

药名 马勃
用途 清肺，散血热。
拉丁名 Lashiosphaera

【别　　名】灰包，牛屎菇，鬼白，马屁包，马屁勃，鸡肾菌。

【来　　源】灰包科真菌脱皮马勃 *Lasiosphaera fenzlii* Reich.、大马勃 *Calvatia gigantea*（Batsch ex Pers.）Lloyd 或紫色马勃 *Calvatia lilacina*（Mont.et Berk.）Lloyd 的干燥子实体。主产于内蒙古、甘肃、吉林、湖北等地。

【采集加工】夏、秋二季子实体成熟时及时采收，除去泥沙，干燥。

【药　　性】辛，平。归肺经。

【功　　能】清肺利咽，消肿止血。

【主　　治】咽喉肿痛，肺热咳嗽，鼻衄，创伤出血。

【用法用量】马、牛 15 ~ 25g，羊、猪 3 ~ 6g，犬、猫 0.5 ~ 1g。外用适量。

【禁　　忌】风寒劳咳失音者忌用。

【方　　例】1. 普济消毒散（《牛经备要医方》）：薄荷、板蓝根、马勃、陈皮、柴胡、大黄、甘草、桔梗、酒黄芩、酒黄连、牛蒡子、升麻、滑石、青黛、连翘、玄参、荆芥。有清热解毒，疏风消肿功效。治牛感疔毒，颈项之间漫肿无头，角热目赤，口角流涎，肌肉发热，舌苔黄，大便秘结，小便短赤，肿疮毒。

2. 清咽消毒饮（《疫喉浅论》）：马勃、金银花、水牛角、连翘、板蓝根、人中黄、黄连、栀子、牛蒡子、玄参、薄荷、绿豆衣。有清热解毒，利咽消肿功效。治疗家畜咽喉肿痛，用之效佳。

3. 治家畜外伤出血方：①马勃少许，研为细末搽敷患处（《中兽医诊疗经验汇编》）。②马勃、蒲黄。共为细末，搽敷患处（《中兽医诊疗》）。

83. 马兜铃

马兜铃 *Aristolochia debilis* Sieb.et Zucc.

北马兜铃 *Aristolochia contorta* Bge.

【别　　名】臭铃铛，葫芦罐，马斗令，蛇参果。

【来　　源】马兜铃科植物北马兜铃 *Aristolochia contorta* Bge. 或马兜铃 *Aristolochia debilis* Sieb.et Zucc. 的干燥成熟果实。主产于河北、山东、陕西等地。

【采集加工】秋季果实由绿变黄时采收，干燥。

【药　　性】苦，微寒。归肺、大肠经。

【功　　能】清肺降气，止咳平喘。

【主　　治】肺热咳喘，痰多喘促。

【用法用量】马、牛 15 ~ 30g，羊、猪 3 ~ 6g。

【禁　　忌】虚寒咳嗽及脾虚便溏者慎服，孕畜慎用。

【方　　例】1. 马兜铃汤（《普济方》）：桔梗、甘草（炒）、马兜铃（炒）。有化痰止咳，清热理气功效。主治咳嗽，咽燥烦渴，咳吐腥臭脓血。

2. 补肺散（《小儿药证直诀》）：马兜铃（焙）、阿胶（麸炒）、牛蒡子（炒香）、甘草（炙）、杏仁（去皮尖，炒）、糯米（炒）。有养阴清肺，止咳平喘，温养脾胃功效。主治肺虚热盛，咳嗽气短，咽干，咯痰不多或痰中带血，脉浮细数，舌红少苔。

【别　　名】扣子草，野苦瓜，老鼠担冬瓜，老鼠拉冬瓜，茅瓜薯。

【来　　源】葫芦科植物马㼎儿 *Melothria indica* Lour. 的全草。主产于江苏、浙江、福建、江西等地。

【采集加工】夏、秋季采收，随采随用，或晒干用。

【药　　性】甘、淡，凉。

【功　　能】清热解毒，止咳化痰。

【主　　治】肺热咳嗽，肺炎发热，肾虚水肿。

【用法用量】马、牛 30 ~ 60g，羊、猪 15 ~ 30g。

【方　　例】1. 治牛肺热咳嗽方（《中兽医疗牛集》）：野苦瓜（马㼎儿）、海金沙、铁包金、筋骨草、华山矾、梅叶冬青各 200g，穿心莲 50g。水煎喂服。

2. 治牛肾虚腰痛方（广东省陆丰县南万公社郑帝保经验）：茅瓜薯（马㼎儿）400g，罗网藤（海金沙）500g，金樱子 100g。水煎去渣喂服。

【别　　名】蠡草，蠡实，荔实，马楝子，豕首，剧草，马薤，旱蒲，马莲花。

【来　　源】鸢尾科植物马蔺 *Iris lactea* Pall. var.*chinensis*（Fisch.）Koidz. 的花、种子、根。全国大部分地区均有分布。

【采集加工】全草夏、秋季采收，扎把晒干或鲜用；种子 8—9 月果实成熟时割下果穗，晒干，打取种子，除去杂质，再晒干。

【药　　性】甘，平。归肾、膀胱、肝经。

【功　　能】清热利湿，止血解毒。

【主　　治】小便不利，痈肿疮疖，吐血，衄血。

【用法用量】马、牛 30 ~ 60g，羊、猪 1 ~ 2g。

【方　　例】1. 治马骡尿血方（《中兽医治疗经验集》）：白马莲花（马蔺）、蚊蚊草、甘草各 6g，炒白糖 15g。共为细末，开水冲服。或用白马莲花（马蔺）7 朵，白糖、蜂蜜各 60g，和服。

2. 治羊血尿方（《畜禽病土偏方治疗集》）：马蔺子 10g，白茅根 30g。煎水喂服，连服 2 ~ 3 剂。

86. 马缨丹

【别　　名】缨花丹，珊瑚球，昏花，如意草，臭草。

【来　　源】马鞭草科植物马缨丹 *Lantana camara* L. 的叶或带花叶的嫩枝。主产于广东、广西、福建、江西等地。

【采集加工】全年可采，随采随用，或晒干。

【药　　性】苦，寒。归大肠经。

【功　　能】消肿解毒，祛风止痒。

【主　　治】湿热臌胀，跌扑肿痛，疮疡肿毒。

【用法用量】马、牛 60 ~ 120g，羊、猪 30 ~ 60g。

【禁　　忌】孕畜及体弱者忌用。

【方　　例】1. 治牛、马流行性感冒方（《全国中兽医经验选编》）：马缨丹、鸡屎藤、土牛膝、水蜈蚣各 120 ~ 250g。煎水喂服。

2. 治牛皮肤风疹方（《中兽医疗牛集》）：五色花（马缨丹）、水油草（土荆芥）各适量。上药捣烂，冲开水或冲酒擦患部。

87. 马鞭草

【别　　名】凤颈草，紫顶龙芽，铁马鞭，马鞭梢。

【来　　源】马鞭草科植物马鞭草 *Verbena officinalis* L. 的干燥地上部分。主产于山西、陕西、甘肃、江苏等地。

【采集加工】6—8 月花开时采割，除去杂质，晒干。

【药　　性】苦，凉。归肝、脾经。

【功　　能】活血散瘀，利水消肿，清热解毒。

【主　　治】产后瘀血，胎衣不下，痢疾，黄疸，水肿，腹胀，痈肿疮毒。

【用法用量】马、牛 30 ~ 120g，羊、猪 15 ~ 30g。

【禁　　忌】孕畜慎用。

【方　　例】1. 治牛喉风症方（《广西中兽医药用植物》）：马鞭草、山豆根、金果榄、威灵仙、姜半夏。以米醋为引，煎水调服。

2. 治牛、猪肠炎、痢疾方：①马鞭草、覆盆子根。煎水喂服（《民间兽医献方选编》）。②马鞭草 24 株，洗净切碎，煎水喂服，连服 2 ~ 3 次，治仔猪白痢（《江西民间兽医诊疗及处方汇编》）。

3. 治牛跌打损伤，瘀血作痛（《中兽医手册》）：马鞭草、当归尾、茜草根、川芎、赤芍、红花、丹皮。煎汁喂服。

四 画

【别　　名】金盏银台，剪金花，王不留，不留行，王不流行，留行子，王牡牛。

【来　　源】石竹科植物麦蓝菜 *Vaccaria segetalis*（Neck.）Garcke 的干燥成熟种子。主产于河北、山东、辽宁、黑龙江等地。

【采集加工】夏季果实成熟、果皮尚未开裂时采割植株，晒干，打下种子，除去杂质，再晒干。

【药　　性】苦，平。归肝、胃经。

【功　　能】通络下乳，活血消痈。

【主　　治】乳汁不通，乳痈，疔疮。

【用法用量】马、牛 30 ~ 100g，羊、猪 15 ~ 30g，犬、猫 3 ~ 5g。

【禁　　忌】孕畜慎用。

【方　　例】1. 通乳散（《中华人民共和国兽药典》，2015 年版）：黄芪、党参、王不留行、白术、当归、路路通、通草、川芎、续断、木通、甘草，共为末，开水冲，候温灌服。能补气养血、通经下乳，主治气血不足所致的缺乳或少乳症。

2. 催奶灵散（《中华人民共和国兽药典》，2015 年版）：王不留行、黄芪、皂角刺、当归、党参、川芎、漏芦、路路通，粉碎，过筛，混匀。能补气养血，通经下乳，用于产后乳少、乳汁不下。

3. 治母畜乳房肿毒方（《兽医手册》）：王不留行、蒲公英、夏枯草、瓜蒌仁。煎水喂服。

4. 治家畜痈肿热毒方（《中兽医手册》）：王不留行、当归尾、皂角刺、香白芷、穿山甲、忍冬藤。煎水喂服。

89. 天仙子

【别　　名】莨菪子，熏牙子，小颠茄，山大烟，浪荡子。

【来　　源】茄科植物莨菪 *Hyoscyamus niger* L. 的干燥成熟种子。全国大部分地区均产。

【采集加工】夏、秋二季果皮变黄色时，采摘果实，暴晒，打下种子，筛去果皮、枝梗，晒干。

【药　　性】苦、辛，温；有大毒。归心、胃、肝经。

【功　　能】镇痉，止痛，止泻，定喘。

【主　　治】肠黄，泻痢不止，腹胀，风寒湿痹，四肢痉挛，咳喘。

【用法用量】马、牛 15 ~ 25g，驼 25 ~ 35g，羊、猪 1.5 ~ 5g，犬、猫 0.1 ~ 0.3g。

【禁　　忌】孕畜慎用。

【方　　例】1. 治马腹胀，用天仙散（《元亨疗马集》）：天仙子、牵牛子、白芍药、当归、连翘、芫荑、百合、白芷、贝母、甘草。各等份为末，以蜂蜜、薤汁为引，同调灌之。

2. 治牛肠炎泄泻方（《贵州民间兽医药方》）：莨菪子、牵牛子、泽泻、猪苓、青皮、陈皮。共研细末，开水冲服，或下麦煮粥，同调喂服。

3. 治家畜四肢痉挛、屈伸不利方（《高原中草药治疗手册》）：天仙子、五加皮、独活、防风、白芍、桂枝、甘草。共为细末，开水调服。

【别　　名】天门冬，天冬草，牛素面，大当门冬，飞天蜈蚣，武竹，明天冬。

【来　　源】百合科植物天门冬 *Asparagus cochinchinensis*（Lour.）Merr. 的干燥块根。主产于贵州、四川、广西、浙江、云南等地。

【采集加工】秋、冬二季采挖，洗净，除去茎基和须根，置沸水中煮或蒸至透心，趁热除去外皮，洗净，干燥。

【药　　性】甘、苦，寒。归肺、肾经。

【功　　能】养阴润燥，润肺生津。

【主　　治】肺热燥咳，阴虚内热，热甚伤津，肠燥便秘。

【用法用量】马、牛 15～40g，羊、猪 5～10g，犬、猫 1～3g，兔、禽 0.5～2g。

【方　　例】1. 理肺散（《元亨疗马集》）：天冬、蛤蚧、知母、川贝母、秦艽、紫苏子、百合、山药、马兜铃、枇杷叶、汉防己、白药子、栀子、天花粉、麦门冬、升麻。有滋阴润肺，止咳化痰功效。治肺虚咳嗽。秋季灌服，可预防燥气伤肺。

2. 白及枯矾散（《新编中兽医学》）：天冬、枯矾、白及、煅龙骨、五味子、黄芩、知母、川贝母、紫菀、秦艽、葶苈子、滑石、甘草。有敛肺养阴，清肺化痰功效，主治劳伤肺气，鼻流白脓。

91. 天名精

【别　　名】虾蟆蓝，天明精，蟾蜍兰，天蔓菁，鹿活草，皱面草。

【来　　源】菊科植物天名精 *Carpesium abrotanoides* L. 的根及茎叶。主产于华东、华南、华中、西南各省区及河北、陕西等地。

【采集加工】7—8 月采收，洗净，鲜用或晒干。

【药　　性】辛，寒。归肝、肺经。

【功　　能】清热祛痰，破血止血，解毒杀虫。

【主　　治】乳蛾喉痹，疔疮肿毒，血淋，创伤出血。

【用法用量】马、牛 30 ~ 60g，羊、猪 15 ~ 30g。

【方　　例】1. 治牛咽喉肿痛方（《兽医常用中草药》）：鲜天名精 1 握，捣烂取汁 1 碗，用食醋 1 杯调和，分 2 次喂服。

2. 治猪、牛肺炎咳喘方：①鲜天名精叶 1 握，捣烂取汁，米醋调匀，徐徐喂服（《兽医中草药临症应用》）。②小牛肺炎方：天门精、鱼腥草各 250 ~ 500g，煎汁掺入饲料喂服（《兽医新针草药经验选编》）。

3. 治猪喘气病方：①天名精、醉鱼草、盐肤木、苦参。煎水喂服（《兽医手册》）。②天名精、鱼腥草、枇杷叶、百部、麦冬。煎水喂服（《猪病防治》）。

4. 治猪、牛无名肿毒方（《兽医中草药与针灸》）：用鲜天名精叶适量，捣烂外敷患处。

药　名	天花粉
用　途	清热解毒，生津止渴，排脓消肿
拉丁名	Radix Trichosanthis

【别　　名】瓜蒌根，蒌根，花粉，栝楼根，白药，瑞雪，屎瓜根，栝蒌粉。

【来　　源】葫芦科植物栝楼 *Trichosanthes kirilowii* Maxim. 或双边栝楼 *Trichosanthes rosthornii* Harms 的干燥根。主产于安徽、浙江、江苏、河北、广西、广东、湖北、陕西、四川、云南等地。

【采集加工】秋、冬二季采挖，洗净，除去外皮，切段或纵剖成瓣，干燥。

【药　　性】甘、微苦，微寒。归肺、胃经。

【功　　能】清热泻火，生津止渴，排脓消肿。

【主　　治】高热贪饮，肺热燥咳，咽喉肿痛，热毒痈肿，乳痈。

【用法用量】马、牛 15 ~ 45g，羊、猪 5 ~ 15g，犬、猫 3 ~ 5g，兔、禽 1 ~ 2g。

【禁　　忌】不宜与川乌、制川乌、草乌、制草乌、附子同用；孕畜慎用。

【方　　例】1. 当归散（《元亨疗马集》）：天花粉、当归、黄药子、枇杷叶、白药子、牡丹皮、白芍、红花、大黄、没药、甘草。能活血止痛，顺气宽胸，治疗动物肺把胸膊痛，疗效佳。

2. 沙参麦冬汤（《温病条辨》）：天花粉、沙参、麦门冬、玉竹、冬桑叶、生扁豆、生甘草。宣肺养胃，生津润燥，对温热炽盛、燥伤肺胃用之极佳。

3. 治马肺热气，用瓜蒌根散（《师皇安骥集》《新编集成马医方》）：瓜蒌根（天花粉）、马兜铃、黄药子、茵陈、杏仁、白矾、黄连、陈皮。共为细末，水煎候温，草后灌之。

93. 天竺黄

药　名　天竺黄
用　途　清热，祛风，安神，定惊
拉丁名　Concretio Silicea

【别　　名】天竹黄，竹膏，竹糖，竹蛀虫粉。
【来　　源】禾本科植物青皮竹 *Bambusa textilis* McClure 或华思劳竹 *Schizostachyum chinese* Rendle 等秆内的分泌液干燥后的块状物。主产于江苏、江西、浙江、福建等地。
【采集加工】秋、冬二季采收。砍取竹竿，剖取竹黄，晾干。该品自然产出者很少，大多采用火烧竹林的方法，使竹受暴热后，竹沥溢在节间凝结而成，然后剖取晾干。
【药　　性】甘，寒。归心、肝经。
【功　　能】清热豁痰，凉心定惊。
【主　　治】高热神昏，脑黄，心热风邪，癫痫。
【用法用量】马、牛 20 ~ 45g，羊、猪 5 ~ 10g，犬、猫 1 ~ 3g，兔、禽 0.3 ~ 1g。
【禁　　忌】孕畜禁用，脾胃虚弱动物忌用。
【方　　例】1. 天竹黄散（《牛经大全》）：天竺黄、青葙子、车前子、石决明、黄芩、大黄、枳壳、芒硝、玄参、木贼、斑竹笋。共为细末，以好酒为引，治疗牛肝黄病，灌之立效。
2. 治马脑脊髓炎方（《青海省中兽医验方汇编》）：天竹黄（天竺黄）、生石膏、旋覆花、天花粉、石决明、生地、知母、连翘、僵蚕、钩藤、天麻、蝉蜕、银花、黄连、全虫、阿胶、甘草。共为细末，以鸡蛋清、蜂蜜为引，开水调服。
3. 治马乙型脑炎方（《家畜常见病防治手册》）：天竹黄（天竺黄）、野菊花、蔓荆子、粉防己、生石膏、全蝎、黄芩、蜈蚣、制南星、水法夏、甘草，朱砂（少许）。共研细末，温水冲服。

94. 天南星（附药：胆南星、花南星、朝鲜天南星）

天南星

天南星
Arisaema erubescens
（Wall.）Schott

花南星
Arisaema lobatum Engl.

朝鲜天南星
Arisaema peninsulae Nakai

【别　　名】蛇头天南星，南星，虎掌，虎掌南星，野芋头，蛇苞谷根。

【来　　源】天南星科植物天南星 *Arisaema erubescens*（Wall.）Schott、异叶天南星 *Arisaema heterophyllum* Bl. 或东北天南星 *Arisaema amurense* Maxim. 的干燥块茎。主产于四川、贵州、云南、广西等地。

【采集加工】秋、冬二季茎叶枯萎时采挖，除去须根及外皮，干燥。

【药　　性】苦、辛，温；有毒。归肺、肝、脾经。

【功　　能】燥湿化痰，祛风止痉，散结消肿。

【主　　治】顽痰咳嗽，惊风，破伤风，痈肿，蛇虫咬伤。

【用法用量】外用适量。

【禁　　忌】生品内服宜慎；孕畜忌服。

【方　　例】1. 千金散（《元亨疗马集》）：天麻、天南星、全蝎、僵蚕、蔓荆子、羌活、独活、防风、细辛、升麻、蝉蜕、藿香、阿胶、何首乌、旋覆花、川芎、沙参、桑螵蛸。有息风解表，补血养阴功效。治疗破伤风有效。

2. 导赤散（《养耕集》）：天南星、半夏、当归、陈皮、知母、黄芩、黄柏、栀子、连翘、柴胡、蚕砂、凌霄花、天花粉、牛蒡根。以生姜为引，水煎灌服，治疗牛肺寒膊冷。

附药：胆南星、花南星、朝鲜天南星

1. 胆南星　制天南星的细粉与牛、羊或猪胆汁经加工而成，或为生天南星细粉与牛、羊或猪胆汁经发酵加工而成。苦、微辛，凉。归肺、肝、脾经。功能清热化痰，祛风，镇惊。适用于风痰，惊痫。煎服，马 15 ~ 30g，牛 15 ~ 45g，羊、猪 3 ~ 9g。

2. 花南星　同属植物花南星 *Arisaema lobatum* Engl.，块茎入药，陕西用以代天南星，四川有的用作箭毒药。治疗眼镜蛇咬伤，也可外包治疟疾。

3. 朝鲜天南星　同属植物朝鲜天南星 *Arisaema peninsulae* Nakai，块茎入药，亦可作天南星药用。

95. 天 麻

【别　　名】赤箭芝，独摇芝，明天麻，定风草，白龙皮，鬼督邮。

【来　　源】兰科植物天麻 Gastrodia elata Bl. 的干燥块茎。主产于安徽、陕西、四川、云南、贵州等地。

【采集加工】立冬后至翌年清明前采挖，立即洗净，蒸透，散开低温干燥。

【药　　性】甘，平。归肝经。

【功　　能】平肝息风，解痉止痛。

【主　　治】惊风抽搐，口眼歪斜，肢体强直，风寒湿痹。

【用法用量】马、牛 10 ~ 40g，羊、猪 6 ~ 10g，犬、猫 1 ~ 3g。

【禁　　忌】阴虚者忌用，津液衰少、血虚慎用。

【方　　例】1. 天麻散（《司牧安骥集》）：天麻、人参、川芎、茯苓、荆芥、何首乌、防风、蝉蜕、甘草、薄荷，各药等份为末，以蜂蜜为引，米汤调匀，草饱灌之。治疗马、骡脾气虚热，头偏风痛。

2. 天麻散（《牛经大全》）：天麻、麻黄、川芎、知母、全蝎、乌蛇、半夏、朱砂，诸药共为细末，以白酒为引，同煎候冷，灌之。治疗牛破伤风。

3. 天麻散（《元亨疗马集》）：天麻、麻黄、白附子、天南星、半夏、川乌、干蝎（炮）、乌蛇（酒浸）、蔓荆子、朱砂（少许）。共为细末，豆淋酒（用黑豆 120g，炒令出烟，以酒 400mL 淋之）半盏，同调灌之。治马揭鞍风及诸风症。

96. 天葵子

【别　　名】麦无踪，千年老鼠屎，紫背天葵，耗子屎，蛇不见草。

【来　　源】毛茛科植物天葵 Semiaquilegia adoxoides（DC.）Makino 的干燥块根。主产于四川、贵州、湖北等地。

【采集加工】夏初采挖，洗净，干燥，除去须根。

【药　　性】甘，苦，寒。归肝、胃经。

【功　　能】清热解毒，消肿散结。

【主　　治】乳痈，疮黄疔毒，跌打损伤，毒蛇咬伤。

【用法用量】马、牛 30~60g，羊、猪 9~15g，犬、猫 3 ~ 6g。外用适量。

【方　　例】1. 治猪牛感冒发热方（《金华地区中兽医经验选编》）：天葵子 15g。煎水喂服。

2. 治牛、马跌打损伤肿痛方（《中兽医手册》）：紫背天葵根（天葵子）、金毛狗脊根、骨碎补、土牛膝、川杜仲，煎水喂服。

3. 治牛生疔疽初起，坚硬胀痛方：①天葵子、浙贝母、煅牡蛎、桂枝、炮姜。煎水喂服（《浙江民间兽医草药集》）。②天葵草、酸浆草、蒲公英、六角英（蒴藋）、紫花地丁。煎水喂服，渣和乌糖捣敷（《福建中兽医草药图说》）。

97. 无花果

【别　　名】映日果，文仙果，蜜果，文先果，
　　　　　　树地瓜，奶浆果。

【来　　源】桑科植物无花果 *Ficus carica* L.
　　　　　　的果实、花托和叶。全国大部分
　　　　　　地区均产。

【采集加工】秋季采收，采后反复晒干。

【药　　性】甘、平。归肺、胃、大肠经。

【功　　能】健胃清肠，消肿解毒。

【主　　治】咽喉肿痛，痢疾下血，皮肤疮毒。

【用法用量】马、牛 120 ~ 250g，羊、猪 60 ~
　　　　　　120g。

【方　　例】1. 治牛马咽喉肿痛方（《兽医
　　　　　　常用中草药》）：无花果 120 ~ 180g，大蓟根 90 ~ 150g。捣烂取汁，以白糖为引。
　　　　　　混合冲服。

　　　　　　2. 治牛、马痢疾拉血方（《兽医中草药处方选编》）：鲜无花果叶、鲜侧柏叶各
　　　　　　250 ~ 500g。捣烂取汁，开水冲服。

　　　　　　3. 治母畜缺乳方：①无花果 120 ~ 250g（捣烂取汁），锦鸡儿、羊乳各 60 ~ 120g。
　　　　　　煎水调服（《民间兽医本草》续编）。②无花果 500g（捣汁），河蚬肉 500g。以生姜、
　　　　　　甜酒为引，煲水喂服（《诊疗牛病经验汇编》）。

　　　　　　4. 治家畜皮肤肿毒方：①无花果或叶 1 握，冰片少许。捣敷患处（《兽医常用中草药》）。
　　　　　　②无花果 3 ~ 4 个，黑砂糖少许，捣敷患处（《兽医常用中药及处方》）。

98. 无患子

【别　　名】木患子，菩提子，黄目树，洗手子，苦枝子。

【来　　源】无患子科植物无患子 *Sapindus mukorossi* Gaertn. 的
　　　　　　根或果实。分布于我国东部、南部至西南部。

【采集加工】秋季采集成熟果实，除去果肉，取种子晒干。

【药　　性】苦、辛，寒。归心、肺经。

【功　　能】清热除痰，消肿解毒。

【主　　治】风热感冒，风湿脚肿，疮痈肿毒。

【用法用量】马、牛 20 ~ 30g，羊、猪 15 ~ 20g。

【禁　　忌】脾胃虚寒者慎用。

【方　　例】1. 治牛喉风症方（《广西中兽医药用植物》）：洗手果（无
　　　　　　患子）10 个，山豆根、两面针、土细辛、吴茱萸、小
　　　　　　叶断肠草各 15 ~ 30g。煎水分 2 ~ 3 次服。

　　　　　　2. 治牛中暑发热方（《诊疗牛病经验汇编》）：无患子叶、
　　　　　　秤星木叶、三叉苦、黄栀子、银花藤各 60 ~ 90g。煎
　　　　　　水喂服。

99. 木　瓜

【别　　名】木梨，文官果，木瓜实，铁脚梨，光皮木瓜。

【来　　源】蔷薇科植物贴梗海棠 *Chaenomeles speciosa*（Sweet）Nakai 的干燥近成熟果实。

【采集加工】夏、秋二季果实绿黄时采收，置沸水中烫至外皮灰白色，对半纵剖，晒干。主产于陕西、甘肃、四川、贵州、云南等地。

【药　　性】酸，温。归肝、脾经。

【功　　能】舒筋活络，和胃化湿。

【主　　治】风湿痹痛，腰胯无力，湿困脾胃，呕吐，泄泻，水肿。

【用法用量】马、牛 15 ～ 45g，羊、猪 5 ～ 10g，犬、猫 2 ～ 5g，兔、禽 1 ～ 2g。

【禁　　忌】湿热积滞者慎用。

【方　　例】1. 和筋散（《师皇安骥集》）：木瓜、牛膝、独活、防己、木通、肉桂、大腹皮、薏苡仁、甘草（少许）。各等份为末，以黄酒为引，煎水冲服。能祛湿舒筋，治马肌肉风湿较好。

2. 陈氏四物牛膝散（《新编中兽医学》）：当归、川芎、白芍、熟地黄、牛膝、木瓜、茜草，共为末，开水冲调，候温灌服。能暖身祛寒湿、通经活络，治疗家畜冷脱杆（后肢肌肉风湿），症见后肢强直似杆，不能屈曲，行动困难。

3. 治母畜产后缺乳方（《中兽医方剂汇编》）：木瓜、王不留行各 60g，通草 10g。以芝麻为引，煎水喂服。

100. 木防己

【别　　名】青藤香，小青藤，白山番薯，青檀香，小葛藤，大肠藤，棉丝藤。

【来　　源】防己科植物木防己 *Cocculus trilobus*（L.）DC. 的根。分布于华北、华东及西南等地。

【采集加工】秋季采挖，洗净或刮去栓皮，切成长段，粗根纵剖为 2 ～ 4 瓣，晒干。

【药　　性】苦，寒。归膀胱、肾、脾经。

【功　　能】行气利水，泻下焦湿热。

【主　　治】风湿痹痛，肾炎水肿，小便淋漓涩痛。

【用法用量】马、牛 30 ～ 60g，羊、猪 15 ～ 30g。

【禁　　忌】阴虚无湿热者、孕畜慎服。

【方　　例】1. 防己木香散（《民间兽医本草》）：木防己、青木香、马蹄香（杜衡）、石菖蒲、红木香。共研细末，开水冲服。治牛寒气臌。

2. 防己逐湿汤（《中兽医手册》）：木防己、桑寄生、海风藤、枫荷梨、独活、虎杖，煎水喂服。治牛、马四肢风湿。

3. 防己通淋汤（《福建中兽医草药图说》）：木防己、海金沙、铺地锦、茜草、乌韭各适量，煎水喂服。治小牛小便淋沥涩痛。

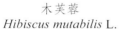

木芙蓉
Hibiscus mutabilis L.

芙蓉叶

芙蓉花

中兽药标本及器具图谱

【别　　名】地芙蓉花，芙蓉花，七星花，拒霜。

【来　　源】锦葵科植物木芙蓉 *Hibiscus mutabilis* L. 的花和叶。全国大部分地区均产。

【采集加工】10 月采摘初开放的花，晒干。

【药　　性】辛，平。

【功　　能】清热解毒，消肿排脓。

【主　　治】痈肿热毒，水火烫伤。

【用法用量】马、牛 60 ~ 120g，羊、猪 30 ~ 60g。

【方　　例】1. 治猪、牛乳房肿痛方：①芙蓉花、蒲公英、凌霄花。煎水喂服，其渣敷患处（《猪病防治》）。②木芙蓉花、鲜蒲公英。煎水取汁，以热酒为引，混合调服（《家畜常见病防治手册》）。

2. 治家畜痈肿热毒方：①芙蓉叶、蒲公英、金银花、天花粉各适量。共研细末，麻油调搽（《陕西省中兽医经验汇编》）。②芙蓉花、野菊花各等量。共为细末，蜂蜜调搽（兽医中草药临症应用》）。

102. 木 贼

【别　　名】节节草，节骨草，无心草，锉草，木贼草，擦草。

【来　　源】木贼科植物木贼 *Equisetum hyemale* L. 的干燥地上部分。主产于黑龙江、吉林、辽宁、河北、甘肃等地。

【采集加工】夏、秋二季采割，除去杂质，晒干或阴干。

【药　　性】甘、苦，平。归肺、肝经。

【功　　能】疏散风热，明目退翳。

【主　　治】目赤肿痛，迎风流泪，翳膜遮睛。

【用法用量】马、牛 15～60g，羊、猪 10～15g，犬 5～8g。

【禁　　忌】脾气虚寒者慎服。

【方　　例】1. 治牛、马风火烂眼方：①木贼草、陈茶叶、黄连、黄栀。煎水喂服（《中兽医经验集》）。②木贼草、夏枯草、金银花、钩藤。煎水喂服（《兽医手册》）。

2. 治牛眼上翳方：①木贼草、龙胆草、杭菊花、白蒺藜、青葙子、金银花、车前草。煎水喂服（《安徽省中兽医经验集》）。②治牛白膜遮眼方：木贼草、野菊花。煎水喂服（《中兽医验方汇编》）。

3. 治牛、马感冒发热方：①木贼草、谷精草、蝉退、蛇退、黄芩、苍术。煎水喂服（《兽医中药类编》）。②木贼草、龙胆草、柴胡、石膏、紫花地丁。煎水喂服（《高原中草药治疗手册》）。

4. 治牛、马皮肤烂疮方（《安徽省中兽医经验集》）：木贼草（烧灰）、猪头骨（烧灰）。共为细末，香油调敷。

5. 木贼散（《蓄牧纂验方》）：木贼草、苍术、蝉蜕、黄芩、甘草。共为细末，开水冲调，候温喂草后灌之，治疗马、骡肝经积热，眼生翳膜。

103. 木 通

【别　　名】通草，丁翁，丁父，万年，王翁。

【来　　源】木通科植物木通 *Akebia quinata*（Thunb.）Decne.、三叶木通 *Akebia trifoliata*（Thunb.）Koidz. 或白木通 *Akebia trifoliata*（Thunb.）Koidz.var.*australis*（Diels）Rehd. 的干燥藤茎。主产于江苏、湖南、湖北等地。

【采集加工】秋季采收，截取茎部，除去细枝，阴干。

【药　　性】苦，寒。归心、小肠、膀胱经。

【功　　能】利尿，清心泻火，通经下乳。

【主　　治】口舌生疮，尿赤，五淋，水肿，湿热带下，乳汁不通。

【用法用量】马、牛 10～30g，羊、猪 3～6g，犬、猫 1～2g。

【禁　　忌】孕畜慎用。

【方　　例】1. 木通滑石汤（《牛经备要医方》）：木通、滑石、大腹皮、厚朴、知母、川贝母、青皮、陈皮、细辛、牛膝、木香、白术、红花、茯苓皮、枇杷叶。以陈酒为引，和水煎服。治牛疹证肚胀。

2. 八正散（《中兽医方剂选解》）：木通、车前子、萹蓄、大黄、栀子、甘草、滑石。以灯心草为引，共为细末，开水冲服。治牛、马热淋。

【别　　名】木棉，红棉，攀枝，攀枝花，斑芝棉，英雄树。

【来　　源】木棉科植物木棉 *Gossampinus malabarica*（DC.）Merr. 的干燥花或根皮。主产于云南、四川、贵州、广西、江西、广东、福建等地。

【采集加工】春季花盛开时采收，除去杂质，晒干。

【药　　性】甘、淡，凉。归大肠经。

【功　　能】清热利湿，解毒，止血。

【主　　治】泄泻，痢疾，疮毒，咳血，吐血。

【用法用量】马、牛 60 ~ 90g，羊、猪 30 ~ 60g。

【方　　例】1. 治马、骡伤风感冒方（《兽医技术革新成果选编》）：木蝴蝶、山樟皮、辣椒根、两面针、木棉花、野薄荷。煎水喂服，每天 3 剂。

2. 治牛赤白痢方（《广东中兽医常用草药》）：木棉花根、秤星木根、金银花、小蓟各 90 ~ 120g，天冬、生地各 60g。煎水喂服。

【别　　名】九龙藤子，龙须藤子，过江龙子。

【来　　源】豆科植物九龙藤 *Bauhinia championii*（Benth.）Benth. 的干燥成熟种子。主产于浙江、福建、广东、广西等地。

【采集加工】秋季果实成熟时采收，晒干，打出种子。

【药　　性】苦、辛，温。归肝、肾经。

【功　　能】行气止痛，活血化瘀。

【主　　治】胁肋胀痛，脘腹疼痛，跌打损伤。

中兽药标本及器具图谱

71

106. 木蝴蝶

【别　　名】千张纸，云故纸，白玉纸，白千层，玉蝴蝶，千纸肉，木无敌。

【来　　源】紫葳科植物木蝴蝶 *Oroxylum indicum*（L.）Vent. 的干燥成熟种子。主产于福建、广东、广西、贵州、云南等地。

【采集加工】秋、冬二季采收成熟果实，暴晒至果实开裂，取出种子，晒干。

【药　　性】苦、甘，凉。归肺、肝、胃经。

【功　　能】清肺利咽，疏肝和胃。

【主　　治】肺热咳嗽，喉痹，音哑，肝胃气痛。

【用法用量】马、牛、驼30～60g，猪、羊15～30g，犬、猫3～6g。

【方　　例】蝴蝶散（《兽医技术革新成果选编》）：木蝴蝶、山樟皮、辣椒根、两面针、木棉花、野薄荷。煎水喂服。诸药煎水滤液取汁，和胃灌服，每日服1剂，连用3～5天，治马、骡伤风感冒。

107. 木鳖子

【别　　名】木鳖，土木鳖，壳木鳖，鸭屎瓜子，木鳖瓜，漏苓子，地桐子，藤桐子。

【来　　源】葫芦科植物木鳖 *Momordica cochinensis*（Lour.）Spreng. 的干燥成熟种子。主产于江苏、安徽、江西、福建等地。

【采集加工】冬季采收成熟果实，剖开，晒至半干，除去果肉，取出种子，干燥。

【药　　性】苦、微甘，凉；有毒。归肝、脾、胃经。

【功　　能】散结消肿，攻毒疗疮。

【主　　治】乳痈，瘰疬，疮痈。

【用法用量】马、牛3～9g，羊、猪1～1.5g。外用适量，调敷患处。

【禁　　忌】孕畜慎用。

【方　　例】1. 乌龙膏（《医宗金鉴》）：木鳖子（去壳）60g，草乌15g，小粉120g，半夏60g。上4味于铁铫内，慢火烧焦，黑色为度，研细，以新汲水调敷，1日1次，

自外向里涂之，须留疮顶，令出毒气，用治一切诸毒、红肿赤晕不消者。

2. 神效干捶膏（《医宗金鉴》）：土木鳖（去壳）5个，白嫩松香（拣净）120g，铜绿（研细）3g，乳香、没药各6g，蓖麻子（去壳）20g，巴豆肉5粒，杏仁（去皮）3g，上8味合一处，石臼内捣三千余下，即成膏，即起，浸凉水中。用时随疮大小，用手搓成薄片，贴疮上，用绢盖之。用治疮痈，疮毒初起，瘰疬等症。

3. 治猪、牛肛门脱出方（《兽医中草药验方选编》）：木鳖子（去壳）。研成细面，用浓茶水调成糊状，涂于脱肛部分，涂前洗净患处。

108. 五加皮（附药：岩五加、吴茱萸五加）

【别　　名】白刺，追风使，刺五加，刺无甲，南五加皮。

【来　　源】五加科植物细柱五加 *Acanthoppanax gracilistylus* W.
W.Smith. 的干燥根皮。主产于湖北、河南、四川、湖南、
安徽等地。

【采集加工】夏、秋二季采挖根部，洗净，剥取根皮，晒干。

【药　　性】辛，苦，温。归肝、肾经。

【功　　能】祛风除湿，补益肝肾，强筋壮骨，利水消肿。

【主　　治】风寒湿痹，腰肢痿软，气虚乏力，水肿。

【用法用量】马、牛 15 ~ 45g，羊、猪 5 ~ 10g，犬、猫 2 ~ 5g，
兔、禽 1.5 ~ 3g。

【禁　　忌】阴虚火旺者慎服，孕畜慎服。

【方　　例】1. 五加皮散（《太平圣惠方》）：五加皮、羌活、丹参、
赤芍、羚羊角屑、槟榔、枳壳、防风、桂心，能祛风止痛，
治风气壅滞、身体疼痛。
2. 活血散（《抱犊集》）：五加皮、续断、枳壳、槟榔、
苍术、细辛、茜草、独活、羌活、桂枝、钩藤、当归、
红藤、茵陈、没药、麝香少许。以水酒为引，煎水冲服。
行血活络、祛风止痛，治牛筋胀证。

五加皮
Acanthoppanax gracilistylus
W.W.Smith.

附药：岩五加、吴茱萸五加

1. 岩五加　五加科植物五叶参 *Pentapanax leschenaultii*（DC.）Seem. 的根皮、茎皮。微苦、涩，微温。
祛风除湿，散寒止痛，止咳平喘。主治风湿痹痛，脘腹疼痛，咳喘。

2. 吴茱萸五加　五加科植物吴茱萸五加 *Acanthopanax evodiaefolius* Franch. 的根皮。辛，温。祛风利湿，
活血舒筋，理气化痰。主治风湿痹痛，腰膝酸痛，水肿，跌打损伤。

岩五加
Pentapanax leschenaultii（DC.）Seem.

吴茱萸五加
Acanthopanax evodiaefolius Franch.

109. 五味子

五味子

北五味子
Schisandra chinensis（Turcz.）Baill.

南五味子
Schisandra sphenanthera Rehd.et Wils.

【别　　名】北五味子，南五味子，五味。

【来　　源】木兰科植物五味子 *Schisandra chinensis*（Turcz.）Baill. 或华中五味子 *Schisandra sphenanthera* Rehd.et Wils. 的干燥成熟果实。前者习称"北五味子"，主产于辽宁、吉林；后者习称"南五味子"，主产于西南及长江流域以南各省。

【采集加工】秋季果实成熟时采摘，晒干，除去果梗和杂质。

【药　　性】酸、甘，温。归肺、心、肾经。

【功　　能】敛肺涩肠，生津止汗，固肾涩精。

【主　　治】肺虚咳喘，久泻，自汗，盗汗，滑精。

【用法用量】马、牛 15 ~ 30g，羊、猪 3 ~ 10g，犬、猫 1 ~ 2g，兔、禽 0.5 ~ 1.5g。

【禁　　忌】凡表邪未解，内有实热，咳嗽初起，麻疹初期，均不宜用。

【方　　例】1. 益智散（《元亨疗马集》）：益智仁、厚朴、白芍、白术、大枣各 30g，肉豆蔻、草果、青皮、当归、枳壳各 25g，五味子、官桂各 20g，广木香、槟榔、细辛、生姜各 10g，川芎、砂仁、白芷、甘草各 15g，共为末，开水调服，候温加醋 120mL 灌服；或水煎，候温加醋 120mL 灌服。有温脾暖胃，行气降逆功效。主治马翻胃吐草，症见精神倦怠、四肢无力、鼻浮面肿、毛焦欹吊。

2. 桂心散（《元亨疗马集》）：肉桂心、厚朴、当归、益智仁各 20g，白术、陈皮各 30g，干姜 25g，青皮、砂仁、五味子、肉豆蔻、炙甘草各 15g，共为末，开水冲调，候温加炒盐 15g，青葱 3 根，酒 60mL 灌服，或水煎汁，候温灌服。有温中散寒，健脾理气功效。主治脾胃阴寒所致的吐涎不食、腹痛、肠鸣泄泻等症。

【别　　名】山芙蓉，野芙蓉，红花马宁。
【来　　源】锦葵科植物箭叶秋葵 *Abelmoschus sagittifolius*
（Kurz）Merr. 的根。主产于广东、广西、贵州、云
南等地。
【采集加工】冬季挖根，洗净，切片，晒干。
【药　　性】甘、淡，微温。
【功　　能】滋阴清热，排脓拔毒。
【主　　治】肺燥咳嗽，疮痈肿毒。

111. 车前子

【别　　名】车前实，蛤蟆衣子，猪耳朵穗子，凤眼前仁。
【来　　源】车前科植物车前 *Plantago asiatica* L. 或平车前 *Plantago
depressa* Willd. 的干燥成熟种子。全国大部分地区均
产。
【采集加工】夏、秋二季种子成熟时采收果穗，晒干，搓出种子，除
去杂质。
【药　　性】甘，寒。归肝、肾、肺、小肠经。
【功　　能】清热利尿，渗湿通淋，明目。
【主　　治】热淋尿血，泄泻，目赤肿痛，水肿，胎衣不下。
【用法用量】马、牛 20 ～ 30g，驼 30 ～ 50g，羊、猪 10 ～ 15g，
犬、猫 3 ～ 6g，兔、禽 1 ～ 3g。
【禁　　忌】凡内伤劳倦、阳气下陷、肾虚滑精及无湿热者慎用，
肾气虚脱者忌用。
【方　　例】1. 瞿麦散（《吉林省中兽医验方选集》）：瞿麦、滑石、
石苇、车前子、黄柏、萹蓄、木通、栀子、竹叶、泽泻。
煎水喂服能清热利尿，主治马胞转、小便不通。
2. 五淋散（《新刻注释马牛驼经大全集》）：萹蓄、瞿麦、赤苓、二丑、滑石、车前子、
升麻、陈皮、泽泻、木通、黄芪、玄参、大黄等。煎水喂服能清热泻火、利水通淋，主
治马小便不通淋沥症。
3. 治牛、马尿血症方：①车前子、泽泻、猪苓、木通。煎水喂服（《金华地区中兽医经
验选编》）。②车前子、瞿麦草、萹蓄草、木通、甘草、栀子、滑石、海金沙。煎水喂服（《广
西兽医中草药处方选编》）。
4. 治猪尿闭水肿病方（《湖南省中兽医诊疗经验集》）：车前子、青木香。共研细末，
开水调服。

112. 车前草

车前草

车前 *Plantago asiatica* L.

【别　　名】蛤蟆衣，牛遗，车轮菜，当道。

【来　　源】车前科植物车前 *Plantago asiatica* L. 或平车前 *Plantago depressa* Willd. 的干燥全草。全国大部分地区均产。

【采集加工】夏季采挖，除去泥沙，晒干。

【药　　性】甘，寒。归肝、肾、肺、小肠经。

【功　　能】清热利尿，祛痰，凉血，解毒。

【主　　治】热淋，尿短赤，湿热泄泻，痰热咳嗽，痈肿疮毒。

【用法用量】马、牛 30 ～ 100g，羊、猪 15 ～ 30g，兔、禽 1 ～ 3g。外用鲜品适量，捣敷患处。

【禁　　忌】凡内伤劳倦、阳气下陷、肾虚滑精及无湿热者慎用，肾气虚脱者忌用。

【方　　例】1. 治牛、马尿血症方：①车前草、侧柏叶（炒焦）、灯芯草。煎水去渣，童便两碗。调匀喂服（《中兽医治疗学》）。②车前草、淡竹叶、生绿豆（磨浆）。煎水冲服（《中兽医验方汇编》）。

2. 治牛、马痢疾拉血方：①车前草、马齿苋。煎水喂服，以百草霜为引（《湖北省中兽医验方集》）。②车前草、椿白皮。煎水喂服（《中兽医治疗学》）。

113. 中华胡枝子

【别　　名】华胡枝子，胡枝子。

【来　　源】豆科植物中华胡枝子 *Lespedeza chinensis* G.Don 的根。主产于江苏、安徽、浙江等地。

【采集加工】秋季采收，除尽杂质，晒干。

【功　　能】祛风除湿。

【主　　治】风湿痹痛。

【用法用量】马、牛 30 ～ 60g，羊、猪 15 ～ 30g。

【方　　例】1. 治牛劳伤乏力，风湿软脚方（《兽医手册》）：胡枝子根、茶子树根、大活血、白茅根、苦参各适量。以米酒为引，煎水喂服。

2. 治牛跌打损伤，关节扭伤方：①马料稍（胡枝子）根、卫驼树根（卫矛）、小松树根、山楂根各 30 ～ 60g。煎水喂服，以黄酒为引（《民间兽医献方汇编》）。②胡枝子、元宝草、仙鹤草各 60 ～ 90g。以水酒、童便为引，煎水喂服（《兽医中草药临症应用》）。

114. 水龙骨

【别　　名】草石蚕，铁打粗，青竹标，青石蚕，青龙骨，水金钩。

【来　　源】水龙骨科植物水龙骨 *Polypodium nipponicum* Mett. 的根茎或全草。主产于安徽、江西、浙江、湖南、云南、贵州等地。

【采集加工】全年可采，洗净，鲜用或晒干。

【药　　性】苦，凉。归心、肝、肺经。

【功　　能】祛风通络，清热化湿。

【主　　治】尿淋白浊，肠炎泄泻，关节肿痛。

【用法用量】马、牛 30 ~ 60g，羊、猪 15 ~ 30g。

【方　　例】1. 治牛吐血症方（《赤脚兽医手册》）：水龙骨、石菖蒲、侧柏叶、草决明、天门冬、白茅根、炒白术各 15 ~ 30g。煎水喂服。

2. 治牲畜尿淋、血淋、砂淋、白浊方（《中兽医手册》）：水龙骨、土牛膝、瓦苇各等量。煎水喂服，每天 1 剂，连服 3 ~ 4 剂。

115. 水田七

【别　　名】水三七，水鸡仔，屈头鸡，箭根薯，水萝卜。

【来　　源】蒟蒻薯科植物裂果薯 *Schizocapsa plantaginea* Hance 的块茎。主产于湖南、江西、广东、广西等地。

【采集加工】春夏季采挖，洗净切片晒干。多鲜用

【药　　性】甘、苦，凉；有小毒。归肝、肺、胃经。

【功　　能】凉血消肿，止咳祛痰，散瘀止痛。

【主　　治】胃痛吐酸，白痢，痰热咳嗽，疮痈肿毒。

【用法用量】马、牛 60 ~ 120g，羊、猪 30 ~ 60g。

【方　　例】1. 治猪、牛咽喉肿痛方（《兽医中草药临症应用》）：鲜水鸡仔（水田七）草 120 ~ 250g。用水酒煎煮，候温喂服。

2. 治马急性胃肠炎方（《兽医技术革新成果选编》）：水田七、香附各 90g，土黄连 60g，陈皮 30g。煎水灌服。

116. 水团花

【别　　名】青龙珠，穿鱼柳，假杨梅，水杨梅。

【来　　源】茜草科植物水团花 Adina pilulifera（Lam.）Franch.ex Drake 的枝叶或花果。产于长江以南各省区。

【采集加工】枝、叶全年均可采，切碎；花、果夏季采摘，洗净，鲜用或晒干。

【药　　性】苦、涩，凉。归肝、脾、大肠经。

【功　　能】清热利湿，解毒消肿。

【主　　治】湿热泄泻，疮疖肿毒，跌打损伤。

【用法用量】马、牛 120 ～ 250g，羊、猪 60 ～ 120g。

【方　　例】1.治牛流行性感冒方（《金华地区中兽医经验选编》）：水杨梅根 500g（切细）。煎汁喂服，每天 1 剂，连服 2 ～ 3 天。

2.治仔猪白痢方（《桃花江科技》）：水杨梅、仙鹤草、马鞭草、珍珠菜、萝卜子、陈皮、大米各适量。炒黑研末，煎水喂服。

117. 水　芹

【别　　名】水芹菜，野芹菜，水英，水蕲，楚葵，河芹菜，香芹菜。

【来　　源】伞形科植物水芹 Oenanthe javanica（Bl.）DC. 的全草。主产于河南、江苏、浙江、安徽、江西等地。

【采集加工】9—10 月采割地上部分，晒干或随采随包用。

【药　　性】甘、微辛，凉。

【功　　能】清热利水。

【主　　治】胃寒吐水，小便不利。

【用法用量】马、牛 250 ～ 500g，羊、猪 120 ～ 250g。

【方　　例】1.治牛眼上白翳方：①鲜水芹菜 1 握，洗净晾干，捣烂取汁，点入眼内（《牛病诊疗经验选编》）。②水芹捣烂，包敷患处（《中兽医疗牛集》）。

2.治牛胃寒吐水，气胀方：①鲜野芹菜 120 ～ 250g，干野苋菜 250 ～ 500g，灶心土 120g。煎水取上清液喂服，连服数剂（《浙江民间兽医草药集》《民间兽医本草》）。②水芹菜、青木香、车前子、地胆各 30 ～ 60g。煎水内服（《黔南兽医常用中草药》）。

118. 水杨梅

【别　　名】绣球花，水团花，篱笆树，菩提香，野杨梅。
【来　　源】茜草科植物细叶水团花 *Adina rubella* Hance 的地上
　　　　　　部分。主产于广东、广西、福建、江苏等地。
【采集加工】春、秋季采茎叶，鲜用或晒干。8—11 月果实未成
　　　　　　熟时采摘花果序，拣除杂质，鲜用或晒干。
【药　　性】苦、涩，凉。归肺、大肠经。
【功　　能】清热利湿，解毒消肿。
【主　　治】湿热泄泻，疮疖肿毒，跌打损伤。
【用法用量】马、牛 120 ～ 250g，羊、猪 60 ～ 120g。
【方　　例】1. 治牛湿热胆胀方（《福建中兽医草药图说》）：水
　　　　　　杨梅 250g，大麦秆 750g，忍冬藤、香附子、白茯苓、
　　　　　　甘草各 120g。煎水喂服。
　　　　　　2. 治牛肩伤肿烂方（《浙江民间兽医草药集》）：鲜
　　　　　　水杨梅叶、鲜冬桑叶各适量，加冰片、食盐各少许。
　　　　　　共同捣烂，包敷患处。

119. 水苦荬

【别　　名】半边山，水莴苣，水菠菜，蚊子草。
【来　　源】玄参科植物水苦荬 *Veronica anagallis-aquatica* L. 的
　　　　　　全草。主产于河北、江苏、安徽、浙江等地。
【采集加工】春、夏采收，除去杂质，晒干。
【药　　性】苦，凉。
【功　　能】清热利湿，止血化瘀。
【主　　治】咽喉疼痛，劳伤咳血，湿热痢疾，血淋，痈肿疔疮，
　　　　　　跌打损伤。

120. 水虎尾

【别　　名】水虎尾，水芙蓉，野香芹，方茎水芙蓉。

【来　　源】唇形科植物水虎尾 *Dysophylla stellata*（Lour.）Benth. 的全草。主产于广东、福建、江西、浙江等地。

【采集加工】全年可采，鲜用或切段晒干。

【药　　性】辛，平。有小毒。

【功　　能】解毒消肿，活血止痛。

【主　　治】疮疡肿痛，湿疹，毒蛇咬伤，跌打伤痛。

121. 水线草

【别　　名】一节一枝花，白花蛇舌草，伞房花耳草。

【来　　源】茜草科植物伞房花耳草 *Oldenlandia corymbosa* L. 的全草。主产于广东、广西、海南、福建等地。

【采集加工】夏、秋季采收，鲜用或晒干。

【药　　性】淡，凉。

【功　　能】清热解毒，凉肝明目。

【主　　治】热病疮毒，目赤肿痛。

【用法用量】马、牛 60～120g，羊、猪 30～60g。

【方　　例】1. 治猪肝热、眼结膜炎方（《兽医中草药临症应用》）：水线草、草决明、夏枯草各 30～90g。煎水喂服。
2. 治牛肩伤肿烂方（《浙江民间兽医草药集》）：水线草 1 握，冰片少许，捣烂外敷。

122. 水柏枝

【别　　名】砂柳，翁波。

【来　　源】柽柳科植物水柏枝 *Myricaria germanica*（L.）Desv. 的
嫩枝。主产于青海、甘肃、陕西、山西、云南、四川等地。

【采集加工】春夏季采收，剪取嫩枝，晒干或鲜用。

【药　　性】甘，微咸，平。

【功　　能】疏风解表，清热解毒。

【主　　治】感冒发热，关节肿痛，皮肤瘙痒。

【用法用量】马、牛 30 ~ 60g，羊、猪 12 ~ 24g。

【方　　例】1. 治牛、马感冒方：①水柏枝、银莲花、红景天、羌活、
麻黄、辉葱各 15 ~ 30g。共研细末，开水调服（青海
省甘德县兽医站经验）。②水柏枝、大青叶、薄荷、贯众、
堇菜、石膏。煎水喂服（《青海省兽医中草药》）。
2. 治家畜风湿痹痛方：①水柏枝、五加皮、木通、羌活、
乳香。共研细末，开水调服（《高原中草药治疗手册》）。
②水柏枝、老鹳草、五加皮、羌活各 60g。煎水喂服（《青
海省兽医中草药》）。
3. 治小牛热毒症方（《高原中草药治疗手册》）：水柏
枝、金银花、蓝布裙、裂叶荆芥、薄荷、贯众、贝母
各 15g。共研细末，开水冲服。

123. 牛白藤

【别　　名】广花耳草，土五加皮，接骨丹，脓见消。

【来　　源】茜草科植物牛白藤 *Hedyotis hedyotidea*（DC.）Merr.
的茎叶。主产于广东、广西、云南、贵州等地。

【采集加工】全年可采，除去杂质，晒干。

【药　　性】甘、淡，凉。归肺、肝、肾经。

【功　　能】清热解毒。

【主　　治】风热感冒，肺热咳嗽，中暑高热，痈疮肿毒。

124. 牛皮消（附药：隔山消）

【别　　名】隔山消，一肿三消，鹅绒藤。

【来　　源】萝藦科植物鹅绒藤 *Cynanchum Chinense* R.Br. 的全草。全国大部分地区均产。

【采集加工】夏、秋季采，采后鲜用，或晒干用。

【药　　性】甘、微苦，凉。归肝经。

【功　　能】消积利水，消肿解毒。

【主　　治】食积膨气，痈肿热毒。

【用法用量】马、牛 45 ~ 60g，羊、猪 15 ~ 30g。

【方　　例】1. 治牛、马食积腹痛方：①隔山消（牛皮消）、青木香各适量。共研细末，开水冲服（《浙江民间兽医草药集》）。②牛皮消、瓜子金、破铜钱。煎水喂服（《兽医手册》）。

2. 治牛、马阴虚小便不利方（《青海省兽医中草药》）：鹅绒藤（牛皮消）、牡丹皮、车前子、列当、黄精。煎水内服，治牛马阴虚小便不利。

附药：隔山消

隔山消　萝藦科植物隔山消 *Cynanchum wilfordii* (Maxim.) Hemsl. 的块根。主产于辽宁、山西、陕西、甘肃、新疆等地。甘、微苦，微温。归脾、胃、肾经。具有补肝肾，强筋骨，健脾胃，解毒的功效。主治肝肾两虚，头昏眼花，阳痿，遗精，腰膝酸痛，产后乳少等。

125. 牛耳枫

【别　　名】牛耳铃，猪颔木，牛耳风，牛尾松，假楠木。

【来　　源】让木科植物牛耳枫 *Daphniphyllum calycinum* Benth. 的根或枝叶。主产于江西、广东、广西等地。

【采集加工】根全年可采，枝叶秋后采，种子冬初采。采后晒干备用。

【药　　性】辛、苦，凉。归大肠经。

【功　　能】清热解毒，活血舒筋。

【主　　治】风湿痹痛，跌打肿痛，骨折，毒蛇咬伤，疮疡肿毒。

【用法用量】马、牛 60 ~ 120g，羊、猪 30 ~ 60g。

【方　　例】1. 治牛肺热咳嗽方（《诊疗牛病经验汇编》）：牛耳枫 500g，细叶鲫鱼胆草 250g（擂烂）。用牛耳枫煎水取汁，冲细叶鲫鱼胆草汁服。

2. 治母猪产后风症方（《广东中兽医常用草药》）：牛耳枫、白牛胆、走马胎、九节茶、山苍子叶各 120g。黑醋 250mL，煎水冲服。

3. 治牛蹄跟扭伤方（《诊疗牛病经验汇编》）：牛耳枫、金锁匙、九里香各 1 握，米酒半斤，煎汁捣烂，包敷患处。

126. 牛尾菜

【别　　名】鲤鱼须，良苦须，千层补，大伸筋，龙须草，牛尾结。

【来　　源】百合科植物牛尾菜 *Smilax riparia* A.DC. 的根及根茎。主产于广东、广西、陕西、浙江等地。

【采集加工】夏、秋季采收，采后切细，晒干。

【药　　性】甘、苦，平。归肝、肺经。

【功　　能】补气活血，舒筋通络。

【主　　治】劳伤乏力，四肢软倦，风湿坐栏，跌打损伤。

【用法用量】马、牛 60 ~ 120g，羊、猪 30 ~ 60g。

【方　　例】1. 治牛劳伤乏力方：①牛尾菜、鸡蛋调服（《兽医手册》）。②牛尾菜 250g，羊乳参、苦参各 120g。米酒 500mL，红糖 120g。煎水调服（《民间兽医本草》）。

2. 治猪、牛风湿、关节痛方：①牛尾草适量，水酒各半煎服（《兽医手册》）。②大伸筋（牛尾菜），路边荆、豨莶草、枸骨各适量。煎水喂服（《兽医手册》）。

3. 治母牛子宫脱垂方（《兽医常用中草药》）：先于整复，再取牛尾菜根、金樱子根各 120 ~ 250g，以红糖为引，煎水喂服。

127. 牛筋草

【别　　名】千金草，蟋蟀草，牛顿草，千人踏，牛经草。
【来　　源】禾本科植物牛筋草 *Eleusine indica*（L.）Gaertn. 的带根全草。全国各地均产。
【采集加工】8—9 月采收，洗净，晒干，切断。
【药　　性】甘，平。
【功　　能】清热利湿，止痢止血。
【主　　治】中暑发热，劳伤脱力，肠炎痢疾，小便不利。
【用法用量】马、牛 250 ~ 500g，羊、猪 120 ~ 250g。
【方　　例】1. 治牛、马劳役过度方（《中兽医手册》）：牛筋草、紫金牛、草巴戟、韭菜。煎水喂服。
2. 治猪、牛肠炎腹泻方：①牛筋草、鸭跖草、六月雪、大蒜。煎水喂服（《猪病防治》）。②蟋蟀草、旱莲草、车前草各 250g，牡荆叶 120g。煎水喂服（《中兽医治疗学》）。
3. 治猪、牛小便不利方（《浙江民间兽医草药集》）：牛筋草、光明草、积雪草、连钱草各 500 ~ 1000g。煎水喂服，每天 1 剂。

128. 牛蒡子

【别　　名】恶实，鼠粘子，蝙蝠刺，大力子，黍粘子，大青，万把钩。
【来　　源】菊科植物牛蒡 *Arctium lappa* L. 的干燥成熟果实。主产于河北、湖北、东北、浙江、四川等地。
【采集加工】秋季果实成熟时采收果序，晒干，打下果实，除去杂质，再晒干。
【药　　性】辛、苦，寒。归肺、胃经。
【功　　能】疏散风热，宣肺透疹，解毒利咽。
【主　　治】外感风热，咳嗽气喘，咽喉肿痛，痈肿疮毒。
【用法用量】马、牛 15 ~ 45g，羊、猪 5 ~ 10g，犬、猫 2 ~ 5g。
【方　　例】1. 牛蒡汤（《证治准绳》）：薄荷、大黄、防风、荆芥穗、甘草、牛蒡子，煎水喂服能疏风解表，清利咽喉。治风热上搏之咽喉肿痛、丹毒等用之效佳。
2. 牛蒡牙消散（《司牧安骥集》）：牛蒡子（炒）、天门冬、五倍子（炒）、淡豆豉（盐炒）、白矾、芒硝，共为细末，以蜂蜜为引，如有口疮，小便浸盐豉，草饱后啖之。治马咽喉肿痛，或口内生疮、草慢病用之效佳。

129. 牛　膝

【别　　名】怀牛膝，红牛膝，牛七。

【来　　源】苋科植物牛膝 Achyranthes bidentata Bl. 的干燥根。主产于河南。

【采集加工】冬季茎叶枯萎时采挖，除去须根和泥沙，捆成小把，晒至干皱后，将顶端切齐，晒干。

【药　　性】苦、甘、酸，平。归肝、肾经。

【功　　能】补肝肾，强筋骨，逐瘀通经，引血下行。

【主　　治】腰胯疼痛，跌打损伤，产后瘀血，胎衣不下。

【用法用量】马、牛 15 ~ 45g，羊、猪 5 ~ 10g。

【禁　　忌】气虚下陷及孕畜慎用。

【方　　例】1. 脱花煎（《中兽医诊疗经验》第 4 集）：当归、川芎、赤芍、红花、牛膝、肉桂、荷叶、瞿麦，煎汤去渣，候温，引黄酒调灌。能活血化瘀，主治胎衣不下。

2. 舒筋散（《牛医金鉴》）：川牛膝、当归、萆薢、甘草、续断、木瓜、桂枝、川芎、独活、薏苡仁、杜仲、陈皮，共为末，引菜瓜子、桑枝、水酒，开水冲调，候温灌服。能舒筋活血、散寒除湿，主治牛风湿痹痛。

130. 毛大丁草

【别　　名】一枝香，贴地风，扑地香，锁地虎，大丁草，头顶一枝香。

【来　　源】菊科植物毛大丁草 Gerbera piloselloides（Linn.）Cass. 的全草。主产于江苏、浙江、四川、云南等地。

【采集加工】夏季采收，洗净，晒干。

【药　　性】苦、辛，凉。归肝、肺经。

【功　　能】宣肺止咳，发汗利水，行气活血。

【主　　治】风寒感冒，过劳咳嗽，疮疖肿毒，跌打肿痛，毒蛇咬伤。

【用法用量】马、牛 60 ~ 120g，羊、猪 30 ~ 60g。

【方　　例】1. 治牛慢性脏气方：①鲜毛大丁草 120g，鲜野葱全草 250g。以烧酒为引，捣烂调服（《兽医常用中草药》）。②毛大丁草、老豆豉皮、皂角各适量。煎水喂服（《湖南兽医中草药验方选》）。

2. 治猪产后发热咳嗽方：①鲜毛大丁草 120g，食盐 15g。煎水喂服（《兽医中草药临症应用》）。②毛大丁草、一枝黄花各 60g，车前子、黄柏各 15g，香蕉头 1 握（捣烂）。煎水调服（《福建中兽医草药图说》）。

3. 治猪牛毒痈疖肿方（《兽医中草药临症应用》）：毛大丁草、土黄连叶、乌药叶各鲜品等份，捣烂外敷患处。

85

131. 毛诃子

【别　　名】毗黎勒，帕加拉，帕肉拉。

【来　　源】使君子科植物毗黎勒 *Terminalia bellirica*（Gaertn.）Roxb. 的干燥成熟果实，藏族习用药材。

【采集加工】冬季果实成熟时采收，除去杂质，晒干。

【药　　性】甘、涩，平。

【功　　能】收敛养血，清热解毒，调和诸药。

【主　　治】病后虚弱，里热证，咽喉肿痛，肠黄，痢疾。

【用法用量】马、牛 15 ~ 45g，羊、猪 5 ~ 10g。

132. 毛果算盘子

【别　　名】漆大姑，漆大伯，毛漆，生毛漆，痒树根，毛七公。

【来　　源】大戟科植物毛果算盘子 *Glochidion eriocarpum* Champ. ex Benth. 的根及叶。主产于江苏、福建、湖南等地。

【采集加工】根全年可采，洗净切片晒干。叶夏秋采集，晒干或鲜用。

【药　　性】苦、涩，平。

【功　　能】清热利湿，解毒止痒。

【主　　治】肠炎痢疾，皮肤湿痒，麻疹湿疹。

133. 毛麝香

【别　　名】麝香草，凉草，五凉草，酒子草，毛老虎，饼草，香草。

【来　　源】玄参科植物毛麝香 *Adenosma glutinosum*（L.） Druce 的全草。主产于广东、广西、云南等地。

【采集加工】夏、秋采收，切段晒干鲜用。

【药　　性】辛，温。

【功　　能】祛风止痛，散瘀消肿。

【主　　治】风湿痹痛，毒蛇咬伤，跌打损伤，疮疖肿毒。

134. 升　麻

【别　　名】周升麻，鬼脸升麻，绿升麻，窟窿牙根，鸡骨升麻，黑升麻，关升麻。

【来　　源】毛茛科植物大三叶升麻 *Cimicifuga heracleifolia* Kom.、兴安升麻 *Cimicifuga dahurica*（Turcz.） Maxim. 或升麻 *Cimicifuga foetida* L. 的干燥根茎。主产于辽宁、黑龙江、河北、山西、四川等地。

【采集加工】秋季采挖，除去泥沙，晒至须根干时，燎去或除去须根，晒干。

【药　　性】辛、微甘，微寒。归肺、脾、胃、大肠经。

【功　　能】发表透疹，清热解毒，升举阳气。

【主　　治】痘疹透发不畅，咽喉肿痛，久泻，脱肛，子宫垂脱。

【用法用量】马、牛 15 ～ 45g，驼 30 ～ 60g，羊、猪 3 ～ 10g，兔、禽 1 ～ 3g。

【方　　例】1. 升麻散（《痊骥通玄论》）：白术、白药子、白茯苓、柴胡、当归、葛根、黄芩，黄药子、黄芪、黄连、羌活、升麻、人参、五味子，各等份为末，同煎取汁，候温饱灌，治马内障眼，肝与三焦并受热，黄晕绿晕侵睛。

2. 温脾散寒药（《活兽慈舟》）：白芷、川芎、陈皮、当归、法半夏、防风、附片、甘草、干姜、官桂、广木香、升麻、吴茱萸、杏仁，捣煎，入酒啖服，治马脾寒吐食。

3. 升提散（《牛医金鉴》）：升麻、白芷、陈皮、当归、川芎、茯苓、白芍、木香、大枣。以红酒为引，煎水调服，治牛脱肛症。

135. 片姜黄

【别　　名】片子姜黄。

【来　　源】姜科植物温郁金 *Curcuma wenyujin* Y.H.Chen et C. Ling 的干燥根茎。温郁金主产于浙江，以温州地区最有名，为道地药材。

【采集加工】冬季茎叶枯萎后采挖，洗净，除去须根，趁鲜纵切厚片，晒干。

【药　　性】辛、苦，温。归脾、肝经。

【功　　能】破血行气，通经止痛。

【主　　治】胸胁刺痛，胸痹心痛，癥瘕，风湿肩臂疼痛，跌扑肿痛。

【用法用量】马、牛 15 ~ 45g，驼 30 ~ 60g，羊、猪 3 ~ 10g，兔、禽 0.3 ~ 1.5g。

【禁　　忌】不宜与丁香同用。

136. 月季花

【别　　名】四季花，月月红，月月花，胜春，瘦容，斗雪红。

【来　　源】蔷薇科植物月季 *Rosa chinensis* Jacq. 的干燥花。全国大部分地区均产。

【采集加工】全年均可采收，花微开时采摘，阴干或低温干燥。

【药　　性】甘，温。归肝经。

【功　　能】活血调经，疏肝解郁，解毒消肿。

【主　　治】产后瘀血腹痛，母畜不孕，跌打损伤，痈肿。

【用法用量】马、牛 15 ~ 30g，羊、猪 5 ~ 10g，犬、猫 1 ~ 3g。外用鲜品适量，捣敷患处。

【禁　　忌】脾胃虚弱及孕畜慎用。

【方　　例】1. 月季花汤（《泉州本草》）：月季花、黄酒、冰糖。将月季花洗净，加水文火煎，去渣，加冰糖及黄酒适量。能行气活血，主治气滞血瘀。

2. 治不孕症方（《中兽医验方汇编》）：月季花、益母草、石榴花。水酒煎服。能活血化瘀、催情助孕，治疗母畜不孕。

3. 治牛马跌打损伤、关节肿痛方：①月季花（研末），黄酒冲服（《中兽医手册》）。②月季花、威灵仙。水酒各半，煎汁喂服（《兽医中草药临症应用》）。

4. 治牛马尿血方（《中兽医验方汇编》）：月季花、荆芥炭、生地黄、熟地黄、当归炭、生甘草。以猪瘦肉为引，煎汁喂服。

【别　　名】赤参，木羊乳，逐马，山参，紫丹参，红根，血丹参。

【来　　源】唇形科植物丹参 *Salvia miltiorrhiza* Bge. 的干燥根和根茎。主产于四川、山东、河北。

【采集加工】春、秋二季采挖，除去泥沙，干燥。

【药　　性】苦，微寒。归心、肝经。

【功　　能】活血祛瘀，通经止痛，凉血消痈。

【主　　治】气血瘀滞，跌打损伤，恶露不尽，疮黄疔毒。

【用法用量】马、牛 15 ～ 45g，驼 30 ～ 60g，羊、猪 5 ～ 10g，犬、猫 3 ～ 5g，兔、禽 0.5 ～ 1.5g。

【禁　　忌】不宜与藜芦同用。

【方　　例】1. 丹参补血汤（《中兽医验方汇编》）：丹参、当归、川芎、白芍、秦艽、续断。共研细末，以白酒、红糖为引，混合喂服，治牛、马劳伤心血。

2. 跛行镇痛散（《中华人民共和国兽药典》2015 年版）：当归、红花、桃仁、丹参、桂枝、牛膝、土鳖虫、制乳香、制没药，共为末，开水冲调，候温灌服。能活血，散瘀，止痛，主治跌打损伤、腰肢疼痛。

附药：滇丹参

滇丹参　唇形科植物云南鼠尾草 *Salvia yunnanensis* C.H.Wright 的根，主产于云南、四川。功效同丹参。

138. 乌 药

【别　　名】旁其，台乌，天台乌药，矮樟，香叶子树，白叶柴。

【来　　源】樟科植物乌药 *Lindera aggregata*（Sims）Kos-term. 的干燥块根。主产于浙江、安徽、湖南、湖北等地。

【采集加工】全年均可采挖，除去细根，洗净，趁鲜切片，晒干；或直接晒干。

【药　　性】辛，温。归肺、脾、肾、膀胱经。

【功　　能】顺气止痛，温肾散寒。

【主　　治】寒凝气滞，胸腹胀痛，膀胱虚冷，尿频数。

【用法用量】马、牛 30～60g，羊、猪 10～15g，犬、猫 3～6g，兔、禽 1.5～3g。

【禁　　忌】气虚者忌用。

【方　　例】1. 顺气散（《普济牛马新编》）：乌药、麦芽各 30g，神曲、焦山楂、槟榔、莱菔子各 60g，诸药为末，开水冲调，候温灌服。能消食下气，主治马伤料食滞，胃气不顺。

2. 乌药散（《司牧安骥集》）：乌药、桑白皮、牡丹皮、茴香、赤芍药、秦艽（去芦头）、藁本。各等份为末，同煎放温，喂草后灌之。治马走骧胸痛，鼻湿心吼，不食水草。

139. 乌 桕

【别　　名】鸦臼，木蜡树，木子树，蜡子树，乌臼树。

【来　　源】大戟科植物乌桕 *Sapium sebiferum*（L.）Roxb. 去掉栓皮的根皮或茎皮。主产于广东、广西、云南、贵州等地。

【采集加工】全年可采，将皮剥下，除去栓皮，晒干。

【药　　性】苦，微寒；有毒。归肺、脾、肾、大肠经。

【功　　能】利水消肿，消积通便。

【主　　治】宿草不转，大便秘结，尿闭水肿。

【用法用量】马、牛 60～180g，羊、猪 15～60g。

【禁　　忌】体虚、孕畜及溃疡患者忌服。

【方　　例】1. 治牛宿草不转方：①乌桕根皮 500g，柚子壳 250g，桐子壳 2～3 个，酒曲 30～60g，菜油 250mL，煎水调服（《兽医手册》）。②乌桕幼苗根 30～60g。擂烂兑水喂服（《兽医中草药临症应用》）。

2. 治牛大便秘结方：①乌桕根皮、虎杖根各 250g（切细）。煎水喂服（《兽医中草药处方选编》）。②乌桕根皮、桐子壳、水杨柳、车前草、肥皂荚。煎水喂服（《中兽医诊疗经验》）。③乌桕根、柳叶白前、生菜子。煎水喂服（《民间兽医本草》）。④乌桕根皮 180g，车前草 120g。煎水喂服（《牛病防治》《浙江民间兽医本草》）。

140. 乌 梅

【别　　名】梅实，熏梅，桔梅肉，春梅。

【来　　源】蔷薇科植物梅 Prunus mume（Sieb.）Sieb.et Zucc. 的干燥近成熟果实。主产于四川、浙江、福建等地。

【采集加工】夏季果实近成熟时采收，低温烘干后闷至色变黑。

【药　　性】酸、涩，平。归肝、脾、肺、大肠经。

【功　　能】敛肺，涩肠，生津，安蛔。

【主　　治】久泻久痢，久咳，幼畜奶泻，蛔虫病。

【用法用量】马、牛 15 ～ 60g，羊、猪 3 ～ 9g，犬、猫 2 ～ 5g，兔、禽 0.6 ～ 1.5g。

【禁　　忌】外有表邪或内有实邪者忌服。

【方　　例】1. 乌梅散（《蓄牧纂验方》）：乌梅（去核）15g，干柿蒂 25g，诃子肉、黄连、郁金各 6g，共为末，开水冲调，候温灌服，亦可水煎服。能涩肠止泻，清热燥湿。主治驹儿奶泻及其他幼畜的湿热下痢。

2. 川贝母郁金汤（《抱犊集》）：川贝母、郁金、甜葶苈、槟榔、葛根、甘草、乌药、桔梗、白术、川芎个、黄芩、金银花、土茯苓、车前子、乌梅，煎汤灌服。能清热解毒，止咳平喘，主治牛肺热咳喘。

3. 乌梅散（《中兽医方剂选解》）：乌梅、黄连、黄柏、当归、桂枝、蜀椒、党参、附子、细辛、干姜。共为细末，开水冲服，治猪痢疾和蛔虫病。

4. 治牛舌肿方（《赤脚兽医手册》）：乌梅、硼砂、海螵蛸、百草霜，共研细末，涂擦患处。

141. 乌蔹莓

【别　　名】五爪金龙，母猪藤，五叶莓，五叶藤，见肿消，猪血藤。

【来　　源】葡萄科植物乌蔹莓 Cayratia japonica（Thunb.）Gagnep. 的全草或根。全国大部分地区均产。

【采集加工】夏秋采收根，全草随采随用。

【药　　性】苦，微酸，寒。

【功　　能】凉血解毒，利尿消肿。

【主　　治】血淋尿淋，跌打损伤，关节肿痛，疮疖痈肿。

【用法用量】马、牛 120 ～ 250g，羊、猪 60 ～ 120g。

【方　　例】1. 治牛、马血淋血尿方：①乌蔹莓、车前草、蓄草、瞿麦草、葎草、乌韭各 60g。煎水喂服（《福建中兽医草药图说》）。②乌蔹莓、旱莲草、车前草、葎草各 250g。煎水喂服（《民间兽医本草》）。

2. 治牛、马跌打损伤方：①乌蔹莓全草适量，捣烂取汁 120 ～ 180g，兑水酒服（《兽医手册》）。②挫伤：见肿消（乌蔹莓）、八棱麻（陆英）、苎麻根、樟白皮各适量。共同捣烂，和酒外敷（《赤脚兽医手册》）。

142. 乌蕨

【别　　名】乌韭，土黄连，大金花草，擎天蕨，地柏枝。

【来　　源】陵齿蕨科植物乌蕨 *Stenoloma chusanum* Ching 的全草。主产于浙江、福建、安徽等地。

【采集加工】秋季采收，采后洗净干

【药　　性】微苦，寒。

【功　　能】清热利湿，解毒止血。

【主　　治】痢疾，便血，衄血，尿血。

【用法用量】马、牛 120～250g，羊、猪 60～120g。

【方　　例】1.治牛肺热喘咳方(《中兽医诊疗经验》)：乌韭(乌蕨)、银花藤，水灯芯、田皂角、眼子菜、生早米。共同捣烂，兑水灌服。

2. 治牛肠炎泄泻：①鲜乌韭（乌蕨）、铁苋菜、海金沙各250g。红痢用蜜糖，白痢用红糖。煎水喂服（《浙江民间兽医草药集》）。②乌韭（乌蕨）、铁苋菜、海金沙、马齿苋各120g。煎水喂服(《赤脚兽医手册》)。

3.治猪、牛大便拉血方(《中兽医手册》)：乌韭(乌蕨)、卷柏、侧柏、槐花、岩柏、大血藤各适量。煎水喂服。

143. 凤尾草

【别　　名】井口边草，井栏边草，石长生，井阑草，金鸡爪，凤尾蕨。

【来　　源】凤尾蕨科植物凤尾草 *Pteris multifida* Poir. 的全草。主产于云南、四川、广东、广西等地。

【采集加工】全年可采，采后洗净，切细晒干。

【药　　性】淡、微苦，寒。

【功　　能】凉血止血，消肿解毒。

【主　　治】湿热，黄疸，痢疾，尿淋血淋。

【用法用量】马、牛 120～240g，羊、猪 30～90g。

【方　　例】1. 治牛热泻不止方：①凤尾草、车前草、鱼腥草。煎水喂服（《赤脚兽医手册》）。②凤尾草、铁扫帚、桃金娘。煎水喂服（《广西兽医中草药验方选编》）。

2.治猪肠炎痢疾方：①凤尾草、鱼腥草、鸭跖草、萹蓄草。煎水喂服（《猪病防治》）。②凤尾草、马鞭草、马齿苋、旱莲草。煎水喂服（《中兽医方剂汇编》）。

3. 治羊尿血方：①凤尾草、车前草、破铜钱。煎水喂服(《民间兽医本草》)。②凤尾草、扁柏叶、大金钱草。煎水喂服（《中兽医验方汇编》）。

144. 凤仙花（附药：牯岭凤仙花）

【别　　名】好女儿花，指甲花，灯盏花，竹盏花，海莲花，透骨草（茎），急性子（子）。

【来　　源】凤仙花科植物凤仙 *Impatiens balsamina* L. 的茎、花或种子。全国各地均产。

【采集加工】开花期间采花；种子成熟后采子，晒干备用；茎生长期随采随用。

【药　　性】花：甘、微苦，温。种子：苦，温，有毒。全草：苦、辛，温。

【功　　能】花：活血通经，祛风止痛，外用解毒。种子：破血软坚，消积。全草：祛风，活血，消肿，止痛。

【主　　治】花、茎：风湿痹痛，跌打损伤，产后瘀血未尽，痈疽疮毒，蛇伤腰胁引痛。种子：产难，产后胎衣不下，噎嗝，痞块，骨鲠，疮疡肿毒。

【用法用量】急性子：马、牛 30 ~ 60g，羊、猪 15 ~ 30g。

【禁　　忌】孕畜忌服。

【方　　例】1. 治母马不孕症方（《江苏省中兽医科研协作会议资料选编》）：凤仙花梗、益母草、马鞭草各 120 ~ 250g。红糖180g，以黄酒 250mL 为引，煎水调服。
2. 治母牛难产方：①凤仙子（急性子）120g（炒研），小米 500g。煮粥喂服（《酒泉地区中兽医验方汇编》）。②凤仙花子（急性子）60 ~ 90g，荠菜子 30 ~ 60g。煎水喂服，以红糖为引（《兽医常用中草药》）。
3. 治家畜跌打损伤方：①凤仙花梗 500 ~ 1000g，骨碎补300g，蚊母草 150g。捣烂取汁服（《兽医常用中草药》）。②凤仙花根茎捣汁，冲酒内服（《兽医中药类编》）。③凤仙花叶适量，捣烂外敷（《草药针灸治兽病》）。

急性子

凤仙
Impatiens balsamina L.

牯岭凤仙花
Impatiens davidi Franch.

附药：牯岭凤仙花

牯岭凤仙花　凤仙花科植物牯岭凤仙花 *Impatiens davidi* Franch. 的全草或茎。辛，温。功能消积止痛，主治疳积，腹痛。

145. 勾儿茶

【别　　名】铁包金，紫金藤，老鼠耳，黄鳝藤，乌龙根。

【来　　源】鼠李科植物牯岭勾儿茶 *Berchemia kulingensis* Schneid. 等的根或叶。主产于浙江、江西、安徽等地。

【采集加工】全年可采，切细，晒干或鲜用。

【药　　性】微涩，温。

【功　　能】祛风除湿，活血通络。

【主　　治】肺热咳喘，风湿痹痛，跌打损伤。

【用法用量】马、牛60～180g，羊、猪30～60g。

【方　　例】1. 治牛、马肺热咳嗽方：①鲜勾儿茶根 500g。煎水喂服（《民间兽医本草》续编）。②铁包金（勾儿茶）、枇杷叶、橙子皮、牡丹皮、丝瓜壳、乌韭。煎水喂服（《兽医中草药临症应用》）。

2. 治猪、牛风湿、关节肿痛方：①勾儿茶、威灵仙、大血藤、朱砂根、虎杖根。煎水喂服（浙江省吴兴县青山公社兽医站经验）。②牯岭勾儿茶（勾儿茶）、中华常青藤、苍耳草、豨莶草。煎水喂服（《兽医常用中草药》）。

3. 治家畜疮黄肿毒方（《广东中兽医常用草药》）：铁包金（勾儿茶）叶、苦地胆叶、羊乳参叶、羊蹄大黄叶各 1 握。红糖少许，共同捣烂，包敷患处。

146. 火炭母

【别　　名】赤地利，运药，火炭星，五毒草，天师印，白饭藤。

【来　　源】蓼科植物火炭母 *Polygonum chinense* L. 的全草。主产于福建、江西、广东、广西等地。

【采集加工】夏、秋采收，晒干。

【药　　性】酸、甘，凉。

【功　　能】清热利湿，凉血解毒。

【主　　治】跌打损伤，蛇虫咬伤，痈疽疮毒。

【用法用量】马、牛 120～250g，羊、猪 60～120g。

【方　　例】1. 治牛发热方（《兽医常用中草药》）：赤地利（火炭母）250～500g，地耳草、车前草、马兰各 120～250g。水煎喂服。

2. 治牛蹄黄病方（《兽医常用中草药》）：鲜赤地利（火炭母）全草 1 握，和食盐少许，捣烂外敷。

147. 巴　豆

【别　　名】刚子，老阳子，双眼龙，巴米，毒鱼子，巴菽，猛子仁，八百力，芒子。

【来　　源】大戟科植物巴豆 *Croton tiglium* L. 的干燥成熟果实。主产于四川、广西、云南。

【采集加工】秋季果实成熟时采收，堆置 2~3 天，摊开，干燥。

【药　　性】辛，热；有大毒。归胃、大肠经。

【功　　能】蚀疮。

【主　　治】恶疮，疥癣。

【用法用量】外用适量。

【禁　　忌】孕畜禁用；不宜与牵牛子同用。

【方　　例】1. 治马七结症方（《元亨疗马集》）：巴豆霜、五灵脂，共为研末，醋糊为丸，如弹子大，每服 1 丸，以生油为引，温酒调灌。

2. 三物备急丸（《金匮要略》）：巴豆（去皮、心，熬，外研如脂）、大黄、干姜，有攻逐寒积功效，主治寒实冷积内停、心腹卒暴胀痛、痛如锥刺、气急口噤、大便不通。

3. 两豆散（《痊骥通玄论》）：巴豆 10 个，黑豆 500g。共同炒焦研细，黑狗脊、盐豉各 30g。共为细末，小油调搽，治马疥症。

148. 火麻仁

【别　　名】麻子，麻子仁，大麻子，大麻仁，白麻子。

【来　　源】桑科植物大麻 *Cannabis sativa* L. 的干燥成熟果实。主产于山东、河北、黑龙江、吉林、辽宁等地。

【采集加工】秋季果实成熟时采收，除去杂质，晒干。

【药　　性】甘，平。归脾、胃、大肠经。

【功　　能】润燥滑肠，通便。

【主　　治】肠燥便秘，血虚便秘。

【用法用量】马、牛 120 ~ 180g，驼 150 ~ 200g，羊、猪 10 ~ 30g，犬、猫 2 ~ 6g。

【禁　　忌】滑肠者及孕畜忌服。

【方　　例】1. 麻子仁丸（《伤寒论》）：火麻仁、大黄、枳实、芍药、杏仁、厚朴。有润肠泻热、行气通便功效。主治肠胃燥热、津液不足、大便秘结、小便频数。

2. 治牛磨牙慢草方（《中兽医二十年经验积方》）：麻子（炒）1 碗、萝卜子（煮熟）。用清油、蜂蜜、食盐（炒）各适量，混合喂服。

3. 治家畜水火烫伤方（《兽医中草药类编》）：火麻仁、山栀、黄柏研粉，猪油熬成软膏，涂擦患处。

中兽药标本及器具图谱

95

149. 巴戟天

【别　　名】鸡肠风，鸡眼藤，黑藤钻，兔仔肠。

【来　　源】茜草科植物巴戟天 *Morinda officinalis* How 的干燥根。主产于广东、广西、福建、江西、四川等地。

【采集加工】全年均可采挖，洗净，除去须根，晒至六七成干，轻轻捶扁，晒干。

【药　　性】甘、辛，微温。归肾、肝经。

【功　　能】补肾阳，强筋骨，祛风湿。

【主　　治】阳痿滑精，腰胯无力，风寒湿痹。

【用法用量】马、牛 30 ~ 50g，羊、猪 10 ~ 15g，犬、猫 1 ~ 5g，兔、禽 0.5 ~ 1.5g。

【禁　　忌】阴虚火旺者不宜服。

【方　　例】1. 巴戟散（《元亨疗马集》）：巴戟、茴香、槟榔、肉桂、陈皮、肉豆蔻、肉苁蓉、金铃子、补骨脂、胡芦巴、木通、青皮。共为细末，青葱（细切）、温酒、小便同调，空草灌之，治马肾痛后脚难稳。

　　　2. 补宫汤（《青海省中兽医验方汇编》）：巴戟天、补骨脂、煅龙骨、煅牡蛎、川杜仲、炒白术、当归全、莲子、黄连、牡丹皮、桃仁、竹茹、黄柏、龙胆草、栀子、甘草。共研细末，以羊胆为引，开水冲服，治母畜白带。

150. 玉　竹

五画

【别　　名】王马，节地，葳参，玉术，山玉竹，葳蕤。

【来　　源】百合科植物玉竹 *Polygonatum ordoratum*（Mill.）Druce 的干燥根茎。主产于湖南、河南、江苏。

【采集加工】秋季采挖，除去须根，洗净，晒至柔软后，反复揉搓，晾晒至无硬心，晒干；或蒸透后，揉至半透明，晒干。

【药　　性】甘，微寒。归肺、胃经。

【功　　能】滋阴润肺，养胃生津。

【主　　治】肺燥干咳，胃热，热病伤阴，虚劳发热。

【用法用量】马、牛 15 ~ 60g，羊、猪 5 ~ 10g，兔、禽 0.5 ~ 2g。

【禁　　忌】痰湿气滞者禁服，脾虚便溏者慎服。

【方　　例】1. 治牲畜燥伤胃阴，风温咳嗽方（《兽医中药及处方学》）：葳蕤（玉竹）、麦冬、沙参、甘草。共为细末，开水冲服。

　　　2. 治马流感发热、伤风咳嗽并治羊痘方（《高原中草药治疗手册》）：玉竹、白薇、防风、黄芩、薄荷、甘草各适量。以葱白为引，煎水喂服。

【别　　名】白鹤仙，玉占，玉簪花，玉簪棒，金锁草。

【来　　源】百合科植物玉簪 *Hosta plantaginea*（Lam.）Aschers. 的全草。全国各地均产。

【采集加工】夏、秋季采收，洗净，鲜用或晾干。

【药　　性】甘，凉；有小毒。

【功　　能】消肿解毒，化骨除哽。

【主　　治】咽喉肿痛，大便不利，乳痈疔疮。

【用法用量】马、牛 15 ～ 30g，羊、猪 7 ～ 15g。

【禁　　忌】孕畜忌服。

【方　　例】1. 治牲畜骨骼哽喉方（《中兽医手册》）：金锁草（玉簪）根 1 握，捣烂挤汁，徐徐灌入喉内，能使骨软化。

2. 治猪、牛咽喉肿痛方（《浙江民间兽医草药集》）：鲜白玉簪花（玉簪）适量，捣烂取汁，频频喂服，每天 1 剂，连服 3 ～ 5 剂即愈。

3. 治牛、马小便不通方（《青海省兽医中草药》）：玉簪花、萹蓄草、车前草、灯心草，煎水喂服。

功劳子

阔叶十大功劳
Mahonia bealei（Fort.）Carr.

细叶十大功劳
Mahonia fortunei（Lindl.）Fedde

【别　　名】刺黄柏，大叶黄柏，老鼠刺，刺黄连。

【来　　源】小檗科植物阔叶十大功劳 *Mahonia bealei*（Fort.）Carr.、细叶十大功劳 *Mahonia fortunei*（Lindl.）Fedde 等的果实。主产于浙江、安徽、江西、福建等地。

【采集加工】6 月采摘果序，晒干，搓下果实，去净杂质，晒干。

【药　　性】苦，凉。归脾、肾、膀胱经。

【功　　能】清虚热。

【主　　治】骨蒸潮热，腰膝酸软，湿热泄泻，带下，淋浊。

【用法用量】马、牛 30 ～ 60g，羊、猪 10 ～ 20g。

153. 功劳木

【别　　名】刺黄柏，大叶黄柏，老鼠刺，刺黄连。

【来　　源】小檗科植物阔叶十大功劳 *Mahonia bealei*（Fort.）Carr. 或细叶十大功劳 *Mahonia fortunnei*（Lindl.）Fedde 的干燥茎或叶。主产于浙江、安徽、江西、福建等地。

【采集加工】全年均可采收，干燥。

【药　　性】苦，寒。归肝、胃、大肠经。

【功　　能】清热燥湿，泻火解毒。

【主　　治】肠黄泻痢，湿热黄疸，目赤肿痛，咽喉肿痛，疮毒。

【用法用量】马、牛 30 ～ 60g，羊、猪 10 ～ 20g，犬、猫 3 ～ 5g，兔、禽 1 ～ 3g。

【方　　例】1. 治牛、马眼结膜炎：①十大功劳，磨汁点眼（《赤脚兽医手册》）。②十大功劳，人乳磨汁点眼（《草药针灸治兽病》）。

2. 治牛发高烧方（《江西民间常用兽医草药》）：土黄柏（十大功劳）、车前草、黄竹叶各 250g。煎水喂服。

3. 治牛、猪肺火实热症方：①土黄连（十大功劳）、栀子仁。煎水喂服（《广西中兽医药用植物》）。②十大功劳、栀子、射干、瓜蒌、虎杖、银花。煎水喂服（《草药针灸治兽病》）。

4. 治小猪白痢方（《广西兽医中草药处方选编》）：阔叶十大功劳、钩藤各适量。共熬成膏，每次服 30g。

5. 治家畜水火烧烫伤方（《草药针灸治兽病》）：十大功劳、山枣树皮、虎杖根各适量。共熬成膏，和冰片调敷。

【别　　名】香松，甘松香。

【来　　源】败酱科植物甘松 Nardostachys jatamansi DC. 的干燥根及根茎。主产于四川。

【采集加工】春、秋二季采挖，除去泥沙和杂质，晒干或阴干。

【药　　性】辛、甘，温。归脾、胃经。

【功　　能】理气止痛，散寒，燥湿，醒脾开胃。

【主　　治】寒湿困脾，肚腹胀满，疮疡。

【用法用量】马、牛 15 ~ 45g，羊、猪 3 ~ 6g。

【禁　　忌】气虚血热者慎用。

【方　　例】1. 治牛瘤胃臌气方（《青海省中草药》）：甘松、大蒜、木香、肉蔻。共研细末，开水冲服。

2. 治马、骡风寒拐脚方（《吉林省中兽医验方选集》）：甘松、金毛狗、白鲜皮、五加皮、桑寄生、赤芍药、没药、红花、桂枝、天麻、千年见、钻地风。共研细末，开水冲服。

3. 除臭煎（《活兽慈周》）：甘松、苍术、白芷各 5g，皂角刺、细辛各 3g，密陀僧 1g，煎汤去渣，混粥内饲服。能除湿通窍、避秽除臭，主治犬周身臭不可闻。

154. 甘　松

【别　　名】甜草根，甜草，粉草，美草，棒草，蜜草，甜根子。

【来　　源】豆科植物甘草 Glycyrrhiza uralensis Fisch.、胀果甘草 Glycyrrhiza inflata Bat. 或光果甘草 Glycyrrhiza glabra L. 的干燥根和根茎。主产于内蒙古、甘肃、黑龙江等地。

【采集加工】春、秋二季采挖，除去须根，晒干。

【药　　性】甘，平。归心、肺、脾、胃经。

【功　　能】补脾益气，祛痰止咳，和中缓急，解毒，调和诸药，缓解药物毒性、烈性。

【主　　治】脾胃虚弱，倦怠无力，咳喘，咽喉肿痛，中毒，疮疡。

【用法用量】马、牛 15 ~ 60g，驼 45 ~ 100g，羊、猪 3 ~ 10g，犬、猫 1 ~ 5g，兔、禽 0.6 ~ 3g。

【禁　　忌】不宜与大戟、芫花、甘遂、海藻同用。

【方　　例】1. 治马虽食草料、腹下不化方（《新编集成马医方》）：甘草、人参、白术、当归、大黄、贯仲。共为细末，烧酒、鸡卵调和灌之，未愈再灌。

2. 治牛烂喉症，用清火解毒药（《活兽慈舟校注》）：甘草、薄荷、射干、僵虫、青黛、石膏、芒硝、冰片、龙骨、川椒、枯矾、硼砂。共为细末，用笔管吹入喉间，立刻火消毒解。

3. 甘草白矾散（《牛经大全》）：甘草、乌药、贝母、马兜铃、黄芩、白矾、知母、桑白皮。共为细末，食盐一撮，同煎灌之，治牛患肺痨病，立见功效。

4. 甘草汤（《农学录》）：粉甘草、炒蒲黄、黄芩、天竹黄、炒栀子、皮硝、枇杷叶（去毛），不拘多少。共为细末，泉水调服，能解热止渴。

5. 治猪饲料中毒方（《简明猪病学》）：甘草 30g（煎汁），绿豆 60g（磨浆）。混合灌服。

155. 甘　草

156. 甘 遂

【别　　名】重泽，苦泽，甘泽，甘藁，猫儿眼。

【来　　源】大戟科植物甘遂 *Euphorbia kansui* T.N.Liou ex T.P.Wang 的干燥块根。主产于陕西、河南、山西等地。

【采集加工】春季开花前或秋末茎叶枯萎后采挖，撞去外皮，晒干。

【药　　性】苦，寒；有毒。归肺、肾、大肠经。

【功　　能】泻水逐痰，通利二便。

【主　　治】水肿，胸腹积水，痰饮积聚，二便不利。

【用法用量】马 6～15g，牛 10～20g，驼 10～30g，羊、猪 0.5～1.5g，犬 0.1～0.5g。

【禁　　忌】孕畜及体弱家畜忌服。不宜与甘草同用。

【方　　例】1. 十枣汤（《伤寒论》）：甘遂、芫花、京大戟、大枣，煎水喂服。主治悬饮。

2. 大陷胸汤（《伤寒论》）：大黄、芒硝、甘遂。煎水喂服。有泻热、逐水、破结功效，主治结胸证。

3. 治牛困水膈痰方（《抱犊集校注》）：甘遂、海藻、茵陈、白矾、法夏、枳壳、陈皮、苍术、薄荷、苏叶。共研细末，煎水冲服。亦可加贝母、白术，应去苍术。

4. 甘遂散（《中兽医治疗学》）：甘遂、黑丑、沉香、大戟、葶苈、防己、细辛、槟榔、茯苓、白芍、青皮。共为细末，大枣（去核，研细），开水冲服，治马水掠肝症。

157. 石防风

【别　　名】珊瑚菜，前胡。

【来　　源】伞形科植物石防风 *Peucedanum terebinthaceum*（Fisch.）Fisch.ex Turcz. 的根。主产于黑龙江、吉林、辽宁、内蒙古等地。

【采集加工】秋、冬采挖根部，洗净，晒干。

【药　　性】苦、辛，微寒。归肺、肝经。

【功　　能】散风清热，降气祛痰。

【主　　治】感冒，咳嗽，痰喘，头风眩痛。

【别　名】石苇，石剑，石樜，石皮，石兰，金汤匙，石背柳。

【来　源】水龙骨科植物庐山石韦 *Pyrrosia sheareri*（Bak.）Ching、石韦 *Pyrrossia lingua*（Thunb.）Farwell 或有柄石韦 *Pyrrossia petiolosa*（Christ）Ching 的干燥叶。全国大部分地区均产。

【采集加工】全年均可采收，除去根茎和根，晒干或阴干。

【药　性】甘、苦，微寒。归肺、膀胱经。

【功　能】利尿通淋，清热止血。

【主　治】热淋，尿血，尿不利，肺热喘咳。

【用法用量】马、牛 15～45g，驼 30～60g，羊、猪 6～12g，犬、猫 1～5g。

【方　例】1. 治石淋、尿闭方（《中兽医药方及针灸》）：石韦、滑石、车前子、瞿麦、金钱草、冬葵子。煎水喂服，治家畜石淋、尿闭效佳。

2. 治家畜血淋、血尿方（《中兽医验方选编》）：石韦、木通、瞿麦、萹蓄、地榆、葎草、黄柏、甘草。煎水喂服，治家畜血淋、血尿效佳。

附药：光石韦

光石韦　水龙骨科植物光石韦 *Pyrrosia calvata*（Baker）Ching 的全草，主产于广东、广西、福建等地。性味、功效、主治与石韦相似。

石韦
Pyrrossia lingua（Thunb.）
Farwell

石韦

光石韦
Pyrrosia calvata（Baker）
Ching

中兽药标本及器具图谱

159. 艾叶（附药：北艾）

北艾
Artemisia vulgaris L.

【别　　名】艾，艾蒿，家艾，艾蓬，甜艾，香艾，医草。

【来　　源】菊科植物艾 *Artemisia argyi* levl. et Vant. 的干燥叶。全国各地均产，传统以湖北蕲州产者为佳，称"蕲艾"。

【采集加工】夏季花未开时采摘，除去杂质，晒干。

【药　　性】辛、苦，温；有小毒。归肝、脾、肾经。

【功　　能】散寒止痛，温经止血。

【主　　治】风寒湿痹，肚腹冷痛，宫寒不孕，胎动不安。

【用法用量】马、牛 15 ~ 45g，驼 30 ~ 60g，羊、猪 5 ~ 15g，犬、猫 1 ~ 3g，兔、禽 1 ~ 1.5g。外用适量。

【方　　例】1. 治牛胃炎冷痛、寒泻方（《中兽医验方汇编》）：陈艾叶 60g，以红糖为引。煎水调服。

2. 治母畜宫冷不孕症方：①陈艾叶单方适量。以鸡蛋、黄酒为引。煎汁调服（《中兽医方剂汇编》）。②陈艾叶、益母草、当归。煎水喂服（《赤脚兽医手册》）。③治母兔不孕：陈艾叶 3 ~ 6g，研为细末，拌料喂服，连服 2 ~ 3 天，即效（《山东科技报》）。

附药：北艾

北艾　据《中国植物志》记载，菊科植物北艾 *Artemisia vulgaris* L.，新疆民间作艾的代用品。

160. 石胡荽

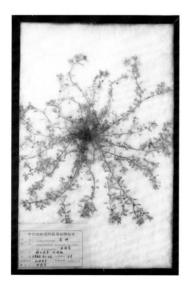

【别　　名】食胡荽，球子草，打不死，野园荽，打伤草，鹅不食草。

【来　　源】菊科植物石胡荽 *Centipeda minima*（L.）A.Br.et Aschers. 的带花全草。全国大部分地区均产。

【采集加工】花开放时采收，去净泥杂，晒干。

【药　　性】辛，温。

【功　　能】祛风散寒，通鼻去翳。

【主　　治】鼻渊，感冒鼻塞，风湿痹痛，疮疖肿毒。

【用法用量】马、牛 30 ~ 60g，羊、猪 15 ~ 30g。

【方　　例】1. 治家畜鼻炎方：①鹅不食草（石胡荽）60g，捣烂取汁，注入鼻腔，纱布堵塞鼻孔 10 分钟，一侧堵完，再堵另一侧，每日 2 次（《兽医技术革新成果选编》）。②鹅不食草（石胡荽）、葱白各 1 握，捣烂取汁，滴入鼻内（《猪病防治》《民间兽医本草》）。

2. 治家畜风寒感冒方：①鲜石胡荽、鲜白茅根、鲜葱白各 60 ~ 150g。煎水喂服（《赤脚兽医手册》）。②鹅不食草（石胡荽）、黄荆柴叶、苏叶各 30g。煎水喂服（《兽医手册》）。③石胡荽、石菖蒲、皂角各 30 ~ 60g。共为细末，每用少许，吹入鼻内（《兽医中草药临症应用》）。④鹅不食草（石胡荽）、皂荚、细辛、闹羊花各 30 ~ 60g。共为细末，每用少许，吹入鼻内（《全国中兽医经验汇编》）。

161. 石胆草

【别　　名】石花，石莲花。

【来　　源】苦苣苔科植物石花 *Corallodiscus flabellatus*（Craib.）Burtt. 的全草。主产于云南、四川、西藏等地。

【采集加工】夏、秋季采收，洗净，鲜用或晒干。

【药　　性】苦、辛，寒。归肝经。

【功　　能】清湿热，解疮毒，活血止痛。

【主　　治】赤白带下，疮痈肿毒。

162. 石莲子

【别　　名】甜石莲，壳莲子，带皮莲子，莲实。

【来　　源】睡莲科植物莲 *Nelumbo nucifera* Gaertn. 老熟的果实。主产于湖南、福建、江苏、浙江等地。

【采集加工】10 月当莲子成熟时，割下莲蓬，取出果实晒干，或于休整池塘时拾取落于淤泥中之莲实，洗净，晒干。

【药　　性】甘、涩、微苦，寒；归脾、胃、心经。

【功　　能】清湿热，开胃进食，清心宁神，涩精止遗。

【主　　治】噤口痢，呕吐不食，尿浊，带下。

【用法用量】马、牛 60 ~ 90g，羊、猪 30 ~ 60g。

【方　　例】治牛、马慢性肠炎痢疾方（《兽医中药类编》）：石莲子 250g，生甘草 30g。共为细末，开水冲服，分 3 次服完，连服 2 ~ 3 剂。

163. 石菖蒲

【别　　名】菖蒲，水蜈蚣，昌本，昌阳，粉菖，九节菖蒲。
【来　　源】天南星科植物石菖蒲 *Acrorus tatarinowii* Schott 的干燥根茎。主产于四川、浙江、江苏等地。
【采集加工】秋、冬二季采挖，除去须根和泥沙，晒干。
【药　　性】辛、苦，温。归心、胃经。
【功　　能】开窍豁痰，化湿和胃。
【主　　治】神昏，癫痫，寒湿泄泻，肚胀。
【用法用量】马、牛 20 ~ 45g，驼 30 ~ 60g，羊、猪 10 ~ 15g，犬、猫 3 ~ 5g，兔、禽 1 ~ 1.5g。
【禁　　忌】阴虚阳亢、汗多、精滑者慎服。
【方　　例】1. 清暑散（《中华人民共和国兽药典》2015 年版）：香薷、白扁豆、麦冬、薄荷、木通、猪牙皂、藿香、茵陈、菊花、石菖蒲、金银花、茯苓、甘草，共研为末，开水冲调，候温灌服。能清热祛暑，主治伤热、中暑。

2. 消胀退热汤（《活兽慈周》）：石菖蒲、苍术、细辛、通草、木香、陈皮、当归、牛膝、羌活、麻黄、柴胡、鸡屎藤等。以甜酒为引，同煎啖之，治牛气胀。

3. 菖蒲去邪汤（《中兽医验方汇编》）：石菖蒲、天花粉、枳壳、贝母、竹茹、枣仁、黄连、茯神、橘红、远志、玄参、麦冬、甘草、生姜各适量。煎水喂服，治牛、马心热风邪。

4. 石菖蒲止血汤（《陕西省中兽医处方汇编》）：石菖蒲、水杨柳、青木香、山栀（炒焦）、桃仁。共为细末，以蜂蜜为引，开水冲服，治牛、马大便拉血。

164. 石椒草

【别　　名】石椒，石焦草，石交，千里马，臭草，白虎草。
【来　　源】芸香科植物石椒草 *Boenninghausenia sessilicarpa* Levl. 的全草。主产于云南、四川等地。
【采集加工】夏季采收，除去泥沙，晒干备用。
【药　　性】苦、辛，温；有小毒。归肺、胃经。
【功　　能】祛风散寒，消肿止痛，消积理气。
【主　　治】风寒感冒，胸隔疼痛，疮疖肿毒，跌打损伤。
【用法用量】马、牛 30 ~ 60g，羊、猪 9 ~ 15g。
【方　　例】1. 治牛、马风寒感冒方（《兽医中草药选》）：石椒草、侧柏叶、冬桑叶、土大黄、枳实、续断、桂枝、白芷各 15 ~ 30g，细辛 8g，共研粉开水烫后喂服。

2. 治犊牛白痢方（《中兽医经验选辑》）：白虎草（石椒草）、狗屁藤（鸡屎藤）各 60g。共研细末，混于荞面内喂服。

3. 治牛跌打肿病方（《云南省中兽医经验集》）：石椒草 60 ~ 90g，以白酒为引，煎水喂服。

【别　　名】林兰，杜兰，金钗花，千年润，黄草，吊兰花，金石斛，金钗草。

【来　　源】兰科植物金钗石斛 *Dendrobium nobile* Lindl.、鼓槌石斛 *Dendrobium chrysotoxum* Lindl. 或流苏石斛 *Dendrobium fimbriatum* Hook. 的栽培品及其同属植物近似种的新鲜或干燥茎。主产于广西、贵州、云南、湖北等地。

【采集加工】全年均可采收，鲜用者除去根和泥沙；干用者采收后，除去杂质，用开水略烫或烘软，再边搓边烘晒，至叶鞘搓净，干燥。

【药　　性】甘，微寒。归胃、肾经。

【功　　能】益胃生津，养阴清热。

【主　　治】热病伤津，口渴欲饮，病后虚热，阴亏目暗。

【用法用量】马、牛 15 ～ 60g，驼 30 ～ 100g，羊、猪 5 ～ 15g，犬、猫 3 ～ 5g，兔、禽 1 ～ 2g。

【禁　　忌】温热病早期阴未伤者、湿温病未化燥者、脾胃虚寒者均禁服。

【方　　例】1. 活血止痛散（《牛医金鉴》）：当归、乳香、羌活、甘草、桂枝、牛膝、槟榔、没药、生地黄、陈皮、石斛，共研为末，以姜汁、黄酒为引，开水冲调，候温灌服。活血化瘀、理气止痛，主治牛胸膊痛。
2. 治牲畜热病消渴症方（《兽医中药类编》）：石斛、黄芩、木通、泽泻、陈皮、生地。煎水喂服。

附药：广东石斛、细叶石斛

广东石斛 *Dendrobium wilsonii* Rolfe、**细叶石斛** *Dendrobium hancockii* Rolfe 的新鲜或干燥茎，性味、功效、主治与石斛相似。

广东石斛
Dendrobium wilsonii Rolfe

细叶石斛
Dendrobium hancockii Rolfe

中兽药标本及器具图谱

166. 石楠叶

【别　　名】风药，栾茶，石岩树，石南叶，水红树，红树叶，千年红。

【来　　源】蔷薇科植物石楠 *Photinia serrulata* Lindl. 的干燥叶。主产于陕西、甘肃、河南、江苏、安徽等地。

【采集加工】全年可采。晒干后，扎成小把。

【药　　性】辛、苦，平。

【功　　能】祛风通络，益肾强阴。

【主　　治】肾虚阳痿，宫冷不孕，肾虚腰痛。

【用法用量】马、牛 30 ~ 60g，羊、猪 15 ~ 30g。

【方　　例】1. 治公畜阳痿不举方（《兽医中药类编》）：石南叶（石楠叶）、五味子、蛇床子、菟丝子各 45g。煎水喂服。

2. 石南汤（《民间兽医本草》）：石南叶（石楠叶）、白术、牛膝、防风、天麻、枸杞、黄芪、桂心、鹿角、木瓜。共为细末，以黄酒为引服，治家畜肾虚腰髋疼痛。

167. 石榴皮

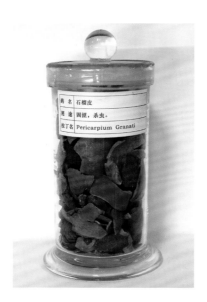

【别　　名】石榴壳，安石榴，酸实壳，酸石榴皮，石留皮。

【来　　源】石榴科植物石榴 *Punica granatum* L. 的干燥果皮。主产于陕西、四川、湖南等地。

【采集加工】秋季果实成熟后收集果皮，晒干。

【药　　性】酸、涩，温。归大肠经。

【功　　能】涩肠止泻，止血，杀虫。

【主　　治】泻痢，便血，脱肛，虫积。鱼锚头蚤病。

【用法用量】马、牛 15 ~ 30g，驼 25 ~ 45g，羊、猪 3 ~ 15g，犬、猫 1 ~ 5g，兔、禽 1 ~ 2g。

【方　　例】1. 石榴山萘散（《藏兽医经验选编》）：石榴皮 30g，山柰 15g，白胡椒、荜茇各 6g，肉豆蔻、桂通、草果、山茴芹籽、草豆蔻各 3g。共研细末，羔羊每次 3 ~ 7g，每日 1 ~ 2 次，口服。能温中散寒，行气止痛，健脾消食，涩肠止痢，主治羔羊腹泻。

2. 治牛、马拉稀带血方（《河南省中兽医临床药方汇集》）：石榴皮、西瓜皮各 120g。共为细末，开水冲服。

3. 治猪蛔虫方（《兽医常用中草药》）：石榴皮、使君子各 15g，乌梅肉、花槟榔各 9g。煎水喂服。

【别　　名】布楂叶，破布叶，布包木，包蔽木，狗具木，布帛子。

【来　　源】椴树科植物破布叶 *Microcos paniculata* L. 的叶。主产于广东、广西、云南等地。

【采集加工】夏秋季采收，采其带幼枝的叶，鲜用或晒干用。

【药　　性】酸，微涩，平。

【功　　能】清热解毒，祛风利湿。

【主　　治】臌胀，食欲不振，消化不良，跌打扭伤。

【用法用量】马、牛 120 ~ 250g，羊、猪 60 ~ 120g。

【方　　例】1. 治牛伤风感冒方（《中兽医疗牛集》）：布渣叶、山芝麻、无根藤、金钱草、白茅根、甘草各 250g。煎汁喂服。

2. 治牲畜扭挫伤方（《兽医中草药处方选编》）：布渣叶适量。捣烂如泥，加酒炒热，贴敷患处。

【别　　名】九龙根，牛脚甲，羊蹄脚，乌藤，串鼻藤，过江龙，羊蹄藤，红公楠。

【来　　源】豆科植物龙须藤 *Bauhinia championi*（Benth.）Benth. 的藤茎。分布于我国南方各地。

【采集加工】全年可采，采后切片，晒干。

【药　　性】苦、微辛，平。归肺经。

【功　　能】祛风除湿，通经活络。

【主　　治】伤风感冒，湿热泻痢，风湿痹痛，跌打损伤。

【用法用量】马、牛 30 ~ 60g，羊、猪 15 ~ 30g。

【方　　例】1. 治牛食积臌胀方（《广西中兽医药用植物》）：乌藤根（龙须藤）、山豆根、算盘根、黄荆柴、水菖蒲、灯笼草等各 60 ~ 90g。煎水喂服。

2. 治猪关节肿痛方（《兽医中草药临症应用》）：龙须藤、南蛇藤各 30 ~ 60g。以水酒为引，煎水拌入饲料内喂服。

170. 龙 胆

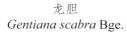

龙胆
Gentiana scabra Bge.

龙胆

龙胆花

【别　　名】龙胆草，草龙胆，山龙胆，陵游，苦龙胆草，胆草，地胆草。

【来　　源】龙胆科植物条叶龙胆 *Gentiana manshurica* Kitag.、龙胆 *Gentiana scabra* Bge.、三花龙胆 *Gentiana triflora* Pall. 或坚龙胆 *Gentiana rigescens* Franch. 的干燥根和根茎。前三种习称"龙胆"，后一种习称"坚龙胆"。龙胆主产于吉林、辽宁、黑龙江、内蒙古，习称"关龙胆"。坚龙胆主产于云南。

【采集加工】春、秋二季采挖，洗净，干燥。

【药　　性】苦，寒。归肝、胆经。

【功　　能】泻肝胆实火，除下焦湿热。

【主　　治】湿热黄疸，目赤肿痛，湿疹瘙痒。

【用法用量】马、牛 15 ~ 45g，驼 30 ~ 60g，羊、猪 6 ~ 15g，犬、猫 1 ~ 5g，兔、禽 1.5 ~ 3g。

【禁　　忌】脾胃虚弱及无湿热实火忌用。

【方　　例】龙胆泻肝汤（《和剂局方》）：龙胆草、黄芩、栀子、泽泻、木通、车前子、当归、柴胡、生甘草、生地黄，能泻肝降火、清利湿热，用于治疗动物肝胆实火、目赤肿痛，小便短赤涩痛、湿热黄疸。

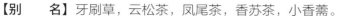

171. 东紫苏

【别　　名】牙刷草，云松茶，凤尾茶，香苏茶，小香薷。
【来　　源】唇形科植物东紫苏 *Elsholtzia bodinieri* Vaniot 的全草。
　　　　　　主产于云南、贵州等地。
【采集加工】夏季枝叶茂盛时采收，除去杂质，晒干。
【药　　性】辛，温。归肺、脾经。
【功　　能】解表散寒。与紫苏功效相似。
【主　　治】风寒感冒，咳嗽气喘，咽喉肿痛。
【用法用量】马、牛 15 ~ 60g，驼 25 ~ 80g，羊、猪 5 ~ 15g，
　　　　　　兔、禽 1.5 ~ 3g。外用鲜品适量。

172. 北刘寄奴

【别　　名】刘寄奴，阴行草，山茵陈，金花屏，土茵陈，山油麻。
【来　　源】玄参科植物阴行草 *Siphonostegia chinensis* Benth. 的
　　　　　　干燥全草。全国大部分地区均产。
【采集加工】秋季采收，除去杂质，晒干。
【药　　性】苦，寒。归脾、胃、肝、胆经。
【功　　能】活血祛瘀，通经止痛，凉血，止血，清热利湿。
【主　　治】跌打损伤，外伤出血，产后瘀痛，癥瘕积聚，血痢，血
　　　　　　淋，湿热黄疸，水肿腹胀。
【用法用量】马、牛 30 ~ 90g，羊、猪 15 ~ 30g。
【方　　例】1. 治牛、马尿淋尿血方（《兽医中草药处方选编》）：
　　　　　　阴行草（北刘寄奴）、车前草、土茯苓、木通、猪苓。
　　　　　　煎水喂服。
　　　　　　2. 治牛肚底黄方（《兽医手册》）：土茵陈（北刘寄奴）、
　　　　　　土黄连、山栀子、土黄柏、石菖蒲、野薄荷、黄荆子（炒）。
　　　　　　煎水喂服。

中兽药标本及器具图谱

173. 北豆根

【别　　名】蝙蝠葛根，北山豆根，马串铃，狗骨头，野豆根，黄根。

【来　　源】防己科植物蝙蝠葛 *Menispermum dauricum* DC. 的干燥根茎。全国大部分地区均产。

【采集加工】春、秋二季采挖，除去须根和泥沙，干燥。

【药　　性】苦，寒；有小毒。归肺、胃、大肠经。

【功　　能】清热解毒，祛风止痛。

【主　　治】咽喉肿痛，疮痈肿毒，肠炎痢疾，风湿痹痛。

【用法用量】马、牛 25 ~ 45g，驼 30 ~ 60g，羊、猪 10 ~ 15g，犬、猫 1 ~ 5g，兔、禽 1 ~ 2g。

174. 北沙参

【别　　名】辽沙参，海沙参，野香菜根，银沙参。

【来　　源】伞形科植物珊瑚菜 *Glehnia littoralis* Fr.Schmidt ex Miq. 的干燥根。主产于山东、河北、辽宁等地。

【采集加工】夏、秋二季采挖，除去须根，洗净，稍晾，置沸水中烫后，除去外皮，干燥。或洗净直接干燥。

【药　　性】甘、微苦，微寒。归肺、胃经。

【功　　能】滋阴清热，润肺止咳，益胃生津。

【主　　治】阴虚肺热，干咳，热病津伤，贪饮，肺痈鼻脓。

【用法用量】马、牛 15 ~ 30g，驼 30 ~ 45g，羊、猪 3 ~ 15g，犬、猫 2 ~ 5g，兔、禽 1 ~ 2g。

【禁　　忌】不宜与藜芦同用。

【方　　例】1. 治马肺燥咳喘方（《司牧安骥集》）：人参、沙参、玄参、丹参、贝母、麦门冬、天门冬、知母、甘草、紫苏子、马兜铃、苦参（炒黄）。共为细末，以盐豉、蜂蜜为引，同和啖之。

2. 治牛急性黄方（《活兽慈周》）：沙参、苦参、茯苓、当归、川芎、防风、枣仁、远志、白芍、黄连、五味子、泽泻、丹皮。煎浓入蜜啖服。

175. 叶下珠

【别　　名】老鸦珠，叶底珠，叶下红珠，油柑草，疳积草，夜合草。

【来　　源】大戟科植物叶下珠 *Phyllanthus urinaria* L. 的全草。主产于河北、山西、陕西等地。

【采集加工】夏、秋季采收，晒干或鲜用。

【药　　性】甘、苦，凉。

【功　　能】平肝清热，利水解毒。

【主　　治】目赤肿痛，蛇虫咬伤，痢疾。

【用法用量】马、牛60～120g，羊、猪30～60g。

【方　　例】1. 治牛目赤肿痛方：①老鸦珠（叶下珠），白菊花。煎水喂服（《兽医手册》）。②叶下珠、野菊花、无根藤各鲜药90g。煎水喂服（《赤脚兽医手册》）。③叶下珠、叶下红、千里光各250～500g。煎水喂服（《兽医技术革新成果选编》）。

2. 治猪、牛肠炎腹泻方：①叶下珠30～150g。以红糖为引，煎水喂服（《兽医手册》）。②叶下珠、地锦草、鸡眼草60～120g。煎水喂服（《兽医药物学》）。

176. 仙　茅

【别　　名】小地棕根，独茅根，冷饭草，独脚仙茅，波罗门参，山党参。

【来　　源】石蒜科植物仙茅 *Curculigo orchioides* Gaertn. 的干燥根茎。主产于四川、云南、广西、贵州等地。

【采集加工】秋、冬二季采挖，除去根头和须根，洗净，干燥。

【药　　性】辛，热；有毒。归肾、肝、脾经。

【功　　能】补肾阳，强筋骨，祛风湿。

【主　　治】阳痿滑精，风寒湿痹。

【用法用量】马、牛15～45g，驼30～60g，羊、猪6～15g，犬、猫1～5g。

【禁　　忌】阴虚火旺者忌用。

【方　　例】1. 二仙汤（《活兽慈周》）：仙人掌、仙茅，煎汤，合粥饲喂。能清热除湿，主治犬皮肤瘙痒。

2. 降脂增蛋散(《中华人民共和国兽药典》2015年版)：刺五加、何首乌、仙茅、当归、艾叶、党参、白术、山楂、六神曲、麦芽、松针，共研为末混饲。能补肾益脾，暖宫活血，可降低鸡蛋胆固醇，主治产蛋下降。

3. 治公畜阳痿不举方：①仙茅、仙灵脾、枸杞子、黄芪、甘草。煎水喂服(《兽医中药类编》)。②仙茅根、金樱子。煎水喂服（《兽医常用中草药》）。

4. 治母畜不孕方：①仙茅、益母草。煎水喂服（《中兽医方剂汇编》）。②仙茅根、茜草根、萱草根、臭藤根（鸡屎藤）、石菖蒲、枸杞子、胡芦巴、吴茱萸、白茯苓、当归、川芎、续断。捣煎入常酒啖服（《活兽慈舟》）。

177. 仙鹤草

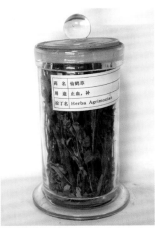

【别　　名】龙芽草，金顶龙芽，龙头草，狼牙草，止血草，瓜香草，地仙草。

【来　　源】蔷薇科植物龙芽草 *Agrimonia pilosa* Ledeb. 的干燥地上部分。主产于浙江、江苏、湖北等地。

【采集加工】夏、秋二季茎叶茂盛时采割，除去杂质，干燥。

【药　　性】苦、涩，平。归心、肝经。

【功　　能】收敛止血，止痢，解毒。

【主　　治】便血，尿血，吐血，衄血，血痢，痈肿疮毒。

【用法用量】马、牛15～60g，驼30～100g，羊、猪6～15g，犬、猫1～5g，兔、禽1～1.5g。外用适量。

【方　　例】1. 白鹤散（《中兽医方剂大全》）：白及、仙鹤草、蒲黄炭、栀子、天花粉。共研为末，开水冲调，候温灌服。能清热止血，主治家畜鼻衄。

2. 治子宫出血方（《中兽医手册》）：仙鹤草、槐米、赤芍、生地黄、地榆炭、侧柏炭、白及、阿胶。能凉血止血，治疗母畜子宫出血。

3. 治牛、马大便出血方：①仙鹤草、墨旱莲、苦参。煎水取汁，以灶心土为引，取上清液冲服（《赤脚兽医手册》）。②龙芽草（仙鹤草）、翻白草、酢浆草、苦参。煎水喂服（《兽医常用中草药》）。

178. 白　及

【别　　名】甘根，白根，冰球子，白鸡儿，白及，地螺丝。

【来　　源】兰科植物白及 *Bletilla striata* （Thunb.）Reichb.f. 的干燥块茎。主产于贵州、四川、湖南、湖北。

【采集加工】夏、秋二季采挖，除去须根，洗净，置沸水中煮或蒸至无白心，晒至半干，除去外皮，晒干。

【药　　性】苦、甘、涩，微寒。归肺、肝、胃经。

【功　　能】收敛止血，消肿生肌，补肺止咳。

【主　　治】肺胃出血，肺虚咳喘，外伤出血，烧伤，痈肿。

【用法用量】马、牛25～60g，驼30～80g，羊、猪6～12g，犬、猫1～5g，兔、禽0.5～1.5g。

【禁　　忌】不宜与乌头类药材同用。

【方　　例】1. 独圣散（《猪经大全》）：三七、白及，能化瘀止血，主治肺出血效佳。可治猪"烂心肺症"，也可用于赛马因训练而引起的肺出血或鼻出血。

2. 及榆二黄散（《中兽医科技资料选辑》第2集）：白及、地榆、蒲黄、大黄各等份，共研为细末，搽患处。能清热化瘀、敛疮生肌，主治外伤出血。

179. 白马骨

【别　　名】路边鸡，白金条，六月冷，曲节草，六月雪，满天星。

【来　　源】茜草科植物白马骨 *Serissa serissoides*（DC.）Druce
或六月雪 *Serissa japonica*（Thunb.）Thunb. 的全草。
分布于我国中部及南部地区。

【采集加工】全年可采，采后切细，晒干。

【药　　性】苦、辛，凉。归肝、脾经。

【功　　能】祛风利湿，清热解毒。

【主　　治】肺热咳嗽，劳伤消瘦，痢疾。

【用法用量】马、牛 90 ～ 150g，羊、猪 60 ～ 90g。

【方　　例】1. 治猪、牛发高烧方（《民间兽医本草》续编）：六
月雪（白马骨）、双钩藤、龙胆草、车前草。煎水喂服。
2. 治猪、牛痢疾腹泻方：①白马骨、仙鹤草、陈茶叶、
车前草。煎水喂服（《兽医手册》）。②白马骨、松白皮、
小茴香、炒山药、陈茶叶、灶心土、百草霜。煎水喂服
（《江西省中兽医研究所集方》）。

180. 白牛胆

【别　　名】羊耳菊，羊耳茶，白面风，白毛茶，白叶菊。

【来　　源】菊科植物羊耳菊 *Inula cappa*（Buch.-Ham.）DC. 的
全草。主产于四川、云南、贵州、广西等地。

【采集加工】全年可采，采后晒干或鲜用。

【药　　性】苦、微辛，平。

【功　　能】祛风利湿，行气化滞。

【主　　治】风寒感冒，劳伤咳嗽，跌打损伤。

【用法用量】马、牛 60 ～ 120g，羊、猪 30 ～ 60g。

【方　　例】1. 治牛感冒发热方（《福建中兽医草药图说》）：羊
耳菊（白牛胆）根 180g，石菖蒲、金银花、紫苏、薄荷、
防风、龙胆、甘草各 30 ～ 60g，煎水喂服。
2. 治犊牛下痢方（《福建中兽医草药图说》）：羊耳
菊（白牛胆）根 120g，番石榴叶、石菖蒲、白头翁、
龙胆草、牡荆叶。以木炭末为引，煎水调服。

181. 白 术

【别　　名】冬术，于术，杭术，山连，山精。

【来　　源】菊科植物白术 *Atractylodes macrocephala* Koidz. 的干燥根茎。主产于浙江、安徽，传统以浙江於潜产者最佳，称为"於术"。

【采集加工】冬季下部叶枯黄、上部叶变脆时采挖，除去泥沙，烘干或晒干，再除去须根。

【药　　性】苦、甘，温。归脾、胃经。

【功　　能】补脾健胃，燥湿利水，安胎，止汗。

【主　　治】脾虚泄泻，肚胀，水肿，虚汗，胎动不安。

【用法用量】马、牛 15 ~ 60g，驼 30 ~ 90g，羊、猪 6 ~ 12g，犬、猫 1 ~ 5g，兔、禽 1 ~ 2g。

【禁　　忌】阴虚燥渴、气滞胀闷者忌服。

【方　　例】1. 健脾三圣散（《新刻注释马牛驼经大全集》）：苍术、白术各 45g，陈皮、香附、干姜、茯苓各 30g，泽泻、细辛、槟榔、枳壳各 20g，厚朴、官桂各 25g，肉桂、人参、甘草、炮姜各 15g，灶心土 150g，诸药为末，开水冲调，加黄酒 500mL，候温灌服。能温脾暖胃、顺气止痛，主治马脾寒腹痛症。

2. 白术散（《牛经大全》）：白术、苍术、紫菀、牛膝、麻黄、厚朴、当归、藁本。共为细末，以酒为引，煎沸候温，治牛患脾虚症，灌之见效。

182. 白头翁

【别　　名】野丈人，胡王使者，白头公，白头草，奈何草，老姑草，粉乳草。

【来　　源】毛茛科植物白头翁 *Pulsatilla chinensis*（Bge.）Regel 的干燥根。全国大部分地区均产。

【采集加工】春、秋二季采挖，除去泥沙，干燥。

【药　　性】苦，寒。归胃、大肠经。

【功　　能】清热解毒，凉血止痢。

【主　　治】热毒血痢，湿热肠黄。鱼肠炎。

【用法用量】马、牛 15 ~ 60g，驼 30 ~ 100g，羊、猪 6 ~ 15g，犬、猫 1 ~ 5g，兔、禽 1.5 ~ 3g。鱼每千克体重 5 ~ 10g，煎汁拌饵料投喂。

【禁　　忌】虚寒泻痢及下泻淡红者忌用。

【方　　例】1. 白头翁汤（《伤寒论》）：白头翁、黄连、黄柏、秦皮。煎水喂服，能清热化湿、凉血止痢，治湿热积于大肠引起的急性肠黄，证见口色红燥兼黄，体温升高，回头顾腹，慢性起卧，泻粪腥臭且如糊状。

2. 拉稀宁（《青海省中兽医验方汇编》）：白头翁、延胡索、黄连、黄芩、黄柏、枳壳、砂仁、当归，诸药共为细末，开水冲服，治疗牛、羊腹泻带血，用之效好。

3. 治小牛白痢方（《牲畜针灸与中药疗法》）：白头翁、秦皮、黄连、黄柏、黄芩。煎水喂服，连服 3 ~ 5 剂。

183. 白 芍

【别　　名】杭白芍，白芍药，金芍药。
【来　　源】毛茛科植物芍药 *Paeonia lactiflora* Pall. 的干燥根。主产于浙江、安徽等地。
【采集加工】夏、秋二季采挖，洗净，除去头尾和细根，置沸水中煮后除去外皮或去皮后再煮，晒干。
【药　　性】苦、酸，微寒。归肝、脾经。
【功　　能】平肝止痛，养血敛阴。
【主　　治】肝阴不足，虚热，泻痢腹痛，四肢拘挛。
【用法用量】马、牛 15～60g，驼 30～100g，羊、猪 6～15g，犬、猫 1～5g，兔、禽 1～2g。
【禁　　忌】不宜与藜芦同用。
【方　　例】1. 桂枝汤（《伤寒论》）：桂枝、白芍、炙甘草各 25g，生姜、大枣各 60g，水煎，候温灌服；或为细末，稍煎，候温灌服。能解肌发表、调和营卫，主治外感风寒表虚证。
2. 郁金散（《元亨疗马集》）：大黄 60g，郁金、黄芩、黄连、黄柏、栀子各 30g，诃子、白芍各 15g，共研为末，开水冲调，候温灌服。能清热解毒、涩肠止泻，主治肠炎。

184. 白 芷

【别　　名】芳香，泽芬，香白芷。
【来　　源】伞形科植物白芷 *Angelica dahurica*（Fisch.ex Hoffm.）Benth.et Hook.f. 或 杭 白 芷 *Angelica dahurica*（Fisch.ex Hoffm.）Benth.et Hook.f.var. *formosana*（Boiss.）Shan et Yuan 的干燥根。主产于浙江、四川、河南、河北等地。
【采集加工】夏、秋间叶黄时采挖，除去须根和泥沙，晒干或低温干燥。
【药　　性】辛，温。归胃、大肠、肺经。
【功　　能】散风祛湿，消肿排脓，通窍止痛。
【主　　治】外感风寒，风湿痹痛，疮黄疔毒。
【用法用量】马、牛 15～30g，驼 25～45g，羊、猪 3～9g，犬、猫 0.5～3g。
【禁　　忌】血虚有热，阴虚火旺，痈疮已溃，脓出畅通者忌用。
【方　　例】1. 苍耳子散（《景岳全书》）：苍耳子、白芷、薄荷、辛夷，能散风通窍，治脑颡流鼻。
2. 橘皮散（《元亨疗马集》）：桂心、白芷、小茴香、青皮、陈皮、厚朴、当归、细辛、槟榔。能温中散寒，顺气和血。治寒伤胃肠，腹痛起卧。
3. 白芷散（《元亨疗马集》）：白芷、当归、黄芩、栀子、干地黄、地骨皮、白茯苓、黄药子。各等份为末，生姜（捣烂），以蜂蜜、薤汁为引，煎水取汁，去渣候温，草后灌之，治马胸膈热，舌赤草慢。

185. 白花蛇舌草

【别　　名】蛇舌草，二叶葎，白花十字草。

【来　　源】茜草科植物白花蛇舌草 *Hedyotis diffusa* Willd. 的干燥全草。主产于福建、广东、广西、云南等地。

【采集加工】待果实成熟时，割取地上部分，除去杂质和泥土，晒干。

【药　　性】甘、淡，凉。归心、肝、脾、大肠经。

【功　　能】清热解毒，活血利湿。

【主　　治】肺热咳喘，湿热泻痢，跌打损伤。

【用法用量】马、牛、驼90～180g，羊、猪30～60g，犬、猫6～12g。

【禁　　忌】阴疽及脾胃虚寒者忌用。

【方　　例】咽喉肿痛方（《浙江民间兽医草药集》）：白花蛇舌草、白毛夏枯草、紫苏、薄荷、玄参、桔梗，诸药煎水滤液取汁，候温灌服，治疗家畜咽喉肿痛。

186. 白附子

【别　　名】独角莲，玉如意，独脚莲。

【来　　源】天南星科植物独角莲 *Typhonium giganteum* Engl. 的干燥块茎。主产于河北、河南、山东、山西等地。

【采集加工】秋季采挖，除去须根和外皮，晒干。

【药　　性】辛，温；有毒。归胃、肝经。

【功　　能】祛风痰，逐寒湿，定惊止痛，散瘀消肿。

【主　　治】口眼歪斜，破伤风，咽喉肿痛。

【用法用量】马、牛15～30g，驼30～45g，羊、猪5～10g，犬、猫0.5～3g。外用适量。

【禁　　忌】孕畜慎用，生品内服宜慎。

【方　　例】1. 治牛、羊毒蛇咬伤方（《兽医手册》）：独脚莲（白附子）、半边莲、七叶一枝花、盘龙参各适量。捣烂外敷。

2. 治家畜无名肿毒方（《兽医中草药临症应用》）：白附子，白酒磨汁，搽敷患处。

187. 白 英

【别　　名】排风藤，百草，白幕，和尚头草，排风草，白毛藤。
【来　　源】茄科植物白英 *Solanum lyratum* Thunb. 的干燥全草。
　　　　　　全国大部分地区均产。
【采集加工】于 5—6 月或 9—11 月割取全草，洗净晒干。
【药　　性】甘、苦，寒；有小毒。归肝、胃经。
【功　　能】清热解毒，利湿消肿。
【主　　治】热毒，惊风，咳嗽，风湿痹痛。
【用法用量】马、牛 60 ～ 90g，羊、猪 15 ～ 30g。外用适量。
【方　　例】1. 治猪风热感冒、风热咳嗽方：①白毛藤（白英）、
　　　　　　土柴胡（牡蒿）、马兰根、橘皮。煎水喂服（《草药
　　　　　　针灸治兽病》）。②白英藤（白英）、桑白皮、枇杷叶、
　　　　　　紫苏叶、紫花地丁、前胡。煎水喂服(《赤脚兽医手册》)。
　　　　　　2. 治家畜风湿骨痛方：①白毛藤（白英）、金粟兰、
　　　　　　威灵仙、苍耳子各 30g。煎水喂服（《兽医中草药处
　　　　　　方选编》）。②白毛藤（白英）2 份，虎刺 2 份。煎水喂服，以黄酒为引（《中兽医手册》）。
　　　　　　3. 治母畜子宫炎，乳腺炎方：①白英、莪术，煎水喂服（《兽医常用中草药》）。②乳腺炎：
　　　　　　鲜白毛藤（白英）叶，捣敷患处（《兽医手册》）。

188. 白茅根

【别　　名】丝茅草，茅草，茅根，茹根，地
　　　　　　筋，甜草根，白茅，白茅根。
【来　　源】禾本科植物白茅 *Imperata
　　　　　　cylindrica* Beauv.var.major（Nees）
　　　　　　C.E.Hubb. 的干燥根茎。全国大
　　　　　　部分地区均产。
【采集加工】春、秋二季采挖，洗净，晒干，
　　　　　　除去须根和膜质叶鞘，捆成小把。
【药　　性】甘，寒。归肺、胃、膀胱经。
【功　　能】凉血止血，清热利尿。
【主　　治】衄血，尿血，热淋，水肿。

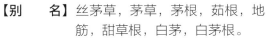

【用法用量】马、牛 30 ～ 100g，驼 50 ～ 100g，羊、猪 10 ～ 20g。
【禁　　忌】虚寒无实热，溲多不渴者忌服。
【方　　例】1. 凉血清火汤（《活兽慈舟》）：白茅根、金银花、桑白皮、炒荆芥、煅石膏、黑干姜、
　　　　　　黄芩、当归、血余炭、甘草。煎浓水清油为引，治疗牛鼻生癀和鼻中出血效好。
　　　　　　2. 引血归经汤（《活兽慈舟》）：茅草花、血余炭、黄连、当归、炒荆芥、黄芩、姜灰、
　　　　　　薄荷、麦门冬、柴胡、桔梗、牛膝、山豆根、车前子。捣煎极浓，加酒、醋、石膏粉、绿
　　　　　　豆浆，调匀灌服，治疗马、牛诸窍出血效佳。

189. 白果（附药：银杏叶）

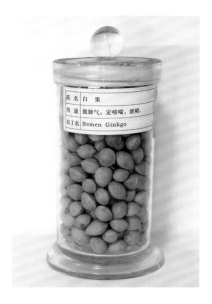

【别　　名】银杏，公孙树子，鸭脚子。

【来　　源】银杏科植物银杏 *Ginkgo biloba* L. 的干燥成熟种子。主产于河南、四川、广西、山东等地。

【采集加工】秋季种子成熟时采收，除去肉质外种皮，洗净，稍蒸或略煮后，烘干。

【药　　性】甘、苦、涩、平；有毒。归肺、肾经。

【功　　能】敛肺定喘，除湿。

【主　　治】劳伤肺气，喘咳痰多，尿浊。

【用法用量】马、牛 15～45g，驼 30～60g，羊、猪 5～10g，犬、猫 1～5g。

【禁　　忌】有实邪者忌服，幼畜慎服。

【方　　例】1. 千金定喘汤（《寿世保元》）：白果（去壳，炒黄色，破碎）、麻黄、款冬花、桑皮（蜜炙）、苏子、法半夏、杏仁（去皮、尖）、黄芩（微炒）、甘草。能宣肺平喘，清热化痰。主治风寒外束，痰热壅肺，哮喘咳嗽，痰稠色黄，胸闷气喘，喉中有哮鸣声，或有恶寒发热，舌苔薄黄，脉滑数。

2. 二白散（《吉林省中兽医经验方选集》）：白果、白及、乌梅、川贝母、蛤蚧（焙干研末）。能敛肺定喘，补肾助阳。治疗马骡劳伤吊鼻。

附药：银杏叶

银杏叶　银杏科植物银杏 *Ginkgo biloba* L. 的干燥叶，秋季叶尚绿时采收。甘、苦、涩、平。归心、肺经。活血化瘀，通络止痛，敛肺平喘，化浊降脂。主治瘀血阻络，胸痹心痛，中风偏瘫，肺虚咳喘，高脂血症。

190. 白侧耳

【别　　名】白耳菜，苍耳七，金钱灯塔草，梅花草，黄草，小白花，
　　　　　　马蹄草，肺心草。
【来　　源】虎耳草科植物白耳菜 *Parnassia foliosa* Hook.f.et Thoms.
　　　　　　的全草或根。主产于陕西、甘肃、河南、湖北、湖南、
　　　　　　西藏等地。
【采集加工】夏季采收。
【药　　性】辛、苦，寒。归肺经。
【功　　能】解毒消肿，清热解毒。
【主　　治】肺热咳喘，热毒疮肿，跌打损伤。

191. 白药子

【别　　名】白药，白药根，白药脂，山乌龟，金钱吊葫芦。
【来　　源】防己科植物金线吊乌龟 *Stephania cepharantha* Hayata
　　　　　　的块根。主产于江苏、江西、安徽、浙江等地。
【采集加工】全年或秋末冬初采挖，除去须根、泥土，洗净，晒干。
【药　　性】苦、辛，凉。归心、肺、脾经。
【功　　能】清热解毒，疏风清肺。
【主　　治】热毒痈肿，咽喉肿痛，肺热咳喘。
【用法用量】马、牛、驼30～60g，羊、猪6～15g，犬、猫1～3g。
【方　　例】1. 白药子散（《元亨疗马集》）：白药子、天花粉、
　　　　　　桑白皮、白术、白芍、当归、白芷、桔梗。各等份为末，
　　　　　　用葱加水同煎，滤液取汁，候温空腹灌之。治疗马肺
　　　　　　气把腰、低头难、草慢病。
　　　　　　2. 白药子散（《司牧安骥集》）：白药子、知母、贝母、
　　　　　　秦艽、甘草、没药、百合、当归、芍药、牛蒡子、桑白皮、
　　　　　　瓜蒌根、香白芷、马兜铃、款冬花、仙灵脾。各等份为末，
　　　　　　用麻油、薤汁为引，同煎取汁，草后灌之,治马肺病咳喘。
　　　　　　3. 白药子散（《蓄牧纂验方》）：白药子、当归、芍药、
　　　　　　桔梗、桑白皮、瓜蒌根、贝母、香白芷。各等份为末，
　　　　　　生姜（捣碎），同煎取汁，童便为引，调匀灌之，隔
　　　　　　日再灌。治马腰背硬，气把腰背，低头不得，或眼涩腹紧。

192. 白 前

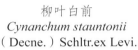

柳叶白前
Cynanchum stauntonii
（Decne.）Schltr.ex Levi.

白前

【别　　名】鹅白前，草白前，水杨柳，嗽药。

【来　　源】萝藦科植物柳叶白前 *Cynanchum stauntonii*（Decne.）Schltr. exLevi. 或芫花叶白前 *Cynanchum glaucescens*（Decne.）Hand.-Mazz. 的干燥根茎和根。主产于浙江、江苏、安徽、湖北等地。

【采集加工】秋季采挖，洗净，晒干。

【药　　性】辛、苦，微温。归肺经。

【功　　能】降气，消痰，止咳。

【主　　治】肺气壅滞，痰多咳喘。

【用法用量】马、牛 15 ～ 45g，羊、猪 5 ～ 10g，兔、禽 1 ～ 2g。

【禁　　忌】气虚咳嗽者慎服。

【方　　例】1. 止嗽散（《医学心悟》）：白前、荆芥、桔梗、紫菀、百部、陈皮、甘草。共研为末，开水冲调，马一次灌服或水煎灌服。具有宣肺下气、止咳化痰、兼解表邪的作用，主要用于外感咳嗽。

2. 治猪、牛关节肿痛、乳房肿痛方：①鲜柳叶白前 120 ～ 250g，切细捣烂。煎水喂服（《兽医常用总草药临症应用》）。②柳叶白前、威灵仙各适量，煎水喂服（《兽医手册》）。

193. 白首乌

白首乌
Cynanchum bungei Decne.

耳叶牛皮消
Cynanchum auriculatum
Royle ex Wight

【别　　名】隔山消，白何乌，白何首乌，隔山撬，白木香，野蕃薯，泰山何首乌。

【来　　源】萝藦科植物白首乌 *Cynanchum bungei* Decne. 或耳叶牛皮消 *Cynanchum auriculatum* Royle ex Wight 的干燥块根。主产于山东。

【采集加工】秋季采集，除去杂质，洗净，干燥。

【药　　性】微苦，平。归肝、肾、脾、胃经。

【功　　能】补肝肾，强筋骨，益精血，健脾消食，解毒疗疮。

【主　　治】腰膝酸软，阳痿遗精，食欲不振，疮痈肿毒。

【用法用量】马、牛 45 ～ 90g，羊、猪 15 ～ 30g。

194. 白扁豆

【别　　名】扁豆，养眼豆，蛾豆，南豆，藤豆，峨眉豆，茶豆，小刀豆。

【来　　源】豆科植物扁豆 *Dolichos lablab* L. 的干燥成熟种子。全国大部分地区均产。

【采集加工】秋、冬二季采收成熟果实，晒干，取出种子，再晒干。

【药　　性】甘，微温。归脾、胃经。

【功　　能】健脾和中，消暑化湿。

【主　　治】暑湿腹泻，尿少，脾胃虚弱。

【用法用量】马、牛 15 ~ 45g，羊、猪 5 ~ 15g，兔、禽 1.5 ~ 3g。

【禁　　忌】寒热病畜忌用。

【方　　例】1. 治马、牛中暑方（《赤脚兽医手册》）：白扁豆、生石膏、香薷、藿香、生地黄、郁金、黄芩、连翘、甘草。煎水滤液取汁，候温灌服，治牛马夏月中暑。
2. 治牛、马夏季泻痢方（《安徽省中兽医经验集》）：扁豆、泽泻、云苓、白术、厚朴、乌梅、地榆、车前。葵花蒲 1 个，煎水喂服。
3. 治牛、马大便拉血方（《中兽医诊疗经验汇编》）：白扁豆、白茯苓、菊花、香薷、厚朴、川连、生地、甘草、茜草。共研细末，开水冲服。
4. 治母畜白带症方（《福建省中兽医验方集》）：白扁豆根、白鸡冠花、白术、茯苓、黄精、肉桂、白果、干姜、甘草。煎水喂服。

195. 白接骨

【别　　名】接骨草，玉接骨，接骨丹，金不换，橡皮草，白龙骨，血见愁。

【来　　源】爵床科植物白接骨 *Asystasiella neesiana*（Wall.）Lindau 的根茎或全草。主产于江苏、浙江、安徽、福建等地。

【采集加工】夏、秋季采集，除去杂质，干燥。

【药　　性】苦，淡，凉。归肺经。

【功　　能】止血化瘀，续筋接骨，利尿消毒，清热解毒。

【主　　治】吐血，便血，外伤出血，跌打损伤，咽喉肿痛，痈疽疮毒。

196. 白常山

展枝玉叶金花
Mussaenda divaricata
Hutchins.

白常山

【别　　名】玉叶金花，鹅儿花。

【来　　源】茜草科植物玉叶金花 *Mussaenda pubescens* Ait. f. 或展枝玉叶金花 *Mussaenda divaricata* Hutchins. 的根。主产于云南、广西、四川、贵州等地。

【采集加工】8—10 月采挖，晒干。

【药　　性】寒，苦；有毒。归肝、脾经。

【功　　能】解热截疟。

【主　　治】疟疾。

【用法用量】马、牛 30 ~ 60g，羊、猪 10 ~ 15g，兔、禽 0.5 ~ 3g。

【禁　　忌】孕畜慎用。

【方　　例】治牛、马肠炎下痢方：①玉叶金花（白常山）、鬼针草、马鞭草、白头翁各鲜药 90 ~ 120g。以红糖为引，煎水调服，分 2 次服完（《福建中兽医草药图说》）。②玉叶金花（白常山）、海金沙藤、路边青各 150g。煎水喂服，每日 1 次。

197. 白蛇藤

【别　　名】白公龙，白公郎，羊蹄甲，羊蹄藤。

【来　　源】豆科植物阔裂叶羊蹄甲 *Bauhinia apertilobata* Merr.et Metc 的根或茎。主产于福建、江西、广东、广西等地。

【采集加工】夏秋季采收，鲜用或晒干。

【药　　性】甘，涩，平。

【功　　能】凉血解毒，止血止泻，祛风通络。

【主　　治】衄血，便血，泄泻，关节肿痛，子宫出血。

【用法用量】马、牛 60 ~ 120g，羊、猪 30 ~ 60g。

【方　　例】1. 治猪、牛痢疾方：①白公龙（白蛇藤）60 ~ 120g，煎水喂服（《兽医中草药临症应用》）。②牛冷肠泄泻：白公郎藤（白蛇藤）120g，煎水喂服（江西省中兽医研究所张泉鑫调查经验）。

2. 治猪、牛关节炎方（《兽医中草药临症应用》）：白蛇藤、半枫荷、五加皮、伸筋草、千斤拔、杜木瓜、土牛膝、当归各 15 ~ 30g，煎水喂服。

3. 治母畜子宫出血方（《浙江民间兽医草药集》）：羊蹄藤（白蛇藤）、忍冬藤、旱莲草、益母草各 30 ~ 60g，煎水喂服。

【别　　名】猫儿卵，昆仑，白根，鹅抱蛋，穿山老鼠，白敛，见肿消。

【来　　源】葡萄科植物白蔹 *Ampelopsis japonica* (Thunb.) Makino
的干燥块根。主产于辽宁、吉林、河北、山西等地。

【采集加工】春、秋二季采挖，除去泥沙和细根，切成纵瓣或斜片，
晒干。

【药　　性】苦，微寒。归心、胃经。

【功　　能】清热解毒，消肿。

【主　　治】热痢便血，疮痈肿痛，烫伤，烧伤。

【用法用量】马、牛 15～30g，羊、猪 5～10g，兔、禽 0.5～1g。

【禁　　忌】不宜与乌头类药材同用。

【方　　例】1. 白蔹散（《痊骥通玄论》）：白蔹、白及、大黄、雄黄、
龙骨，各等份为末，水调涂之，治马癀肿效佳。

2. 治牛、马木舌症方（《中兽医诊疗经验》）：白蔹、
白及、大黄、雄黄、白矾、龙骨、木鳖子各适量。共
为细末，麦面调敷。

3. 治牛、马恶疮肿毒方（《兽医手册》）：白蔹、龙骨、
乌贼骨、密陀僧。共为细末，菜油调敷。

【别　　名】白藓皮，北鲜皮，八股牛，白膻，臭根皮，地羊膻。

【来　　源】芸香科植物白鲜 *Dictamnus dasycarpus* Turcz. 的干
燥根皮。主产于辽宁、河北、四川、江苏等地。

【采集加工】春、秋二季采挖根部，除去泥沙和粗皮，剥取根皮，
干燥。

【药　　性】苦，寒。归脾、胃、膀胱经。

【功　　能】清热解毒，祛风燥湿。

【主　　治】湿热疮毒，湿疹，风疹，疥癣，湿痹，黄疸，尿赤。

【用法用量】马、牛 15～30g，羊、猪 5～10g，兔、禽 0.5～1.5g。
外用适量。

【方　　例】1. 白鲜皮散（《圣济总录》）：白鲜皮、防风、人参、
焙知母、沙参、黄芩。诸药捣烂过罗为散，治肺藏风热，
毒气攻皮肤瘙痒，胸膈不利，时发烦躁。

2. 治家畜肺热咳喘方：①白鲜皮、猪肝、猪肺（切细），
同煎喂下（《猪经大全》）。②白鲜皮、川贝母、石膏、冰片各 30g，银朱 3 个。共捣细末，
大猪每次服 30g，中猪每次服 15g。混食内服（《中兽医治疗经验集》）。

3. 治牛、马皮肤疥癣方（《中兽医治疗学》）：白鲜皮、椿白皮、苦参、花椒、枯矾、硫黄。
各为细末，先将花椒、艾叶煎洗患处，再用余药搽敷患处。

4. 治牲畜各种外伤方（《兽医诊疗经验选编》）：白鲜皮适量，研极细末，搽敷患处。

200. 白鹤藤

【别　　名】白面水鸡，白岳屯，白底丝绸，白背丝绸，绸缎藤，银背藤，一匹绸。

【来　　源】旋花科植物白鹤藤 *Argyreia acuta* Lour. 的茎叶。主产于广西、广东等地。

【采集加工】秋季采收，采后晒干或鲜用。

【药　　性】苦、微辛，凉。

【功　　能】化痰止咳，理血祛风。

【主　　治】痰热咳喘，吐血，外伤出血。

【用法用量】马、牛 15～45g，羊、猪 9～15g。

【方　　例】1. 治小猪白方痢方（《兽医中草药处方选编》）：一匹绸（白鹤藤）、算盘子水煎服。如拉烂屎，则加枫树叶、金银花水煎服。

2. 治牛赤白带方（广东台山县深井公社兽医站陈炎海经验）：白背丝绸（白鹤藤）根 50g，鸡冠花、墨鱼骨各 200g。上药加水，煎后去渣，候温灌服。

201. 白　薇

【别　　名】春草，芒草，薇草，龙胆白薇，白马尾，山烟根子，九根角，百荡草。

【来　　源】萝藦科植物白薇 *Cynanchum atratum* Bge. 或蔓生白薇 *Cynanchum versicolor* Bge. 的干燥根和根茎。主产于安徽、河北、辽宁等地。

【采集加工】春、秋二季采挖，洗净，干燥。

【药　　性】苦、咸，寒。归胃、肝、肾经。

【功　　能】清热凉血，利尿通淋，解毒疗疮。

【主　　治】阴虚发热，热淋，血淋，血虚发热，疮黄疔毒。

【用法用量】马、牛 15～30g，羊、猪 5～10g。

【禁　　忌】伤寒、血虚、汗多、泄泻不止者禁服。

【方　　例】1. 咳嗽散（《民间兽医本草》）：白薇、白前、地骨皮、芦苇根、鸭跖草、滑石、甘草。煎水滤液取汁，候温灌服，治疗牛体虚低热不退效好。

2. 治牛、马肺热咳嗽不止方（《兽医中药类编》）：白薇、前胡、白前、枇杷叶、山栀子、桔梗，煎水喂服。

3. 治家畜阴虚发热，风湿灼热，产后血热方（《兽医中药与处方学》）：白薇、芍药，煎水喂服。

【别　　名】辰砂草，金锁匙，瓜子草，挂米草，竹叶地丁，金牛草，兰花草。

【来　　源】远志科植物瓜子金 *Polygala japonica* Houtt. 的干燥全草。主产于东北、华北、西北、华东、华中和西南地区。

【采集加工】春末花开时采挖，除去泥沙，晒干。

【药　　性】辛、苦，平。归肺经。

【功　　能】祛痰止咳，活血消肿，解毒止痛。

【主　　治】喉风症，关节肿痛，跌打损伤，疮痈肿毒，毒蛇咬伤。

【用法用量】马、牛 60～120g，羊、猪 30～60g。

【方　　例】1. 治猪、牛咽喉肿痛方：①瓜子金 30g，捣烂取汁服（《兽医中草药临症应用》）。②瓜子金、鱼腥草、一枝黄花各 120g。煎水喂服（《兽医常用中草药》）。

　　　　　　2. 牛毒蛇咬伤方（《广西中兽医药用植物》）：兰花草（瓜子金）60g，调酒 500mL，蒸熟，灌服 120mL，每日服 2 次，并煎洗患处。

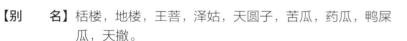

【别　　名】栝楼，地楼，王菩，泽姑，天圆子，苦瓜，药瓜，鸭屎瓜，天撤。

【来　　源】葫芦科植物栝楼 *Trichosanthes kirilowii* Maxim. 或双边栝楼 *Trichosanthes rosthornii* Harms 的干燥成熟果实。主产于山东、浙江、河南等地。

【采集加工】秋季果实成熟时，连果梗剪下，置通风处阴干。

【药　　性】甘、微苦，寒。归肺、胃、大肠经。

【功　　能】清热化痰，利气散结，润燥通便。

【主　　治】肺热咳嗽，胸膈疼痛，乳痈，粪便干燥。

【用法用量】马、牛 30～60g，羊、猪 10～20g，兔、禽 0.5～1.5g。

【禁　　忌】不宜与乌头类同用。

【方　　例】1. 瓜蒌平喘散（《牛经大全》）：瓜蒌、知母、贝母、桂心、槟榔、陈皮、红豆、山栀子、青皮、缩砂仁、当归。共为细末，蜂蜜同调，治牛肺热喘咳，灌之立效。

　　　　　　2. 瓜蒌降气散（《司牧安骥集》）：瓜蒌、马兜铃、黄药子、山茵陈、杏仁、白矾、黄连、陈皮。共为细末，浆水煎汁，草后灌之，治马肺气胀病。

　　　　　　3. 瓜蒌清肺散（《河南省中兽医经验汇编》）：全瓜蒌、黄药子、白药子、葶苈子、山栀子、枇杷叶、川大黄、广郁金、川贝母、麦门冬、天门冬、甘草。共研细末，开水冲服，治牛、马肺黄病。

　　　　　　4. 瓜蒌止痛汤（《中兽医验方汇编》）：瓜蒌、丹参、黄芩、桔梗、桃仁、大黄、枳壳。以童便为引，煎水冲服，治马肺把胸膊痛。

204. 瓜蒌子

栝楼
Trichosanthes kirilowii Maxim.

【别　　名】瓜蒌子，栝楼实。
【来　　源】葫芦科植物栝楼 *Trichosanthes kirilowii* Maxim. 或双边栝楼 *Trichosanthes rosthornii* Harms 的干燥成熟种子。主产于山东、浙江、河南等地。
【采集加工】秋季采摘成熟果实，剖开，取出种子，洗净，晒干。
【药　　性】甘，寒。归肺、胃、大肠经。
【功　　能】清热化痰，润肠通便。
【主　　治】肺燥咳喘，粪便秘结。
【用法用量】马、牛 15 ~ 45g，羊、猪 5 ~ 15g。
【禁　　忌】不宜与乌头类药材同用。
【方　　例】1. 治牛、马大便燥结方（《兽医常用中草药》）：瓜蒌仁 120g，羊蹄根 90g。煎水喂服。
2. 瓜蒌止咳散（《疗马集》）：瓜蒌仁、黄芩、栀子、木通、香附、苍术、地骨皮、桑白皮。共研细末，以香油、鸡子清、黄酒为引，浆水调灌，治马肺热咳嗽。

205. 瓜馥木（附药：毛瓜馥木）

毛瓜馥木
Fissistigma maclurei

【别　　名】钻山风，铁牛钻石，石钻子，香藤，瓜复木。
【来　　源】番荔枝科植物瓜馥木 *Fissistigma oldhamii*（Hemsl.）merr. 的根茎或果实。主产于福建、广东、广西等地。
【采集加工】果实秋冬季采，根皮全年可采。
【药　　性】苦、辛，平。
【功　　能】祛风化瘀，活血镇痛。
【主　　治】风湿痹痛，关节疼痛，跌打损伤。
【用法用量】马、牛 120 ~ 150g，羊、猪 30 ~ 60g。
【方　　例】1. 治牛跌打损伤方（《兽医中草药临症应用》）：瓜馥木、柘树根、大血藤、土牛膝、千斤拔。煎水喂服。
2. 治关节肿痛方（《草药手册》）：香藤根（瓜馥木）、枫荷梨、五加皮、千斤拔、百两金、双钩藤，猪脚炮服。

附药：毛瓜馥木

毛瓜馥木　番荔枝科植物毛瓜馥木 *Fissistigma maclurei* 的根茎或果实，性味、功效、主治与瓜馥木相似。

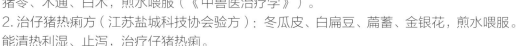

206. 冬瓜皮

【别　　名】白瓜，白瓜皮，白冬瓜，地芝，濮瓜，东瓜，枕瓜。

【来　　源】葫芦科植物冬瓜 *Benincasa hispida*（Thunb.）Cogn. 的干燥外层果皮。全国大部分地区均产。

【采集加工】食用冬瓜时，洗净，削取外层果皮，晒干。

【药　　性】甘，凉。归脾、小肠经。

【功　　能】利尿消肿。

【主　　治】水肿胀满，小便不利，暑热口渴，小便短赤。

【用法用量】马、牛、驼 50 ~ 150g，猪、羊 15 ~ 25g，犬、猫 5 ~ 15g。

【禁　　忌】因营养不良所致虚肿慎用。

【方　　例】1. 治家畜水肿不退方：①冬瓜皮、地肤子、车前子，煎水喂服。能利尿消肿，治疗家畜水肿不退（《兽医药物学讲义》）。②冬瓜皮、香樟皮、阳雀花根，煎水喂服（《中兽医验方汇编》）。③冬瓜皮、茯苓皮、猪苓、木通、白术，煎水喂服（《中兽医治疗学》）。

2. 治仔猪热痢方（江苏盐城科技协会验方）：冬瓜皮、白扁豆、萹蓄、金银花，煎水喂服。能清热利湿、止泻，治疗仔猪热痢。

3. 治家畜肛门脱出外敷方（《兽医中草药处方选编》）：冬瓜叶、荷叶、苦瓜根、茄子根。烧灰研末，香油搽敷。

207. 冬葵果

【别　　名】冬葵子，葵子，葵菜子，冬苋菜，冬葵。

【来　　源】锦葵科植物冬葵 *Malva verticillata* L. 的干燥成熟果实，蒙古族习用药材。全国大部分地区均产。

【采集加工】夏、秋二季果实成熟时采收，除去杂质，阴干。

【药　　性】甘、涩，凉。

【功　　能】清热利尿，消肿。

【主　　治】尿不利，尿闭，水肿，口渴。

【用法用量】马、牛、驼 15 ~ 45g，羊、猪 5 ~ 15g，犬、猫 3 ~ 5g。

【禁　　忌】脾虚肠滑者忌服，孕畜慎服。

【方　　例】1. 治牛、马两便不通方（《兽医中药及处方学》）：冬葵子、香附子、滑石、木瓜各适量。共为细末，开水冲服。

2. 治牛、马尿道结石方（《兽医中草药临症应用》）：冬葵子、车前子、石韦、瞿麦、滑石、木通，煎水喂服。

3. 治牛、马妊娠腹下水肿小便不通单方（《中兽医诊疗》）：冬葵子，研细末，开水调服。

中兽药标本及器具图谱

208. 玄 参

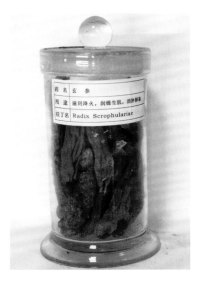

【别　　名】重台，玄台，逐马，野脂麻，元参，玄武精，黑玄参，浙玄参，黑参。

【来　　源】玄参科植物玄参 *Scrophularia ningpoensis* Hemsl. 的干燥根。主产于浙江。

【采集加工】冬季茎叶枯萎时采挖，除去根茎、幼芽、须根及泥沙，晒或烘至半干，堆放 3 ～ 6 天，反复数次至干燥。

【药　　性】甘、苦、咸，微寒。归肺、胃、肾经。

【功　　能】滋阴降火，凉血解毒。

【主　　治】热病伤阴，咽喉肿痛，疮黄疔毒，阴虚便秘。

【用法用量】马、牛 15 ～ 45g，驼 30 ～ 60g，羊、猪 5 ～ 15g，犬、猫 2 ～ 5g，兔、禽 1 ～ 3g。

【禁　　忌】不宜与藜芦同用。

【方　　例】1. 增液汤（《温病条辨》）：玄参、生地黄、麦冬。能滋阴增液，清热润燥。治老龄或阴虚患畜证见肠中津枯，大便燥结，阴虚发热，舌绛无苔，脉细数。

2. 天王补心丹（《校注妇人良方》）：人参（去芦）、茯苓、玄参、丹参、桔梗、远志、当归（酒浸）、五味子、麦门冬（去心）、天门冬、柏子仁、酸枣仁（炒）、生地黄。共研为末，炼蜜为丸，如梧桐子大，用朱砂为衣。能滋阴养血，清热安神。主治阴血亏虚，虚热内扰证。

3. 治牛喉肿水草不通方（《牛经备要医方》）：玄参、生地、桔梗、山栀（炒）、葛根、黄芩、荆芥穗、生甘草、灯芯草、淡竹叶，煎水喂服。

209. 兰香草

【别　　名】独脚球，婆绒花，九层楼，野薄荷，酒饼草，山薄荷，化食草。

【来　　源】马鞭草科植物兰香草 *Caryopteris incana*（Thunb.）Miq. 的全草。主产于陕西、甘肃、四川等地。

【采集加工】夏、秋采收，切断，晒干或鲜用。

【药　　性】辛，温。

【功　　能】祛风除湿，止咳化痰，散瘀止痛。

【主　　治】风寒咳嗽，食积不化，跌打损伤。

【用法用量】马、牛 15 ～ 30g，羊、猪 7 ～ 15g。

【方　　例】1. 治猪风寒咳嗽方：①兰香草、醉鱼草、枇杷叶、栝楼皮。煎水取汁，拌入饲料内服（《兽医常用中草药》）。②兰香草、百部根、蒙古蒿，煎水喂服（《青海省兽医中草药》）。

2. 治猪、牛尿路感染方（《兽医常用中草药》）：兰香草、鱼腥草、车前草、鸭跖草。煎水喂服，每天 1 剂，连服 2 ～ 3 剂。

3. 治牛、马跌打损伤方（《青海省兽医中草药》）：兰香草、五灵脂、银粉背蕨，煎水喂服。

【别　　名】急解索，细米草，瓜仁草，半边花。

【来　　源】桔梗科植物半边莲 *Lobelia chinensis* Lour. 的干燥全草。主产于安徽、江苏、浙江等地。

【采集加工】夏季采收，除去泥沙，洗净，晒干。

【药　　性】辛，平。归心、小肠、肺经。

【功　　能】清热解毒，利水消肿。

【主　　治】水肿，毒蛇咬伤，痈肿疔疮。鱼肠炎。

【用法用量】马、牛 30～60g，驼 45～100g，羊、猪 10～15g，犬、猫 3～6g，兔、禽 1～3g。鱼每千克体重 5～10g，拌饵投喂。

【禁　　忌】虚证水肿忌用。

【方　　例】1. 治猪水肿腹水方（《猪病防治》）：半边莲、紫金牛各 60g，石蟾蜍、玉米蕊各 15～18g。煎水取汁，拌料喂服。

2. 治母畜乳房肿毒方（《浙江民间兽医草药集》）：半边莲、白山茄、石胡荽。煎水喂服，渣敷患处。

【别　　名】半边蕨，半凤尾草，单边旗，甘草凤尾蕨。

【来　　源】凤尾蕨科植物半边旗的 *Pteris semipinnata* L. 的带根全草。主产于福建、江西等地。

【采集加工】全年可采，洗净，晒干。

【药　　性】辛，凉。

【功　　能】止血生肌，解热消肿。

【主　　治】痢疾，疮痈肿毒，外伤出血。

【用法用量】马、牛 60～120g，羊、猪 30～60g。

【方　　例】1. 治牛红白痢方（《浙江民间兽医草药集》）：单边旗（半边旗）、凤尾草、老鹳草、旱莲草、酢浆草、筋骨草、乌梅、诃子各适量，煎水喂服。

2. 治牛水火烫伤方（《诊疗牛病经验汇编》）：半边旗、虾钳菜、白银香各适量。共同擂烂，和酒调匀，涂擦患处，每日 2 次。

中兽药标本及器具图谱

212. 半枝莲

【别　　名】赶山鞭，瘦黄芩，牙刷草，田基草，水黄芩，狭叶韩信草。

【来　　源】唇形科植物半枝莲 *Scutellaria barbata* D.Don 的干燥全草。主产于河北、山东、陕西、甘肃等地。

【采集加工】夏、秋二季茎叶茂盛时采挖，洗净，晒干。

【药　　性】辛、苦，寒。归肺、肝、肾经。

【功　　能】清热解毒，化瘀消肿。

【主　　治】湿热泄泻，疔疮肿毒，咽喉肿痛，水肿，黄疸，跌打损伤，毒蛇咬伤。蜂囊状幼虫病。

【用法用量】马、牛 60 ~ 120g，驼 100 ~ 150g，羊、猪 30 ~ 60g，犬、猫 5 ~ 15g。外用鲜品适量，捣敷患处。蜂每群 20 ~ 30g，制成糖浆饲喂。

【禁　　忌】血虚者慎服，孕畜慎服。

【方　　例】1. 治家畜咽喉肿痛方（《兽医常用中草药》）：狭叶韩信草（半边莲）、马鞭草各 90 ~ 120g，煎水喂服。

2. 治家畜痈肿热毒方（《中兽医手册》）：半枝莲、半边莲、白药子、商陆、大戟、甘遂各适量。共为细末，米醋调敷。

213. 半 夏

【别　　名】三叶半夏，三叶老，三步跳，地文，水玉，守田，示姑，和姑，老瓜蒜。

【来　　源】天南星科植物半夏 *Pinellia ternata*（Thunb.）Breit. 的干燥块茎。主产于四川、湖北、河南、安徽等地。

【采集加工】夏、秋二季采挖，洗净，除去外皮和须根，晒干。

【药　　性】辛、温；有毒。归脾、胃、肺经。

【功　　能】燥湿化痰，降逆止呕，消食散结。姜半夏多用于降逆止呕；法半夏多用于燥湿化痰。

【主　　治】湿痰咳喘，反胃吐食，腹胀；生用外治痈肿。

【用法用量】马、牛 15 ~ 45g，驼 30 ~ 60g，羊、猪 3 ~ 9g，犬、猫 1 ~ 5g。外用适量。

【禁　　忌】不宜与乌头类同用。

【方　　例】1. 小半夏汤（《金匮要略》）：半夏、生姜。能和胃降逆，消痰蠲饮。主治痰饮内停，心下痞闷，呕吐不渴及胃寒呕吐，痰饮咳嗽。

2. 半夏散（《元亨疗马集》）：半夏、升麻、防风、飞矾。各等份为末，以荞面、蜂蜜、生姜为引，酸浆水同调，喂草饱灌之，治马肺寒吐沫。

214. 丝带蕨

【别　　名】木莲金，木兰。
【来　　源】水龙骨科植物丝带蕨 *Drymotaenium miyoshianum* Makino 的全草。主产于浙江、广东等地。
【采集加工】全年可采，洗净，晒干。
【药　　性】甘、凉。归肝、肾经。
【功　　能】清热，息风，活血。
【主　　治】劳伤乏力，惊风。

六画

215. 老鹳草

【别　　名】老观草，老鹳嘴，老鸦嘴，五叶草，老贯筋。
【来　　源】牻牛儿苗科植物牻牛儿苗 *Erodium stephanianum* Willd.、老鹳草 *Geranium wilfordii* Maxim. 或野老鹳草 *Geranium carolinianum* L. 的干燥地上部分，前者习称"长嘴老鹳草"，后两者习称"短嘴老鹳草"。全国大部分地区均产。
【采集加工】夏、秋二季果实近成熟时采割，捆成把，晒干。
【药　　性】辛，苦，平。归肝、肾、脾经。
【功　　能】祛风湿，通经络，止泻痢。
【主　　治】风寒湿痹，跌打损伤，筋骨疼痛，泄泻，痢疾。
【用法用量】马、牛 30 ~ 60g，羊、猪 10 ~ 15g。
【方　　例】1. 治肠炎泄泻方（《实用家畜疾病诊疗法》）：老鹳草、五倍子、五味子、车前子、桑白皮、泽泻、乌梅、厚朴、肉桂、青皮、陈皮，水煎喂服。能泻肺利水，涩肠止泻，治马、牛肠炎泄泻效佳。
2. 治羔羊痢疾方（《藏兽医经验选编》）：老鹳草、胡黄连、青木香、大黄、秦皮。共为细末，开水调服，能清热燥湿，治羔羊痢疾效好。
3. 治牛、猪风湿坐栏方：①老鹳草、茜草、藜芦。煎水喂服（《兽医中草药验方选编》）。②老鹳草、忍冬藤、桑白皮、泽泻、海金沙。煎水喂服（《重庆市中兽医诊疗经验》）。
4. 治猪肠炎腹泻方（《猪病防治》）：老鹳草、酢浆草、车前草、铁苋菜，煎水喂服。

牻牛儿苗
Erodium stephanianum Willd.

131

216. 地耳草

【别　　名】田基黄，香草，雀舌草，犁头草，四方草。

【来　　源】藤黄科植物地耳草 *Hypericum japonicum* Thunb. 的干燥全草。主产于广东、广西、四川等地。

【采集加工】春、夏二季开花时采挖，除去杂质，晒干。切段，生用。

【药　　性】苦，凉。归肝、胆经。

【功　　能】利胆退黄，清热解毒，活血消肿。

【主　　治】黄疸热淋，恶疮，肿毒，毒蛇咬伤。

【用法用量】马、牛、驼 90 ～ 180g，猪、羊 30 ～ 60g，犬、猫 5 ～ 20g。

【方　　例】1. 跌打损伤方（《兽医中草药临症应用》）：鲜地耳草 150g，水酒为引，捣烂喂服。能活血消肿，治疗家畜跌打损伤。

2. 皮肤生疗方（《兽医中草药临症应用》）：地耳草 60g，红糖少许，捣极细烂，敷于患处。能清热解毒，活血消肿，治疗牛皮肤生疗。

217. 地　柏

【别　　名】石金花，石柏，岩柏枝，百叶草，岩柏，黄鸡毛。

【来　　源】卷柏科植物江南卷柏 *Selaginella moellendorffii* Hieron. 的全草。主产于四川、湖南、广东、广西等地。

【采集加工】全年可采，洗净，晒干或鲜用。

【药　　性】甘，辛，平。

【功　　能】清热利湿，止血止痢。

【主　　治】吐血，衄血，尿淋，水肿。

【用法用量】马、牛 60 ～ 120g，羊、猪 30 ～ 60g。

【方　　例】1. 治牛衄血方（《浙江民间兽医草药集》）：地柏、见水还阳（卷柏）各 120g。童便炒焦，煎水喂服。

2. 治牛膀胱湿热、尿血不止方（《民间兽医本草》续编）：岩柏草（地柏）、车前草、旱莲草、连钱草、过路黄、马蹄金、滑石、通草。煎水喂服，每天 1 剂，连服 3 ～ 5 剂。

218. 地　星

【别　　名】土星菌，小马勃，地蜘蛛，山蟹，石蟹。
【来　　源】地星科植物硬皮地星 Geastrum hygrometricum Pers. 的子实体和孢子。主产于河南、河北等地。
【采集加工】夏秋季采收。采后剥取外包被，晒干。
【药　　性】辛，平。
【功　　能】清肺利咽，解毒消肿，止血。
【主　　治】咳嗽，咽喉肿痛，疮痈肿毒，鼻衄，外伤出血。
【用法用量】马、牛 15 ～ 30g，羊、猪 10 ～ 15g。
【方　　例】1. 治牲畜外感，肺炎方（《青海省兽医中草药》）：地星 20g，骆驼蹄瓣 35g，忽布筋骨草 45g。共研细末，开水冲服。
　　　　　　2. 治人畜皮肤外伤出血方（《浙江民间兽医草药集》）：山蟹粉（地星粉）适量，搽敷患处有速效。

219. 地骨皮

【别　　名】地骨，地仙草，枸杞根，枸杞根皮，狗地芽皮，山枸杞根。
【来　　源】茄科植物枸杞 Lycium chinense Mill. 或宁夏枸杞 Lycium barbarum L. 的干燥根皮。全国大部分地区均产。
【采集加工】春初或秋后采挖根部，洗净，剥取根皮，晒干。
【药　　性】甘，寒。归肺、肝、肾经。
【功　　能】凉血退热，清肺降火。
【主　　治】阴虚血热，肺热咳喘。
【用法用量】马、牛 15 ～ 60g，羊、猪 5 ～ 15g，兔、禽 1 ～ 2g。
【禁　　忌】脾胃虚寒及下痢者忌用。
【方　　例】1. 乌金散（《证治准绳》）：地骨皮、胡黄连、大黄、甘草。各等份为末，水煎滤液取汁，用醋为引，治牛羸瘦病，灌之即愈。
　　　　　　2. 治牛、马眼红肿流泪方（《兽医手册》）：地骨皮、夏枯草、龙胆草、草决明、木贼草、青葙子、蝉蜕、木通、滑石，煎水喂服。
　　　　　　3. 治猪、牛尿血不止方：①猪尿血方：地骨皮单方 30g，研细混料喂服（《养猪手册》）。②牛尿血方：地骨皮、车前草、益智仁、猪苓、石韦、大黄、栀子、甘草（《浙江民间兽医处方》）。
　　　　　　4. 治牛口舌生疮方（《安徽省中兽医经验集》）：鲜地骨皮 120 ～ 250g，石膏 60g，鸡蛋清 5 个，麻油调服，3 次喂完。

中兽药标本及器具图谱

133

220. 地胆草

【别　　名】鸡疴粘，苦地胆，地胆头，药丸草，草鞋根，冒风结。

【来　　源】菊科植物地胆草 *Elephantopus scaber* L. 的全草。主产于浙江、江西、福建等地。

【采集加工】夏末采收，晒干。

【药　　性】苦，凉。

【功　　能】清热解毒，利尿消肿。

【主　　治】外感发热，肺热咳嗽，目赤肿痛，咽喉肿痛，疮疡肿毒。

【用法用量】马、牛 120 ～ 250g，羊、猪 60 ～ 120g。

【方　　例】1. 治牛烂口症方（《诊疗牛病经验汇编》）：地胆头（地胆草）、穿心莲、鸡屎藤、黄栀根各 750g，煎水频服。
2. 治家畜水火烫伤方（《兽医手册》）：地胆草、蒲公英、金银花、野菊花、紫花地丁、白茅根，煎水喂服。

221. 地　蚕

【别　　名】土冬虫草，白冬虫草，白虫草，肺痨草，土石蚕。

【来　　源】唇形科水苏属植物地蚕 *Stachys geobombycis* C.Y.Wu 的根茎或全草。主产于浙江、福建、湖南、江西等地。

【采集加工】秋季采集，洗净鲜用或蒸熟晒干。

【药　　性】甘、平，归肝、肾经。

【功　　能】益肾润肺，滋阴补血，清热除烦。

【主　　治】肺虚气喘，阴虚盗汗。

【别　　名】地藓，地鲜，一团云，地浮萍，地梭罗。

【来　　源】地钱科植物地钱 *Marchantia polymorpha* L. 的全草。全国大部分地区均产。

【采集加工】四季可采，采后洗净，晒干；或随采随用。

【药　　性】淡，凉。

【功　　能】消肿解毒，祛瘀生肌。

【主　　治】烧烫伤，骨折伤痛，疮痈肿毒。

【用法用量】马、牛 15 ~ 30g，羊、猪 10 ~ 15g。

【方　　例】1. 治牛尿淋白浊方（《浙江民间兽医草药集》）：
地钱 15 ~ 30g，茶松 30 ~ 45g，煎水喂服。
2. 治牛、马水火烫伤方（《青海省兽医中草药》）：
鲜地藓（地钱）捣敷患处；或用干品研末，菜油调敷。

223. 地　黄

【别　　名】干地黄，人黄，生地，怀庆地黄。

【来　　源】玄参科植物地黄 *Rehmannia glutinosa* Libosch. 的新鲜或干燥块根。主产于河南。

【采集加工】秋季采挖，除去芦头、须根及泥沙，鲜用；或将地黄缓缓烘焙至约八成干。前者习称"鲜地黄"，后者习称"生地黄"。

生地

【药　　性】鲜地黄甘、苦，寒。归心、肝、肾经。生地黄甘，寒。归心、肝、肾经。

【功　　能】鲜地黄清热生津，凉血，止血。生地黄滋阴生津，清热凉血。

【主　　治】鲜地黄热病伤阴，高热口渴，热性出血。生地黄滋阴生津，清热凉血。

【用法用量】鲜地黄马、牛 30 ~ 90g，羊、猪 10 ~ 25g。生地黄马、牛 30 ~ 60g；羊、猪 5 ~ 15g；兔、禽 1 ~ 2g。

【禁　　忌】脾虚湿滞，腹满便溏者慎用。

【方　　例】1. 凉荣散治马鼻出血：①地黄、黄柏、黄芩、当归、芍药、紫檀、山栀、甘草。各等份为末，温水调服（《师皇安骥集》）。②生地、牡丹皮、白芍（炒）、黄芩、甘草、侧柏叶（炒黑），煎水喂服（《抱犊集》）。
2. 滋肾壮阳丹（《活兽慈周校注》）：生地、川芎、当归、续断、骨碎补、杜仲、破故纸（补骨脂）、肉苁蓉、菟丝子、沉香、吴茱萸、巴戟天、枸杞子、胡桃肉。捣煎，入酒醋、盐汤合啖，治马伤肾。

224. 地 榆

【别　　名】紫地榆，白地榆，赤地榆，鼠尾地榆，酸赭，山红枣。

【来　　源】蔷薇科植物地榆 *Sanguisorba officinalis* L. 或长叶地榆 *Sanguisorba officinalis* L.var. longifolia（Bert.）Yü et Li 的干燥根。前者主产于黑龙江、吉林、辽宁、内蒙古、陕西。后者习称"绵地榆"，主产于安徽、江苏、浙江、江西。

【采集加工】春季将发芽时或秋季植株枯萎后采挖，除去须根，洗净，干燥，或趁鲜切片，干燥。

【药　　性】苦、酸、涩，微寒。归肝、大肠经。

【功　　能】凉血解毒，止血敛疮。

【主　　治】血痢，衄血，子宫出血，疮黄疔毒，烫伤。

【用法用量】马、牛 15 ~ 60g，羊、猪 6 ~ 12g，兔、禽 1 ~ 2g。外用适量。

【禁　　忌】虚寒病畜及下痢初期忌用。

【方　　例】1. 地榆止血散（《中兽医方剂大全》）：地榆、黄芪、棕榈炭，共为末，开水冲调，候温灌服。能凉血益气、止血，主治衄血、便血、尿血和子宫出血。

2. 治家畜水火烫伤方：①地榆适量，煅炭为末，麻油调敷（《兽医常用中草药》）。②地榆，冰片少许。共研细末，香油调敷（《中兽医验方汇编》）。③地榆、大黄。共研细末，香油调敷（《中兽医外科学》）。

225. 地锦草

【别　　名】血见愁，奶浆草，红丝草。

【来　　源】大戟科植物地锦 *Euphorbia humifusa* Willd. 或斑地锦 *Euphorbia maculata* L. 的干燥全草。全国大部分地区均产。

【采集加工】夏、秋二季采收，除去杂质，晒干。

【药　　性】辛，平。归肝、大肠经。

【功　　能】清热解毒，凉血止血。

【主　　治】下痢，肠黄，便血，尿血，咳血，跌扑损伤，痈肿恶疮。鱼肠炎，烂鳃。

【用法用量】马、牛 60 ~ 150g，羊、猪 30 ~ 60g。外用鲜品适量，捣敷患处。鱼每千克体重 5 ~ 10g，拌饵投喂。

【禁　　忌】脾胃虚弱者慎用。

【方　　例】1. 治仔猪白痢方（《兽医中草药大全》）：地锦草、地胆叶、金银花，水煎灌服。

2. 治动物咯血、痢疾、胃肠炎方（《民间兽医本草》）：地锦草适量，水煎灌服。

【别　　名】山地稔，地茄，铺地稔，地茄子，地落苏，地红花，地菍。
【来　　源】野牡丹科植物地菍 *Melastoma dodecandrum* Lour. 的全草。主产于贵州、湖南、广西、广东等地。
【采集加工】5—6 月采收，采收后切细干燥。
【药　　性】甘、涩，微凉。归心、肝、脾、肺经。
【功　　能】清热解毒，活血止血。
【主　　治】咽喉肿痛，赤白痢疾，湿热黄疸，疮痈肿毒，蛇虫咬伤。
【用法用量】马、牛 60 ~ 120g，羊、猪 30 ~ 60g。
【方　　例】1. 治母牛产后发热方（《福建中兽医草药图说》）：地稔、麦冬、胡颓子、黄芩、薄荷、桑白皮，煎水喂服。
2. 治小牛白痢方（《兽医中草药处方选编》）：地稔、青凡木、黄牛木、柠檬叶各适量。共同捣溶，以蜂蜜为引，开水调服。

中兽药标本及器具图谱

227. 耳 草

【别　　名】鲫鱼胆草，较剪草，行路蜈蚣，节节花，苦胆草，黑心草，阿婆草。
【来　　源】茜草科植物耳草 *Hedyotis auricularia* L. 的全草。主产于我国南部和西南部各省区。
【采集加工】夏秋季采收，采后晒干或鲜用。
【药　　性】甘、微苦，凉。
【功　　能】清热解毒，利尿消肿。
【主　　治】目赤肿痛，热毒疮疡，尿淋尿闭，毒蛇咬伤。
【用法用量】牛、马 120 ~ 180g，羊、猪 30 ~ 60g。
【方　　例】1. 治牛风火眼方（《中兽医疗牛集》）：耳草、谷精草、千里光、银花藤、狗肝菜、木贼草、地胆草，煎水灌服。
2. 治牛尿闭尿淋方（《诊疗牛病经验汇编》）：耳草、车前草、三叉苦各 250 ~ 500g，煎水喂服。
3. 治牛、马外肾黄方（《全国中兽医经验选编》）：耳草、假油甘仔（叶下珠）、乌墨菜（醴肠）、耳钩花（华凤仙）各 60 ~ 75g。食盐少许，煎水喂服。

228. 芒萁

【别　　名】蕨箕，芒萁骨，路萁，狼萁，小黑白。

【来　　源】里白科植物芒萁 *Dicranopteris dichotoma*（Thunb.）Berhn. 的全草或根茎。主产于江苏、浙江、安徽、江西等地。

【采集加工】全年可采，洗净，晒干或鲜用。

【药　　性】苦，平。归膀胱经。

【功　　能】清热利尿，化瘀，止血。

【主　　治】鼻衄，肺热咳血，小便不利，水肿，创伤出血，跌打损伤。

229. 亚麻子

【别　　名】胡麻子，壁虱胡麻，亚麻仁。

【来　　源】亚麻科植物亚麻 *Linum usitatissimum* L. 的干燥成熟种子。全国大部分地区均产。

【采集加工】秋季果实成熟时采收植株，晒干，打下种子，除去杂质，再晒干。

【药　　性】甘，平。归肺、肝、大肠经。

【功　　能】润燥通便，养血祛风。

【主　　治】肠燥便秘，皮肤瘙痒。

【用法用量】马、牛 30 ~ 120g，羊、猪 9 ~ 24g。

【禁　　忌】大便滑泻者禁用。

【方　　例】1. 治家畜血虚便秘方（《高原中草药治疗手册》）：亚麻子牛、马用 60 ~ 90g，猪、羊用 18 ~ 21g；当归牛、马用 30 ~ 60g，猪、羊 12 ~ 15g。煎水喂服。
2. 治家畜皮肤疥癫方（四川省若尔盖县中兽医经验）：亚麻子、苦参、白芷、防风、蜈蚣、地肤子各适量。共为细末，煎水喂服。

百合 *Lilium brownie*
F.E.Brown var.*viridulum* Baker

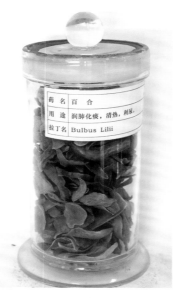

百合

细叶百合
Lilium pumilum DC.

【别　　名】野百合，喇叭筒，山丹，药百合，白百合。

【来　　源】百合科植物卷丹 *Lilium lancifolium* Thunb.、百合 *Lilium brownii* F.E.Brown var.*viridulum* Baker 或细叶百合 *Lilium pumilum* DC. 的干燥肉质鳞叶。主产于湖南、湖北、江苏、浙江、安徽、甘肃等地。

【采集加工】秋季采挖，洗净，剥取鳞叶，置沸水中略烫，干燥。

【药　　性】甘，寒。归心、肺经。

【功　　能】养阴润肺，清心安神。

【主　　治】肺燥咳喘，阴虚久咳，心神不宁。

【用法用量】马、牛 18 ~ 60g，羊、猪 6 ~ 12g。

【禁　　忌】风寒咳嗽及中寒便溏者慎用。

【方　　例】1. 百合散（《痊骥通玄论》）：百合、贝母、大黄、瓜蒌根、甘草。各等份为末，以荞麦、萝卜、蜂蜜为引，同煎取汁，喂草后灌之，治马鼻内出脓症。

2. 润肺止咳汤（《活兽慈舟》）：百合、天冬、百部、麦冬、当归、川芎、柴胡、生芍、瓜蒌根、粉葛、苦参、玄参、续断、甘草、茯苓、山萝卜。捣煎入蜂蜜、姜汁合啖，治牛肺燥渴水症。

231. 百两金

【别　　名】开喉剑，叶下藏珠，八爪金，八爪龙，八爪金龙，开喉箭，珍珠伞。

【来　　源】紫金牛科植物百两金 Ardisia crispa（Thunb.）A.DC. 的根及根茎。主产于四川、贵州、湖南、湖北、江西、浙江等地。

【采集加工】全年可采，以秋冬季较好，采后洗净鲜用或晒干。

【药　　性】苦、辛，凉。

【功　　能】清热祛痰，利湿消肿。

【主　　治】咽喉肿痛，肺热咳嗽，劳伤乏力。

【用法用量】马、牛 60 ～ 120g，羊、猪 30 ～ 60g。

【方　　例】1. 治牛锁喉黄方：①鲜百两金 250g，以鲜人尿为引。煎水调匀，频频喂服（《上海农业技术资料》第 46 号）。②八爪金（百两金）、马兜铃、山乌龟。共为细末，吹入喉内（《黔南兽医常用中草药》）。

2. 治猪肺热咳嗽方（《兽医中草药临症应用》）：土丹皮（百两金根皮）、细叶沙参、大青叶各 30g，大猪加倍。煎水喂服。

3. 治牛劳伤乏力方（《兽医中草药处方选编》）：百两金根 120g，水杨梅根 250g，五加皮、土牛膝、大活血、伸筋藤、何首乌各 60g，煎水喂服。

蔓生百部
Stemona japonica（Bl.）Miq.

百部

对叶百部
Stemona tuberosa Lour.

【别　　名】嗽药，百条根，九丛根，山百根，牛虱鬼。

【来　　源】百部科植物直立百部 *Stemona sessilifolia*（Miq.）Miq.、蔓生百部 *Stemona japonica*（Bl.）Miq. 或对叶百部 *Stemona tuberosa* Lour. 的干燥块根。主产于安徽、山东、江苏、浙江、湖北、四川等地。

【采集加工】春、秋二季采挖，除去须根，洗净，置沸水中略烫或蒸至无白心，取出，晒干。

【药　　性】甘、苦，微温。归肺经。

【功　　能】润肺止咳，杀虫。

【主　　治】咳嗽，蛲虫病，蛔虫病，疥癣，体虱。

【用法用量】马、牛 15 ～ 30g，羊、猪 6 ～ 12g，犬、猫 3 ～ 5g。外用适量。

【方　　例】1. 滋阴补肺汤（《活兽慈舟》）：百部、百合、天南星、法半夏、天门冬、麦门冬、瓜蒌子、白芥子、生地黄、石膏、麻黄、甘草、凤尾草，生姜汁为引，捣煎滤液取汁，候温灌服。具有滋阴补肺的功效，治疗马肺虚咳痰等。

2. 百部散（《元亨疗马集》）：百部、枇杷叶、青皮、厚朴。共为细末，以大葱为引，糯米粥，用酒适量同调灌服。治疗马咳嗽，右胁疼痛，回头右顾。

233. 列 当

【别　　名】独根草，兔子拐棍，草苁蓉，马木通。

【来　　源】列当科植物列当 *Orobanche coerulescens* Steph. 或黄花列当 *Orobanche pycnostachya* Hance 的干燥全草。广布于东北、华北、西北地区。

【采集加工】春、夏二季采收，晒干。

【药　　性】甘、微苦，温。

【功　　能】补肾壮阳，强筋骨，润肠通便。

【主　　治】阳痿，滑精，腰肢无力，肠燥便秘。

【用法用量】马、牛 15～30g，羊、猪 5～15g。

【方　　例】1.治公畜阳痿方（《高原中草药治疗手册》）：列当、峨参、肉桂、冬虫夏草，煎水喂服。

2.治家畜体虚腰腿酸软方（《高原中草药治疗手册》）：列当、当归、续断各适量，煎水喂服。

234. 当 归

【别　　名】山蕲，西当归，秦归，云归，岷归。

【来　　源】伞形科植物当归 *Angelica sinensis*（Oliv.）Diels 的干燥根。主产于甘肃，以甘肃岷县产者为佳。

【采集加工】秋末采挖，除去须根和泥沙，待水分稍蒸发后，捆成小把，上棚，用烟火慢慢熏干。

【药　　性】甘、辛，温。归肝、心、脾经。

【功　　能】补血养血，活血止痛，润燥通便。

【主　　治】血虚劳伤，血瘀疼痛，跌打损伤，痈肿疮疡，肠燥便秘，胎产诸病。

【用法用量】马、牛 15～60g，驼 35～75g，羊、猪 5～15g，犬、猫 2～5g，兔、禽 1～2g。

【禁　　忌】湿盛中满、大便泄泻者忌服。

【方　　例】1.当归补脾散（《蕃牧纂验方》《痊骥通玄论》）：当归、厚朴、青皮、陈皮、益智仁、赤芍药。等份为末，浆水、生姜（擦细），同煎三、五沸，空草灌之，治马脾冷泄泻。

2.当归内补散（《牛经大全》）：当归（酒浸）、续断（酒浸）、牡丹皮、苍术、赤芍药、五加皮、白芍药、蒲黄、乌豆（炒）。共为细末，温酒调下，治牛产犊后体虚。

【别　　名】大芸，寸芸，地精。

【来　　源】列当科植物肉苁蓉 *Cistanche deserticola* Y.C. Ma 或管花肉苁蓉 *Cistanche tubulosa*（Schenk）Wight 的干燥带鳞叶的肉质茎。主产于内蒙古、新疆、甘肃。

【采集加工】春季苗刚出土时或秋季冻土之前采挖，除去茎尖。切段，晒干。

【药　　性】甘、咸，温。归肾、大肠经。

【功　　能】补肾阳，益精血，润肠通便。

【主　　治】滑精，阳痿，垂缕不收，宫寒不孕，腰胯疼痛，肠燥便秘。

【用法用量】马、牛 15 ~ 45g，羊、猪 5 ~ 10g，兔、禽 1 ~ 2g。

【禁　　忌】阴虚火旺及泄泻者不宜服，肠胃实热、大便秘结者亦不宜服。

【方　　例】1. 当归苁蓉散（《中华人民共和国兽药典》2015年版）：当归（麻油炒）、肉苁蓉、番泻叶、瞿麦、六神曲、木香、厚朴、枳壳、香附（醋制）、通草，粉碎，过筛，混匀。能润燥滑肠，理气通便，主治老、弱、孕畜便秘。

2. 治公畜肾虚阳痿方（《牛马病例汇集》）：肉苁蓉、巴戟天、补骨脂、益智仁、菟丝子、淮山药、白茯神、西潞党、当归尾、杜仲。共为细末，温水调服。

3. 治母畜不孕方（《中兽医治疗学》）：肉苁蓉、淫羊藿、阳起石、益母草、潞党参、全当归、党参、甘草。共为细末，拌料喂服。

4. 治家畜肾虚腿肿，腰胯疼痛方（《中兽医外科学》）：肉苁蓉、肉豆蔻、荜澄茄、益智仁、胡芦巴、补骨脂、杜仲炭、川厚朴、淮牛膝、小茴香、金狗脊、川楝子、木通、肉桂。共为细末，以葱白、黄酒为引，开水冲服。

235. 肉苁蓉

【别　　名】肉果，玉果，肉蔻，迦拘勒。

【来　　源】肉豆蔻科植物肉豆蔻 *Myristica fragrans* Houtt. 的干燥种仁。主产于马来西亚、印度尼西亚、斯里兰卡，我国广东、广西、云南亦有栽培。

【采集加工】5—7 月及 10—12 月采摘成熟果实，除去果皮，剥去假种皮，将种子仁用 45℃低温慢慢烤干，经常翻动，当种仁摇之作响时即可。若高于 45℃，脂肪溶解，失去香味，质量下降。

【药　　性】辛，温。归脾、胃、大肠经。

【功　　能】涩肠止泻，温中行气。

【主　　治】脾胃虚寒，久泻不止，肚腹胀痛。

【用法用量】马、牛 15 ~ 30g，羊、猪 5 ~ 10g。

【禁　　忌】热泻热痢和病初起时忌用。

【方　　例】1. 益智散剂（《元亨疗马集》）：益智仁、白术、芍药、大枣、厚朴、肉豆蔻、草果、青皮、枳壳、当归、官桂、五味子、川芎、砂仁、白芷、甘草、槟榔、广木香、细辛、生姜。共为细末，开水冲调，候温加醋灌服；或水煎，候温加醋灌服。温脾暖胃，行气降逆。主治马翻胃吐草，症见精神倦怠、四肢无力、鼻面水肿、毛焦欣吊。

2. 四神丸（《证治准绳》）：补骨脂（炒）、肉豆蔻（煨）、五味子、吴茱萸。共研为末，另用生姜、大枣与水同煎，去姜及枣肉，合药为丸，或水煎服，也可为散剂。能温补脾肾，涩肠止泻。主治脾肾虚寒泄泻，症见草谷不消、久泻不止、神疲乏力、四肢发凉、舌淡苔白、脉沉迟无力等。

236. 肉豆蔻

237. 肉　桂

【别　　名】桂皮，紫桂，玉桂，牡桂，大桂。

【来　　源】樟科植物肉桂 *Cinnamomum cassia* Presl 的干燥树皮。主产于广东、广西、海南、云南等地。

【采集加工】多于秋季剥取，刮去栓皮，阴干。因剥取部位及品质的不同而加工成多种规格，常见的有企边桂、板桂、桂碎等。生用。

【药　　性】辛、甘，大热。归肾、脾、心、肝经。

【功　　能】补火助阳，温中散寒。

【主　　治】脾胃虚寒，冷痛，肾阳不足，风寒痹痛，阳痿，宫冷。

【用法用量】马、牛 15 ～ 30g，羊、猪 5 ～ 10g，兔、禽 1 ～ 2g。

【禁　　忌】孕畜禁用。

【方　　例】1. 肾气丸（《金匮要略》）：肉桂、附子、熟地黄、山茱萸、山药、丹皮、茯苓、泽泻。治疗肾气虚乏、脐腹疼痛、腰痛膝软、小便不利。
2. 桂心散（《司牧安骥集》）：桂心、厚朴、当归、细辛、青皮、陈皮、牵牛子、桑白皮。治疗马冷饮过多、伤脾作泻。

238. 朱砂七

【别　　名】黄药子，荞馒头，朱砂莲，红药子，雄黄连，猴血七，血三七。

【来　　源】蓼科植物毛脉蓼 *Fallopia multiflora*（Thunb.）Harald.var.*cillinerve*（Nakai）A. J.Li 的干燥块根。主产于吉林、辽宁、河南、陕西等地。

【采集加工】春秋采挖，除去须根，洗净，切片晒干。

【药　　性】苦、微涩，凉。有小毒。

【功　　能】清热解毒，止痛，止血，

【主　　治】吐血，衄血，便血，跌打损伤，外伤出血。

239. 朱砂根（附药：红凉伞）

朱砂根

朱砂根
Ardisia crenata Sims

【别　　名】砾砂根，平地木，石青子，珍珠伞，大罗伞。

【来　　源】紫金牛科植物朱砂根 *Ardisia crenata* Sims var.bicolor（Walker）C.Y.Wu et C.Chen 的干燥根。分布于我国西藏东南部以东至台湾，湖北以南至海南岛等地区。

【采集加工】秋、冬二季采挖，洗净，晒干。

【药　　性】微苦、辛，平。归肺、肝经。

【功　　能】解毒消肿，活血止痛，祛风除湿。

【主　　治】咽喉肿痛，风湿痹痛，跌打损伤。

【用法用量】马、牛 30 ~ 60g，羊、猪 15 ~ 30g。

【方　　例】1. 治耕牛喉风症方：①高郎伞（朱砂根）、红郎伞（紫金牛）、细辛各 15 ~ 30g。共为细末，开水冲服（《民间兽医本草》续编）。②朱砂根、威灵仙、水芦根、车前草、黄芩各 60g，煎水喂服（《广西中兽医药用植物》）。

2. 治牛马跌打损伤方（《江西民间常用兽医草药》）：铁凉伞（朱砂根）250 ~ 500g（切细）。黄酒倍量，燉后取汁服，每日 1 ~ 2 剂。

附药：红凉伞

红凉伞　红凉伞 *Ardisia crenata* Sims var.*bicolor*（Walker）C.Y.Wu et C.Chen，朱砂根变种，与朱砂根功效相似。

红凉伞
Ardisia crenata Sims var.
bicolor（Walker）C.Y.Wu et
C.Chen

240. 竹节参

【别　　名】竹节三七，扣子七，钮子七。

【来　　源】五加科植物大叶三七 *Panax pseudoginseng* Wall.var. *japonicus*（C.A.Mey.）Hoo et Tseng 的根茎。主产于甘肃、陕西、河南、云南、广西等地。

【采集加工】9—10 月挖取根茎，除去须根，洗净泥土，干燥。

【药　　性】甘、苦，温。归肝、胃经。

【功　　能】散瘀止血，消肿止痛。

【主　　治】便血，衄血，吐血，外伤出血，跌打肿痛。

【用法用量】马、牛 10～30g，驼 15～45g，羊、猪 3～5g，犬、猫 1～3g。

【禁　　忌】孕畜慎用。

【方　　例】1. 治人畜肺虚咳喘方（《浙江民间兽医草药集》）：竹节参、岩皮三七、云雾草、鱼腥草、麻黄、杏仁、瓜蒌、白果、甘草，煎水内服。
2. 治人畜跌打损伤方（《浙江民间兽医草药集》）：竹节三七（竹节参）、菊叶三七、马鞭草、老鹳草、乳香、没药、当归、红花、续断、甘草，煎水内服。

241. 竹叶椒

【别　　名】臭花椒，野椒，岩椒，野花椒，单面针，花胡椒，鱼椒子。

【来　　源】芸香科植物竹叶椒 *Zanthoxylum Planispinum* Sieb.et Zucc. 的根或叶。分布于我国东南部和西南各地。

【采集加工】秋季采果实，根茎全年可采，叶随采随用。

【药　　性】辛，温。

【功　　能】散寒止痛，祛风解毒。

【主　　治】胃寒吐涎，食积肚胀，皮肤疥癣。

【用法用量】马、牛 15～30g，羊、猪 7～15g。

【方　　例】1. 治牛胃寒吐涎方：①竹叶椒根 120g，煎水温服（《兽医常用中草药》）。②鲜鱼椒子（竹叶椒）根 250～500g，煎水喂服（兽医中草药临症应用》）。
2. 治牛肚腹胀痛方：①竹叶椒叶 150g，生烟梗 60g，煎水喂服（《兽医常用中草药》）。②野花椒（竹叶椒）子、土青木香、石菖蒲根、生姜。研成细末，开水冲服（《浙江民间兽医草药集》）。

【别　　名】鲜竹茹，姜竹茹，竹皮，青竹茹。

【来　　源】禾本科植物青秆竹 *Bambusa tuldoides* Munro、大头典竹 *Sinocalamus beecheyanus*（Munro）McClure var. *pubescens* P.F.Li 或淡竹 *Phyllostachys nigra*（Lodd.）Munro var.*henonis*（Mitf.）Stapf ex Rendle 的茎秆的干燥中间层。主产于江苏、浙江、江西、四川等地。

【采集加工】全年均可采制，取新鲜茎，除去外皮，将稍带绿色的中间层刮成丝条，或削成薄片，捆扎成束，阴干。前者称"散竹茹"，后者称"齐竹茹"。

【药　　性】甘，微寒。归肺、胃、心、胆经。

【功　　能】清热化痰，除烦，止呕。

【主　　治】痰热咳嗽，胆火挟痰，惊悸不宁，胃热呕吐，妊娠恶阻，胎动不安。

【用法用量】马、牛、驼 12 ~ 18g，猪、羊 6 ~ 9g，犬、猫 3 ~ 5g。

【禁　　忌】寒痰咳喘、胃寒呕逆及脾虚泄泻者禁服。

【方　　例】1.治牛翻胃吐草方：①鲜竹茹、淡竹叶、灶心土，同煎取上清液喂服（《民间兽医本草》）。②竹茹、茴香、大蒜、生姜，煎水喂服（《安徽省中兽医经验集》）。
2.治猪呕吐症方：①竹茹、桂枝、白薇、石膏、甘草各适量，煎水喂服（《兽医中药与处方学》）。②竹茹、白术、芦根、陈皮、生姜、甘草，煎水喂服（《兽中药类编》）。
3.泻心汤（《活兽慈舟》）：黄连、大黄、竹茹、黄芩、芍药、车前、石膏、灯芯。共捣同煎，芭蕉油啖服，治牛舌烂。

中兽药标本及器具图谱

【别　　名】八大金刚，竹叶青，竹叶柏身。

【来　　源】罗汉松科植物竹柏 *Podocarpus nagi*（Thunb.）Zoll.et Mor ex Zoll. 的干燥叶。主产于浙江、福建、江西、湖南等地。

【采集加工】全年可采，洗净，鲜用或晒干。

【药　　性】淡、涩，平。归肝经。

【功　　能】止血，接骨。

【主　　治】外伤出血，骨折。

244. 延胡索

【别　　名】元胡，元胡索，玄胡索，夏天无，土元胡。

【来　　源】罂粟科植物延胡索 *Corydalis yanhusuo* W.T.Wang 的干燥块茎。主产于浙江。

【采集加工】夏初茎叶枯萎时采挖，除去须根，洗净，置沸水中煮至恰无白心时，取出，晒干。

【药　　性】辛、苦，温。归肝、脾经。

【功　　能】活血散瘀，行气止痛。

【主　　治】气滞血瘀，跌打损伤，产后瘀阻，风湿痹痛。

【用法用量】马、牛 15 ~ 30g，驼 35 ~ 75g，羊、猪 3 ~ 10g，兔、禽 0.5 ~ 1.5g。

【禁　　忌】孕畜慎服。

【方　　例】1. 延胡索散（《元亨疗马集》）：延胡索、槟榔、没药、青皮、陈皮、吴茱萸、胡芦巴、干姜、破故纸（补骨脂）、肉桂、小茴香、乌药、白术、牵牛子。共研为末，水调空腹灌服。能行气活血、温肾散寒，主治马睾丸上提，亏腰，腰拖胯敁，行走困难。

2. 少腹逐瘀汤（《医林改错》）：小茴香、干姜、延胡索、没药、当归、川白芍、官桂、赤芍、蒲黄、五灵脂。有活血祛瘀、温通止痛功效，主治少腹寒瘀血凝证。

245. 华山矾

【别　　名】降痰黄，羊子屎，渣子柴，毛柴子，土常山，蚊子树，雷公针。

【来　　源】山矾科植物华山矾 *Symplocos chinensis*（Lour.）Druce 的根茎叶或种子。主产于安徽、浙江、江西、福建等地。

【采集加工】全年可采；种子秋季采，也可随采随用。

【药　　性】苦，凉；有小毒。归胃、大肠经。

【功　　能】清热利湿，活血祛风。

【主　　治】湿热泄泻，关节肿痛，皮肤疥癣。

【用法用量】马、牛 60 ~ 90g，羊、猪 15 ~ 30g。

【方　　例】1. 治牛热症，寒热交替方：①蚊子树根（华山矾）250g，煎水喂服（《兽医中草药临症应用》）。②雷公针（华山矾）120g，鸭公青（大青叶）、乌桕树叶、金果榄、水菖蒲、木贼草、千斤拔、生石膏，煎水喂服（《广西中兽医药用植物》）。

2. 治猪、牛痢疾方：①华山矾叶、算盘子叶、枫树叶，煎水喂服（《兽医常用中草药》）。②土常山（华山矾）、金果榄、土茯苓、木贼草、土黄连、黄柏、地榆、百斛，煎水喂服（《广西中兽医药用植物》）。

246. 华山姜

【别　　名】华良姜，山姜。

【来　　源】姜科植物华山姜 *Alpinia chinensis*（Retz.）Rosc. 的根茎。分布于我国东南部至西南部各省区。

【采集加工】栽种 2 ~ 3 年后的 3—4 月采挖，洗净，晒干。

【药　　性】辛、温。归肺、胃经。

【功　　能】温中散寒，祛风活血，除湿消肿，行气止痛。

【主　　治】风湿痹痛，跌打损伤，肺寒咳嗽。

【用法用量】马、牛 30 ~ 60g，羊、猪 15 ~ 30g。

【方　　例】1. 治马寒气疝痛方（《兽医常用中草药》）：山姜、乌药各 2 份，杜衡 1 份。共为细末，温水冲服。

　　　　　　2. 治牛风湿软脚方（《诊疗牛病经验汇编》）：山姜 250g（捣极细烂），人尿 1500mL（煮沸），趁热用布蘸药水洗擦四肢。

247. 华泽兰

【别　　名】白须公，多须公，华春兰，六月雪，大泽兰。

【来　　源】菊科植物华泽兰 *Eupatorium chinense* L. 的全草。分布于我国东南及西南部各省区。

【采集加工】秋季采挖，除去泥土，鲜用或晒干用。

【药　　性】辛、苦，凉。

【功　　能】祛风消肿，清热解毒。

【主　　治】筋骨肿痛，跌打损伤，毒蛇咬伤。

【用法用量】马、牛 30 ~ 90g，羊、猪 15 ~ 30g。

【方　　例】1. 治牛肺病发热方（《广西中兽医药用植物》）：白花莲（华泽兰）、山豆根、大星蕨、龙胆草、黄连、木通。煮水取汁，待温灌服。

　　　　　　2. 治牛蜂窝织炎方（《中兽医疗牛集》）：六月雪（华泽兰）30g，羊蹄草 100g，菜豆 200g，生盐 50g，捣烂取服。

　　　　　　3. 治猪出水痘方（《广东中兽医常用草药》）：大泽兰（华泽兰）、葫芦茶、了哥王、秤星木、百眼藤、耳草各适量，煎水喂服。

248. 血见愁

【别　　名】山藿香，肺形草，野薄荷，贼子草，假紫苏，山苏麻。

【来　　源】唇形科植物血见愁 *Teucrium viscidum* Bl. 的全草。主产于江苏、浙江、福建、江西等地。

【采集加工】夏季采收，洗净，鲜用或晒干。

【功　　能】凉血散瘀，消肿解毒。

【主　　治】风湿痹痛，跌打损伤，疮痈肿毒。

249. 血　竭

【别　　名】麒麟竭，麒麟血，海蜡，木血竭，血力。

【来　　源】棕榈科植物麒麟竭 *Daemonorops draco* Bl. 果实渗出的树脂经加工制成。主产于印度尼西亚、马来西亚，我国广东、台湾亦产。

【采集加工】采取果实，置蒸笼内蒸煮，使树脂渗出；或取果实捣烂，置于布袋内，榨取树脂，然后煎熬成糖浆状，冷却凝固成块状。亦有将树干砍破或钻以若干小孔，使树脂自然渗出，凝固而成。拭去灰尘，敲成小块，于冬季干燥天气，放在石灰坛内使燥，然后乘脆研末。

【药　　性】甘、咸，平。归心、肝经。

【功　　能】祛瘀定痛，止血生肌。

【主　　治】跌打损伤，瘀血腹痛，外伤出血，疮疡久溃不敛。

【用法用量】马、牛 15 ～ 25g，羊、猪 3 ～ 6g，犬、猫 1 ～ 3g。外用研末撒布或入膏药用。

【禁　　忌】无瘀血者忌用。

【方　　例】1. 七厘散（《良方集腋》）：血竭、麝香、冰片、乳香、没药、红花、朱砂、儿茶。活血散瘀，止痛止血，主治跌打损伤，筋断骨折之瘀血肿痛，并治一切无名肿毒，烧伤烫伤等。

2. 麒麟竭散（《司牧安骥集》）：麒麟竭（血竭）、没药、茴香、巴戟天、胡芦巴、川楝子、牵牛子、破故纸（补骨脂）、木通、白术、当归、藁本。各等份为末，好酒同煎，放温灌之，隔日再灌。治马腰胯痛，肺病把膊，或阴肾肿大，肾黄病。

250. 合欢皮（附药：山合欢）

合欢
Albizia julibrissin Durazz.

合欢皮

【别　　名】合昏皮，夜台皮，合欢木皮，马樱花。

【来　　源】豆科植物合欢 *Albizia julibrissin* Durazz. 的干燥树皮。全国大部分地区均产。

【采集加工】夏、秋二季剥取，晒干。

【药　　性】甘，平。归心、肝、肺经。

【功　　能】安神解郁，活血消肿。

【主　　治】心神不宁，躁动不安，跌打损伤，疮黄疔毒。

【用法用量】马、牛 25～60g，羊、猪 10～15g。

【方　　例】1. 治牛、马跌打损伤方（《兽医手册》）：合欢皮、当归、川芎、赤芍、桃仁，煎水喂服。

2. 治家畜狂燥不安方（《兽医常用中草药》）：合欢皮、酸枣仁、石豆兰、芭蕉头，煎水喂服。

3. 治家畜皮肤疮毒方：①合欢皮，煎洗患处（江西省德兴县卢世钟经验）。②合欢皮、透骨草、秦艽各等份为末，调敷患处（《青海省中兽医验方汇编》）。

附药：山合欢

山合欢　豆科植物山槐 *Albizia kalkora*（Roxb.）Prain，树皮入药。合欢皮药用正品为合欢 *Albizia ulibrissin* Durazz. 的干燥树皮，但在四川、河北、浙江、上海、安徽等地习用山合欢的树皮用作"合欢皮"。

山合欢
Albizia kalkora（Roxb.）Prain

251. 合掌消

【别　　名】合同硝，硬皮草，合掌草，神仙对坐草，土胆草，牛皮消。

【来　　源】萝藦科植物合掌消 *Cynanchum amplexicaule* Hemsl 的根或全草。主产于黑龙江、辽宁等地。

【采集加工】夏秋季采收，晒干。

【药　　性】微苦，平。

【功　　能】清热祛风，消肿解毒。

【主　　治】风湿痹痛，疮痈肿毒。

【用法用量】马、牛 90 ~ 180g，羊、猪 60 ~ 120g。

【方　　例】1. 治牛食胀不化方（《兽医中草药临症应用》）：合掌消根 250g（切细），煎水喂服。

2. 治家畜风湿关节痛方（赣州地区农业局兽医站经验）：合掌消、威灵仙、三白草，水酒煎服。

252. 决明子

决明 *Cassia obtusifolia* L.　　　决明子

【别　　名】草决明，决明，羊明，马蹄决明，还瞳子。

【来　　源】豆科植物决明 *Cassia obtusifolia* L. 或小决明 *Cassia tora* L. 的干燥成熟种子。主产于安徽、广西、四川等地。

【采集加工】秋季采收成熟果实，晒干，打下种子，除去杂质。

【药　　性】甘、苦、咸，微寒。归肝、大肠经。

【功　　能】清肝明目，润肠通便。

【主　　治】肝经风热，目赤肿痛，粪便燥结。

【用法用量】马、牛 20 ~ 60g，羊、猪 10 ~ 15g，兔、禽 1.5 ~ 3g。

【方　　例】1. 决明散（《元亨疗马集》）：

草决明、石决明、栀子、大黄、黄芪、黄芩、黄连、黄药子、白药子、郁金、没药。共为细末，以鸡子清为引，浆水调匀，草饱灌之。治疗马外障眼，睛生白膜。

2. 决明子汤（《中兽医诊疗》）：决明子、石决明、青葙子、密蒙花、萹蓄草、木贼草、玄参、生地、荆芥、木通、瞿麦、滑石。煎水喂服，治牛、马肝黄病。

3. 治家畜大便干燥方（《民间兽医本草》）：草决明单方，马 180g，猪、羊 60g，煎水喂服。

【别　　名】接续草，接骨草，空心草，笔头菜，节节草，水麻黄。

【来　　源】木贼科植物问荆 *Equisetum arvense* L. 的全草。全国大部分地区均产。

【采集加工】夏季割取全草，晒干。

【药　　性】甘、苦，平。归肺、胃、肝经。

【功　　能】止血，利尿，明目。

【主　　治】鼻衄，吐血，咯血，便血，崩漏，外伤出血，淋证，目赤翳膜。

【用法用量】马、牛 90 ～ 150g，羊、猪 30 ～ 60g。

【方　　例】1. 治牛劳伤气急方（《兽医中草药临症应用》）：问荆全草 150g，煎水喂服。

2. 治牛、马肝炎、胆囊炎方（《青海省兽医中草药》）：水麻黄（问荆）、黄花蒿、红直当药、裸茎金腰子，煎水喂服。

3. 治牛、猪尿黄、膀胱炎方（《浙江民间兽医草药集》）：问荆、车前草、过路黄、金钱草、野菊花、金银花，煎水喂服。

【别　　名】山海螺，四叶参，奶萝卜，乳藤，乳参，乳果，乳党参。

【来　　源】桔梗科植物羊乳 *Codonopsis lanceolata*（Sieb.et Zucc.）Trautv. 的根。分布于东北、华北、华东等地。

【采集加工】8—9 月挖根，洗净，晒干。

【药　　性】甘、辛，平。

【功　　能】消肿解毒，排脓祛痰，催乳通奶。

【主　　治】病后虚弱，乳汁不足，肺痈咳嗽，痈肿疮疡。

【用法用量】马、牛 60 ～ 120g，羊、猪 30 ～ 60g。

【方　　例】1. 治牛、马劳伤乏力方：①羊乳参、苦参、何首乌、仙鹤草，煎水喂服（《兽医手册》）。②羊乳参、仙鹤草、陈艾叶，煎水喂服（《兽医常用中草药》）。

2. 治牛生肺痈方：①四叶参（羊乳）、金银花、张天罐（金锦香）、川谷根（薏苡根），煎水喂服（《兽医手册》）。②山海螺（羊乳参）、金银花、野菊花、冬瓜子、芦根，桔梗，煎水喂服（《浙江民间兽医草药集》）。

3. 治母牛乳汁缺少方：①奶参（羊乳参）90 ～ 150g，通草 30g，红枣 250g（去核），煎水喂服（《兽医手册》）。②乳藤根（羊乳参）60 ～ 120g。切细煎汁，混入饲料内喂服（《中兽医诊疗经验》）。

4. 治母猪缺乳方（《常见猪病防治》）：羊乳参 60g，以红糖为引，煎水喂服。

中兽药标本及器具图谱

255. 羊蹄甲（附药：粉叶羊蹄甲）

粉叶羊蹄甲
Bauhinia glauca
（Wall.ex Benth.）Benth.

【别　　名】白花羊蹄甲，红花紫荆，红紫荆，夜关门。
【来　　源】豆科植物羊蹄甲 *Bauhinia purpurea* L. 的根、树皮、叶、花等。主产于云南、广东、福建、广西等地。
【采集加工】根全年可采，叶夏、秋季采收。
【药　　性】苦、涩，平。
【功　　能】健脾渗湿，润肺止咳。
【主　　治】咯血，消化不良，咳喘。
【用法用量】花：马、牛 15 ~ 30g，羊、猪 7 ~ 15g；根：马、牛 250 ~ 500g，羊、猪 60 ~ 120g。
【方　　例】1. 治牛、马尿闭方（《黔南兽医常用中草药》）：夜关门（羊蹄甲）500g，鱼秋串（马兰）250g，金钱草 500g，煎水灌服。
　　　　　　2. 治牛、马毒蛇咬伤方（黔南州畜牧局兽医站经验）：夜关门叶（羊蹄甲）适量，捣烂外敷。

附药：粉叶羊蹄甲
粉叶羊蹄甲 豆科植物粉叶羊蹄甲 *Bauhinia glauca*（Wall.ex Benth.）Benth.，与羊蹄甲功效相似。

256. 羊蹄草

【别　　名】一点红，叶下红，山苦麻，兔草，小蒲公英。
【来　　源】菊科植物一点红 *Emilia sonchifolia*（L.）DC. 的全草。主产于广东、广西、贵州、福建等地。
【采集加工】全年可采，鲜用或晒干，鲜用为佳。
【药　　性】苦，凉。
【功　　能】清热解毒，利水凉血。
【主　　治】咽喉肿痛，湿热腹泻，肠炎痢疾，跌打损伤，疮疖痈肿，皮肤湿疹。
【用法用量】马、牛 90 ~ 250g，羊、猪 60 ~ 90g。
【方　　例】1. 治猪、牛尿闭、水肿、尿血方：①治猪尿闭：鲜一点红（羊蹄草）、灯心草、车前草 30 ~ 90g，煎水喂服（《兽医常用中草药》）。②治猪水肿：鲜一点红（羊蹄草）120g，黄豆 250g，煮烂分次喂服（《赤脚兽医手册》）。③治牛尿血：一点红（羊蹄草）、积雪草、车前草、海金沙各 60g，白花蛇舌草 120g，煎水喂服（《兽医中草药临症应用》）。
　　　　　　2. 治家畜创伤出血方（《赤脚兽医手册》）：鲜一点红（羊蹄草），和食盐调冷饭，捣烂外敷。

【别　　名】马木通，木通马兜铃，东北木通，万年藤。

【来　　源】马兜铃科植物东北马兜铃 *Aristolochia manshuriensis* Kom. 的干燥藤茎。主产于辽宁、吉林、黑龙江等地。

【采集加工】秋、冬二季采收，除去粗皮，晒干。

【药　　性】苦，寒。归心、小肠、膀胱经。

【功　　能】清心火，利尿，通经下乳。

【主　　治】口舌生疮，尿赤涩痛，水肿，湿热带下，乳汁不通。

【用法用量】马、牛 15 ～ 30g，羊、猪 3 ～ 10g。

【禁　　忌】孕畜慎用。

中兽药标本及器具图谱

【别　　名】灯芯草，灯心，灯草，虎须草，赤须，碧玉草。

【来　　源】灯心草科植物灯心草 *Juncus effusus* L. 的干燥茎髓。主产于江苏、福建、四川、贵州、云南等地。

【采集加工】夏末至秋季割取茎，晒干，取出茎髓，理直，扎成小把。

【药　　性】甘、淡，微寒。归心、肺、小肠经。

【功　　能】清心火，利尿。

【主　　治】尿不利，水肿，口舌生疮。

【用法用量】马、牛 10 ～ 20g，羊、猪 3 ～ 10g，兔、禽 1 ～ 2g。外用适量，炒炭敷患处。

【方　　例】1.治牛、猪热淋方：①灯心草、车前草、夏枯草、海金沙。煎水喂服（《兽医中草药临症应用》）。②灯心草、三白草、车前草、金钱草。煎水喂服（《民间兽医本草》）。

2.治猪、牛尿淋尿闭方：①灯心草、淡竹叶、土茯苓、车前草。煎水喂服（波阳县中兽医经验）。②灯心草、冬葵子、山栀子、生地黄、滑石、木通、甘草梢。煎水喂服（《中兽医诊疗》）。

3.治家畜外伤出血，皮肤疮毒（《兽医中药学》）：用灯心草、刘寄奴、冰糖各适量。共为细末，搽敷患处。

259. 灯笼草（附药：小酸浆）

【别　　名】酸浆，天泡草，天灯笼，打扑草，红姑娘，金灯笼，锦灯笼，卦灯笼。

【来　　源】茄科植物酸浆 *Physalis alkekengi* L. 的全草。主产于甘肃、陕西、河南、湖北、四川等地。

【采集加工】夏季采收，采收晒干，或随采随用。

【药　　性】酸、苦，寒。

【功　　能】清热解毒，利尿消肿。

【主　　治】咽喉肿痛，肺热咳嗽，小便不利。

【用法用量】马、牛 30 ～ 60g，羊、猪 15 ～ 30g。

【方　　例】1. 治猪、牛咽喉肿痛方（《兽医手册》）：卦灯笼（灯笼草）、蒲公英。煎水喂服，猪、羊用 9 ～ 15g，牛、马用 30 ～ 60g。

2. 治猪、牛肺热咳嗽方：①卦灯笼（灯笼草）、冬桑叶、枇杷叶，煎水喂服（《兽医手册》）。②灯笼泡（灯笼草）、瓜子金、鱼腥草各 30 ～ 60g，煎水喂服（《浙江民间兽医草药集》）。

3. 治牛尿道出血方（《中兽医方剂汇编》）：灯笼草、车前草各 90 ～ 120g，土牛膝、地榆（炒）、泽泻各 30g。煎水喂服，每天 1 剂。

附药：小酸浆

小酸浆　小酸浆 *Physalis* minima L.，主产于云南、广东、广西、四川等地。全株药用，具有清热解毒、利尿止血、消肿散结之效，可治感冒发热，咽喉肿痛，湿疹等症。

260. 防 己（附药：广防己）

【别　　名】粉防己，汉防己，石解，载君行，山乌龟，石蟾蜍。

【来　　源】防己科植物粉防己 *Stephania tetrandra* S.Moore 的干燥根，习称"汉防己"。主产于浙江、江西、安徽、湖北等地。

【采集加工】秋季采挖，洗净，除去粗皮，晒至半干，切段，个大者再纵切，干燥。

【药　　性】苦，寒。归膀胱、肺经。

【功　　能】利水消肿，祛风止痛。

【主　　治】尿不利，水肿，风湿痹痛，关节肿痛。

【用法用量】马、牛 15~45g，羊、猪 5~10g，兔、禽 1~2g。

【禁　　忌】该品苦寒易伤胃气，胃纳不佳及阴虚体弱者慎服。

【方　　例】1. 防己镇痛散（《兽医中药类编》）：粉防己（防己）、粉萆薢、威灵仙、甘草。共为细末，以白酒为引，开水冲服，治牛、马关节肿痛。
2. 治猪水肿病方（《兽医常用中草药》）：石蟾蜍（防己）、川谷根、白茅根，煎水喂服。

附药：广防己

广防己　广防己为马兜铃科植物广防己 *Aristolochia fangji* Y.C.Wu ex L.D.Chow et S.M.Hwang 的根，又称"木防己"。该品含有马兜铃酸，具有肾毒性。

261. 防 风

【别　　名】屏风，苏风，关防风，东防风。

【来　　源】伞形科植物防风 *Saposhnikovia divaricata*（Turcz.）Schischk. 的干燥根。主产于黑龙江、内蒙古、吉林、辽宁等地。

【采集加工】春、秋二季采挖未抽花茎植株的根，除去须根和泥沙，晒干。

【药　　性】辛、甘，微温。归膀胱、肝、脾经。

【功　　能】解表祛风，胜湿，解痉。

【主　　治】外感风寒，风寒湿痹，风疹瘙痒，破伤风。

【用法用量】马、牛 15～60g，驼 45～100g，羊、猪 5～15g，兔、禽 1.5～3g。

【禁　　忌】阴血亏虚、热病动风者不宜用。

【方　　例】1. 防风散（《农学录》）：防风、荆芥、滑石、黄连、栀子、黄芩。共为末，薄荷叶擂水调灌，结合白汤洗之，治牛眼赤浊。

2. 治牛四脚寒及软脚瘟方（《牛经切要》）：防风、薏苡仁、木瓜、秦艽、升麻、麻黄、法夏、当归、茯苓、苍术、川芎、赤芍、枳壳、陈皮、白芷、桔梗、木通、花粉、苦参、干姜、香附、肉桂、附片、厚朴。后五味夏天少用，用六骨根（枸骨）为引。

3. 防风汤（《抱犊集》）：防风、荆芥、薄荷、茯苓、银花、苦参、黄柏、芽茶、食盐。煎汤洗之，治牛疮黄破烂流脓。

262. 如意草

【别　　名】白三百棒，红三百棒。

【来　　源】堇菜科植物如意草 *Viola hamiltoniana* D.Don. Prodr. 的全草。主产于我国台湾、广东、云南等地。

【采集加工】夏季采收，洗净，晒干或鲜用。

【药　　性】辛、微酸，寒。

【功　　能】清热解毒。

【主　　治】疔疮肿毒。

【别　　名】红芽大戟，广大戟，紫大戟，南大戟。
【来　　源】茜草科植物红大戟 *Knoxia valerianoides* Thorel et Pitard 的干燥块根。主产于福建、海南、广西、广东、云南等地。
【采集加工】秋、冬二季采挖，除去须根，洗净，置沸水中略烫，干燥。
【药　　性】苦，寒；有小毒。归肺、脾、肾经。
【功　　能】逐水饮，通二便，散结消肿。
【主　　治】宿草不转，宿水停脐，二便不利，痈肿疮毒，瘰疬。
【用法用量】马 5 ~ 15g，牛 10 ~ 25g，羊、猪 2 ~ 5g。
【禁　　忌】孕畜禁用，不宜与甘草同用。

【别　　名】类叶牡丹，海椒七，鸡骨升麻。
【来　　源】小檗科植物红毛七 *Caulophyllum robustum* Maxim. 的根和根茎。主产于黑龙江、吉林、辽宁、内蒙古、河北、山西、陕西、宁夏、甘肃等地。
【采集加工】夏、秋季采挖，除去茎叶、泥土，洗净，晒干。
【药　　性】苦、辛，温。归肝经。
【功　　能】活血散瘀，祛风除湿，行气止痛。
【主　　治】产后血瘀腹痛，脘腹寒痛，跌打损伤，风湿痹痛。

中兽药标本及器具图谱

159

265. 红 花

【别　　名】红蓝花，刺红花，草红花。

【来　　源】菊科植物红花 *Carthamus tinctorius* L. 的干燥花。主产于河南、新疆、四川等地。

【采集加工】夏季花由黄变红时采摘，阴干或晒干。

【药　　性】辛，温。归心、肝经。

【功　　能】活血，散瘀，止痛。

【主　　治】跌打损伤，瘀血疼痛，胎衣不下，恶露不尽。

【用法用量】马、牛15~30g，羊、猪3~10g。

【禁　　忌】孕畜慎用。

【方　　例】1. 红花止痛散（《元亨疗马集》）：红花、当归、没药、茴香、川楝子、巴戟、枳壳、木通、乌药、藁本。各等份为末，飞盐1撮，春冬用温酒，夏秋用白汤同调，空草灌之，治马闪伤腰胯疼痛。

2. 红花桂枝汤（《中兽医诊疗》）：红花、桂枝、川乌、草乌、川芎、白芍。共为细末，白酒适量，开水冲服，治牛马跌扑损伤，瘀血疼痛。

266. 红 芪

【别　　名】红耆，独根，多序岩黄芪。

【来　　源】豆科植物多序岩黄芪 *Hedysarum polybotrys* Hand.-Mazz. 的干燥根。主产于甘肃南部地区。

【采集加工】春、秋二季采挖，除去须根和根头，晒干。

【药　　性】甘，微温。归肺、脾经。

【功　　能】补气固表，托疮生肌，利尿消肿。

【主　　治】表虚自汗，脾虚泄泻，疮疡难溃，中气下陷，久痢，脱肛，子宫脱垂，阴道脱垂，水肿。

【用法用量】马、牛 15 ~ 60g，羊、猪 5 ~ 15g，犬、猫 3 ~ 6g，兔、禽 1 ~ 2g。

267. 红 葱

【别　　名】红葱头。

【来　　源】鸢尾科植物红葱 *Eleutherine americana* Merr. 的全草或鳞茎。主产于广西、云南等地。

【采集加工】夏季采收全草，秋季采收鳞茎。

【药　　性】苦，凉。

【功　　能】清热解毒，散瘀消肿，止血。

【主　　治】风湿痹痛，跌打肿痛，吐血，咯血，痢疾。

268. 红景天

【别　　名】蔷薇红景天，扫罗玛布尔，宽叶景天，圆景天。

【来　　源】景天科植物大花红景天 *Rhodiola crenulata*（Hook.f.et Thoms.）H.Ohba 的干燥根和根茎。主产于云南、西藏、青海。

【采集加工】秋季花茎凋枯后采挖，除去粗皮，洗净，晒干。

【药　　性】甘、苦，平。归肺、心经。

【功　　能】益气活血，通脉平喘。

【主　　治】气虚血瘀，胸痹心痛，中风偏瘫，倦怠气喘。

【用法用量】马、牛、驼 35～120g，猪、羊 10～30g，犬、猫 2~8g。

【禁　　忌】孕畜慎用。

269. 红 楠

【别　　名】小楠木，冬青。

【来　　源】樟科植物红楠 *Machilus thunbergii* Sieb.et Zucc. 的根皮。主产于山东、江苏、浙江、安徽等地。

【采集加工】夏秋季采收，切片晒干。

【药　　性】辛、苦，温。归脾、胃经。

【功　　能】温中理气，舒筋活络，消肿止痛。

【主　　治】寒滞呕吐，腹泻，纳呆食少，扭挫伤，转筋，寒湿脚气。

七画

270. 麦冬（附药：山麦冬、矮小山麦冬）

麦冬
Ophiopogon japonicus（L.f）
Ker-Gawl.

麦冬

【别　　名】麦门冬，阶前草，沿街草，寸冬。

【来　　源】百合科植物麦冬 *Ophiopogon japonicus*（L.f）Ker-Gawl. 的干燥块根。主产于浙江、四川等地。

【采集加工】夏季采挖，洗净，反复暴晒、堆置，至七八成干，除去须根，干燥。

【药　　性】甘、微苦，微寒。归心、肺、胃经。

【功　　能】养阴生津，润肺清心。

【主　　治】阴虚内热，肺燥干咳，肠燥便秘。

【用法用量】马、牛 20～60g，羊、猪 10～15g，兔、禽 0.6～1.5g。

【方　　例】1. 治牛鼻出血方（《浙江民间兽医草药集》）：麦冬、天冬、生地黄、生蒲黄，煎水喂服。
2. 治牛、马肺热燥咳方（《赤脚兽医手册》）：麦冬、天冬、知母、贝母、百合、百部、黄芩、黄柏、桔梗、半夏、紫菀、栀子、甘草，煎水喂服。

山麦冬
Liriope spicata（Thunb.）
Lour.

矮小山麦冬
Liriope minor（Maxim.）
Makino

附药：山麦冬、矮小山麦冬

山麦冬 *Liriope spicata*（Thunb.）Lour.，全国大部分地区均产。块根药用，与麦冬具有相似的功效。

矮小山麦冬 *Liriope minor*（Maxim.）Makino，主产于浙江、陕西、广西等地。块根也作麦冬用。

271. 麦 芽

中兽药标本及器具图谱

【别　　名】稞麦，牟麦，饭麦。

【来　　源】禾本科植物大麦 *Hordeum vulgare* L. 的成熟果实经发芽干燥的炮制加工品。全国大部分地区均产。

【采集加工】将麦粒用水浸泡后，保持适宜温、湿度，待幼芽长至约 5mm 时，晒干或低温干燥。

【药　　性】甘，平。归脾、胃经。

【功　　能】行气消食，健脾开胃，回乳。

【主　　治】食积不消，肚胀，乳房胀痛，母畜断乳。

【用法用量】马、牛 20 ~ 60g，羊、猪 10 ~ 15g，兔、禽 1.5 ~ 5g。

【禁　　忌】哺乳母畜慎用。

【方　　例】1. 治猪食积不化方（《猪病防治手册》）：麦芽、山楂、甜曲、木瓜、萝卜子。炒黄研末，每次服一大匙，每天 3 次。

2. 治牛、马食积伤料方：①大麦芽、山楂肉、六神曲各 90g。炒黄研末，开水冲服（《民间兽医本草》）。②麦芽、枳壳、枳实、山楂、神曲、木香、刘寄奴、鸡内金。煎水喂服，以菜油为引。

3. 治牛、猪冷肠泄泻方：①治牛泻方：大麦芽 1500g，炒焦研末，煎水喂服（《福建中兽医草药图说》）。②治小猪泻痢方：麦芽、苦参、山楂、秦皮、葛根、茶叶，煎水喂服（《四川省中兽医经验集》）。

4. 治牲畜翻胃吐草方（《五十年疗畜积方》）：大麦、陈曲、生姜。炒焦研末，滚水泡服。

163

272. 麦　角

【别　　名】麦角菌，黑麦乌米，紫麦角。

【来　　源】麦角科真菌麦角菌 *Claviceps microcephala*（Wallr.）Tul. 寄生在禾本科植物黑麦等子房中所形成的菌核。

【采集加工】夏、秋二季麦熟时采收，阴干。

【药　　性】淡，微温；有毒。归肝、肾经。

【功　　能】缩宫止血，止痛。

【主　　治】子宫出血，偏头痛。

【用法用量】内服多制成流浸膏用，或制成片剂、针剂用。

273. 玛　卡

【别　　名】玛咖，黑玛卡，秘鲁人参。

【来　　源】十字花科植物玛卡 *Lepidium meyenii* Walp. 的根。主产于云南丽江高原山区。

【采集加工】冬季采收，除去叶片、泥土和须根，洗净，切片，晒干。

【保健功能】抗疲劳，补充体力，改善睡眠。

274. 远志（附药：西伯利亚远志）

远志   远志
Polygala tenuifolia Willd.

【别　　名】小草，小鸡眼，细草，苦远志，远志筒，西伯利亚远志。

【来　　源】远志科植物远志 *Polygala tenuifolia* Willd. 或卵叶远志 *Polygala sibirica* L. 的干燥根。主产于陕西、河北、河南等地。

【采集加工】春、秋二季采挖，除去须根和泥沙，晒干。

【药　　性】苦、辛，温。归心、肾、肺经。

【功　　能】安神，祛痰，消肿。

【主　　治】心虚惊恐，咳嗽痰多，疮疡肿毒。

【用法用量】马、牛 10 ～ 30g，驼 45 ～ 90g，羊、猪 5 ～ 10g，兔、禽 0.5 ～ 1.5g。

【禁　　忌】胃溃疡及胃炎者慎用。

【方　　例】1. 治牛、马产后神志昏迷方（《兽医中药及处方学》）：远志、党参、当归、芍药、茯苓、桂心、麦冬、甘草。共研细末，以生姜、大枣为引，煎水喂服。

2. 治牛、马感冒咳嗽方（《兽医中药类编》）：远志、桔梗、杏仁、牛蒡子紫苏叶，煎水喂服。

附药：西伯利亚远志

西伯利亚远志　远志科植物西伯利亚远志 *Polygala sibirica* L. 的干燥根，性味、功效、主治与远志相似，可代远志入药。

西伯利亚远志
Polygala sibirica L.

中兽药标本及器具图谱

275. 扶芳藤

【别　　名】滂藤，爬墙虎，岩青藤，土杜仲，对叶肾，攀援丝棉木。

【来　　源】卫矛科植物扶芳藤 *Euonymus fortunei*（Turcz.）Hand. Mazz. 的茎叶。主产于江苏、浙江、安徽、江西、湖北、湖南、四川、陕西等地。

【采集加工】全年可采，采后鲜用，或晒干用。

【药　　性】苦，温。

【功　　能】舒筋活络，止血止痢。

【主　　治】腰膝酸痛，关节肿痛，跌打损伤，痢疾，外伤出血。

【用法用量】马、牛 30～60g，羊、猪 15～30g。

【方　　例】1. 治猪、牛风湿坐栏方（《浙江民间兽医草药集》）：土杜仲（扶芳藤）、络石藤、大活血、茜草根、老鹳草、伸筋草、当归、红花、紫苏、薄荷，煎水喂服。

2. 治仔猪白痢方（《浙江民间兽医草药集》）：对叶肾（扶芳藤）、老鹳草、地锦草、铁苋菜、委陵菜、白头翁、龙胆草、山楂、神曲、甘草，煎水喂服。

276. 赤小豆

【别　　名】米豆，饭豆，赤豆，小豆，红豆，红小豆。

【来　　源】豆科植物赤小豆 *Vigna umbellata* Ohwi et Ohashi 或赤豆 *Vigna angularis* Ohwi et Ohashi 的干燥成熟种子。全国各地均产。

【采集加工】秋季果实成熟而未开裂时拔取全株，晒干，打下种子，除去杂质，再晒干。

【药　　性】甘、酸，平。归心、小肠经。

【功　　能】利水消肿，解毒，排脓。

【主　　治】水肿，湿热泻痢，黄疸，尿赤，疮黄肿毒。

【用法用量】马、牛 15～30g，羊、猪 6～12g，兔、禽 1～2g。外用适量。

【方　　例】1. 治猪营养性水肿方：①赤小豆、白商陆、生姜、大蒜各适量，煎水喂服（《猪病防治手册》）。②赤小豆、生姜、大蒜，拌料喂服（《生猪常见疫病药方》）。

2. 治牛、马肠黄痢疾方：①赤小豆、陈棕炭、苏木、红花，煎水喂服（《山东省中兽医经验集》）。②红豆籽、冬小麦、枯矾。以红糖为引，煎水喂服（《兽医验方偏方汇编》）。

3. 万灵丹方（《中兽医外科学》）：赤小豆、天南星、煅石膏、草乌、乳香。共为细末，蜜水调敷，治家畜一切肿毒。

【别　　名】岩下青，冷坑青，阴蒙藤，拔血红，小铁木，吊血丹，
　　　　　　风阳草，坑兰。

【来　　源】荨麻科植物赤车 *Pellionia radicans*（Sieb.et Zucc.）
　　　　　　Wedd. 的根或全草。主产于浙江、广东、广西、贵
　　　　　　州等地。

【采集加工】春、秋采收，晒干或鲜用。

【药　　性】辛、苦，温。

【功　　能】祛瘀消肿，解毒止痛。

【主　　治】挫伤血肿，疔疮，毒蛇咬伤。

【别　　名】气包，赤包，赤雹，山屎瓜，屎
　　　　　　包子，山土豆，赤包子。

【来　　源】葫芦科植物赤瓟 *Thladiantha dubia*
　　　　　　Bunge 的果实。主产于黑龙江、
　　　　　　吉林、辽宁、河北、山西等地。

【采集加工】果实成熟后连柄摘下，防止果实
　　　　　　破裂，用线将果柄串起，挂于日
　　　　　　光下或通风处晒干为止。

【药　　性】酸、苦，平。

【功　　能】理气，活血，祛痰，利湿。

【主　　治】反胃吐酸，肺痨咳血，黄疸，痢疾，
　　　　　　胸胁疼痛，跌打扭伤，筋骨疼痛。

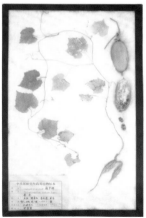

中兽药标本及器具图谱

279. 赤芍（附药：窄叶芍药、草芍药）

川赤芍
Paeonia veitchii Lynch

赤芍

【别　　名】芍药，红芍药，赤芍药，野芍药。

【来　　源】毛茛科植物芍药 *Paeonia lactiflora* Pall. 或川赤芍 *Paeonia veitchii* Lynch 的干燥根。主产于内蒙古、辽宁、河北、四川等地。

【采集加工】春、秋二季采挖，除去根茎、须根及泥沙，晒干。

【药　　性】苦，微寒。归肝经。

【功　　能】清热凉血，散瘀止痛。

【主　　治】温病发斑，肠热下血，目赤肿痛，疮疡痈肿，跌打损伤。

【用法用量】马、牛 15 ~ 45g，羊、猪 3 ~ 10g，兔、禽 1 ~ 2g。

【禁　　忌】不宜与藜芦同用。

【方　　例】1. 红芍药散（《蓄牧纂验方》）：红芍药、没药、人参、茯苓、木通、麒麟竭（血竭）。各等份为末，以蜂蜜为引，浆水调匀灌之，治马心气伤，多卧少草，口吐涎沫。

2. 清喉汤（《兽医中草药验方选编》）：赤芍、射干、牛蒡子、山豆根、甘草。煎水喂服，治牛、马咽喉肿痛。

窄叶芍药
Paeonia anomala L.

草芍药
Paeonia obovata Maxim.

附药：窄叶芍药、草芍药

窄叶芍药　毛茛科植物窄叶芍药 *Paeonia anomala* L.，主产于新疆西北部阿尔泰及天山山区。《中华本草》记载窄叶芍药为赤芍的来源之一。

草芍药　毛茛科植物草芍药 *Paeonia obovata* Maxim.，主产于四川、贵州、湖南、江西等地。《中药大辞典》记载草芍药为赤芍的来源之一。

280. 芜 荑

【别　　名】臭芜荑，黄榆，毛榆，芜荑仁，白芜荑。

【来　　源】榆科植物大果榆 *Ulmus macrocarpa* Hance 的种子经加工后的成品。分布于东北、华北地区及陕西、山东和安徽等地。

【采集加工】夏季当果实成熟时采下，晒干，搓去膜翅，取出种子。

【药　　性】苦、辛，温。归脾、胃经。

【功　　能】消积杀虫。

【主　　治】蛔虫病，蛲虫病。

【用法用量】马、牛 12 ~ 24g，猪、羊 3 ~ 9g，犬、猫 1 ~ 3g。

【禁　　忌】脾胃虚弱者慎服。

【方　　例】1. 芜荑散（《奇效良方》）：芜荑、雷丸各 15g，牛膝（捶碎，炒烟尽）30g。共为细末，每次服 9g，温水调和服，不拘时，甚者不过 3 服。治蛔痛，大痛不可忍，或吐青黄绿水涎沫，或吐虫出，发有休止。

2. 芜荑丸（《太平圣惠方》）：芜荑 60g（微炒），黄连 30g（去须，微炒），蚺蛇胆 15g，捣罗为末，炼蜜和丸，如梧桐子大。每次服，以杏仁汤下 30 丸，次日再服。治久痢不瘥，有虫，兼下部脱肛。

281. 芫 花

【别　　名】药鱼草，石棉皮，鱼毒，头痛花。

【来　　源】瑞香科植物芫花 *Daphne genkwa* Sieb.et Zucc. 的干燥花蕾。主产于安徽、江苏、浙江、山东、福建等地。

【采集加工】春季花未开放时采收，除去杂质，干燥。

【药　　性】苦、辛，温；有毒。归肺、脾、肾经。

【功　　能】泻水逐饮，通利二便，解毒杀虫。

【主　　治】胸腹积水，痰饮喘急，二便不利，痈疽肿毒，疥癣，蚺虱。

【用法用量】马、牛 6 ~ 15g，羊、猪 1.5 ~ 3g。外用适量。

【禁　　忌】孕畜禁用。不宜与甘草同用。

【方　　例】1. 芫花丸（《太平圣惠方》）：芫花、京大戟、甘遂、大黄、青皮，醋炒，共为粉末，面糊为丸，食前温酒送下。治母畜血分，四肢水肿，脘腹气滞，不思饮食。

2. 十枣汤（《伤寒论》）：炒芫花、甘遂、京大戟、大枣。能攻逐水饮，治太阳中风，下痢呃逆，汗出不恶寒，表解里未和者。

中兽药标本及器具图谱

169

282. 芸 香

【别　　名】臭草，香草，百应草，小叶香。

【来　　源】芸香科植物芸香 *Ruta graveolens* L. 的全草。主产于福建、广西、广东等地。

【采集加工】全年可采，洗净，阴干或鲜用。

【药　　性】辛、微苦，凉。

【功　　能】清热解毒，散瘀止痛。

【主　　治】疮疖肿毒，跌打损伤。

【禁　　忌】孕畜慎服。

283. 花榈木

【别　　名】花梨木，花吕木，青皮树，青竹蛇，鸭公青。

【来　　源】豆科植物花榈木 *Ormosia henryi* Prain 的根。主产于浙江、安徽、江西、湖南、湖北等地。

【采集加工】全年可采，切片晒干，也可鲜用。

【药　　性】辛，温。有毒。

【功　　能】祛风通络，消肿解毒。

【主　　治】风寒感冒，跌打损伤，外伤肿痛。

【用法用量】马、牛 15 ~ 60g，羊、猪 6 ~ 24g。

1. 治牛劳伤乏力方（《兽医中草药处方选编》）：青竹蛇根（花榈木，茶油炒过），凌霄花根、四大天王、红穿山龙、一枝香、蚊母草、茜草，好酒、童便煎服。

2. 治牛跌打损伤方：①花榈木根 30 ~ 60g。以水酒为引，煎水喂服（《兽医中草药临症应用》）。②青竹蛇（花榈木）90g，野棉花根、牛膝各 150g。以黄酒为引，煎水喂服（《江西民间常用兽医草药》）。

3. 治家畜外伤肿痛方（《江西民间常用兽医草药》）：青竹蛇（花榈木）根皮适量，和酒酿糟擂烂外敷，并用其叶煎洗患处。

青椒
Zanthoxylum schinifolium
Sieb.et Zucc.

花椒

花椒
Zanthoxylum bungeanum Maxim.

中兽药标本及器具图谱

【别　　名】川椒，蜀椒，青椒，青花椒，山椒，红椒。

【来　　源】芸香科植物青椒 *Zanthoxylum schinifolium* Sieb.et Zucc. 或花椒 *Zanthoxylum bungeanum* Maxim. 的干燥成熟果皮。全国大部分地区均产。

【采集加工】秋季采收成熟果实，晒干，除去种子和杂质。

【药　　性】辛，温。归脾、胃、肾经。

【功　　能】温中止痛，杀虫止痒。

【主　　治】冷痛，冷肠泄泻，虫积，湿疹，疥癣。

【用法用量】马、牛 10 ~ 20g，羊、猪 3 ~ 9g。外用适量。

【禁　　忌】孕畜慎用，阴虚火旺者忌用。

【方　　例】1. 治猪、牛食积冷痛方（《中兽医手册》）：花椒、砂仁壳、青木香、青蒿，煎水喂服。

2. 治猪、羊风寒咳嗽方（《兽医临床参考资料》）：花椒、白矾各等份，水煎洗鼻腔，每日 3 次，连洗 2 ~ 3 天。

3. 治猪湿疹方（《赤脚兽医手册》）：花椒、艾叶、白矾、食盐、大葱各适量，煎洗患处。

285. 芥 子

【别　　名】黄芥子，青菜子，白芥，胡芥，蜀芥。

【来　　源】十字花科植物白芥 Sinapis alba L. 或芥 Brassica juncea（L.）Czern.et Coss. 的干燥成熟种子。前者习称"白芥子"，后者习称"黄芥子"。主产于河南、安徽等地。

【采集加工】夏末秋初果实成熟时采割植株，晒干，打下种子，除去杂质。

【药　　性】辛，温。归肺经。

【功　　能】利气化痰，温中散寒，消肿止痛。

【主　　治】寒痰咳喘，肚腹胀痛，阴疽肿毒。

【用法用量】马、牛 15 ~ 45g，羊、猪 3 ~ 9g。外用适量。

【禁　　忌】该品辛温走散，耗气伤阴。久咳肺虚及阴虚火旺者忌用；消化道溃疡、出血者及皮肤过敏者忌用。用量不宜过大，以免引起腹泻。不宜久服。

【方　　例】1. 治马气痛方（《元亨疗马集》）：白芥子、红花、木香。共研细末，黄酒送下。

2. 五子下气汤（《牛经备要医方》）：白芥子、紫苏子、葶苈子、萝卜子、车前子、当归、厚朴、附子、木香、青皮、陈皮、麦芽、炙甘草。煎水喂服，治牛肚胀气急吐沫。

3. 治牛、马寒痰喘咳方：①白芥子、白苏子、莱菔子、半夏、陈皮，煎水喂服（《中兽医诊疗》）。②白芥子、葶苈子、紫苏子、萝卜子、麦门冬、甘草，煎水喂服（《猪病防治手册》）。③白芥子、蜂蜜、黑糖，热酒啖服（《活兽慈舟》）。

4. 治牛、马膝黄肿毒方（《陕西兽医中药处方汇编》）：白芥子、生姜、桃仁各适量。共研细末，凡士林调敷。

茅苍术
Atractylodes lancea（Thunb.）DC.

【别　　名】赤术，马蓟，青术，茅苍术。

【来　　源】菊科植物茅苍术 *Atractylodes lancea*（Thunb.）DC. 或北苍术 *Atractylodes chinensis*（DC.）Koidz. 的干燥根茎。主产于江苏、河南、河北、陕西、山西等地，以产于江苏茅山一带者质量为佳，故名茅苍术。

【采集加工】春、秋二季采挖，除去泥沙，晒干，撞去须根。

【药　　性】辛、苦，温。归脾、胃、肝经。

【功　　能】燥湿健脾，祛风散寒，明目。

【主　　治】泄泻，水肿，风寒湿痹，风寒感冒，夜盲。

【用法用量】马、牛 15 ～ 60g，羊、猪 3 ～ 15g，兔、禽 1 ～ 3g。

【方　　例】1. 苍术散（《痊骥通玄论》）：苍术、黄芩、当归、白药子、龙胆草。共为细末，蜂蜜为引同调，草后灌之。治马内障眼，黄晕浸睛。

2. 健脾散（《元亨疗马集》）：苍术、远志、乌药、陈皮、茵陈、麻黄、川羌、独活、甘草、贝母、当归、升麻、青皮、川芎、砂仁、官桂、木香、细辛、五味子、桔梗、红花、茯苓、玉竹。用鸡子清、白蜜、生姜、黄酒送下，治马胃寒体虚症。

3. 苍术汤（《养耕集》）：苍术、陈皮、半夏、枳壳、厚朴、川贝、茯苓、连翘、栀仁、茵陈、柴胡、黄芩、神曲、砂仁、黄连、草果、广木香、肉豆蔻、槟榔、甘草。以萝卜子为引，煎水喂服，治牛患时症禁口痢。

287. 苍耳子

【别　　名】粘头婆，道人头，老苍子，猪耳，菜耳。

【来　　源】菊科植物苍耳 *Xanthium sibiricum* Patr. 的干燥成熟带总苞的果实。主产于山东、江苏、湖北等地。

【采集加工】秋季果实成熟时采收，干燥，除去梗、叶等杂质。

【药　　性】辛、苦，温；有毒。归肺经。

【功　　能】散风湿，通鼻窍，解疮毒。

【主　　治】风湿痹痛，脑颡鼻脓，疮疥。

【用法用量】马、牛 15 ～ 45g，羊、猪 3 ～ 15g，兔、禽 1 ～ 2g。

【禁　　忌】血虚头痛不宜服用。过量服用易致肿毒。

【方　　例】1. 治马、骡鼻炎方：①苍耳子、香白芷、木香、防风，煎水喂服（《辽宁省中兽医经验集》）。②苍耳子、辛夷花、香白芷、薄荷，煎水喂服（《山西省中兽医验方集》）。

2. 治马、驴额窦炎方：①苍耳子、辛夷花。共为细末，开水冲服（《黑龙江中兽医经验集》）。②苍耳子、野菊花、金银花、辛美花、蒲公英、香白芷、茜草、桔梗、甘草，煎水喂服（《家畜常见病防治手册》）。

3. 治家畜鞍伤烂疮方（《兽医中草药验方选编》）：苍耳叶、蓖麻叶各等份，食盐少许。共同捣烂，贴敷患处。

【别　　名】卢会，象胆，奴会，劳伟。

【来　　源】百合科植物库拉索芦荟 *Aloe barbadmsis* Miller、好望角芦荟 *Aloe ferox* Miller 或其他同属近缘植物叶的汁液浓缩干燥物。前者习称"老芦荟"后者习称"新芦荟"。主产于南美洲北岸附近的库拉索，我国云南、广东、广西等地亦有栽培。

【采集加工】全年可采，割取植物的叶片，收集流出的液质，置锅内熬成稠膏，倾入容器，冷却凝固，即得，砸成小块用。

【药　　性】苦，寒。归肝、胃、大肠经。

【功　　能】清热凉肝，健脾，通肠。

【主　　治】肝经实热，消化不良，大便不通，食积肚胀。

【用法用量】马、牛 15 ~ 30g，羊、猪 3 ~ 9g。

【禁　　忌】脾胃虚弱、食少便溏及孕畜忌服。

【方　　例】1. 治骆驼胃寒不食方（《中兽医诊疗经验汇编》）：芦荟、芒硝、苍术、黄柏、枳实。共为细末，清油调灌。

2. 治牛、马食积胀方：①芦荟 30g，芒硝 250g。共为细末，开水冲服（《牲畜病中药疗法与针灸》）。②芦荟、大黄、牵牛、朴硝、滑石、木香、槟榔。共为细末，开水调服（《黑龙江中兽医经验集》）。

3. 治牛、马大便秘结方：①芦荟（研末）、石蜡油，调匀喂服（《中兽医诊疗》）。②芦荟、大黄、朴砂、槟榔。共为细末，开水调服（《黑龙江中兽医经验集》）。

4. 治牛百叶干燥方（《安徽省中兽医经验集》）：芦荟、大黄、朴硝、椿白皮。共为细末，以香油为引，开水调服。

5. 治牛眼生混睛虫方（《中兽医验方》）：芦荟少许，白酒化开，调成膏状，点入眼内，待虫死后，用针头挑出。

289. 苏　木

【别　　名】棕木，苏方，苏方木，赤木，红木。

【来　　源】豆科植物苏木 *Caesalpinia sappan* L. 的干燥心材。主产于广西、广东、云南、四川等地。

【采集加工】多于秋季采集，除去白色边材，干燥。

【药　　性】甘、咸，平。归心、肝、脾经。

【功　　能】行血破瘀，消肿止痛。

【主　　治】跌打血瘀，产后血瘀，痈肿。

【用法用量】马、牛 15～30g，羊、猪 3～9g。

【禁　　忌】孕畜慎用。

【方　　例】1.治家畜跌打损伤：①用八厘，即取苏木、红花、当归、乳香、没药、血竭、自然铜（醋淬）、马钱子（砂研）、丁香、麝香各适量。煎水喂服（《浙江民间兽医草药集》）。②牛劳伤：苏木 125～250g。煎水冲酒服（《中兽医疗牛集》）。

2.苏丹合剂（《西南中兽医科技资料选编》）：苏木、牡丹皮、杏仁、贝母。共为细末，以蜂蜜为引，猪每次服 30～60g，牛马每次服 90～150g。治猪咳嗽、马腺疫。

3.治家畜脚肿病方（《福建中兽医草药图说》）：苏木、薏苡仁、百节藕（三白草）。以黄酒为引，煎水喂服。

290. 杜　仲

【别　　名】丝楝树皮，丝棉皮，棉树皮，胶树。

【来　　源】杜仲科植物杜仲 *Eucommia u1 moides* Oliv. 的干燥树皮。主产于陕西、四川、云南、贵州等地。

【采集加工】4—6 月剥取，刮去粗皮，堆置“发汗”至内皮呈紫褐色，晒干。

【药　　性】甘，温。归肝、肾经。

【功　　能】补肝肾，强筋骨，安胎。

【主　　治】肾虚腰痛，腰肢无力，风湿痹痛，胎动不安。

【用法用量】马、牛 15～60g，羊、猪 6～15g，犬、猫 3～5g。

【禁　　忌】阴虚火旺者慎用。

【方　　例】1.寿胎散（《医学衷中参西录》）：杜仲 80g，菟丝子 100g，桑寄生、川续断、阿胶各 90g，共研为末，开水冲调，候温灌服。具有补肝益肾，养血安胎的功效。主治奶牛隐性流产，习惯性流产，先兆流产。

2.治马腰胯疼痛，经久不愈方（《元亨疗马集》）：杜仲（炒去丝）、菟丝子、蛇床子。共为细末，以飞盐、滚酒为引，混合调匀，扬去火气，带热灌之。

3.杜仲散（《中兽医治疗学》）：杜仲、牛膝、黄芪、苍术、地龙、羌活、黄柏、秦艽、香附、红花。共为细末，开水冲服，治公畜阳痿。

291. 杜根藤

【别　　名】大青草。
【来　　源】爵床科植物杜根藤 *Justica quadiofolia* Wall. 的全草。
　　　　　　主产于湖北、重庆、广西、广东等地。
【采集加工】夏、秋季采收，洗净，晒干。
【药　　性】苦，寒。
【功　　能】清热解毒。
【主　　治】口舌生疮，时行热毒，丹毒，黄疸。

中兽药标本及器具图谱

292. 杜　衡

【别　　名】马蹄香，杜葵，南细辛，土行，土细辛，马蹄细辛。
【来　　源】马兜铃科植物杜衡 *Asarum forbesii* Maxim 的根茎、根
　　　　　　及全草。主产于江苏、浙江、江西、安徽等地。
【采集加工】4—6 月采挖，洗净，晒干。
【药　　性】辛，温。有小毒。
【功　　能】祛风散寒，消痰行水，活血定痛。
【主　　治】食积肚胀，咳嗽痰多，四肢麻木。
【用法用量】马、牛 3 ~ 9g，羊、猪 0.5 ~ 3g。
【方　　例】1. 治牛食积气胀方：①鲜马蹄香（杜衡）30g，捣烂
　　　　　　和水喂服（《金华地区中兽医经验选编》）。②马蹄
　　　　　　香（杜衡）15 ~ 30g。研成细末，和酒喂服（《民间
　　　　　　兽医本草》续编）。
　　　　　　2. 治牛跌打损伤，关节风湿方：①马蹄香（杜衡）、
　　　　　　接骨木、白茅根、乌桕树根各适量，煎水喂服（《中
　　　　　　兽医手册》）。②马蹄香（杜衡）、双钩藤、洋桃藤、
　　　　　　回陀柴（卫矛）、皂角刺，煎水喂服（《牛病诊疗经
　　　　　　验汇编》）。

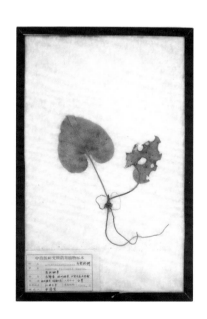

293. 杠板归

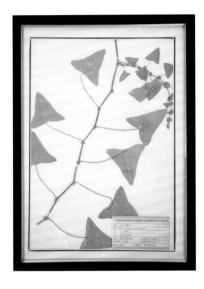

【别　　名】刺犁头，贯叶蓼，河白草。

【来　　源】蓼科植物杠板归 *Polygonum perfoliatum* L. 的干燥地上部分。主产于黑龙江、江苏、山东等地。

【采集加工】夏季开花时采割，晒干。

【药　　性】酸，微寒。归肺、膀胱经。

【功　　能】清热解毒，利水消肿，杀虫止痒。

【主　　治】感冒发热，湿热下痢，毒蛇咬伤，水肿，尿淋浊，疥癣，湿疹，疮毒。

【用法用量】马、牛60～150g，羊、猪25～45g。外用适量。

【禁　　忌】体虚者慎服。

【方　　例】1. 治猪腹泻方（《兽医技术革新成果选编》《猪病的土方防治》《家畜新医疗法手册》《兽医中药材验方》《养猪手册》）：鲜杠板归60～180g。煎水取汁，拌料喂服。

2. 治猪皮炎湿疹方（《兽医中草药临症应用》）：杠板归、银花藤、粉防己、野菊花，煎洗患处。

294. 杏叶防风

【别　　名】蜘蛛香，山当归，马蹄防风，羊膻臭，小羊膻，兔耳防风。

【来　　源】伞形科植物杏叶茴芹 *Pimpinella candolleana* Wight et Arn. 的根或全草。主产于云南、四川、广西。

【采集加工】夏、秋季采收，洗净，晒干或鲜用。

【药　　性】辛、微苦，温。归肺、脾、胃、肝经。

【功　　能】温中散寒，行气止痛，祛风活血，解毒消肿。

【主　　治】脘腹冷痛，消化不良，痢疾，感冒咳嗽，惊风，跌打肿痛，痈肿疮毒，毒蛇咬伤。

【用法用量】马、牛30～60g，羊、猪15～30g。

295. 杏香兔耳风

【别　　名】一支香，兔耳风，兔耳一支香，朝天一支香，四叶一支香，扑地金钟。

【来　　源】菊科植物杏香兔耳风 *Ainsliaea fragrans* Champ. 的全草。主产于福建、浙江、安徽、江苏、江西等地。

【采集加工】夏、秋季采收，洗净，鲜用或晒干用。

【药　　性】苦、辛，平。

【功　　能】清热解毒，消积散结，止咳，止血。

【主　　治】咯血，吐血，黄疸，咳嗽，毒蛇咬伤。

296. 豆列当（附药：矮生豆列当）

【来　　源】列当科植物豆列当 *Mannagettaea labiata* H.Smith 的全草。主产于四川。

【采集加工】夏、秋季采收，晒干。

【功　　能】消肿解毒，止泻。

【主　　治】痈肿疮毒，无名肿毒，泄泻。

附药：矮生豆列当

矮生豆列当　列当科植物矮生豆列当 *Mannagettaea hummelii* H.Smith 的全草，性味、功效、主治与豆列当相似。

矮生豆列当
Mannagettaea hummelii H.Smith

179

297. 豆 蔻

【别　　名】白豆蔻，印尼白蔻，原豆蔻。

【来　　源】姜科植物白豆蔻 *Amomum kravanh* Pierre ex Gagnep. 或爪哇白豆蔻 *Amomum compactum* Soland ex Maton 的干燥成熟果实。按产地不同分为"原豆蔻"和"印尼白蔻"。原豆蔻主产于泰国、柬埔寨；印尼白蔻主产于印度尼西亚爪哇，我国云南、广东、广西等地亦有栽培。

【采集加工】于秋季果实由绿色转成黄绿色时采收，晒干。

【药　　性】辛，温。归肺、脾、胃经。

【功　　能】醒脾化湿，行气温中，开胃消食。

【主　　治】脾寒食滞，腹胀，食欲不振，冷痛，呕吐，虚寒泄泻。

【用法用量】马、牛 15 ~ 30g，羊、猪 3 ~ 6g，兔、禽 0.5 ~ 1.5g。

【禁　　忌】阴虚血燥者慎用。

298. 两面针

【别　　名】钉板刺，入山虎，麻药藤，叶下穿针。

【来　　源】芸香科植物两面针 *Zanthoxylum nitidum*（Roxb.）DC. 的干燥根。主产于福建、广东、广西、云南等地。

【采集加工】全年均可采挖，洗净，切片或段，晒干。

【药　　性】苦、辛，平；有小毒。归肝、胃经。

【功　　能】祛风胜湿，活血止痛，解毒消肿。

【主　　治】风湿痹痛，跌打瘀肿，咽喉肿痛，毒蛇咬伤。

【用法用量】马、牛 30 ~ 60g，羊、猪 15 ~ 30g。

【禁　　忌】不能过量服用。

【方　　例】1. 治牛、马肚胀，疝痛方：①两面针、苦地胆，榄核莲各 60 ~ 90g，煎水喂服（《广东中兽医常用草药》）。②鲜两面针果实 60g（干品 15g），山姜 120g 等，煎水喂服（《兽医中草药处方选编》）。
2. 治家畜跌打损伤（《简明兽医词典》）：鲜两面针捣敷，治畜烫伤；两面针干粉撒布。

【别　　名】黄花杆，黄寿丹，连召，连桥，落翘。

【来　　源】木犀科植物连翘 *Forsythia suspensa*（Thunb.）Vahl 的干燥果实。主产于陕西、河南、湖北、山东等地。

【采集加工】秋季果实初熟尚带绿色时采收，除去杂质，蒸熟，晒干，习称"青翘"；果实熟透时采收，晒干，除去杂质，习称"老翘"。

【药　　性】苦，微寒。归肺、心、小肠经。

【功　　能】清热解毒，消肿散结。

【主　　治】温病发热，疮黄肿毒。

【用法用量】马、牛 20~30g，羊、猪 10~15g，兔、禽 1~2g。

【禁　　忌】脾胃虚寒及气虚脓清者不宜用。

【方　　例】1.连翘散（《师皇安骥集》）：杏仁、桔梗、川贝母、知母，治疗马、骡咳嗽；配桔梗、知母、紫苏、川贝母、杏仁、天花粉、白芷、山药、甜瓜子、马兜铃，诸药共为细末，开水冲服，候温灌服，治疗马项脊痛，低头难效好。
2.洗心散（《元亨疗马集》）：天花粉、黄芩、连翘、茯神、黄柏、桔梗、栀子、牛蒡子、木通、白芷、鸡蛋清。具有泻火解毒、散瘀消肿的功效。主治心经积热所致的舌体肿胀，或溃破成疮等。

【别　　名】吴萸，石虎，左力，臭泡子，伏辣子。

【来　　源】芸香科植物吴茱萸 *Euodia rutaecarpa*（Juss.）Benth.、石虎 *Euodia rutaecarpa*（Juss.）Benth.var.*officinalis*（Dode）Huang 或疏毛吴茱萸 *Euodia rutaecarp*（Juss.）Benth.var.*bodinieri*（Dode）Huang 的干燥近成熟果实。主产于贵州、湖南、四川、云南、陕西等地。

【采集加工】8—11月果实尚未开裂时，剪下果枝，晒干或低温干燥，除去枝、叶、果梗等杂质。

【药　　性】辛、苦，热；有小毒。归肝、脾、胃、肾经。

【功　　能】温中止痛，理气止呕。

【主　　治】脾胃虚寒，冷肠泄泻，胃冷吐涎。

【用法用量】马、牛 15～30g，羊、猪 3～10g，犬、猫 2～5g。

【禁　　忌】阴虚有热者忌用。

【方　　例】1.治马肚痛起卧病方（《新编集成马医方》）：吴茱萸、厚朴、当归。各等份为末，温酒相和灌之。
2.温脾止泻汤（《活兽慈周》）：吴茱萸、胡椒、陈皮、当归、川芎、黄荆子、石菖蒲、乌梅、罂粟壳、麻黄、酒曲，以姜汁、葱汁为引。能温中止痛，治疗牛脾寒湿泻。
3.散寒止泻方（《活兽慈舟》）：吴茱萸、官桂、厚朴、苍术、香附、泽泻、藿香、麻黄、豆蔻、桃肉、椿树皮、黑姜。同煎入生姜，糊米啖服，治牛大便溏泻。
4.茱萸散（《牛医金鉴》）：吴茱萸、北细辛、高良姜、建泽泻、炒白术、川厚朴、全当归、白芍药、云茯苓、紫肉桂、猪苓、甘草。以生姜为引服，治牛肾寒转胞。

中兽药标本及器具图谱

301. 岗 梅

【别　　名】梅叶冬青，百解，百解茶，天星木，秤星木。

【来　　源】冬青科植物梅叶冬青 Ilex asprella（Hook.et Arn.）Champ.ex Benth. 的根。主产于广东、广西、江西、湖南等地。

【采集加工】秋、冬采挖，晒干，或切片晒干。

【药　　性】苦、甘，凉。

【功　　能】清热解毒，生津，活血。

【主　　治】热病烦渴，咯血，便血，水火烫伤。

【用法用量】马、牛90～120g，羊、猪30～60g。

【方　　例】1. 治牛锁喉蛇方（《广东中兽医常用草药》）：秤星木（岗梅）、栀子根、黑面神、两面针、银花藤，煎水喂服。

2. 治牛、马中暑发热，疫病高热方（《兽医常用中草药》）：梅叶冬青（岗梅）、忍冬藤、地胆草、淡竹叶，煎水喂服。

3. 治牛水火烫伤方（《兽医中草药临症应用》）：小青根（岗梅），用木油磨汁，涂敷患处。

302. 牡丹皮

【别　　名】丹皮，丹根，粉丹皮，牡丹根皮。

【来　　源】毛茛科植物牡丹 Paeonia suffruticosa Andr. 的干燥根皮。主产于安徽、四川、湖南、湖北、陕西等地。

【采集加工】秋季采挖根部，除去细根和泥沙，剥取根皮，晒干或刮去粗皮，除去木心，晒干。前者习称连丹皮，后者习称刮丹皮。

【药　　性】苦、辛，微寒。归心、肝、肾经。

【功　　能】清热凉血，活血化瘀。

【主　　治】温毒发斑，衄血，便血，尿血，跌打损伤，痈肿疮毒。

【用法用量】马、牛15～30g，羊、猪3～10g，兔、禽1～2g。

【禁　　忌】血虚有寒者不宜使用。孕畜慎用。

【方　　例】1. 牡丹止痛散（《元亨疗马集》）：牡丹皮、当归、没药、大黄、芍药、黄药子、枇杷叶、天花粉、红花、甘草。各等份为末，以薤汁为引，同煎取汁，草后灌之，治马肺气把膊痛。

2. 活血散（《师皇安骥集》）：牡丹皮、马鞭草、当归、川芎、芍药、地黄、甘草。共为细末，用水酒各半调服，治马瘀血作痛。

3. 治家畜皮肤湿毒方（《中兽医治疗学》）：粉丹皮、桑白皮、紫荆皮、石菖蒲、何首乌、天花粉、苍耳子、威灵仙、金银花、白芷、甘草，煎水喂服。

制首乌

何首乌

【别　　名】首乌，山奴，夜交藤根，田猪头，铁秤砣。

【来　　源】蓼科植物何首乌 *Polygonum multiflorum* Thunb. 的干燥块根。主产于河南、湖北、广东、广西、贵州等地。

【采集加工】秋、冬二季叶枯萎时采挖，削去两端，洗净，个大的切成块，干燥。

【药　　性】苦、甘、涩，微温。归肝、心、肾经。

【功　　能】润肠通便，解毒疗疮。

【主　　治】疮黄疔毒，肠燥便秘。

【用法用量】马、牛 30 ~ 100g，羊、猪 10 ~ 15g，犬、猫 2 ~ 6g，兔、禽 1 ~ 3g。

【禁　　忌】大便溏泄及脾虚湿重者不宜用。

【方　　例】1. 天麻散（《司牧安骥集》）：天麻、党参（原方用人参）、何首乌、防风、茯苓各30g，川芎、荆芥各 25g，蝉蜕、薄荷各 20g，甘草 15g，水煎服，或共为末，加蜂蜜，开水冲调，候温灌服。能益气和血，祛湿解表，主治气血虚弱偏风病或脾虚湿邪和脾虚风邪等。

2. 千金散（《元亨疗马集》）：乌蛇、蔓荆子、羌活、独活、防风、升麻、阿胶、何首乌、生姜、沙参各 30g，天麻 25g，天南星、僵蚕、蝉蜕、藿香、川芎、桑螵蛸、全蝎、旋覆花各 20g，细辛 15g，水煎取汁，化入阿胶，灌服，或共为末，开水冲调，候温灌服。能散风解痉，息风化痰，养血补阴，主治破伤风。

304. 伸筋草（附药：舒筋草）

石松　　　　　　　　伸筋草

Lycopodium japonicum Thunb.

【别　　名】石松，狮子尾，狮子草，舒筋草。

【来　　源】石松科植物石松 *Lycopodium japonicum* Thunb. 的干燥全草。主产于湖北。

【采集加工】夏、秋二季茎叶茂盛时采收，除去杂质，晒干。

【药　　性】微苦、辛，温。归肝、脾、肾经。

【功　　能】祛风除湿，舒筋活络。

【主　　治】风寒湿痹，关节肿痛，跌打损伤。

【用法用量】马、牛 25 ~ 40g，羊、猪 5 ~ 10g，兔、禽 0.5 ~ 1.5g。

【禁　　忌】孕畜慎用。

【方　　例】1. 治关节挫伤方（《兽医中草药与针灸》）：伸筋草、地鳖虫、土牛膝、当归、川芎、红花、乳香、没药、自然铜。煎水喂服，能活血消肿，治牛、马关节挫伤效好。

2. 治产后瘫痪方（《赤脚兽医手册》）：伸筋草、骨碎补、五加皮、党参、黄芪、当归、川芎、生地黄、牛膝、通草。共为细末，拌料喂服。能补益肝肾、强壮筋骨，治母畜产后瘫痪效佳。

附药：舒筋草

舒筋草　石松科植物藤石松 *Lycopodiastrum casuarinoides*（Spring）Holub ex Dixit 的干燥全草。甘，温。归肝、肾经。祛风除湿，舒筋活血，明目，解毒。主治风湿痹痛，跌打损伤，筋骨疼痛等症。

藤石松 *Lycopodiastrum casuarinoides*（Spring）Holub ex Dixit

305. 皂角刺

【别　　名】皂角针，皂针，皂刺，天丁。

【来　　源】豆科植物皂荚 *Gleditsia sinensis* Lam. 的干燥棘刺。主产于四川、山东、陕西、湖北、河南等地。

【采集加工】全年均可采收，干燥，或趁鲜切片，干燥。

【药　　性】辛，温。归肝、胃经。

【功　　能】托毒，消肿，杀虫，排脓。

【主　　治】痈肿初起，脓成不溃，疥癣。

【用法用量】马、牛 15～30g，羊、猪 3～10g。外用适量。

【禁　　忌】孕畜忌服。

306. 佛　手

【别　　名】佛手柑，九爪木，五指橘，手柑。

【来　　源】芸香科植物佛手 *Citrus medica* L.var.*sarcodactylis* Swingle 的干燥果实。主产于四川、广东。

【采集加工】秋季果实尚未变黄或变黄时采收，纵切成薄片，晒干或低温干燥。

【药　　性】辛、苦、酸，温。归肝、脾、胃、肺经。

【功　　能】疏肝理气，和胃止痛。

【主　　治】脾胃气滞，肚腹胀痛，食欲不振，消化不良。

【用法用量】马、牛 15～30g，羊、猪 3～10g。

【方　　例】1. 治牛食积臌气方：①佛手、石菖蒲各 250～500g，陈艾叶、龙胆草各 60～90g，煎水喂服（《福建中兽医草药图说》）。②佛手根或叶、松白皮、枣树皮各 90～150g。煎水取汁，分 3 次服（《诊疗牛病经验汇编》）。

2. 治猪呕吐方（《福建中兽医草药图说》）：佛手（切片）90g，藿香 24g，煎水喂服。

307. 皂荚（附药：肥皂荚）

肥皂树
Gymnocladus chinensis Baill

皂荚
Gleditsia sinensis Lam.

皂角

猪牙皂

肥皂荚

【别　　名】鸡栖子，皂角，猪牙皂，悬刀，乌犀。

【来　　源】豆科植物皂荚 *Gleditsia sinensis* Lam. 的干燥成熟果实和不育果实。主产于四川、山东、陕西、湖北、河南等地。前者称大皂角，后者称猪牙皂，又称小皂荚。

【采集加工】大皂角在秋季果实成熟时采摘，晒干。猪牙皂在秋季采收，除去杂质，干燥。生用，用时捣碎。

【药　　性】辛、咸，温；有小毒。归肺、大肠经。

【功　　能】祛痰开窍，散结消肿。

【主　　治】痰咳喘满，中风口噤，痰涎壅盛，二便不通，痈肿疥疮。

【用法用量】马、牛、驼 10～30g，猪、羊 3～6g，犬、猫 1～3g。

【禁　　忌】孕畜忌服。

【方　　例】1. 通关散（《丹溪心法附余》）：猪牙皂角、细辛。能通关开窍，治疗高热中暑，昏迷不醒，痰迷心窍，胃肠冷痛。

2. 皂荚散（《新编集成马医方》）：皂荚、枳壳、大黄、厚朴、黄连。能消积导滞，清热通便，治疗马、骡结症。

附药：肥皂荚

肥皂荚　豆科植物肥皂树 *Gymnocladus chinensis* Baill. 的干燥成熟果实。具有涤痰除垢，解毒杀虫之功效。用于咳嗽痰壅，风湿肿痛，痢疾，肠风，便毒，疥癣。

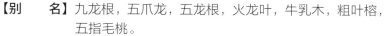

308. 佛掌榕

【别　　名】九龙根，五爪龙，五龙根，火龙叶，牛乳木，粗叶榕，
　　　　　　五指毛桃。

【来　　源】桑科植物掌叶榕 *Ficus simplicissima* Lour.var.*hirta*（Vahl）
　　　　　　Migo 的根或叶。主产于云南、贵州、广东、广西等地。

【采集加工】8 月采收，采后鲜用，或晒干用。

【药　　性】甘、微苦，平。归脾、肺、肝经。

【功　　能】祛风利湿，活血通乳。

【主　　治】风湿痹痛，跌打肿痛，乳汁不通。

【用法用量】马、牛 60 ～ 120g，羊、猪 30 ～ 60g。

【方　　例】1. 治牛脾虚慢草方（《中兽医疗牛集》）：掌叶榕（佛
　　　　　　掌榕）、何首乌、酸味藤、砂仁苗等，煎水灌服。
　　　　　　2. 治牛风湿肿脚方（《广东中兽医常用草药》）：佛
　　　　　　掌榕、两面针、银花藤 250 ～ 500g。共同捣烂，大
　　　　　　米 800g，磨浆调服。

309. 余甘子

【别　　名】庵摩勒，米含，望果，木波，油甘子。

【来　　源】大戟科植物余甘子 *Phyllanthus emblica* L. 的干燥成
　　　　　　熟果实，为藏族习用药材。主产于江西、福建、广东、
　　　　　　四川等地。

【采集加工】冬季至翌春果实成熟时采收，除去杂质，干燥。

【药　　性】甘、酸、涩，凉。归肺、胃经。

【功　　能】清热凉血，消食健胃，生津止咳。

【主　　治】血热血瘀，消化不良，腹胀，咳嗽，喉痛，口干。

【用法用量】马、牛 60 ～ 120g，羊、猪 30 ～ 60g。

【禁　　忌】脾胃虚寒者慎服。

【方　　例】治牛、马咽喉肿痛方（《民间兽医本草》续编）：鲜
　　　　　　余甘子 20 ～ 30 个，煎水徐徐喂服。

310. 谷 芽

【别　　名】粟芽，谷蘖，蘖米。

【来　　源】禾本科植物粟 Setaria italica（L.）Beauv. 的成熟果实经发芽干燥的炮制加工品。主产于华北地区。

【采集加工】将粟谷用水浸泡后，保持适宜的温、湿度，待须根长至约 6mm 时，晒干或低温干燥。

【药　　性】甘，温。归脾、胃经。

【功　　能】消食和中，健脾开胃。

【主　　治】脾胃虚弱，宿食不化，肚胀。

【用法用量】马、牛20 ~ 60g，羊、猪 10 ~ 15g，兔、禽 2 ~ 6g。

311. 谷精草

【别　　名】耳朵刷子，挖耳朵草，谷精珠，珍珠草。

【来　　源】谷精草科植物谷精草 Eriocaulon buergerianum Koern. 的干燥带花茎的头状花序。主产于江苏、浙江、湖北等地。

【采集加工】秋季采收，将花序连同花茎拔出，晒干。

【药　　性】辛、甘，平。归肝、肺经。

【功　　能】疏散风热，明目退翳。

【主　　治】风热目赤，翳膜遮睛。

【用法用量】马、牛30 ~ 60g，羊、猪 10 ~ 15g，兔、禽 1 ~ 3g。

【禁　　忌】无风热者忌用，阴虚血亏之眼疾者不宜用。

【方　　例】退翳散（《活兽慈周》）：谷精草、木贼草、白菊花、密蒙花、黄连、黄芩、柴胡、赤芍、当归尾、红花、千里光、水灯心。诸药同捣煎水、滤液取汁，候温灌服，治疗马、骡眼患红膜翳。

【别　　名】水麻叶，土甘草，山羊血，白山羊，甜草。

【来　　源】荨麻科植物冷水花 *Pilea notata* C.H.Wright 的全草。主产于广东、广西、湖南、湖北、贵州、四川、甘肃、陕西等地。

【采集加工】夏、秋季采收，鲜用或晒干。

【药　　性】淡、微苦，凉。

【功　　能】清热利湿，消肿散结。

【主　　治】湿热黄疸，跌打损伤，外伤肿痛。

【别　　名】拟蔓地草。

【来　　源】堇菜科植物庐山堇菜 *Viola stewardiana* W.Beck. 的全草。主产于陕西、甘肃、江苏、安徽、浙江、江西等地。

【采集加工】夏秋季采收，洗净，晒干。

【药　　性】苦，寒。

【功　　能】清热解毒，消肿止痛。

【主　　治】热毒疮痈，跌打损伤。

【用法用量】马、牛 250 ~ 500g，羊、猪 120 ~ 250g。

中兽药标本及器具图谱

314. 辛夷（附药：紫玉兰）

紫玉兰
Magnolia liliflora Desr.

【别　　名】木笔花，望春花，紫玉兰，白玉兰，广玉兰。

【来　　源】木兰科植物望春花 *Magnolia biondii* Pamp.、玉兰 *Magnolia denudata* Desr. 或武当玉兰 *Magnolia sprengeri* Pamp. 的干燥花蕾。主产于河南、四川、陕西、湖北、安徽等地。

【采集加工】冬末春初花未开放时采收，除去枝梗，阴干。

【药　　性】辛，温。归肺、胃经。

【功　　能】散风寒，通鼻窍。

【主　　治】风寒鼻塞，脑颡鼻脓。

【用法用量】马、牛 15 ~ 60g，羊、猪 3 ~ 9g，犬、猫 2 ~ 5g。

【禁　　忌】阴虚火旺者忌服。

【方　　例】1. 辛夷散（《济生方》）：辛夷、白芷、川芎、防风、甘草、藁本、木通、升麻、细辛，治疗动物风寒型鼻窦炎效果良好。

2. 流感方（《兽医验方汇编》）：辛夷、白芷、川芎、木香、石膏，诸药煎水取汁，拌料喂服，治疗猪流行性感冒效佳。

附药：紫玉兰

紫玉兰　木兰科植物紫玉兰 *Magnolia liliflora* Desr. 的干燥花蕾，亦作辛夷。

羌活 *Notopterygium incisum* Ting ex H.T.Chang

宽叶羌活 *Notopterygium franchetii* H.de Boiss.

羌活

中兽药标本及器具图谱

【别　　名】羌青，蚕羌，竹节羌，大头羌，护羌使者。

【来　　源】伞形科植物羌活 *Notopterygium incisum* Ting ex H.T.Chang 或宽叶羌活 *Notopterygium franchetii* H.de Boiss. 的干燥根茎和根。羌活主产于四川、云南、青海、甘肃等地。宽叶羌活主产于四川、青海、陕西、河南等地。

【采集加工】春、秋二季采挖，除去须根及泥沙，晒干。

【药　　性】辛、苦，温。归膀胱、肾经。

【功　　能】解表散寒，祛风胜湿，止痛。

【主　　治】外感风寒，风湿痹痛。

【用法用量】马、牛 15 ~ 45g，羊、猪 3 ~ 10g，兔、禽 0.5 ~ 1.5g。

【禁　　忌】阴血亏虚、脾胃虚弱者慎用。

【方　　例】1. 九味羌活汤（《此事难知》）：羌活、防风、白芷、生地黄、苍术、黄芩、细辛、甘草、川芎。能祛风通痹，利湿止痛，对治疗动物风寒湿痹作痛效好。

2. 羌活胜湿汤（《内外伤辨惑沦》）：羌活、独活、防风、藁本、川芎、蔓荆子、甘草。可发汗祛湿，对治疗动物风湿在表，腰脊强拘，肌肉疼痛，走动不灵，恶寒微热，苔白脉浮者效佳。

316. 沙苑子

【别　　名】潼蒺藜，蔓黄芪，沙苑蒺藜，沙蒺藜。

【来　　源】豆科植物扁茎黄芪 *Astragalus complanatus* R.Br. 的干燥成熟种子。主产于陕西、河北等地。

【采集加工】秋末冬初果实成熟尚未开裂时采割植株，晒干，打下种子，除去杂质，晒干。

【药　　性】甘，温。归肝、肾经。

【功　　能】温补肝肾，固精缩尿。

【主　　治】肝肾不足，腰肢无力，滑精早泄，尿频数。

【用法用量】马、牛 20 ~ 45g，羊、猪 10 ~ 15g。

【禁　　忌】阴虚火旺及小便不利者忌服。

【方　　例】金锁固精丸（《医方集解》）：炒沙苑子、芡实（蒸）、莲须各60g，龙骨（酥炙）、牡蛎（盐水煮1日1夜煅粉）30g，莲子粉糊为丸，盐汤下。主治心肾不交，滑精不禁。

317. 没 药

【别　　名】末药，木药，明没药。

【来　　源】橄榄科植物地丁树 *Commiphora myrrha* Engl. 或哈地丁树 *Commiphora mo1mol* Engl. 的干燥树脂。分为天然没药和胶质没药。主产由索马里、埃塞俄比亚。

【采集加工】11月至翌年2月，采集由树皮裂缝处渗出于空气中变成红棕色坚块的油胶树脂，拣去杂质。打碎，醋炙用。

【药　　性】辛，苦，平。归心、肝、脾经。

【功　　能】散瘀定痛，消肿生肌。

【主　　治】胸痹心痛，胃脘疼痛，痛经经闭，产后瘀阻，癥瘕腹痛，风湿痹痛，跌打损伤，痈肿疮疡。

【用法用量】马、牛、驼25 ~ 45g，猪、羊6 ~ 10g，犬、猫1 ~ 3g。

【禁　　忌】孕畜及胃弱者慎用。

【方　　例】1. 没药散（《元亨疗马集》）：没药、当归、秦艽、甘草、知母、桔梗、百部、柴胡、紫菀、川贝母、黄药子、白药子、天门冬、麦门冬、红花。能活血止痛、清肺止咳。治肺气把前把后，闪伤膊胯，走伤五攒痛。

2. 定痛散（《元亨疗马集》）：当归、鹤虱、红花、乳香、没药、血竭，共研为末，开水冲调或水煎，候温灌服。能活血止痛，主治跌打损伤，血瘀气滞疼痛。

【别　　名】蜜香，沉水香，海南沉，女儿香，六麻树。

【来　　源】瑞香科植物白木香 *Aquilaria sinensis*（Lour.）Gilg 含有树脂的木材。沉香主产于印度尼西亚、马来西亚。白木香主产于广东、广西。

【采集加工】全年均可采收，割取含树脂的木材，除去不含树脂的部分，阴干。

【药　　性】辛、苦，微温。归脾、胃、肾经。

【功　　能】行气止痛，纳气平喘，温中暖肾。

【主　　治】胸腹胀痛，跳胘，胃寒呕吐，肾虚喘急，寒伤腰胯。

【用法用量】马、牛 5 ～ 15g，羊、猪 1.5 ～ 4.5g。

【禁　　忌】气虚下陷者忌用。

【方　　例】1. 沉香四磨汤（《观聚方要补》）：沉香、木香、槟榔、乌药，上药浓磨，水煎服，治寒凝气滞之胸腹胀痛。
2. 沉香荜澄茄散（《博济方》）：沉香、荜澄茄、胡芦巴（微炒）、舶上茴香（微炒）、补骨脂（微炒）、官桂（去皮）、川楝子（炮，捶破，去核用肉）、木香、紫巴戟（穿心者）、桃仁（面炒，去皮，尖）、川乌头（炮，去皮、脐）、黑附子（炮制，去皮、脐）。主治肾阳不足，内夹积冷，脐腹弦急，痛引腰背，可视黏膜萎黄，四肢厥冷，胁肋虚满，头低耳耷，大便泻利，小便滑数，并治膀胱、小肠一切气痛。

【别　　名】诃黎勒，诃黎，诃梨，随风子。

【来　　源】使君子科植物诃子 *Terminalia chebula* Retz. 或绒毛诃子 *Terminalia chebula* Retz.var.*tomentella* Kurt. 的干燥成熟果实。主产于云南。

【采集加工】秋、冬二季果实成熟时采收，除去杂质，晒干。

【药　　性】苦、酸、涩，平。归肺、大肠经。

【功　　能】涩肠，敛肺。

【主　　治】久泻久痢，便血，脱肛，肺虚咳喘。

【用法用量】马、牛 15 ～ 60g，羊、猪 3 ～ 10g，犬、猫 1 ～ 3g，兔、禽 0.5 ～ 1.5g。

【禁　　忌】凡外有表邪、内有湿热积滞者忌用。

【方　　例】1. 三子散（《中华人民共和国兽药典》2015 年版）：栀子、诃子、川楝子各 200g，共研为末，开水冲调，候温灌服，或煎汤服。清热解毒，主治三焦热盛，疮黄肿毒，脏腑实热。
2. 郁金散（《元亨疗马集》）：郁金、黄芩、黄连、栀子、黄柏各 30g，诃子 15g，大黄 60g，白芍 15g。共研为末，开水冲调，候温灌服。能清热解毒，涩肠止泻。主治肠黄，症见泄泻腹痛，荡泻如水，泻粪腥臭，舌红苔黄，渴欲饮水，脉数。

320. 补肾果

【别　　名】厚鳞柯，捻碇果，辗垫栗，厚鳞石栎，壮阳果。

【来　　源】壳斗科植物厚鳞柯 Lithocarpus pachylepis A. Camus 的果实。主产于广西、云南。

【功　　能】壮阳补肾。

【主　　治】肾阳不足，阳痿不举。

321. 补骨脂

【别　　名】破故纸，破故脂，故纸，故子。

【来　　源】豆科植物补骨脂 Psoralea corylifolia L. 的干燥成熟果实。主产于河南、四川、安徽、陕西等地。

【采集加工】秋季果实成熟时采收果序，晒干，搓出果实，除去杂质。

【药　　性】辛、苦，温。归肾、脾经。

【功　　能】温肾壮阳，纳气，止泻。

【主　　治】阳痿，滑精，尿频数，腰膝寒痛，肾虚冷泻，肾虚喘。

【用法用量】马、牛 15 ~ 45g，羊、猪 5 ~ 10g，兔、禽 1 ~ 2g。

【禁　　忌】阴虚火旺及大便秘结者忌服。

【方　　例】1. 防己散（《中兽医治疗学》）：防己、黄芪、茯苓、胡芦巴、补骨脂、泽泻、猪苓、川楝子、巴戟天各 30g，厚朴 25g，牵牛子、肉桂心各 20g，共研为末，开水冲调或水煎服，候温灌服。能补肾健脾、利水除湿，主治肾虚腿肿。

2. 四神丸（《证治准绳》）：补骨脂（炒）120g，肉豆蔻（煨）、五味子各 60g，吴茱萸 30g。上药为末。另用生姜、大枣各 120g 与水同煎，去姜及枣肉，和药为丸，或水煎服，也可为散剂。能温补脾肾、涩肠止泻，主治脾肾虚寒泄泻。

【别　　名】菌灵芝，红芝，赤芝，木灵芝，灵芝草。

【来　　源】多孔菌科真菌赤芝 *Ganoderma lucidum*（Leyss.ex Fr.）Karst. 或紫芝 *Ganoderma sinense* Zhao, Xu et Zhang 的干燥子实体。全国大部分地区均产。

【采集加工】全年采收，除去杂质，剪除附有朽木、泥沙或培养基质的下端菌柄，阴干或在 40 ～ 50℃烘干。

【药　　性】甘，平。归心、肺、肝、肾经。

【功　　能】补气安神，止咳平喘。

【主　　治】心虚气短，虚劳咳喘。

【用法用量】马、牛 5 ～ 15g，羊、猪 1.5 ～ 3g。

【禁　　忌】实证慎服。

【方　　例】助禽免（《中国兽医杂志》）：党参 50g，灵芝、女贞子各 30g，麦门冬、枸杞子、桑椹各 10g。加水浸泡 30 分钟，煎煮 30 分钟，煎 3 次，合并滤液，浓缩至含生药 100%，灭菌备用。1 ～ 5 日龄鸡饮水中添加 1%，可扶正固本、益气滋阴，用作免疫增强剂，能克服新城疫免疫接种时母源抗体的干扰，提高抗体效价。

【别　　名】哈昔泥，魏去疾，熏渠，阿虞，臭阿魏。

【来　　源】伞形科植物新疆阿魏 *Ferula sinkiangensis* K.M.Shen 或阜康阿魏 *Ferula fukanensis* K.M.Shen 的树脂。主产于新疆。

【采集加工】春末夏初盛花期至初果期，分次由茎上部往下斜割，收集渗出的乳状树脂，阴干。

【药　　性】苦、辛，温。归脾、胃经。

【功　　能】消积，化癥，散痞，杀虫。

【主　　治】肉食积滞，瘀血癥瘕，腹中痞块，虫积腹痛。

【用法用量】1 ～ 1.5g，多入丸散和外用膏药。

【禁　　忌】孕畜禁用。

【方　　例】沉香丸（《太平圣惠方》）：阿魏、沉香、木香、槟榔、肉桂、小茴香、当归、桃仁、肉豆蔻、莪术、丁香、川楝子、干姜、吴茱萸、全蝎、青皮、硫黄。具有散寒行气，降逆止痛的功效。主治肾脏虚冷，心神闷乱，四肢逆冷，腹泻胀痛，喘促呕吐。

324. 陈 皮

【别　　名】橘皮，红皮，黄橘皮，柑皮，广陈皮。

【来　　源】芸香科植物橘 *Citrus reticulata* Blanco 及其栽培变种的干燥成熟果皮。药材分为"陈皮"和"广陈皮"。主产于广东、广西、福建、四川、江西等地。

【采集加工】采摘成熟果实，剥取果皮，晒干或低温干燥。

【药　　性】苦、辛，温。归肺、脾经。

【功　　能】理气健脾，燥湿化痰。

【主　　治】食欲减少，腹痛，肚胀，泄泻，痰湿咳嗽。

【用法用量】马、牛 15～45g，羊、猪 5～10g，犬、猫 2～5g，兔、禽 1～3g。

【方　　例】1. 橘皮散（《元亨疗马集》）：青皮、陈皮、厚朴、桂心、细辛、小茴香、当归、白芷、槟榔。具有理气散寒、和血止痛之效，主治马伤水起卧。

2. 橘皮竹茹汤（《金匮要略》）：橘皮、竹茹、大枣、生姜、甘草、人参。主治胃虚有热之呃逆，证见呃逆或干呕，虚烦少气，口干，舌红嫩，脉虚数。

325. 忍冬藤

【别　　名】二宝藤，金银藤，忍冬草，银花藤，通灵草。

【来　　源】忍冬科植物忍冬 *Lonicera japonica* Thunb. 的干燥茎枝。主产于河南、山东。

【采集加工】秋、冬二季采割，晒干。

【药　　性】甘，寒。归肺、胃经。

【功　　能】清热解毒，疏风通络。

【主　　治】温病发热，热毒血痢，疮黄疔毒，风湿热痹。

【用法用量】马、牛 30～120g，羊、猪 15～30g，兔、禽 1～2g。

【禁　　忌】脾胃虚寒及气虚疮疡者忌服。

【方　　例】1. 治牛眼睛肿痛方（兽医常用中草药）：金银花藤（忍冬藤）、野菊花梗、冬桑叶、薄荷，煎水喂服。

2. 治牛风热感冒方（《中兽医验方汇编》）：忍冬藤、荆芥穗、薄荷叶、紫苏叶、台乌药、土牛膝、灯心草、五加皮，煎水喂服。

3. 治猪皮炎湿疹方（《浙江民间兽医草药集》）：忍冬藤、蒲公英、筋骨草、黄荆叶、石膏，煎水喂服。

乌头
Aconitum carmichaelii Debx.

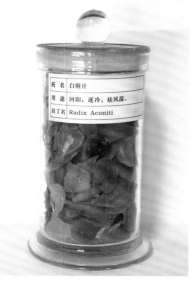

白附片

黑顺片

【别　　名】附片，黑顺片，白附片，泥附子，盐附子。

【来　　源】毛茛科植物乌头 *Aconitum carmichaelii* Debx. 的子根的加工品。主产于四川。

【采集加工】6 月下旬至 8 月上旬采挖，除去母根、须根及泥沙，习称"泥附子"，加工为盐附子、黑顺片、白附片、淡附片、炮附片。

【药　　性】辛、甘，大热；有毒。归心、肾、脾经。

【功　　能】回阳救逆，温中散寒，补火助阳。

【主　　治】大汗亡阳，四肢厥冷，伤水冷痛，冷肠泄泻，风寒湿痹。

【用法用量】马、牛 15 ～ 30g，羊、猪 3 ～ 9g，犬、猫 1 ～ 3g，兔、禽 0.5 ～ 1g。

【禁　　忌】孕畜禁用。不宜与半夏、瓜蒌、贝母、白及同用。

【方　　例】1. 四逆汤（《伤寒论》）：附子、干姜、甘草。有回阳救逆功效，治疗伤寒少阴、阳气欲脱、四肢厥冷、脉微欲绝。

2. 真武汤（《伤寒论》）：附子、白术、白芍、茯苓、生姜。有温肾壮阳、温中散寒功效，治疗脾肾阳虚、水饮内停、小便不利等。

中兽药标本及器具图谱

327. 鸡爪树

【别　　名】鸡爪枝，鸡爪叶，酒饼叶，鸡爪香，鸡爪支，鸡爪木。

【来　　源】番荔枝科植物假鹰爪 *Desmos chinensis* Lour. 的叶。主产于广东、广西、云南、贵州等地。

【采集加工】夏秋季采收，采后鲜用，或晒干用。

【药　　性】苦、微辛，温。

【功　　能】祛风利湿，消肿解毒。

【主　　治】风湿痹痛，跌打损伤，胃肠胀气，消化不良。

【用法用量】马、牛 30 ~ 60g，羊、猪 15 ~ 30g。

【方　　例】治牛多涎症方（《中兽医疗牛集》）：酒饼叶（鸡爪树）、酸味藤叶各 250g，黄皮叶 500g，灶心土 150g 等，煎水灌服。

328. 鸡矢藤

【别　　名】臭藤根，五香藤，鸡屎藤，牛皮冻，女青。

【来　　源】茜草科植物鸡矢藤 *Paederia scandens*（Lour.）Merr. 的干燥地上部分。主产于我国南方各省。

【采集加工】夏、秋两季采割，阴干。

【药　　性】甘、酸，微寒。归脾、胃、肝、肺经。

【功　　能】消食健胃，化痰止咳，清热解毒，止痛。

【主　　治】脾胃气虚所致的食滞证，外伤瘀血，痰热咳喘，湿热泻痢。

【用法用量】马、牛、驼 100 ~ 150g，猪、羊 10 ~ 30g，犬、猫 4 ~ 10g。

【禁　　忌】孕畜忌服。

【方　　例】四鸡散（《农业科技通讯》1981 年 06 期）：鸡矢藤、鸡冠花、鸡眼草、苦参、黄连、黄芩。能清热除湿，主治湿热泄泻。

【别　　名】血风藤，血藤，九层风，刀刀见血。
【来　　源】豆科植物密花豆 *Spatholobus suberectus* Dunn 的干燥
　　　　　　藤茎。主产于广西。
【采集加工】秋、冬二季采收，除去枝叶，切片，晒干。
【药　　性】苦、甘，温。归肝、肾经。
【功　　能】补血，活血，通络。
【主　　治】闪伤，风寒湿痹，劳伤，产后血虚。
【用法用量】马、牛60 ~ 120g，羊、猪15 ~ 30g。
【方　　例】1.温经孕子汤（《兽医验方新编》）：鸡血藤、干姜、
　　　　　　小茴香、熟地黄、艾叶、白术、当归、牛膝、阳起石，
　　　　　　煎汤去渣，加红糖，候温灌服。能活血温经，助阳，
　　　　　　主治马、牛不发情，卵巢功能减退。
　　　　　　2.治耕牛劳役过度方：①鸡血藤根60 ~ 120g。水酒，
　　　　　　红糖米酒兑服（《兽医手册》）。②鸡血藤、络石藤、
　　　　　　王不留行，煎水喂服（《赤脚兽医手册》）。
　　　　　　3.治马、骡风寒湿痹方（《吉林省中兽医验方选集》）：
　　　　　　鸡血藤、双钩藤、当归、白芍、丹参、牛膝、丹皮、桑枝、
　　　　　　白芷、黄芪、茯苓、米仁。共为细末，开水冲服。

【别　　名】云南鸡骨常山，三台高，细骨常山，红花岩托，五台风，
　　　　　　四角风。
【来　　源】夹竹桃科植物鸡骨常山 *Alstonia yunnanensis* Diels 的
　　　　　　根或叶。主产于云南、贵州、广西。
【采集加工】秋冬挖根，洗净晒干或鲜用；夏季采叶，晒干。
【药　　性】苦，凉。有小毒。
【功　　能】解热截疟，止血，止痛。
【主　　治】疟疾，骨折，跌打损伤。
【用法用量】马、牛30 ~ 60g，羊、猪10 ~ 15g，兔、禽0.5 ~ 3g。
【禁　　忌】孕畜慎用。

中兽药标本及器具图谱

331. 鸡冠花

【别　名】鸡公花，鸡冠头，鸡角根，鸡髻花。

【来　源】苋科植物鸡冠花 *Celosia cristata* L. 的干燥花序。全国大部分地区均产。

【采集加工】秋季花盛开时采收，晒干。

【药　性】甘、涩，凉。归肝、大肠经。

【功　能】收敛止血，止痢止带。

【主　治】鼻衄，肠黄腹泻，赤白带下，子宫出血。

【用法用量】马、牛 30～60g，羊、猪 15～30g。

【禁　忌】瘀血阻滞崩漏及湿热下痢初起兼有寒热表证者忌用。

【方　例】1. 治牛、马鼻出血方：①鸡冠花 3～4 个，煎水喂服（《兽医中草药验方手册》）。②鸡冠花、淡竹茹、生石膏，京墨汁为引服（《中兽医验方汇编》）。

2. 治牛、马赤白方：①红鸡冠花 60～90g，红糖 30～60g，煎水调服（《兽医中草药临症应用》）。②白鸡冠花 120g，龙芽草 60g，灶心土 90g。煎水喂服，以白糖为引（《兽医常用中草药》《民间兽医本草》）。

332. 鸡眼草

【别　名】人字草，掐不挤，公母草，阴阳草，三叶人字草，蚂蚁草，莲子草。

【来　源】豆科植物鸡眼草 *Kummerowia striata*（Thunb.）Schindl. 的全草。分布于我国东北、华北、华东、中南、西南等省区。

【采集加工】7—8 月采收，晒干或鲜用，以鲜用为佳。

【药　性】苦，凉。

【功　能】清热解毒，健脾利湿。

【主　治】消化不良，肠炎痢疾，皮肤红肿。

【用法用量】马、牛 60～120g，羊、猪 30～60g。

【方　例】1. 治家畜感冒高热方（《兽医手册》）：公母草（鸡眼草）、金锦香、紫苏各适量，煎水喂服。

2. 治牛、马食积不化方（《兽医手册》）：鸡眼草、马鞭草、山楂、橘皮各等份为末，开水冲服。

3. 治猪皮肤红肿、猪痘方（《兽医中草药临症应用》）：鸡眼草 1 握，捣极细烂，纱布包扎，放茶油内浸渍，涂擦患处。

333. 鸡蛋花

【别　　名】缅栀子，蛋黄花，擂捶花，鸭脚木，大季花，番缅花，
　　　　　　蕃花，善花仔。
【来　　源】夹竹桃科植物鸡蛋花 *Plumeria rubra* L.var.*acutifolia*
　　　　　　（Poir.）Bailey 的花。主产于广东、广西、云南、福建
　　　　　　等地。
【采集加工】夏、秋季采集盛开的花朵，晒干。
【药　　性】甘、微苦，凉。归肺、大肠经。
【功　　能】清热，利湿，解毒。
【主　　治】感冒发热，肺热咳嗽，湿热黄疸，泄泻痢疾。

八画

334. 青木香

【别　　名】马兜铃根，土青木香，独行根，土木香。
【来　　源】马兜铃科植物马兜铃 *Aristolochia debilis* Sieb.et Zucc.
　　　　　　及北马兜铃 *Aristolochia contorta* Bge. 的干燥根。主
　　　　　　产于浙江、江苏、安徽等地。
【采集加工】10—11月茎叶枯萎时挖取根部，除去须根、泥土，晒干。
【药　　性】辛、苦，寒。归肺、胃经。
【功　　能】行气止痛，解毒消肿。
【主　　治】胸胁胀痛，脘腹疼痛，泻痢腹痛，疔疮肿毒。
【用法用量】马、牛、驼 15~45g，猪、羊 6~12g，犬、猫 3~6g。
【方　　例】1. 诃子六味（《藏兽医经验选编》）: 诃子 30g，青木香、
　　　　　　生姜、大黄、食盐、苏打各 15g，诸药为末，开水冲调，
　　　　　　候温灌服。能温中散寒，止痛止泻，主治马冷痛、寒泻。
　　　　　　2. 蚕体汤（《鲁医验方新编》）: 重楼根 21g，青木
　　　　　　香、徐长卿各 60g，半边莲、马齿苋各 90g，煎汤去渣，
　　　　　　候温灌服。能清热解毒，主治牛、羊毒蛇咬伤。

335. 青风藤

【别　　名】寻风藤，大青木香，追骨散，青防己，滇防己。

【来　　源】防己科植物青藤 *Sinomenium acutum*（Thunb.）Rehd.et Wils. 或毛青藤 *Sinomenium acutum*（Thunb.）Rehd.et Wils.var.*cinereum* Rehd.et Wils. 的干燥藤茎。主产于浙江、江苏、湖北、湖南等地。

【采集加工】秋末冬初采割，扎把或切长段，晒干。

【药　　性】苦、辛，平。归肝、脾经。

【功　　能】祛风湿，通经络，利尿。

【主　　治】风寒湿痹，腰胯疼痛。

【用法用量】马、牛 60 ~ 120g，羊、猪 15 ~ 30g。

【方　　例】1. 治风湿腰腿痛方（《安徽省中兽医经验集》）：青风藤、川楝子、肉苁蓉、补骨脂、川牛膝、川杜仲、五加皮、荜澄茄、川续断、大茴香、羌活、厚朴、陈皮，烧酒为引服。能补肾益精、祛风散寒，治疗马、牛风湿腰腿痛效佳。

2. 治寒伤把胯方（《中兽医验方》）：青风藤、海风藤、全当归、西党参、肉苁蓉、千年健、追地风、羌活、牛膝。以黄酒为引，共为细末，开水冲服。能补肾壮骨、祛风止痛，治马、骡寒伤把胯效好。

336. 青　皮

【别　　名】四花青皮，个青皮，青皮子。

【来　　源】芸香科植物橘 *Citrus reticulata* Blanco 及其栽培变种的干燥幼果或未成熟果实的果皮。主产于福建、浙江。

【采集加工】5—6 月收集自落的幼果，晒干，习称"个青皮"；7—8 月采收未成熟的果实，在果皮上纵剖成四瓣至基部，除尽瓤瓣，晒干，习称"四花青皮"。

【药　　性】苦、辛，温。归肝、胆、胃经。

【功　　能】疏肝胆，破气滞，散结消痰，消积化滞。

【主　　治】胸腹胀痛，气胀，食积不化，气血郁结，乳痈。

【用法用量】马、牛 15 ~ 30g，羊、猪 5 ~ 10g，兔、禽 1.5 ~ 3g。

【方　　例】1. 七补散（《安骥药方》）：青皮、陈皮、川楝子、小茴香、益智仁、芍药、当归、木通、滑石、官桂、红豆、乳香、没药、自然铜。能行气活血、温中散寒，主治马七伤。

2. 清理散（《牛医金鉴》）：紫苏叶、槟榔、青皮、甘草、苍术、桔梗、薄荷、陈皮、当归。能行气活血、散风消肿，主治牛咽喉肿痛。

青葙花

青葙子

青葙
Celosia argentea L.

中兽药标本及器具图谱

【别　　名】尾巴子，野鸡冠花子，狗尾巴子，牛尾花子。

【来　　源】苋科植物青葙 *Celosia argentea* L. 的干燥成熟种子。全国大部分地区均产。

【采集加工】秋季果实成熟时采割植株或摘取果穗，晒干，收集种子，除去杂质。

【药　　性】苦，微寒。归肝经。

【功　　能】清肝，明目，退翳。

【主　　治】肝热目赤，睛生翳膜。

【用法用量】马、牛 30 ~ 60g，羊、猪 5 ~ 15g，兔、禽 0.5 ~ 1.5g。

【禁　　忌】该品有扩散瞳孔作用，瞳孔散大者禁用。

【方　　例】青葙子散（《元亨疗马集》）：青葙子、草决明、石决明、龙胆草、蝉蜕、木贼草、黄连、黄芩、郁金、苍术、防风、菊花、甘草，诸药各等份为细末，以鸡蛋清为引，浆水同调，草饱灌之，治疗马骨眼磨睛即效。

338. 青 黛

【别　　名】靛，蓝靛，螺青。

【来　　源】爵床科植物马蓝 *Baphicacanthus cusia*（Nees）Bremek.、蓼科植物蓼蓝 *Polygonum tinctorium* Ait. 或十字花科植物菘蓝 *Isatis indigotica* Fort. 的叶或茎叶经加工制得的干燥粉末、团块或颗粒。主产于福建、广东、江苏、河北。福建所产品质量最优，称"建青黛"。

【采集加工】秋季采收以上植物的落叶，加水浸泡，至叶腐烂，叶落脱皮时，捞取落叶，加适量石灰乳，充分搅拌至浸液由乌绿色转为深红色时，捞取液面泡沫，晒干而成。

【药　　性】咸，寒。归肝经。

【功　　能】清热解毒，凉血。

【主　　治】温毒发斑，血热吐衄，热痈疮毒，咽喉肿痛，口舌生疮。

【用法用量】马、牛 12～24g，羊、猪 3～9g，兔、禽 0.3～0.6g。外用适量。

【禁　　忌】胃寒者慎用。

【方　　例】1. 青黛散（《元亨疗马集》）：青黛、黄连、黄柏、薄荷、桔梗、儿茶。诸药共为细末，绢袋内盛贮，水中浸湿，于口内噙之。能清热解毒，消肿止痛。治马心经积热，热毒所致的口舌生疮，咽喉肿痛。
2. 青黛散（《牛经备用医方》）：青黛、硼砂、硇砂、生石膏、人中白、胡黄连、白僵蚕、冰片、麝香，研极细末，用笔管吹入喉中。治疗牛患喉蛾，用之效好。

339. 抱石莲

【别　　名】金龟藤，瓜子菜，飞连草，石瓜子。

【来　　源】水龙骨科植物抱石莲 *Lepidogrammitis drymoglossoides*（Baker）Ching 的全草。广布于长江流域各省及福建、广东、广西、贵州、陕西、甘肃等地。

【采集加工】全年可采，洗净，晒干或鲜用。

【药　　性】甘、苦，寒。

【功　　能】凉血解毒。

【主　　治】风湿痹痛，瘰疬痰核，疮痈肿毒。

340. 茉莉花

【别　　名】茉莉，白末利，小南强，奈花，鬘华，末梨花。

【来　　源】木犀科植物茉莉 *Jasminum sambac*（L.）Ait. 的花。全国大部分地区均产。

【采集加工】7 月前后花初开时，择晴天采收，晒干。

【药　　性】辛、甘，温。归脾、胃、肝经。

【功　　能】理气止痛，辟秽开郁。

【主　　治】湿浊中阻，胸膈不舒，泻痢腹痛，头晕头痛，目赤，疮毒。

341. 苦　丁

【别　　名】小山萝卜，龙喳口，叉头草，蛾子草，羊奶草，野苦麻。

【来　　源】菊科植物台湾莴苣 *Lactuca formosana* L. 的干燥根或全草。主产于河北、山西、陕西、甘肃、江苏等地。

【采集加工】春、夏间采收，洗净，鲜用或晒干。

【药　　性】苦，寒。

【功　　能】清热解毒，祛风除湿，活血。

【主　　治】疗疮痈肿，咽喉肿痛，疥癣，毒蛇咬伤，风湿痹痛，跌打损伤。

【用法用量】马、牛 60 ~ 120g，羊、猪 30 ~ 60g。

342. 苦天茄

【别　　名】苦颠茄，黄角刺，刺天茄，刺茄子，天茄子，金弹子。

【来　　源】茄科植物喀西茄 *Solanum khasianum* C.B.Clarke 的果实。主产于云南、四川、贵州、广东、广西等地。

【采集加工】秋季采收，鲜用或晒干。

【药　　性】微苦，寒；有小毒。归心、肝、胃经。

【功　　能】祛风止痛，清热解毒。

【主　　治】风湿痹痛，头痛，乳痈，跌打疼痛。

343. 苦杏仁

【别　　名】杏仁，光杏仁，杏核仁，杏子，木落子，杏梅仁。

【来　　源】蔷薇科植物山杏 *Prunus armeniaca* L.var.*ansu* Maxim.、西伯利亚杏 *Prunus sibirica* L.、东北杏 *Prunus mandshurica*（Maxim.）Koehne 或杏 *Prunus armeniaca* L. 的干燥成熟种子。主产于山西、河北、内蒙古、辽宁等地。

【采集加工】夏季采收成熟果实，除去果肉和核壳，取出种子，晒干。

【药　　性】苦，微温；有小毒。归肺、大肠经。

【功　　能】止咳平喘，润肠通便。

【主　　治】咳嗽气喘，肠燥便秘。

【用法用量】马、牛 15 ～ 30g，羊、猪 3 ～ 10g。

【禁　　忌】内服不宜过量，以免中毒；大便溏泄者慎用；幼畜慎用。

【方　　例】1. 杏仁款冬饮（《牛经备要医方》）：杏仁、橘红、款冬花、枇叶、五味子、麦冬、青木香、桑白皮、紫菀、茯苓、炙甘草、当归。煎水喂服，治牛患咳嗽症。

2. 杏仁散（《万宝全书》《牛经大全》）：杏仁、百合、瓜蒌、知母、贝母、秦艽、荆芥、山栀子、香草、白矾、荞麦。各等份为末，以蜜糖为引，开水调服，治牛患肺败病，每日两服便安。

【别　　名】野槐，山槐子，苦骨，地槐。

【来　　源】豆科植物苦参 *Sophora flavescens* Ait. 的干燥根。全国大部分地区均产。

【采集加工】春、秋二季采挖，除去根头和小支根，洗净，干燥，或趁鲜切片，干燥。

【药　　性】苦，寒。归心、肝、胃、大肠、膀胱经。

【功　　能】清热燥湿，杀虫，利水。

【主　　治】湿热泻痢，黄疸，水肿，疥癣。鱼肠炎，竖鳞。

【用法用量】马、牛 15～60g，羊、猪 6～15g，兔、禽 0.3～1.5g。外用适量。鱼每千克体重 1～2g，拌饵投喂；每立方米水体 1～1.5g 泼撒鱼池。

【禁　　忌】脾胃虚寒者忌用。不宜与藜芦同用。

【方　　例】1. 清热退烧汤（《活兽慈周》）：苦参、当归、玄参、香薷、荆芥、防风、黄连、黄芩、天花粉、葛根、青皮、车前草、甘草。以鸡蛋清为引，煎水滤液取汁，候温灌服，治疗牛心热病效好。

2. 治牛生癞方（《抱犊集》）：苦参、郁金、金银花、茯苓、荆芥、黄芩、栀子、枇杷叶、防风、桔梗、茵陈。以蜂蜜为引，煎水冲服，对牛生癞用之效佳。

【别　　名】苦楝，苦楝树，川楝皮，山苦楝。

【来　　源】楝科植物川楝 *Melia toosendan* Sieb.et Zucc. 或楝 *Melia azedarach* L. 的干燥树皮和根皮。主产于四川、湖北、安徽、江苏、河南等地。

【采集加工】春、秋二季剥取，晒干，或除去粗皮，晒干。

【药　　性】苦，寒；有毒。归肝、脾、胃经。

【功　　能】驱虫，疗癣。

【主　　治】虫积腹痛，疥癣。

【用法用量】马、牛 15～45g，羊、猪 6～10g。外用适量。

【禁　　忌】该品有毒，不宜过量或持续久服。猪慎用。

【方　　例】楝根皮汤（《幼幼集成》）：取鲜苦楝根皮，刮去表面粗皮，用白皮，煎汤空腹一次灌服，主治蛔虫病。

346. 茅膏菜

【别　　名】石龙茅草，地胡桃，钻骨散，落地珍珠，一点金丹，捕虫草。

【来　　源】茅膏菜科植物茅膏菜 *Drosera peltata* Smith var.*lunata*（Buch-Ham.）B.Clarke 的全草。主产于云南、贵州、四川、西藏等地。

【采集加工】5—6 月采，鲜用或晒干。

【药　　性】甘、辛，平。有毒。

【功　　能】止痢止血，散结止痛。

【主　　治】赤白痢，跌打损伤，风湿痹痛。

【用法用量】马、牛 15～30g，羊、猪 6～15g。

【禁　　忌】内服宜慎，孕畜忌服。

【方　　例】1. 治犊牛下痢方（《福建省中兽医草药图说》）：鲜茅膏菜、鲜乌韭各 60g，南五味子根 15g。共为细末，煎水喂服。

2. 治犊牛白痢方（《福建省中兽医草药图说》）：茅膏菜 30g，青木香、黄连各 15g。共同切细，煎水喂服，每天 1 剂。

347. 枇杷叶

【别　　名】巴叶，枇杷，芦桔叶。

【来　　源】蔷薇科植物枇杷 *Eriobotrya japonica*（Thunb.）Lindl. 的干燥叶。主产于广东、浙江。

【采集加工】全年均可采收，晒至七八成干时，扎成小把，再晒干。

【药　　性】苦，微寒。归肺、胃经。

【功　　能】清肺化痰，和中降逆。

【主　　治】肺热咳喘，胃热呕吐。

【用法用量】马、牛 30～60g，羊、猪 10～20g，兔、禽 1～2g。

【禁　　忌】胃寒呕吐及肺感风寒咳嗽忌用。

【方　　例】1. 清燥救肺汤（《医门法律》）：枇杷叶、桑叶、生石膏、阿胶、麦冬、杏仁、党参、甘草、胡麻仁。能清肺润燥，止咳化痰，主治燥邪伤肺，干咳无痰。

2. 枇杷清肺散（《医宗金鉴》）：枇杷叶、黄连、黄柏、栀子、桑白皮、沙参、甘草。能清肺化痰，止咳平喘，主治肺热咳喘。

【别　　名】大蓝根，大青根，靛根，靛青根。

【来　　源】十字花科植物菘蓝 Isatis indigotica Fort. 的干燥根。主产于江苏、河北、甘肃等地。

【采集加工】秋季采挖，除去泥沙，晒干。

【药　　性】苦，寒。归心、胃经。

【功　　能】清热解毒，凉血利咽。

【主　　治】风热感冒，咽喉肿痛，口舌生疮，疮黄肿毒。鱼肠炎，烂鳃，出血。

【用法用量】马、牛 30 ～ 100g，羊、猪 15 ～ 30g，犬、猫 3 ～ 5g，兔、鸡 1 ～ 2g。鱼每千克体重 1 ～ 2g；或每千克饲料 20g，拌饵投喂。

【禁　　忌】体虚而无实火热毒者忌服，脾胃虚寒者慎用。

【方　　例】1. 热喘凉肝散（《新编集成马医方》）：板蓝根、葶苈子、桔梗、川贝母、猪苓、甘草。诸药各为细末，蜂蜜、童便、糯米粥为引服，治疗马肺喘及非时热喘效好。

2. 多饶惊心方（《师皇安骥集》）：板蓝根、黄药子、大青叶、茯苓、郁金、人参、泽兰、甘草。诸药共为细末，以油蜜姜为引，同煎三沸，草后灌之。治马心癫病，忽卧忽起，多扰惊心效好。

【别　　名】松脂香，黄香，松脂，松膏，白松香，沥青。

【来　　源】松科植物马尾松 Pinus massoniana Lamb.、油松 Pinus tabuliformis Carr. 或共同属植物树干中取得的树脂经蒸馏除去挥发油后的遗留物。主产于江苏、安徽、广东、广西等地。

【采集加工】多在夏季采收，在松树干上用刀挖成"Ⅴ"形或螺旋纹槽，使边材部的油树脂自伤口流出，收集后，加水蒸馏，使松节油馏出，剩下的残渣，冷却凝固后，即为松香。

【药　　性】苦、甘，温。归肝、脾经。

【功　　能】祛风除湿，排脓拔毒，生肌止痛。

【主　　治】痈疽疮毒，瘰疬，疥癣。

【用法用量】外用适量。

【禁　　忌】血虚者、内热实火者禁服。不可久服。未经严格炮制不可服。

【方　　例】1. 治牛、马鞍伤肿烂方：①松香、白矾。各等份为末，搽敷患处（《山西省名兽医座谈会经验秘方汇编》）。②鞍伤散：松香、铜绿、官粉、黄丹、轻粉、花椒、枯矾、茴香、胡椒、象皮（炒炮），共为细末，搽敷患处（《军马卫生员手册》）。

2. 千槌膏（《中兽医外科学》）：松香、乳香、没药、儿茶、铜绿、巴豆、杏仁各适量，蓖麻子捣膏，香油调敷，治家畜痈疽。

350. 松 蒿

【别　　名】糯蒿，土茵陈，绒蒿，小盐灶菜，大叶蓬蒿，鸡冠草。
【来　　源】玄参科植物松蒿 *Phtheirospermum japonicum*（Thunb.）Kanitz 的全草。全国大部分地区均产。
【采集加工】夏、秋季采收，鲜用或晒干。
【药　　性】微辛，凉。归肺、脾、胃经。
【功　　能】清热利湿，解毒。
【主　　治】湿热黄疸，水肿，风热感冒，口疮，疮疖肿毒。

351. 枫荷梨

【别　　名】偏荷枫，风河梨，枫和梨，犁何枫，半枫荷，鸭足枫，树参。
【来　　源】五加科植物树参 *Dendropanax dentiger*（Harms）Merr. 的根或枝叶。主产于浙江、安徽、湖南、湖北等地。
【采集加工】秋、冬采收，采后洗净，晒干。
【药　　性】甘，温。
【功　　能】祛风利湿，活血通络。
【主　　治】风湿痹痛，关节肿痛，跌打损伤。
【用法用量】马、牛 60～180g，羊、猪 30～60g。
【方　　例】1. 治猪、牛风湿症方（《兽医手册》）：枫荷梨、威灵仙、大活血、土牛膝、防风、桂枝各适量。煎水喂服，以水酒为引。
　　　　　　　2. 治牛、马跌打损伤方（《兽医常用中草药》）：枫荷梨、锦鸡儿、千斤拔、美丽胡枝子根。以米酒为引，煎水喂服。

【别　　名】坎拐棒子，一百针，老虎潦。

【来　　源】五加科植物刺五加 *Acanthopanax senticosus*（Rupr. et Maxim.）Harms 的干燥根和根茎。主产于黑龙江。

【采集加工】春、秋二季采收，洗净，干燥。

【药　　性】辛、微苦，温。归脾、肾、心经。

【功　　能】益气健脾，补肾安神。

【主　　治】脾肾虚寒，四肢乏力，腰膝痹痛，躁动不安。

【用法用量】马、牛 60～100g，羊、猪 20～40g，犬、猫 3～10g，兔、禽 1～3g。

【禁　　忌】阴虚火旺者慎服。

【别　　名】爵李，雀李，山李，郁子。

【来　　源】蔷薇科植物欧李 *Prunus humilis* Bge.、郁李 *Prunus japonica* Thunb. 或长柄扁桃 *Prunus pedunculata* Maxim. 的干燥成熟种子。前二种习称"小李仁"，后一种习称"大李仁"。主产于内蒙古、河北、辽宁等地。

【采集加工】夏、秋二季采收成熟果实，除去果肉和核壳，取出种子，干燥。

【药　　性】辛、苦、甘，平。归脾、大肠、小肠经。

【功　　能】润燥滑肠，下气，利水。

【主　　治】肠燥便秘，宿草不转，水肿，腹水。

【用法用量】马、牛 15～60g，羊、猪 5～10g，兔、禽 1～2g。

【禁　　忌】孕畜慎用。

【方　　例】1. 马价丸（《司牧安骥集》）：猪牙皂角刺（烧）16g，瞿麦、牵牛子、郁李仁各 31g，五灵脂 125g，榆白皮 62g，续随子 125g，紫荛花（醋炒）62g。共为细末，治疗马结证。

　　　　　　2. 郁李仁丸（《太平圣惠方》）：郁李仁、甘遂、葶苈子、瞿麦、茯苓、陈皮。治疗水肿，大小便不利。

郁李仁　　　　　　　　　　郁李

Prunus japonica Thunb.

354. 郁 金

【别　　名】玉金，温郁金，马述。

【来　　源】姜科植物温郁金 *Curcuma wenyujin* Y.H.Chen et C.Ling、姜黄 *Curcuma longa* L.、广西莪术 *Curcuma kwangsiensis* S.G.Lee et C.F.Liang 或蓬莪术 *Curcuma phaeocaulis* Val. 的干燥块根。前两者分别习称"温郁金"和"黄丝郁金"，其余按性状不同习称"桂郁金"或"绿丝郁金"。温郁金主产于浙江，以温州地区最有名，为道地药材；黄郁金（植物郁金）及绿丝郁金（蓬莪术）主产于四川；广西莪术主产于广西。

【采集加工】冬季茎叶枯萎后采挖，除去泥沙和细根，蒸或煮至透心，干燥。

【药　　性】辛、苦，寒。归肝、心、肺经。

【功　　能】行气化瘀，清心解郁，利胆退黄。

【主　　治】胸腹胀满，肠黄泄泻，热病神昏，湿热黄疸。

【用法用量】马、牛 15 ~ 45g，驼 30 ~ 60g，羊、猪 3 ~ 10g，兔、禽 0.3 ~ 1.5g。

【禁　　忌】不宜与丁香同用。

【方　　例】1. 郁金散（《元亨疗马集》）：郁金、黄连、黄芩、黄柏、栀子、大黄、诃子、白芍，共研为末，开水冲调，候温灌服。能清热解毒，散瘀止泻，主治肠黄泄泻。

2. 消黄散（《蓄牧纂验方》）：黄药子、郁金、川贝母、知母、大黄、白药子、黄芩、甘草，共研为末，以蜂蜜为引，加水调灌。能清热散壅，泻火解毒，主治火热内壅、气喘粗短或生黄肿。

355. 鸢 尾

【别　　名】乌鸢，乌园，赤利麻，鹅参，扁竹，兰蝴蝶，土知母，搜山虎。

【来　　源】鸢尾科植物鸢尾 *Iris tectorum* Maxim 的根茎。我国大部分地区均产。

【采集加工】夏秋季采收，或随采随用，采后切片晒干或鲜用。

【药　　性】辛、苦，寒。有毒。

【功　　能】消积破瘀，行水解毒。

【主　　治】食积肚胀，跌打损伤。

【用法用量】马、牛 30 ~ 60g，羊、猪 15 ~ 30g。

【方　　例】1. 治牛前胃食滞方（《兽医中草药验方选》）：搜山虎（鸢尾）500g，酸筒杆 500g，煎水喂服。

2. 治牛瘤胃膨胀方（《耕牛春季疾病治疗经验》）：扁竹根（鸢尾）、金银花、石菖蒲、萝卜子（炒研），捣烂煎服。

【别　　名】拉波鳞毛蕨，疏叶鳞毛蕨，青溪鳞毛蕨。

【来　　源】鳞毛蕨科植物齿头鳞毛蕨 *Dryopteris labordei* 的根茎。
主产于安徽、浙江、江西、福建、湖北、湖南等地。

【采集加工】秋季采挖，洗净，除去叶柄及须根，晒干。

【药　　性】微苦，寒。

【功　　能】清热利湿，活血调经。

【主　　治】肠炎，痢疾。

357. 虎耳草

【别　　名】石丹药，金钱荷叶，金丝荷叶，金线吊芙蓉，猪耳草，嗅荷叶。

【来　　源】虎耳草科植物虎耳草 *Saxifrage stolonifexa*（L.）Meerb 的全草。主产于山东、江苏、安徽、浙江、江西、四川、云南等地。

【采集加工】全年可采，但以开花后采者为好。

【药　　性】苦、辛，寒，有小毒。

【功　　能】清热凉血，消肿解毒。

【主　　治】肺炎咳嗽，皮肤湿疹，风疹瘙痒，疔疮肿毒。

【用法用量】马、牛 30 ~ 60g，羊、猪 15 ~ 30g。

【方　　例】1. 治牛耳内流脓方：①虎耳草 1 握，食盐少许。洗净捣烂，绞汁滴耳，每日 1 次，连滴 3 ~ 5 天（《福建中兽医草药图说》）。②虎耳草、黄花草（败酱）各适量。先用黄花草煎洗患处；再用虎耳草捣汁滴耳（《广西中兽医药用植物》）。③家畜烂耳朵：虎耳草 60g，捣烂配硼砂水外擦（《黔南兽医常用中草药》）。

2. 治家畜痈肿热毒、皮肤咬伤方：①虎耳草、犁头草、匍匐堇、蒲公英各 1 握。食盐少许，捣烂敷患处，有消肿拔毒之功，未溃可退，已溃排脓（《浙江民间兽医草药集》）。②治家畜被兽咬伤：虎耳草叶揉烂成汁水，涂抹患处（《兽医常用中药及处方》）。

358. 虎 杖

【别　　名】花斑竹，斑庄，斑杖根，黄地榆。

【来　　源】蓼科植物虎杖 Polygonum cuspidatum Sieb.et Zucc. 的干燥根茎和根。主产于江苏、江西、山东、四川等地。

【采集加工】春、秋二季采挖，除去须根，洗净，趁鲜切短段或厚片，晒干。

【药　　性】微苦，微寒。归肝、胆、肺经。

【功　　能】活血定痛，祛风利湿，止咳化痰，清热解毒。

【主　　治】风湿痹痛，产后血瘀，肺热咳嗽，排尿不利，湿热黄疸，跌打损伤，痈肿疮毒，烫火伤。鱼烂鳃，腐皮，肠炎。

【用法用量】马、牛 30 ~ 100g，羊、猪 15 ~ 30g，兔、禽 1 ~ 2g。外用适量。鱼每千克体重 1 ~ 2g，拌饵投喂。

【禁　　忌】孕畜慎用。

【方　　例】虎杖解毒汤（《辽宁中医杂志》，2001）：虎杖、菟丝子、金钱草、败酱草、半枝莲、白花蛇舌草、丹参、泽兰、郁金、益母草。能清热解毒利湿，疏肝理气活血，治疗急性乙型病毒性肝炎。

359. 虎 刺

【别　　名】刺虎，绣花针，老鼠刺，伏牛花，隔虎刺，天钻，寿庭木。

【来　　源】茜草科植物虎刺 Damnacanthus indicus Gaertn. 的全株或根。主产于浙江、江西、广东、湖南等地。

【采集加工】全草及根全年可采，洗净，切碎，晒干。

【药　　性】苦、甘，平。

【功　　能】祛风利湿，活血消肿。

【主　　治】劳伤虚损，关节风湿，软骨风瘫，尿血不止，创伤化脓。

【用法用量】马、牛 30 ~ 90g，羊、猪 15 ~ 30g。

【方　　例】1. 治牛劳伤虚损方（《牛病诊疗经验汇编》）：绣花针、南蛇藤、土牛膝各 60 ~ 90g，黄酒 500mL，煎水冲服。

2. 治牛尿血不止方（《民间兽医诊疗及处方汇编》）：绣花针、骨碎针、百节藕、小活血、野菊花、棉茵陈、茜草。以萝卜缨、甜苋菜为引，煎水喂服。

3. 治牛创伤化脓方（《兽医手册》）：绣花针、野菊花各 30 ~ 60g，煎水喂服。

360. 虎掌南星

【别　　名】虎掌，掌叶半夏，半夏，天南星，南星，半夏子，大三步跳。

【来　　源】天南星科植物虎掌 *Pinellia pedatisecta* Schott 的块茎。主产于河北、河南、山东、安徽等地。

【采集加工】多在白露前后采挖，去净须根，撞去外皮，晒干。制用。

【药　　性】苦、辛，温；有毒。归肺、肝、脾经。

【功　　能】散结消肿。

【主　　治】痈肿，蛇虫咬伤。

【用法用量】外用适量。

【禁　　忌】生品内服宜慎；孕畜忌服。

361. 昆　布

【别　　名】海带，江白菜，黑昆布，鹅掌菜。

【来　　源】海带科植物海带 *Laminaria japonica* Aresch. 或翅藻科植物昆布 *Ecklonia kurome* Okam. 的干燥叶状体。主产于山东、辽宁、浙江等地。

【采集加工】夏、秋二季采捞，晒干。

【药　　性】咸，寒。归肝、胃、肾经。

【功　　能】软坚散结，消痰，利水。

【主　　治】水肿积聚，瘰疬，睾丸肿痛。

【用法用量】马、牛 15 ~ 60g，羊、猪 3 ~ 15g。

【禁　　忌】脾胃虚寒便溏者慎用。

【方　　例】1. 治马、骡喉头风方（《中兽医治疗经验集》）：昆布、射干、桔梗、玄参、大黄、麻黄、升麻、皂刺、没药、薄荷、山豆根、穿山甲。共为细末，开水冲服。

2. 加减昆海汤（《中兽医治疗经验集》）：昆布、海藻、苍术、柴胡、连翘、黄连、黄芩、黄柏、黄栀、知母、木通、桔梗、牵牛、甘草。共为细末，开水冲服。治家畜疮黄肿毒，腮肿，背肿，结肿，久不化脓。

3. 治人畜大便干燥方（《民间兽医本草》）：海带屑，切细煮汤，连海带内服。

362. 岩白菜

【别　　名】岩壁菜，石白菜，岩七，红岩七，岩菖蒲，亮叶子。

【来　　源】虎耳草科植物岩白菜 *Bergenia purpurascens*（Hook.f. et Thoms.）Engl. 的干燥根茎。主产于四川、云南、贵州等地。

【采集加工】秋、冬二季采挖，除去叶鞘和杂质，晒干。

【药　　性】苦、涩，平。归肺、肝、脾经。

【功　　能】收敛止泻，止血止咳，舒筋活络。

【主　　治】腹泻，痢疾，食欲不振，内外伤出血，咳喘，风湿疼痛，跌打损伤。

363. 罗布麻叶

【别　　名】茶叶花，泽漆麻，野茶叶，红根草。

【来　　源】夹竹桃科植物罗布麻 *Apocynum venetum* L. 的干燥叶。主产于内蒙古、甘肃、新疆等地。

【采集加工】夏季采收，除去杂质，干燥。

【药　　性】甘、苦，凉。归肝经。

【功　　能】平肝安神，清热利水。

【主　　治】肝阳眩晕，心悸失眠，浮肿尿少。

【用法用量】马、牛、驼 25～60g，羊、猪 6～12g，犬、猫 2～5g。

【禁　　忌】脾虚慢惊者慎用。

【方　　例】复方罗布麻片：罗布麻、野菊花、防己、硫酸胍生、肼苯哒嗪、利眠宁、维生素 B_1，主治高血压病。

【别　　名】光果木鳖，罗仙果，假苦瓜。

【来　　源】葫芦科植物罗汉果 *Siraitia grosvenorii*（Swingle）C. Jeffrey ex A.M.Lu et Z.Y.Zhang 的干燥果实。主产于广西。

【采集加工】秋季果实由嫩绿色变深绿色时采收，晾数天后，低温干燥。

【药　　性】甘，凉。归肺、大肠经。

【功　　能】清热润肺，利咽开音，滑肠通便。

【主　　治】肺热燥咳，咽痛失音，肠燥便秘。

【用法用量】马、牛 30 ~ 60g，羊、猪 15 ~ 30g。

【方　　例】1. 治人畜肺热咳嗽方（《民间兽医本草》续编）：罗汉果 1 ~ 2 个（切细），开水冲服。

2. 治小猪血燥便秘方（《民间兽医本草》续编）：罗汉果叶 60 ~ 90g，捣烂挤汁，菜油调服。

【别　　名】白花败酱，黄花败酱，黄花龙芽。

【来　　源】败酱科植物黄花败酱 *Patrinia scabiosaefolia* Fisch.ex Link. 或白花败酱 *Patrinia villosa*（Thunb.）Juss. 的干燥全草。全国大部分地区均产。

【采集加工】夏季花开前采挖，晒至半干，扎成束，阴干。

【药　　性】辛、苦，凉。归胃、大肠、肝经。

【功　　能】清热解毒，祛瘀止痛，消肿排脓。

【主　　治】肠黄痢疾，目赤肿痛，疮黄疔毒。

【用法用量】马、牛 30 ~ 120g，羊、猪 15 ~ 30g。

【禁　　忌】脾胃虚弱者慎用。

【方　　例】1. 眼睛肿痛方（《兽医手册》）：败酱草、蒲公英、金银花、千里光，诸药煎水滤液取汁，候温灌服，治疗家畜眼睛肿痛，用之效好。

2. 猪肺疫方（《猪病防治》）：败酱草、忍冬藤、筋骨草、紫花地丁、大血藤，诸药煎水滤液取汁，候温灌服，治疗猪肺炎效佳。

366. 知 母

【别　　名】肥知母，穿地龙，之母，地参，昌支。

【来　　源】百合科植物知母 *Anemarrhena asphodeloides* Bge. 的干燥根茎。主产于陕西、陕西、河北、内蒙古等地。

【采集加工】春、秋二季采挖，除去须根和泥沙，晒干，习称"毛知母"；或除去外皮，晒干。

【药　　性】苦、甘，寒。归肺、胃、肾经。

【功　　能】清热泻火，滋阴润燥。

【主　　治】外感热病，胃热，肺热咳嗽，肠燥便秘，阴虚内热。

【用法用量】马、牛 20 ~ 60g，驼 45 ~ 100g，羊、猪 5 ~ 15g，兔、禽 1 ~ 2g。

【禁　　忌】该品性寒质润，有滑肠作用，故脾虚便溏者慎用。

【方　　例】1. 消黄散（《元疗疗马集》）：川贝母、白药子、蜂蜜、黄芩、黄药子、生甘草、郁金、知母。能专清热火，消肿散结，止咳平喘，治疗动物肺热咳喘、疮癀肿毒用之效好。

2. 知母散（《痊骥通玄论》）：滑石、官桂、酒炒知母、酒炒黄柏、木通，共为细末，温水同调，候温灌服。治疗马小便不通，用之效好。

367. 侧柏叶

【别　　名】柏叶，丛柏叶，扁柏叶，柏树叶。

【来　　源】柏科植物侧柏 *Platycladus orientalis*（L.）Franco 的干燥枝梢和叶。全国大部分地区均产。

【采集加工】夏、秋二季采收，除去粗梗及杂质，阴干。

【药　　性】苦、涩，寒。归肺、肝、脾经。

【功　　能】凉血止血。

【主　　治】衄血，咯血，便血，尿血，子宫出血。

【用法用量】马、牛 15~60g，羊、猪 5~15g，兔、禽 0.5~1.5g。

【方　　例】1. 治牛马鼻出血方：①鲜侧柏叶 1 把，切细，煎水喂服（《安徽省中兽医经验集》）。②侧柏炭、蒲黄炭、荆芥炭、白茅根、栀子、黄芩、白及、白芍、甘草，煎水喂服（《兽医中草药验方选编》）。

2. 治家畜肺火咳嗽方：①侧柏叶、海浮石、麻黄、甘草。共为细末，大枣煎汁冲服（《吉林省中兽医经验方选集》）。②侧柏叶、鱼腥草、百合、百部、麻黄、杏仁，煎水喂服《温岭县民间兽医验方集》）。

368. 委陵菜（附药：多茎委陵菜）

委陵菜 *Potentilla chinensis* Ser.

多茎委陵菜 *Potentilla multicaulis* Bge.

【别　　名】翻百菜，翻白叶，蛤蟆草，痢疾草，根头菜。

【来　　源】蔷薇科植物委陵菜 *Potentilla chinensis* Ser. 的干燥全草。全国大部分地区均产。

【采集加工】春季未抽茎时采挖，除去泥沙，晒干。

【药　　性】苦，寒。归肝、大肠经。

【功　　能】清热解毒，凉血止痢。

【主　　治】痢疾，便血，鼻衄，疮疡肿毒。

【用法用量】马、牛 30 ~ 120g，羊、猪 15 ~ 30g。

【方　　例】1. 治牛马胃肠炎方（《黔南兽医常用中草药》）：委陵菜、地榆，煎汁喂服。

2. 治猪腹泻，仔猪白痢方（《兽医中草药验方选编》）：委陵菜、白头翁、百草霜各 15 ~ 30g，共为细末，拌料喂服。

附药：多茎委陵菜

多茎委陵菜 多茎委陵菜 *Potentilla multicaulis* Bge.，全草入药，具有止血、杀虫、祛湿热等功效。

369. 佩 兰

【别　　名】女兰，香水兰，燕尾香，香草，兰草、水香。

【来　　源】菊科植物佩兰 *Eupatorium fortunei* Turcz. 的地上干燥部分。主产于江苏、浙江、河北等地。

【采集加工】夏、秋二季分两次采割，除去杂质，晒干。

【药　　性】辛，平。归脾、胃、肺经。

【功　　能】芳香化湿，醒脾开胃，发表解暑。

【主　　治】伤暑，食欲不振。

【用法用量】马、牛 15 ～ 40g，羊、猪 5 ～ 15g。

【方　　例】1. 治牛中暑发痧方（《浙江民间兽医草药集》《民间兽医本草》）：佩兰、香薷、藿香、青蒿、陈皮、青木香、生石膏、滑石、甘草，煎水喂服。

2. 佩兰止痢散（《中兽医诊疗》）：佩兰、厚朴、白芍、草果、白术、茯苓、青皮、砂仁、干姜。共为细末，开水冲服，治牛虚寒痢疾。

370. 金果榄

【别　　名】金牛胆，九牛胆。

【来　　源】防己科植物青牛胆 *Tinospora sagittata*（Oliv.）Gagnep. 或金果榄 *Tinospora capillipes* Gagnep. 的干燥块根。主产于广西、湖南、贵州、广东、湖北、四川等地。

【采集加工】秋、冬二季采挖，除去须根，洗净，晒干。

【药　　性】苦，寒。归肺、大肠经。

【功　　能】清热解毒，利咽消肿，止痛。

【主　　治】肺热咳喘，咽喉肿痛，痢疾，瘰疬，疮疡肿毒，毒蛇咬伤。

【用法用量】马、牛 30 ～ 45g，羊、猪 10 ～ 20g。

【禁　　忌】脾胃虚弱者慎用。

【方　　例】1. 治疗肺胃蕴热，咽喉肿痛方（《百草镜》）：单用金果榄煎服，或与冰片共研粉吹喉。

2. 治疗热毒蕴结，疔毒疮痈，红肿疼痛方：①金果榄、鲜苍耳草，捣汁服用（《四川中药志》）。②金果榄醋磨后，外敷患处（《百草镜》）。

371. 金灯藤（附药：菟丝子）

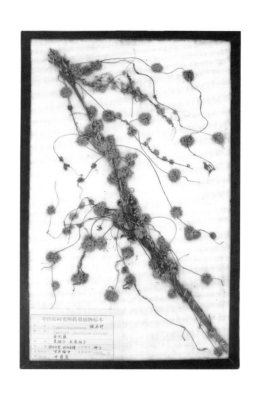

【别　　名】日本菟丝子，大菟丝子，菟丝子，无根藤，天蓬草。

【来　　源】旋花科植物金灯藤 *Cuscuta japonica* Choisy 的干燥成熟种子。全国大部分地区均产。

【采集加工】秋季果实成熟时采收植株，晒干，打下种子，除去杂质。

【药　　性】辛、甘、平。归肝、肾、脾经。

【功　　能】滋补肝肾，固精缩尿，安胎，明目，止泻。

【主　　治】肾虚滑精，腰胯软弱，尿频，胎动不安，肾虚目昏，脾肾虚泻。

【用法用量】马、牛 15 ~ 45g，羊、猪 5 ~ 15g。

【禁　　忌】该品偏于补阳，阴虚火旺、大便燥结、小便短赤者不宜服。

【方　　例】1. 治公畜阳痿不举方（《兽医中药类编》）：菟丝子、枸杞子、韭菜籽、金樱子、覆盆子，
煎水喂服。

2. 治母畜胎动不安方（《中兽医治疗学》）：菟丝子、补骨脂、当归、川芎、白芍、川贝、
厚朴、黄芪、羌活、枳壳、杜仲、续断、陈艾叶（炒），煎水喂服。

附药：菟丝子

菟丝子　旋花科植物南方菟丝子 *Cuscuta australis* R.Br. 或菟丝子 *Cuscuta chinensis* Lam. 的干燥成熟
种子。金灯藤功效、主治同菟丝子。

372. 金线草

【别　　名】九龙盘，蟹壳草，野蓼，铁拳头，人字草。

【来　　源】蓼科植物金线草 *Antenoron filiforme*（Thunb.）Rob. et Vaut. 的全草。主产于陕西、甘肃等地。

【采集加工】夏秋季采收，鲜用或晒干用。

【药　　性】辛，温。有小毒。

【功　　能】祛风除湿，健脾燥湿。

【主　　治】冷肠泄泻，痢疾，产后体弱，久泻不止，骨折，跌打损伤。

【用法用量】马、牛 30～60g，羊、猪 15～30g。

【方　　例】1. 治猪牛冷肠泄泻方（《浙江民间兽医草药集》）：
人字草（金线草）、萹蓄草、老鹳草、铁苋菜、水辣蓼。煎浓取汁，红糖少许，混合喂服。

2. 治母畜产后体弱方（《兽医中草药临症应用》）：
金线草、锦鸡儿、菠葜根、鸡血藤、野棉花、益母草，煎水喂服。

373. 金荞麦

【别　　名】野荞麦，荞麦三七，开金锁，苦荞头。

【来　　源】蓼科植物金荞麦 *Fagopyrum dibotrys*（D.Don）Hara 的干燥根茎。主产于陕西、江苏、江西、浙江等地。

【采集加工】冬季采挖，除去茎和须根，洗净，晒干。

【药　　性】微辛、涩，凉。归肺经。

【功　　能】清热解毒，清肺排脓，活血祛瘀。

【主　　治】咽喉肿痛，肺痈鼻脓，乳痈，下痢，痈疮肿毒。

【用法用量】马、牛 60～150g，羊、猪 15～60g，兔、禽 1～3g。外用鲜品适量。

【方　　例】1. 治家畜喉蛾、咽喉肿痛方（《牛病诊疗经验汇编》）：
野荞麦（金荞麦）叶捣汁服，连服数剂。

2. 治家畜皮肤肿毒方（《浙江民间兽医草药集》）：
金锁银开（金荞麦）单方服 30～60g，并用叶子捣敷患处。

374. 金钱草（附药：广金钱草、轮叶过路黄）

【别　　名】路边黄，遍地黄，铜钱草，一串钱，大金钱草。

【来　　源】报春花科植物过路黄 *Lysimachia christinae* Hance 的干燥全草。主产于四川。

【采集加工】夏、秋二季采收，除去杂质，晒干。

【药　　性】甘、咸，微寒。归肝、胆、肾、膀胱经。

【功　　能】清热利湿，利水通淋，排石止痛，消肿。

【主　　治】湿热黄疸，热淋，石淋，水肿，肿毒，毒蛇咬伤。

【用法用量】马、牛 60 ～ 150g，羊、猪 15 ～ 60g，犬、猫，2 ～ 12g。

【方　　例】1. 治肠胃炎方（《浙江民间兽医草药集》）：金钱草、田鸡王、老鹳草、铁苋菜、谷芽、麦芽、山楂、神曲各适量。能清热利湿、健脾消食，煎水喂服，治猪、牛胃肠炎效佳。
2. 治砂石淋方（《兽医中草药临症应用》）：金钱草、车前草各 90 ～ 120g，煎水喂服。能利水通淋，治耕牛砂石淋病效好。

过路黄　　　　　　　　金钱草
Lysimachia christinae Hance

附药：广金钱草、轮叶过路黄

1. 广金钱草　　豆科植物广金钱草 *Desmodium styracifolium*（Osb．）Merr. 的地上干燥部分，为广东、广西所习用。甘、淡，凉；归肝、肾、膀胱经。能利湿退黄，利尿通淋。主治黄疸尿赤，热淋，石淋，小便涩痛，水肿尿少。

2. 轮叶过路黄　　报春花科植物轮叶过路黄 *Lysimachia klattiana* Hance，全草药用，主治咯血，肝阳上亢，毒蛇咬伤。

广金钱草　　　　　　　轮叶过路黄
Desmodium styracifolium　*Lysimachia klattiana* Hance
（Osb．）Merr.

375. 金银花（附药：下江忍冬）

【别　　名】忍冬，双花，二花，二宝花。

【来　　源】忍冬科植物忍冬 *Lonicera japonica* Thunb. 的干燥花蕾或带初开的花。主产于河南、山东等地。

【采集加工】夏初花开放前采收，干燥。

【药　　性】甘，寒。归肺、心、胃经。

【功　　能】清热解毒，疏散风热。

【主　　治】温病发热，风热感冒，肺热咳嗽，咽喉肿痛，热毒血痢，乳房肿痛，痈肿疮毒。鱼肠炎，腐皮。

【用法用量】马、牛 15 ～ 60g，羊、猪 5 ～ 10g，犬、猫 3 ～ 5g，兔、禽 1 ～ 3g。鱼每千克体重 3 ～ 5g；每立方米水体 1 ～ 2g 泼撒鱼池。

【禁　　忌】脾胃虚寒及气虚疮疡脓清者忌用。

【方　　例】1. 五味消毒饮（《医宗金鉴》）：金银花、野菊花、蒲公英、紫花地丁、紫背天葵。能清热解毒，消肿止痛，治疮黄肿毒初起，红肿热痛，口色鲜红，脉洪数等。

2. 银翘散（《温病条辨》）：金银花、连翘、荆芥、薄荷、淡豆豉、牛蒡子、竹叶、桔梗、甘草、芦根。能解表散热，治外感热邪所引起的肌肤发热，口红舌燥，精神倦怠，脉浮而数等。

附药：下江忍冬

【别　　名】素忍冬，吉利子树，山钢盒。

【来　　源】忍冬科植物下江忍冬 *Lonicera modesta* Rehd. 的干燥花蕾。主产于安徽南部和西部大别山区、浙江、江西北部和东部（宜黄）、湖北东部（罗田、长阳）及湖南东部（衡山南岳）。为金银花的混淆品，不做药用。

376. 金樱子

【别　　名】刺梨子，金罂子，山石榴，槟榔
果，刺橄榄，灯笼草。

【来　　源】蔷薇科植物金樱子 *Rosa
laevigata* Michx. 的干燥成熟
果实。主产于广东、四川、云南、
湖北、贵州等地。

【采集加工】10—11月果实成熟变红时采收，
干燥，除去毛刺。

【药　　性】酸、甘、涩，平。归肾、膀胱、
大肠经。

【功　　能】固精缩尿，涩肠止泻。

【主　　治】滑精，脾虚久泻，久痢，尿频数，
带下。

【用法用量】马、牛 15 ~ 45g，羊、猪 5 ~ 10g。

【禁　　忌】有实火、邪热者忌服。

【方　　例】1. 治猪、牛肠炎腹泻方：①金樱子、土茯苓、松针，煎水喂服（《兽医中草药处方选编》）。
②金樱子根 500g（切片），煎浓取汁，红糖调服（《牛病诊疗经验选编》）。
2. 治公畜滑精方：①金樱子、枸杞子、何首乌、荷叶，煎水喂服（《草药针灸治兽病》卢
世钟经验）。②金樱子、三白草、肖苋天花，煎水喂服（《医兽手册》）。

377. 乳　香

【别　　名】乳头香，浴香，多伽罗香，熏陆香，奶香。

【来　　源】橄榄科植物乳香树 *Boswellia carterii* Birdw. 及同属植
物 *Boswellia bhaw-dajiana* Birdw. 树皮渗出的树脂。
分为索马里乳香和埃塞俄比亚乳香，每种乳香又分为
乳香珠和原乳香。主产于非洲索马里、埃塞俄比亚等地。

【采集加工】春、夏季采收。将树干的皮部由下向上顺序切伤，使
树脂渗出，数天后凝成固体，即可采收。

【药　　性】辛、苦，温。归心、肝、脾经。

【功　　能】活血定痛，消肿生肌。

【主　　治】瘀滞腹痛，跌打损伤，痈疽肿痛，疮溃不烂。

【用法用量】马、牛、驼 15 ~ 30g，猪、羊 3 ~ 6g，犬、猫 1 ~ 3g。

【禁　　忌】孕畜及无瘀滞者及用，胃弱者慎用。

【方　　例】1. 乳香散（《元亨疗马集》）：乳香、没药、当归、牛膝、
麻黄、巴戟天、红花、槟榔、骨碎补、胡芦巴、白附子，
共研为末，引飞矾、温酒、童便，同调空腹灌服。能活血止痛，温肾散寒，主治马蹩损肾经，
后腰无力，卧地难起。
2. 活络丹（《和剂局方》）：制川乌、制草乌、地龙、制南星、乳香、没药，共研为末，
以酒面糊为丸，陈酒调服。能祛风活络，祛湿止痛，主治风寒湿痹，湿痰瘀血滞留经络。

378. 乳浆大戟

【别　　名】猫眼草，烂疤眼，乳浆草。

【来　　源】大戟科植物乳浆大戟 *Euphorbia esula* L. 的干燥根。全国大部分地区均产。

【采集加工】秋、冬二季采挖，除去须根，洗净，置沸水中略烫，干燥。

【药　　性】苦，凉。有毒。

【功　　能】利尿消肿，拔毒止痒。

【主　　治】四肢浮肿，小便淋痛不利，疟疾；外用于瘰疬，疮癣瘙痒。

【用法用量】马 5 ~ 15g，牛 10 ~ 25g，羊、猪 2 ~ 5g。

【禁　　忌】孕畜禁用，不宜与甘草同用。

379. 肺形草

【别　　名】玉蝴蝶，花蝴蝶，铁板青，四脚喜，山蝴蝶，金交杯，鸡肠风。

【来　　源】龙胆科植物双蝴蝶 *Tripterospermum chinense*（Migo）H.Smith 的幼嫩全草。主产于江苏、浙江、安徽、江西、福建、广西等地。

【采集加工】夏、秋季采收，晒干或鲜用。

【药　　性】辛、甘、苦，寒。归肺、肾经。

【功　　能】清肺止咳，凉血止血，利尿解毒。

【主　　治】肺热咳嗽，肺痨咯血，肺痈，乳痈，疮痈疔肿，创伤出血，毒蛇咬伤。

380. 肿节风

【别　　名】九节茶，草珊瑚，九节风，山鸡茶，接骨莲，满山香，
接骨金粟兰。

【来　　源】金粟兰科植物草珊瑚 *Sarcandra glabra*（Thunb.）Nakai
的干燥全草。主产于贵州、云南、安徽、浙江等地。

【采集加工】夏、秋二季采收，除去杂质，晒干。

【药　　性】苦、辛，平。归心、肝经。

【功　　能】清热凉血，通经接骨。

【主　　治】血热紫斑，跌打损伤，关节风湿，骨折肿痛。

【用法用量】马、牛 60 ~ 100g，羊、猪 15 ~ 45g。

【方　　例】1. 治家畜风湿肿痛方（《兽医常用中草药》）：接骨
金粟兰（肿节风）120 ~ 250g，用白酒 500mL 浸 5 天，
每次服 1 酒盅，用水调服，每天 2 次，服完为止。

2. 治牛、马骨折接骨用方（《广东中兽医验方选编》）：
九节茶（肺节风）、铁包金、佛掌榕、榕树须、穿破石。
擂烂炒干，蚂磺 7 条（烧灰），以黄酒为引，煎汁冲服，其渣敷患处，外用杉木皮包扎固定。

3. 治牛跌打损伤方（《浙江民间兽医草药集》）：接骨金粟兰（肿节风）、菊叶三七、接骨木、
珍珠莲（薜荔）、乳香、汉药、当归、红花、甘草。煎水喂服，以黄酒、红糖为引。

381. 鱼腥草

【别　　名】折耳根，臭菜，侧耳根，臭根草。

【来　　源】三白草科植物蕺菜 *Houttuynia
cordata* Thunb. 的新鲜全草或干
燥地上部分。主产于浙江、江苏、
安徽、湖北等地。

【采集加工】鲜品全年均可采割；干品夏季茎
叶茂盛花穗多时采割，除去杂质，
晒干。

【药　　性】辛，微寒。归肺经。

【功　　能】清热解毒，消肿排脓，利尿通淋。

【主　　治】肺痈，肠黄，痢疾，乳痈，淋浊。

【用法用量】马、牛 30~120g，羊、猪 15~30g，
犬、猫 3 ~ 5g，兔、禽 1 ~ 3g。
外用适量。

【禁　　忌】虚寒证及阴性溃疡忌服。

【方　　例】1. 肺脓疡方（《中兽医验方汇编》）：鱼腥草 250g，黄芩 60g，煎水滤液取汁，候温
分 2 次灌服，连服 5 ~ 6 天，治疗牛肺痈效好。

2. 肺炎发热方（《草药针灸治兽病》）：鱼腥草、蒲公英、桔梗、黄药子、石膏、瓜蒌皮，
诸药煎水滤液取汁，候温灌服，治疗牛肺炎发热，用之效佳。

中兽药标本及器具图谱

382. 鱼藤（附药：毛鱼藤）

毛鱼藤 *Derris elliptica*

【别　　名】毒鱼藤，姜藤，逗鱼藤。

【来　　源】豆科植物鱼藤 *Derris trifoliata* Lour 的根或全草。主产于福建、广东、广西等地。

【采集加工】根全年均可采挖，洗净，切片，晒干；茎叶夏、秋季采收，多鲜用。

【药　　性】苦、辛，温；有大毒。归肝经。

【功　　能】散瘀止痛，杀虫止痒。

【主　　治】跌打损伤，关节疼痛，疥癣，湿疹。

【用法用量】外用适量。

【禁　　忌】不可内服。

【方　　例】1.治马穿孔型疥癣方（《畜牧与兽医》1955 年第 5 期）：鱼藤粉 8 份，肥皂末 1 份，和水 50 份，混匀轻擦患处。

2.治牛蝇蛆方（《畜牧与兽医》1955 年第 5 期）：鱼藤粉 4 份，肥皂末 1 份，和水 34 份，混合均匀，涂擦患处。

3.治牛蜱、牛虱方（《兽医中草药临症应用》）：鱼藤根适量，浸水擦患处。

附药：毛鱼藤

毛鱼藤　同属植物毛鱼藤 *Derris elliptica*，为常用的中草药杀虫剂，能杀害多种害虫。

383. 狗肝菜

【别　　名】小青，六角英，野青子，青蛇仔，路边青，猪肝菜，羊肝菜。

【来　　源】爵床科植物狗肝菜 *Dicliptera chinensis*（L.）的全草。主产于福建、广东、广西等地。

【采集加工】夏、秋采收，晒干或鲜用。

【药　　性】苦，寒。

【功　　能】清热凉血，利尿解毒。

【主　　治】目赤肿痛，感冒发热，湿热泄泻，疮疖热毒。

【用法用量】马、牛 60 ～ 120g，羊、猪 30 ～ 60g。

【方　　例】1.治牛、马斑痧大热方：①羊肝菜（狗肝菜）、鸭跖草、筋骨草、三叶青 90 ～ 150g，香薷、藿香、紫苏、薄荷各 30 ～ 60g，煎水喂服（《民间兽医本草》续编）。②治牛感冒发热：狗肝菜、三白草各 500g。共同捣烂，开水冲服（《中兽医疗牛集》）。

2.治牛、马风热咳嗽方（《广西兽医中草药处方选编》）：狗肝菜、鱼腥草、白茅根、路边菊、枇杷叶（去毛）各 120g，煎水喂服。

【别　　名】金狗脊，金毛狗，金毛狗脊，金毛
　　　　　　狮子。

【来　　源】蚌壳蕨科植物金毛狗脊 *Cibotium
　　　　　　barometz*（L.）J.Sm. 的干燥根茎。
　　　　　　主产于云南、广西、浙江、福建等地。

【采集加工】秋、冬二季采挖，除去泥沙，干燥；
　　　　　　或去硬根、叶柄及金黄色绒毛，切
　　　　　　厚片，干燥，为"生狗脊片"；蒸
　　　　　　后晒至六七成干，切厚片，干燥，
　　　　　　为"熟狗脊片"。

【药　　性】苦、甘，温。归肝、肾经。

【功　　能】补肝肾，强腰膝，祛风湿。

【主　　治】寒湿痹痛，腰肢无力，尿频数。

【用法用量】马、牛 15 ~ 45g，羊、猪 5 ~ 10g。

【禁　　忌】肾虚有热，小便不利，或短涩黄赤者慎服。

【方　　例】1. 治牛、马肾冷拖腰方（《黑龙江中兽医经验集》）：狗脊、乌药、小茴香、肉桂、川楝子、
　　　　　　枸杞子、熟地黄、苍术、山药、茯苓、巴戟天、荜澄茄，共研细末，开水冲服。能补肝肾、
　　　　　　壮腰膝，治马、牛肾冷拖腰。
　　　　　　2. 治牛、马软骨病方（《兽医中药类编》）：狗脊、没药、羌活、独活、补骨脂、巴戟天、
　　　　　　川楝子、小茴香、当归、红花，煎水喂服。能温补肝肾、活血通络，治马、牛软骨病。

中兽药标本及器具图谱

【别　　名】踯躅花，黄杜鹃，三钱三，毛老虎，一杯倒，八里麻，
　　　　　　坐山虎。

【来　　源】杜鹃花科植物羊踯躅 *Rhododendron molle* G.Don
　　　　　　的干燥花。主产于安徽、江苏、浙江等地。

【采集加工】四五月花初开时采收，阴干或晒干。

【药　　性】辛，温；有大毒。归肝经。

【功　　能】祛风除湿，散瘀定痛。

【主　　治】风湿痹痛，偏正头痛，跌扑肿痛，顽癣。

【用法用量】马、牛 30 ~ 60g，羊、猪 15 ~ 30g。

【禁　　忌】不宜多服、久服；体虚者及孕畜禁用。

【方　　例】1. 治牛狂犬病（《兽医手册》）：闹羊花根（去粗皮）
　　　　　　90g（切片），煎水和鸡蛋 1 只调服。
　　　　　　2. 治牛外伤肿痛方（《牛病诊疗经验汇编》）：闹羊花根、
　　　　　　杜鹃花根、垂杨柳根各 1 握，食盐少许，共同捣烂，
　　　　　　烧酒调敷。

386. 卷 柏

【别　　名】回阳草，石莲花，万年松，见水还阳，铁拳头，岩松。

【来　　源】卷柏科植物卷柏 *Selaginella tamariscina*（Beauv.）Spring 或垫状卷柏 *Selaginella pulvinata*（Hook.et Grev.）Maxim. 的干燥全草。主产于安徽、贵州、广东、广西等地。

【采集加工】全年均可采收，除去须根和泥沙，晒干。

【药　　性】辛，平。归肝、心经。

【功　　能】生用破血，炒用止血。

【主　　治】生用治跌打损伤；炒炭治便血，尿血，脱肛。

【用法用量】马、牛 30～60g，羊、猪 5～15g。

【方　　例】1. 治牛、马肺火症方（《兽医中草药选》）：卷柏、侧柏、冰片、田螺。煎水喂服，以鸡蛋清为引。

2. 治家畜鼻衄方（《安徽省中兽医经验集》）：卷柏、侧柏、地榆、蒲黄、白茅。炒炭研末，生地捣烂挤汁，和水喂服。

3. 治家畜大便出血方（《湖南中兽医药物集》）：卷柏、侧柏、棕榈。炒炭研末，凉水冲服，以白糖为引。

387. 泡 参

【别　　名】泡沙参，南沙参，波氏沙参，布氏沙参。

【来　　源】桔梗科植物泡沙参 *Adenophora potaninii* Korsh. 或布氏沙参 *Adenophora bulleyama* Diels 的根。主产于四川、河北、陕西、甘肃、青海、宁夏等地。

【采集加工】夏末秋初花枯时挖取根茎，去苗梗，洗净泥沙，切片晒干。

【药　　性】甘，淡，微寒。

【功　　能】补肺扶正，祛痰止咳。

【主　　治】肺虚有热，咳嗽痰血，病后虚弱。

【用法用量】马、牛 60～120g，羊、猪 30～60g。

【方　　例】1. 治人、畜肺痨潮热，咳嗽咳血方（《民间兽医本草》续编）：泡沙参、白前、青蒿、柴胡、前胡各适量，煎水喂服。

2. 治家畜肛门脱出方（《藏兽医经验选编》）：泡参、当归、川芎、白术、柴胡、升麻、陈皮、土大黄、鸦胆子、甘草等，煎水喂服。

388. 泽 兰

【别　　名】草泽兰，方茎泽兰，虎蒲，风药。

【来　　源】唇形科植物毛叶地瓜儿苗 *Lycopus lucidus* Turcz.var. *hirtus* Regel 的干燥地上部分。主产于黑龙江、辽宁、浙江、湖北等地。

【采集加工】夏、秋二季茎叶茂盛时采割，晒干。

【药　　性】苦、辛，微温。归肝、脾经。

【功　　能】活血祛瘀，利水消肿。

【主　　治】产后瘀血，腹痛，尿淋沥，水肿，带下，胎衣不下，跌打瘀血，疮痈肿毒。

【用法用量】马、牛 15 ~ 45g，羊、猪 10 ~ 15g，兔、禽 0.5 ~ 1.5g。

【禁　　忌】血虚及无瘀滞者慎用。

【方　　例】1. 泽兰汤（《备急千金要方》）：泽兰、当归、生地黄、甘草、生姜、芍药、大枣，水煎，候温灌服。主治产后恶露不尽，腹痛，痛引腰背。

2. 归尾泽兰汤（《妇科玉尺》）：当归尾、泽兰、牛膝、红花、延胡索、桃仁。水煎，温服。能活血祛瘀，主治产后恶露不下。

389. 泽 泻

【别　　名】水泻，泽芝，及泻，天鹅蛋，天秃。

【来　　源】泽泻科植物泽泻 *Alisma orientale*（Sam.）Juzep. 的干燥块茎。主产于福建、四川、江西等地。

【采集加工】冬季茎叶开始枯萎时采挖，洗净，干燥，除去须根和粗皮。

【药　　性】甘、淡，寒。归肾、膀胱经。

【功　　能】利小便，清湿热。

【主　　治】湿热泄泻，尿血，石淋，排尿不利，水肿。

【用法用量】马、牛 20 ~ 45g，羊、猪 10 ~ 15g，犬、猫 2 ~ 8g，兔、禽 0.5 ~ 1g。

【方　　例】1. 龙胆泻肝散（《医宗金鉴》）：龙胆草、泽泻、黄芩、栀子、木通、车前子、当归、柴胡、甘草、生地黄。能泻肝胆实火，清三焦湿热，治目赤肿痛，淋浊，带下。

2. 防己散（《普济方》）：防己、泽泻、黄芪、茯苓、肉桂、胡芦巴、厚朴、补骨脂、猪苓、川楝子、巴戟天。能补肾健脾、利尿除湿，治肾虚水肿效好。

231

390. 泽 漆

【别　　名】五风草，凉伞草，爆花草，兔儿奶，倒毒草，五朵云，草巴戟。

【来　　源】大戟科植物泽漆 *Euphorbia helioscopia* L. 的全草。全国大部分地区均产。

【采集加工】4—5 月开花时采收，除去根及泥沙，晒干。

【药　　性】辛、苦，凉。有大毒。

【功　　能】行水消肿，杀虫解毒。

【主　　治】水肿，疥癣，痈肿疮毒。

【用法用量】马、牛 30 ～ 45g，羊、猪 9 ～ 18g。

【方　　例】1. 治猪、牛水肿腹胀方（《浙江民间兽医草药集》）：泽漆根（醋炒）、赤小豆、白茯苓、麦门冬、牛苦参、生姜、甘草各 15 ～ 30g，鲤鱼 1 尾，剖腹去肚，放入上药。煮 10 余沸去渣，掺入饲料内喂服，分 3 次服完。
2. 治家畜恶疮肿毒，皮肤疥癣方：①猫儿眼睛草（泽漆），晒干为末，香油调搽（《浙江民间兽医草药集》）。②泽漆煎膏，外涂患处（《江苏中兽医科研协作会议资料选编》）。

391. 宝铎草

【别　　名】竹凌霄，石竹根，倒竹散，百尾笋，小伸筋草。

【来　　源】百合科植物宝铎草 *Disporum sessile* D.Don 的根茎。主产于浙江、江苏、安徽、江西、湖南、山东、河南等地。

【采集加工】春秋采挖，洗净，晒干。

【药　　性】甘、淡，平。

【功　　能】化痰止咳，健脾消食，舒筋活血。

【主　　治】痰多咳嗽，食欲不振，筋骨疼痛。

药 名	降 香
用 途	行瘀活血，止血消肿，定痛，降逆气
拉丁名	Lignum Acronychiae

【别　　名】降真香，紫降香，花梨母，紫藤香，降真。

【来　　源】豆科植物降香檀 *Dalbergia odorifera* T.Chen 树干和根的干燥心材。主产于海南、广东、广西、云南等地。

【采集加工】全年均可采收，除去边材，阴干。

【药　　性】辛，温。归肝、脾经。

【功　　能】行气活血，止痛，止血。

【主　　治】脘腹疼痛，肝郁胁痛，胸痹刺痛，跌打损伤，外伤出血。

【用法用量】马、牛、驼 8 ~ 15g，猪、羊 3 ~ 9g，犬、猫 1 ~ 3g。

【禁　　忌】血热妄行、色紫浓厚、脉实便秘者禁用。

【方　　例】1. 大紫金皮散（《伤科汇纂》）：紫金藤皮、降香、川续断、补骨脂、无名异、琥珀、蒲黄、牛膝、当归、桃仁、大黄、芒硝，共研为末。主治跌打损伤，内损肺肝，呕血不止，或瘀血停积于内，心腹胀闷。

2. 降香桃花散（《痧胀玉衡》）：降香、牛膝、桃花、红花、大红凤仙花、白蒺藜。能活血化瘀，主治痧毒中肾。

393. 细辛（附药: 单叶细辛）

【别　　名】 小辛，少辛，细草，金盆草，山人参。

【来　　源】 马兜铃科植物北细辛 *Asarum heterotropoides* Fr.Schmidt var.*mandshuricum*（Maxim.）Kitag.、汉城细辛 *Asarum sieboldii* Miq.var. *seoulense* Nakai 或华细辛 *Asarum sieboldii* Miq. 的干燥根和根茎。前两种习称"辽细辛"，主产于东北地区；华细辛主产于陕西、河南、山东、浙江等地。

【采集加工】 夏季果熟期或初秋采挖，除净地上部分和泥沙，阴干。

【药　　性】 辛，温。归心、肺、肾经。

【功　　能】 祛风散寒，通窍止痛，温肺化饮。

【主　　治】 风寒感冒，冷痛，风湿痹痛，肺寒咳嗽。

【用法用量】 马、牛 9 ~ 15g，驼 15 ~ 30g，羊、猪 1.5 ~ 3g，犬 0.5 ~ 1.0g。

【禁　　忌】 阴虚阳亢头痛，肺燥伤阴干咳者忌用。不宜与藜芦同用。

【方　　例】 麻黄附子细辛汤（《伤寒论》）：细辛、麻黄、附子，可发散风寒，对治疗动物阳虚外感风寒，证见发热恶寒、精神倦怠、口淡脉沉用之效好。

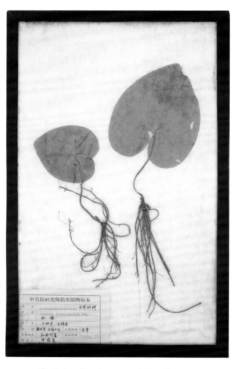

单叶细辛 *Asarum himalaicum*
Hook.f.et Thomson ex Klotzsch.

附药: 单叶细辛

单叶细辛 马兜铃科植物单叶细辛 *Asarum himalaicum* Hook.f.et Thomson ex Klotzsch. 的全草，在西南地区和陕西作细辛入药。

394. 贯众（附药：镰羽贯众）

【别　　名】贯节，贯渠，百头，贯中，黑狗脊，贯仲。

【来　　源】鳞毛蕨科植物粗茎鳞毛蕨 *Dryopteris crassirhizoma* Nakai 的带叶柄基部的干燥根茎。主产于黑龙江、吉林、辽宁三省山区，习称"东北贯众"或"绵马贯众"。

【采集加工】秋季采挖，洗净，除去叶柄及须根，晒干。切片生用或炒炭用。

【药　　性】苦，微寒，有小毒。归肝、脾经。

【功　　能】清热解毒，止血，杀虫。

【主　　治】虫积腹痛，湿热疮毒，出血。

【用法用量】马、牛、驼 20 ~ 60g，猪、羊 10 ~ 20g，犬、猫 3 ~ 6g。

【禁　　忌】孕畜慎用。

【方　　例】1. 贯众散（《司牧安骥集》）：贯众、白药子、枇杷叶、陈皮、青皮、马兜铃、紫苏子、何首乌、瓜蒌根、桑白皮、葶苈子、牵牛子、款冬花、紫菀、白蒺藜、杏仁（去皮尖）。各等份为末，以蜂蜜为引，同煎放温，草后灌之，治马肺风毒疮。

2. 贯众散（《新编集成马医方》）：贯众、皂荚、麻子（炒研）。上三味药，不拘多少，粗锉为末，以水浓煮，和草灌之，或调水灌之均可，治马肚内有虫，瘦弱不壮。

附药：镰羽贯众

镰羽贯众　鳞毛蕨科植物镰羽贯众 *Cyrtomium balansae*（Christ）C.Chr. 的根茎，功效与贯众相似。

镰羽贯众
Cyrtomium balansae（Christ）C.Chr.

九画

395. 春花木

【别　　名】石桂，凿角，石斑木，铁里木，雷公树，春花仔，春花柴，春花。

【来　　源】蔷薇科植物石斑木 *Rhaphiolepis indica*（L.）Lindl.ex Ker 的全株。主产于安徽、浙江、江西、湖南等地。

【采集加工】全年可采，采后鲜用，或晒干用。

【药　　性】苦、微涩，平。

【功　　能】清热解毒，消肿止血。

【主　　治】食欲不振，消化不良，咽喉肿痛，跌打损伤。

【用法用量】马、牛60～120g，羊、猪30～60g。

【方　　例】1. 治牛大便拉血方（《诊疗牛病经验汇编》）：春花叶500g，细叶白银香500g，大米250g（磨浆），共同擂烂，去渣喂服。

2. 治牛创伤烂肉方（《中兽医疗牛集》）：春花仔、大沙叶、山乌桕、三桠苦、土玉桂各等量。共同捣烂，开水调敷，或先擦鱼肝油更好。

396. 玳玳花

【别　　名】枳壳花，玳玳花，酸橙花。

【来　　源】芸香科植物玳玳花 *Citrus aurantium* L.var.*amara* Engl. 的花蕾。主产于江苏、浙江、广东、贵州等地。

【采集加工】立夏前后，选夏天上午露水干后，摘取含苞未开的花朵，用微火烘干。

【药　　性】辛、甘、微苦，平。归脾、胃经。

【功　　能】理气宽胸，和胃止呕。

【主　　治】胸中痞闷，脘腹胀痛，不思饮食，恶心呕吐。

397. 珍珠莲

【别　　名】小木莲。

【来　　源】桑科植物珍珠莲 *Ficus sarmentosa* Buch. -Ham.ex J.E.Sm.var.*henryi*（King ex Oliv.）Corner 的根及藤茎。主产于广东、广西、福建、江西等地。

【采集加工】全年均可采收，洗净，切片，鲜用或晒干。

【药　　性】微辛，平。

【功　　能】祛风除湿，消肿止痛，解毒杀虫。

【主　　治】风湿痹痛，乳痈疮疖。

398. 挖耳草

【别　　名】毛叶草，烟管头草，野烟叶，金耳挖，野葵花，倒提壶。

【来　　源】菊科植物烟管头草 *Carpesium cernuum* L. 的全草。全国大部分地区均产。

【采集加工】夏初开花时拔取全株，除去根及老茎枯叶，切片晒干。

【药　　性】苦、辛，寒。

【功　　能】清热解毒，消除肿胀。

【主　　治】疮疡肿毒，肠炎痢疾，毒蛇咬伤。

【用法用量】马、牛 30 ~ 60g，羊、猪 15 ~ 24g。

【方　　例】1. 治牛食滞方（《中兽医经验选辑》）：挖耳草、野苎麻、鸡屎藤、焦山楂各 60 ~ 150g，煎水喂服。

2. 治猪胃肠炎方（《兽医中草药选》）：挖耳草、地耳草、矮杨梅各 15g。共研细末，加红糖 30g。煎水调服。

237

399. 荆 芥

【别　　名】香荆芥，线芥，江芥，芥穗。

【来　　源】唇形科植物荆芥 *Schizonepeta tenuifolia* Briq. 的干燥地上部分。主产于江苏、浙江、河南、河北、山东等地。

【采集加工】夏、秋二季花开到顶、穗绿时采割，除去杂质，晒干。

【药　　性】辛，微温。归肺、肝经。

【功　　能】发表祛风，止血透疹。

【主　　治】感冒，咽喉肿痛，疮疡肿毒，风疹，鼻衄，便血，产后出血。

【用法用量】马、牛 15 ~ 60g，羊、猪 6 ~ 12g，犬、猫 2 ~ 5g，兔、禽 1.5 ~ 3g。

【方　　例】1. 麻黄桂枝汤（《兽药规范》二部）：荆芥、薄荷、槟榔、苍术、防风、桂枝、甘草、桔梗、麻黄、羌活、紫苏、细辛、牙皂、枳壳。可发汗解表，疏通气血。对治动物外感风寒湿邪，浑身冰冷，气血不畅用之效佳。

2. 荆防散（《养耕集校注》）：荆芥、防风、柴胡、前胡、桔梗、苦参、苏叶、薄荷、玄参、川芎、青蒿、瓜蒌、独活、良姜、柏叶（炒）。以生姜、大葱为引，和水擂服，取汁，治牛时疫流行，即效。

400. 茜 草

【别　　名】土茜苗，活血丹，拉拉秧，红茜草，红线草。

【来　　源】茜草科植物茜草 *Rubia cordifolia* L. 的干燥根和根茎。主产于安徽、江苏、山东、河南、陕西等地。

【采集加工】春、秋二季采挖，除去泥沙，干燥。

【药　　性】苦，寒。归肝经。

【功　　能】凉血止血，祛瘀通经。

【主　　治】鼻衄，便血，尿血，外伤出血，跌打损伤，产后恶露不尽。

【用法用量】马、牛 15 ~ 60g，羊、猪 6 ~ 12g，犬、猫 3 ~ 6g。

【方　　例】1. 清带汤（《兽医验方新编》）：山药、生龙骨、生牡蛎、海螵蛸、茜草、苦参、黄柏、甘草，煎汤去渣，候温灌服。能清热燥湿，止带。主治赤白带下，子宫内膜炎。

2. 清肺消黄散（《活兽慈舟》）：茜草根、扁竹根、桑白皮、黄芩、大黄、栀子、玄参、黄连、石膏、芒硝等。同煎合啖，以鸡蛋为引，治牛鼻出血。

3. 茜草活血汤（《民间兽医本草》）：茜草（酒炒）、鸡血藤、当归、川芎、乳香、没药、香附子、益母草、人中白、血余炭、五灵脂、蒲黄炭。共为细末，开水冲服，治母畜产后瘀血腹痛。

【别　　名】毕陵茄子，荜茄，山苍子，山
鸡椒，山香椒，木姜子。

【来　　源】樟科植物山鸡椒 *Litsea cubeba*
（Lour.）Pers. 的干燥成熟果实。
主产于广西、广东、湖南、湖北、
四川等地。

【采集加工】秋季果实成熟时采收，除去杂
质，晒干。

【药　　性】辛，温。归脾、胃、肾、膀胱经。

【功　　能】温中止痛，行气消食。

【主　　治】寒伤腰胯，冷痛，胃寒不食，
肠鸣泄泻，尿浊。

【用法用量】马、牛 15 ～ 30g，羊、猪 3 ～ 6g，兔、禽 0.3 ～ 0.9g。

【方　　例】1. 橘皮散（《元亨疗马集》）：青皮、陈皮、厚朴、桂心、细辛、小茴香、当归、白芷、
槟榔，具有理气散寒、和血止痛之效，主治马伤水起卧。

2. 橘皮竹茹汤（《金匮要略》）：橘皮、竹茹、大枣、生姜、甘草、人参。主治胃虚有
热之呃逆，证见呃逆或干呕，虚烦少气，口干，舌红嫩，脉虚数。

【别　　名】乌头，五毒根，鸭头，鸡头草。

【来　　源】毛茛科植物北乌头 *Aconitum kusnezoffii* Reichb. 的干
燥块根。主产于四川、云南、陕西、湖南等地。

【采集加工】秋季茎叶枯萎时采挖，除去须根和泥沙，干燥。

【药　　性】辛、苦，热；有大毒。归心、肝、肾、脾经。

【功　　能】祛风除湿，散寒止痛。

【主　　治】风湿痹痛，拘挛疼痛，疮疡初起，痈疽未溃。

【用法用量】一般炮制后用。外用适量。

【禁　　忌】孕畜忌服；生品内服宜慎；不宜与贝母、半夏、白及、
白蔹、天花粉、瓜蒌同用。

【方　　例】1. 治牛膊黄症，疏风暖骨散（《养耕集校注》）：制川乌、
制草乌、当归、川芎、白芍、白芷、玄参、泽兰、白茯苓、
何首乌、马鞭草、防风。以生姜、葱白为引，共擂细服，
立效。

2. 治牛风湿脚肿症方（《抱续集》）：制草乌、川牛
膝、杜木瓜、川杜仲、茵陈、红豆蔻、苡米仁、桂枝。
共研细末，以水酒为引，松节 1 握，煎水冲服效。

3. 草乌散（《元亨疗马集》）：草乌（去尖）、巴豆（去油）、
杏仁、葶苈。各等份为末，防风汤煎洗，治马筋疗、
气疗，贴于患处。

403. 草玉梅

【别　　名】土黄芩，虎掌草，白花舌头草，汉虎掌，见风青，见风黄。

【来　　源】毛茛科植物草玉梅 *Anemone rivularis* Buch.-Ham. 的根茎及叶。主产于西藏、云南、广西、贵州、甘肃、四川等地。

【采集加工】根茎秋季采收；叶全年可采，洗净，晒干或鲜用。

【药　　性】苦，凉。

【功　　能】解毒止痢，舒筋活血。

【主　　治】痢疾，疮疖痈毒，跌打损伤。

404. 草豆蔻

【别　　名】草果，豆蔻子，草蔻，大草蔻，飞雷子。

【来　　源】姜科植物草豆蔻 *Alpinia katsumadai* Hayata 的干燥近成熟种子。主产于广西、广东等地。

【采集加工】夏、秋二季采收，晒至九成干，或用水略烫，晒至半干，除去果皮，取出种子团，晒干。

【药　　性】辛，温。归脾、胃经。

【功　　能】燥湿健脾，温胃止呕。

【主　　治】脾胃虚寒，冷痛，寒湿泄泻，呕吐。

【用法用量】马、牛 15 ~ 30g，羊、猪 3 ~ 6g，犬、猫 2 ~ 5g。

【禁　　忌】阴虚血燥者慎用。

【方　　例】1. 益胃散（《元亨疗马集》）：草豆蔻、黄芪、厚朴、益智仁、姜黄、人参、陈皮、砂仁、泽泻、甘草。能温中燥湿、行气健脾，主治马脾胃虚弱、四肢不收、膀胱积冷、泄泻不止、顽谷不化等。

2. 治马冷肠泄泻方（《吉林省中兽医验方选集》）：草豆蔻、益智仁、肉桂、附子、猪苓、泽泻、车前子、乌梅、诃子、五倍子、石榴皮、厚朴、白术、干姜、淡竹叶。能温中散寒、渗湿利水、涩肠止泻，治疗马冷肠腹泻等。

405. 草 果

【别　　名】草果仁，草果子，老蔻。

【来　　源】姜科植物草果 *Amomum tsaoko* Crevost et Lemarie 的干燥成熟果实。主产于云南、广西、贵州等地。

【采集加工】秋季果实成熟时采收，除去杂质，晒干或低温干燥。

【药　　性】辛，温。归脾、胃经。

【功　　能】温中燥湿，行气消胀。

【主　　治】脾胃虚寒，食积不消，肚腹胀满，反胃吐食。

【用法用量】马、牛 20 ~ 45g，羊、猪 3 ~ 10g。

【禁　　忌】阴虚血燥者慎用。

【方　　例】1. 治牛翻胃吐草方（《高原中草药治疗手册》）：草果、枳壳、生姜、萝卜子（炒香）。共为细末，开水冲服。
2. 治牛慢性膪气方（《安徽省中兽医经验集》）：草果（去皮）、大腹皮、山楂、香附子、紫苏子、朴硝、滑石、青皮、甘草。共为细末，生姜为引，开水冲服。
3. 治牛瘤胃积食方（《兽医中草药选》）：草果、苍术、大黄、黄芩、厚朴、泽泻、地榆、甘草。共为细末，生姜、黄酒为引，开水冲服。

406. 草 莓

【别　　名】凤梨草莓，洋莓，地莓。

【来　　源】蔷薇科植物草莓 *Fragaria ananassa* Duch. 的果实。全国大部分地区均产。

【采集加工】春、夏果实成熟后连果柄摘下，轻采轻放，每隔 1 ~ 2 天采摘 1 次，以保证果品质量，多生用。

【药　　性】甘，微酸，凉。归肺、脾、胃经。

【功　　能】清凉止渴，健胃消食。

【主　　治】口渴，食欲不振，消化不良。

【用法用量】多食用，无定量。

407. 茵 陈

滨蒿　　　　　　茵陈

Artemisia scoparia Waldst.
et Kit.

【别　　名】西茵陈，绵茵陈，茵陈蒿，绒蒿，白蒿。

【来　　源】菊科植物滨蒿 *Artemisia scoparia* Waldst.et Kit. 或茵陈蒿 *Artemisia capillaris* Thunb. 的干燥地上部分。主产于陕西、山西、安徽等地。

【采集加工】春季幼苗高 6～10cm 时采收或秋季花蕾长成至花初开时采割，除去杂质和老茎，晒干。春季采收的习称"绵茵陈"，秋季采割的称"花茵陈"。

【药　　性】苦、辛，微寒。归脾、胃、肝、胆经。

【功　　能】清湿热，退黄疸。

【主　　治】黄疸，尿少。

【用法用量】马、牛 20～45g，羊、猪 5～15g，犬、猫 3～8g，兔、禽 1～2g。

【禁　　忌】蓄血发黄者及血虚萎黄者慎用。

【方　　例】1. 茵陈散（《元亨疗马集》）：茵陈、柴胡、当归、红花、桔梗、白药子、没药、青皮、陈皮、紫菀、杏仁、甘草。共研为末，开水冲，温服，治疗马五伤走攒痛。

2. 茵陈汤（《养耕集》）：茵陈、栀子、大黄、黄柏、五加皮、苍术、知母、槟榔、莱菔子、郁金、甘草、茯苓、车前草。诸药共为末，开水冲服，治疗牛湿热水胀效好。

408. 茶 叶

【别　　名】茗茶，腊茶，茶芽，芽茶，酪奴。

【来　　源】山茶科植物茶 *Camellia sinensis*（L.）O.Kuntze. 的芽叶。主产于浙江、安徽、福建、云南等地。

【采集加工】茶树通常种植三年以上即可采叶。以清明前后枝端初发嫩叶时，采摘其嫩芽最佳（清明前采摘者称"明前茶"，谷雨前采摘者称"雨前茶"）。鲜叶采收后，经过杀青、揉捻、干燥、精制等加工过程，则为成品"绿茶"。若鲜叶经过萎凋、揉捻、发酵、干燥、精制等加工过程，则为"红茶"。

【药　　性】苦、甘，凉。归心、肺、胃经。

【功　　能】清头目，除烦渴，消食，化痰，利尿，解毒。

【主　　治】头痛，目昏，目赤，心烦口渴，食积，小便不利，痈肿疮疖。

【用法用量】马、牛 60～120g，羊、猪 30～60g。

【禁　　忌】失眠者忌服。

【方　　例】1. 治牛伤风感冒方（《福建省中兽医草药图说》）：陈茶叶、冬桑叶、淡竹叶、紫苏、薄荷、生姜、葱白，煎水喂服。

2. 治家畜肠炎泄泻方：①茶叶 150g，研成细末，开水冲服（《兽医中草药验方选编》）。②老茶叶、金银花、土茯苓、地榆炭、杉木炭、陈小麦（炒），陈仓米（炒）。红痢加车前草，黄痢加明矾。共为细末，烧酒调服（《赤脚兽医手册》）。

3. 治家畜皮肤疮口溃疡（《湖南中兽医药物集》）：老茶叶浓煎洗患处。

409. 茖 葱

【别　　名】山葱，鹿耳葱，格葱，山韭。

【来　　源】百合科植物茖葱 *Allium victorialis* L. 的鳞茎。主产于东北、华北、湖北、四川、甘肃等地。

【采集加工】夏秋季采收，鲜用或晒干用。

【药　　性】辛，微温。

【功　　能】散瘀，止血，解毒。

【主　　治】衄血，跌打损伤，疮痈肿毒。

【用法用量】马、牛 40 ～ 100g，羊、猪 15 ～ 30g。

【方　　例】治牛、马鼻出血方（《青海省兽医中草药》）：天韭（茖葱）50g，多裂委陵菜 120g，煎水灌服。

410. 荠　菜

【别　　名】护生草，净肠草，香田荠，花田荠，蚂蚁草。

【来　　源】十字花科植物荠 *Capsella bursa-pastoris*（L.）Medik. 的带根全草。全国各地均有分布。

【采集加工】3—5 月采收，洗净，晒干。

【药　　性】甘，平。

【功　　能】健脾利湿，止血明目。

【主　　治】湿热下痢，血淋尿浊，翳膜遮睛。

【用法用量】马、牛 250 ～ 500g，羊、猪 120 ～ 250g。

【方　　例】1. 治羊眼红肿方（《兽医常用中草药》）：荠菜 250 ～ 500g，小青草 60 ～ 120g，金银花、野菊花各 15 ～ 30g，煎水喂服。

2. 治仔猪腹泻、痢疾拉血方（《中兽医手册》）：蚂蚁菜（荠菜）代饲料服。

411. 茺蔚子

【别　　名】益母草子，苦草子，小胡麻，茺玉子。
【来　　源】唇形科植物益母草 *Leonurus japonicus* Houtt. 的干燥成熟果实。全国大部分地区均产。
【采集加工】秋季果实成熟时采割地上部分，晒干，打下果实，除去杂质。
【药　　性】辛、苦，微寒。归心包、肝经。
【功　　能】活血祛瘀，清肝明目。
【主　　治】血瘀腹痛，胎衣不下，目赤肿痛。
【用法用量】马、牛 15 ~ 30g，羊、猪 5 ~ 15g。
【禁　　忌】瞳孔散大者慎用。

412. 胡芦巴

【别　　名】葫芦巴，香草，香豆，芸香。
【来　　源】豆科植物胡芦巴 *Trigonella foemlm-graecum* L. 的干燥成熟种子。全国大部分地区均产。
【采集加工】夏季果实成熟时采割植株，晒干，打下种子，除去杂质。
【药　　性】苦，温。归肾经。
【功　　能】温肾，祛寒，止痛。
【主　　治】阳痿，滑精，外肾浮肿，肚腹冷痛，寒伤腰胯。
【用法用量】马、牛 15 ~ 45g，羊、猪 3 ~ 10g，犬、猫 3 ~ 5g，兔、禽 0.3 ~ 1.5g。
【禁　　忌】阴虚火旺者忌用。
【方　　例】1. 豆蔻引（《圣济总录》）：丁香、肉豆蔻、胡芦巴、小茴香、沉香。能温肾散寒、行气止痛，主治脾肾虚寒所致慢性结肠炎、肠粘连。
2. 补肾壮阳散（《中华人民共和国兽药典》2015 年版）：淫羊藿、熟地、胡芦巴、远志、丁香、巴戟天、锁阳、菟丝子、五味子、蛇床子、韭菜子、覆盆子、沙苑子、肉苁蓉、莲须、补骨脂，诸药粉碎，混匀。能温补肾阳，主治性欲减退，阳痿，滑精。

【别　　名】元荽，胡菜，香菜，芫荽，莞荽。

【来　　源】伞形科植物芫荽 *Coriandrum sativum* L. 的带根全草及果实。我国各地均有栽培。

【采集加工】全草：春季采收，洗净，晒干。果实：8—9月果实成熟时采取果枝，晒干，打下果实，除净杂质，晒干。

【药　　性】全草：辛，温。果实：辛、酸，平。

【功　　能】全草：发汗透疹，消食下气。果实：透疹健胃。

【主　　治】麻疹不透，饮食不消，纳食不佳。

【用法用量】马、牛 30 ~ 60g，羊、猪 15 ~ 30g。

【禁　　忌】热毒壅盛而疹出不畅者忌服。

【方　　例】1. 治牛、马脾虚食积方：①香菜（胡荽）子、炒白术，煎水喂服（《高原中草药治疗手册》）。②香菜（胡荽）当饲料喂服，连服 2 ~ 3 次（《山东省中兽医验方集》）。
2. 治牛、马伤风感冒方：①香菜（胡荽）根、大葱头、生姜，煎水喂服（《兽医中药类编》）。②治猪感冒：香菜（胡荽）根、大青叶各适量，煎水喂服（《河北中兽医内科学》）。

【别　　名】梧桐泪，石律，胡桐律，石泪，胡桐脂，乌桐力。

【来　　源】杨柳科植物胡杨 *Populus diversifolia* Schrenk 的树脂流入土中留存多年而成。主产于内蒙古、甘肃、青海、新疆等地。

【药　　性】咸、苦，大寒。

【功　　能】清热化痰，软坚散结。

【主　　治】咽喉肿痛，大便秘结。

【用法用量】马、牛 30 ~ 60g，羊、猪 15 ~ 30g。

【方　　例】1. 治马咽喉热痛方（《兽医国药及处方》）：胡桐泪，研成细末，凉水冲服。
2. 治马骡便秘方：①胡桐泪 30g，以麻油为引，研末调服（《山西名兽医座谈会经验秘方汇编》）。②胡桐泪、牵牛、牙皂，共研细末，以陈醋为引（《甘肃省中兽医经验集》）。

415. 胡黄连

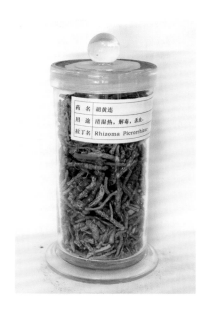

【别　　名】割孤露泽，胡连，西藏胡黄连。

【来　　源】玄参科植物胡黄连 *Picrorhiza scrophulariiflora* Pennell 的干燥根茎。主产于云南、西藏。

【采集加工】秋季采挖，除去须根和泥沙，晒干。

【药　　性】苦，寒。归肝、胃、大肠经。

【功　　能】清湿热，退虚热。

【主　　治】湿热泻痢，目赤黄疸，疮痈肿毒，阴虚发热。

【用法用量】马、牛 15 ~ 30g，羊、猪 3 ~ 10g，兔、禽 0.5 ~ 1.5g。

【禁　　忌】脾胃虚寒者忌用。

【方　　例】1. 胡黄连散（《元亨疗马集》）：大黄、黄连、黄药子、滑石、甘草、党参、茯苓、胡黄连、木通、萹蓄。各等份为末，淡竹叶煎汁，以蜂蜜、鸡蛋清为引，同调灌之，治疗马心经烦躁，风痫发搐，倒地不起。

2. 胡黄连汤（《中兽医治疗学》）：胡黄连、地榆、乌梅、苍术、白芍、莲肉、白扁豆、车前子、茵陈、灯心草、甘草，共为细末，开水冲服，治疗马、牛慢肠黄。

416. 南天竹

【别　　名】山黄芩，土黄连，南天竺，干竹叶，天火竹，木黄连，南天烛。

【来　　源】小檗科植物南天竹 *Nandina domestica* Thunb. 的根。主产于河北、山东、湖北、江苏、浙江、安徽等地。

【采集加工】9—10 月采收，采后切片，晒干。

【药　　性】苦，寒。

【功　　能】清热化痰，祛风除湿。

【主　　治】目赤肿痛，风热咳嗽，久泻不止，小便出血。

【用法用量】马、牛 30 ~ 60g，羊、猪 15 ~ 30g。

【方　　例】1. 治牛眼红肿方（《兽医中草药临症应用》）：南天竹 250 ~ 500g（切片），浸冷水 4 ~ 5 小时，取水喂服，并用南天竹根茎磨汁点眼。

2. 治猪、牛肺热咳喘方（《兽医手册》）：南天竹子 15g（去皮），煎水喂服。

3. 治牛久泻不止方（《中兽医手册》）：南天竹根 30 ~ 60g，煎水喂服。

417. 南沙参

【别　　名】沙参，白沙参，文虎，泡参，
　　　　　　泡沙参，土人参。
【来　　源】桔梗科植物轮叶沙参*Adenophora tetraphylla*（Thunb.）Fisch. 或沙参 *Adenophora stricta* Miq.的干燥根。主产于安徽、江苏、浙江等地。
【采集加工】春、秋二季采挖，除去须根，洗后趁鲜刮去粗皮，洗净，干燥。
【药　　性】甘，微寒。归肺、胃经。
【功　　能】养阴清肺，生津益气，化痰，益胃。
【主　　治】肺热燥咳，热病伤津，口渴欲饮。

轮叶沙参
Adenophora tetraphylla
（Thunb.）Fisch.

沙参
Adenophora stricta Miq.

【用法用量】马、牛 15 ～ 45g，羊、猪 5 ～ 10g，犬、猫 2 ～ 5g，兔、禽 1 ～ 2g。
【禁　　忌】不宜与藜芦同用。
【方　　例】沙参四味汤（《医法海鉴》）：南沙参、甘草、紫草茸、拳参。有解热清肺，止咳祛痰功效。主治感冒咳嗽，肺热咳嗽，痰中带血，胸胁刺痛。

418. 南　烛

【别　　名】珍珠花，米饭花。
【来　　源】杜鹃花科植物南烛 *Lyonia ovalifolia*（Wall.）Drude的根、叶及果。主产于福建、湖南、广东、广西、四川、贵州、云南、西藏等地。
【采集加工】茎、叶全年可采。果秋季采收，晒干。
【药　　性】辛、微苦，温。有毒。
【功　　能】活血，祛瘀，止痛。
【主　　治】跌打损伤，骨折。

419. 相思豆

【别　　名】红豆，云南豆子，郎君子，红漆豆，相思子。

【来　　源】豆科植物相思子 *Abrus precatorius* L. 的干燥成熟种子。主产于福建、台湾、广东、海南、广西、云南等地。

【采集加工】夏、秋季分批采摘成熟果实，晒干，打出种子，除去杂质。

【药　　性】辛、苦，平；有毒。归心、肺经。

【功　　能】清热解毒，祛痰，杀虫。

【主　　治】痈疮，疥癣，风湿骨痛。

【用法用量】马、牛60～120g，羊、猪30～60g。

【禁　　忌】内服宜慎。

【方　　例】1. 治牛眼上翳方（《兽医中草药处方选编》）：相思豆、炉甘石、墨鱼骨、白矾、冰片各少许，共研细末，吹入患眼。

2. 治母畜带下方（《全国中兽医经验选编》）：相思藤、车前草、土茯苓、野菊花、蒲公英、粉萆薢、金钱草、紫花地丁，煎水喂服。

420. 枳　壳

【别　　名】只壳，商壳。

【来　　源】芸香科植物酸橙 *Citrus aurantium* L. 及其栽培变种的干燥未成熟果实。主产于四川、江西、福建、江苏等地。

【采集加工】7月果皮尚绿时采收，自中部横切为两半，晒干或低温干燥。

【药　　性】苦、辛、酸，微寒。归脾、胃经。

【功　　能】行气宽中，化痰，消食。

【主　　治】宿食不消，肚胀，粪便干燥，垂脱症。

【用法用量】马、牛15～45g，驼40～80g，羊、猪5～10g。

【禁　　忌】孕畜慎用。

【方　　例】1. 宽肠散（《中兽医方剂大全》）：枳壳、枳实、川芎、牵牛子、神曲（炒）、麦芽（炒）、山楂（炒）、番泻叶、郁李仁、火麻仁、千金子、草果仁，共研为末，开水冲调，候温灌服。有消食化滞，宽肠功效，主治马料伤五攒痛。

2. 枳朴散（《牛医金鉴》）：枳壳、山楂、生姜、厚朴、紫苏子、青皮、槟榔、神曲、白芥子，共研为末，水调灌服。有行气化滞功效，主治牛肚胀、宿草不转。

421. 枳 实

【别　　名】鹅眼枳实。

【来　　源】芸香科植物酸橙 *Citrus aurantium* L. 及其栽培变种或甜橙 *Citrus sinensis* Osbeck 的干燥幼果。主产于四川、江西、福建、江苏等地。

【采集加工】5—6 月收集自落的果实，除去杂质，自中部横切为两半，晒干或低温干燥，较小者直接晒干或低温干燥。

【药　　性】苦、辛、酸，微寒。归脾、胃经。

【功　　能】破气，化痰，消积，除胀。

【主　　治】食积不消，肚胀，痰湿咳喘，粪便秘结，垂脱症。

【用法用量】马、牛 15 ~ 45g，羊、猪 5 ~ 10g，犬 2 ~ 4g，兔、禽 1 ~ 3g。

【禁　　忌】孕畜慎用。

【方　　例】1. 治牛、马食积腹痛方（《兽医中药类编》）：枳实、草蔻、白术、陈皮、半夏、麦芽、神曲、干姜、炒盐，煎水喂服。

2. 治牛、马胃湿热，积滞泄泻方（《兽医中药与处方学》）：枳实、白术、黄连、黄芩、大黄、神曲，共为细末，开水冲服。

3. 治马过食疝痛方（《陕西兽医中药处方汇编》）：枳实、大黄、厚朴、苍术、陈皮、山楂、甘草，共为细末，猪油、开水冲服。

422. 栀 子

【别　　名】枝子，山栀子，山黄栀，黄栀子，鲜支，焦栀子，红枝子。

【来　　源】茜草科植物栀子 *Gardenia jasminoides* J. Ellis 的干燥成熟果实。主产于江西、湖南、湖北、浙江。

【采集加工】9—11 月果实成熟呈红黄色时采收，除去果梗和杂质，蒸至上气或置沸水中略烫，取出，干燥。

【药　　性】苦，寒。归心、肺、三焦经。

【功　　能】泻火解毒，清热利尿，凉血，止血。

【主　　治】目赤肿痛，口舌生疮，热毒疮黄，湿热黄疸，热淋，尿血，便血，鼻衄，闪伤疼痛。

【用法用量】马、牛 15 ~ 60g，驼 45 ~ 90g，羊、猪 5 ~ 10g，犬、猫 3 ~ 6g，兔、禽 1 ~ 2g。外用适量。

【禁　　忌】该品苦寒伤胃，脾虚便溏者不宜用。

【方　　例】1. 清心散（《元亨疗马集》）：栀子、黄芩、木通、白芷、山药、桔梗、黄柏、天花粉、牛蒡子。各等份为末，以蜂蜜、韭汁为引，同调草后灌之。治疗马心热舌上生疮，用之效好。

2. 栀子散（《司牧安骥集》）：栀子、知母、川贝母、黄连、黄柏、瓜蒌、杏仁。各等份为末，以麻油为引，煎水调匀，草后灌之。治疗畜禽诸疮，用之极佳。

423. 枸杞子

【别　　名】枸杞，苟起子，甜菜子，西枸杞，狗奶子，红青椒。

【来　　源】茄科植物宁夏枸杞 *Lycium barbarum* L. 的干燥成熟果实。主产于宁夏、甘肃、新疆等地。

【采集加工】夏、秋二季果实呈红色时采收，热风烘干，除去果梗，或晾至皮皱后，晒干，除去果梗。

【药　　性】甘，平。归肝、肾经。

【功　　能】补益肝肾，益精明目。

【主　　治】肝肾阴虚，腰肢无力，迎风流泪，滑精。

【用法用量】马、牛 15 ~ 60g，羊、猪 10 ~ 15g，犬、猫 3 ~ 8g。

【禁　　忌】外邪实热，脾虚有湿及泄泻者忌服。

【方　　例】1. 杞菊地黄丸（《医级》）：生地黄、山茱萸、茯苓、山药、牡丹皮、泽泻、枸杞子、菊花。诸药研末，炼蜜为丸，每次服 6 ~ 9g，温开水送下。能滋肾养肝，主治肝肾阴虚，头晕目眩，视物不清，怕光羞明，迎风流泪。

2. 治公畜肾虚滑精方（《黑龙江中兽医经验集》）：枸杞子、川楝子、盐茴香、补骨脂、胡芦巴、桑寄生、当归、白茯苓、车前子、木通、槟榔。共为细末，开水冲服。

424. 枸骨叶

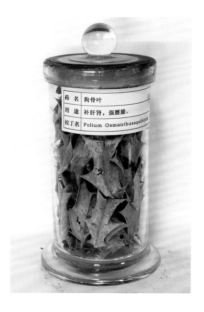

【别　　名】猫儿刺，老虎刺，八角刺，狗骨刺，猫儿香，老鼠树。

【来　　源】冬青科植物枸骨 *Ilex cornuta* Lindl.ex Paxt. 的干燥叶。主产于江苏、上海、安徽、浙江等地。

【采集加工】秋季采收，除去杂质，晒干。

【药　　性】苦，凉。归肝、肾经。

【功　　能】养阴清热，益肾壮骨。

【主　　治】阴虚内热，咳嗽，腰胯无力。

【用法用量】马、牛 30 ~ 60g，羊、猪 15 ~ 60g。

【方　　例】1. 治耕牛红眼病方（《中兽医手册》）：枸骨叶、车前草、谷精草、木贼草，煎水喂服。

2. 治牛猪肾虚摆腰方（《兽医中草药验方选》）：枸骨根、穿山甲、鸡蛋壳，焙枯研末，拌料喂服。

425. 柿 蒂

【别　　名】柿钱，柿丁，柿蒂把，柿萼。

【来　　源】柿树科植物柿 *Diospyros kaki* Thunb. 的干燥宿萼。主产于四川、广东、广西、福建等地。

【采集加工】冬季果实成熟时采摘，食用时收集，洗净，晒干。

【药　　性】苦、涩，平。归胃经。

【功　　能】降气止呕。

【主　　治】翻胃吐食。

【用法用量】马、牛60～120g，羊、猪30～60g。

【方　　例】1. 温中降气散（《中兽医方剂大全》）：柿蒂、砂仁、白术、山楂、麦芽、陈皮均炒焦为末，温水冲服。能温中健脾，降逆止呕，主治犬呕吐、厌食。

2. 丁香柿蒂散（《伤寒全生集》）：柿蒂、丁香、小茴香、干姜、高良姜、陈皮，各药为细末，用热姜汤调下，呕止宜再服。主治伤寒阴证呃逆及胸中虚寒，呃逆不止。

426. 威灵仙

【别　　名】铁脚威灵仙，百条根，老虎须，铁扫帚。

【来　　源】毛茛科植物威灵仙 *Clematis chinensis* Osbeck、棉团铁线莲 *Clematis hexapetala* Pall. 或东北铁线莲 *Clematis mandshurica* Rupr. 的干燥根和根茎。威灵仙主产于江苏、安徽、浙江等地。棉团铁线莲、东北铁线莲部分地区习用。

【采集加工】秋季采挖，除去泥沙，晒干。

【药　　性】辛、咸，温。归膀胱经。

【功　　能】祛风除湿，通络止痛。

【主　　治】风寒痹痛，四肢拘挛，寒伤腰胯，瘀血肿痛，骨哽咽喉，咽喉肿痛。

【用法用量】马、牛15～60g，羊、猪3～10g，犬、猫3～5g，兔、禽0.5～1.5g。

【禁　　忌】该品辛散走窜，气血虚弱者慎服。

【方　　例】1. 喉风症方（《广西中兽医药用植物》）：威灵仙、金果榄、山豆根、马鞭草各适量。以米醋为引，煎水调服，能宣壅通滞，治牛喉风症效好。

2. 风湿软脚方（《兽医中药类编》）：威灵仙、何首乌、土牛膝、当归尾、香附、台乌药、苍术、独活、秦艽。以白酒为引，煎水冲服。能补肝肾、强筋骨，治马、牛风湿软脚效果显著。

中兽药标本及器具图谱

427. 厚 朴

凹叶厚朴
Magnolia officinalis
Rehd.et Wils.var.*biloba*
Rehd.et Wils.

厚朴

【别　　名】川厚朴，厚皮，紫油厚朴，温厚朴，紫朴。

【来　　源】木兰科植物厚朴 *Magnolia officinalis* Rehd.et Wils. 或凹叶厚朴 *Magnolia officinalis* Rehd. et Wils.var.*biloba* Rehd.et Wils. 的干燥干皮、根皮及枝皮。主产于四川、湖北等地。

【采集加工】4—6 月剥取，根皮和枝皮直接阴干；干皮置沸水中微煮后，堆置阴湿处，"发汗"至内表面变紫褐色或棕褐色时，蒸软，取出，卷成筒状，干燥。

【药　　性】苦、辛，温。归脾、胃、肺、大肠经。

【功　　能】化湿，导滞，消胀，下气。

【主　　治】宿食不消，反胃吐食，肚胀，气逆喘咳。

【用法用量】马、牛 15 ~ 45g，驼 30 ~ 60g，羊、猪 5 ~ 15g，兔、禽 1.5 ~ 3g。

【禁　　忌】该品辛苦温燥湿，易耗气伤津，故气虚津亏者及孕畜当慎用。

【方　　例】1. 厚朴散（《痊骥通玄论》）：厚朴、桂心、细辛、当归、茴香、白芷、陈皮、青皮。共研为末，开水冲调，候温灌服，或煎汤服。能理气除寒，温中止痛，主治冷痛。
2. 温脾散（《元亨疗马集》）：厚朴、当归、青皮、陈皮、甘草、益智仁、牵牛子、细辛、苍术。能温中散寒、行气止痛，治疗伤水冷痛等。

428. 砂 仁

【别　　名】缩砂仁，缩砂密，春砂仁，缩砂蜜。

【来　　源】姜科植物阳春砂 *Amomum villosum* Lour.、绿壳砂 *Amomum villosum* Lour.var.*xanthioides* T.L.Wu et Senjen 或海南砂 *Amomum longiligulare* T.L.Wu 的干燥成熟果实。阳春砂主产于广东、广西、云南、福建等地；绿壳砂主产于广东、云南等地；海南砂主产于海南。

【采集加工】夏、秋二季果实成熟时采收，晒干或低温干燥。

【药　　性】辛，温。归脾、胃、肾经。

【功　　能】行气止痛，健脾，安胎。

【主　　治】脾胃气滞，宿食不消，肚胀，反胃吐食，冷痛，肠鸣泄泻，胎动不安。

【用法用量】马、牛 15 ~ 30g，羊、猪 3 ~ 10g，兔、禽 1 ~ 2g。

【禁　　忌】阴虚血燥者慎用。

【方　　例】1. 香砂六君子汤（《和剂局方》）：木香、砂仁、人参、白术、茯苓、甘草、陈皮、半夏，能健脾和胃，理气消痰，治疗脾胃不和，反胃吐食。
2. 白术散（《元亨疗马集》）：炒白术、砂仁、当归、川芎、白芍、熟地黄、党参、陈皮、紫苏、黄芩、炒阿胶、甘草、生姜。能养血安胎，治疗马、牛胎动不安。

裂叶牵牛
Pharbitisnil（L.）Choisy

圆叶牵牛
Pharbitis purpurea（L.）Voigt

牵牛子

中兽药标本及器具图谱

【别　　名】草金铃，金铃，黑牵牛，白牵牛，黑丑，白丑。

【来　　源】旋花科植物裂叶牵牛 *Pharbitisnil*（L.）Choisy 或圆叶牵牛 *Pharbitis purpurea*（L.）Voigt 的干燥成熟种子。全国大部分地区均产。

【采集加工】秋末果实成熟，果壳未开裂时采割植株，晒干，打下种子，除去杂质。

【药　　性】苦，寒；有毒。归肺、肾、大肠经。

【功　　能】泻下，逐水，攻积，杀虫。

【主　　治】小便不利，腹水，宿食不消，粪便秘结，虫积腹痛。

【用法用量】马、牛 15 ~ 60g，驼 25 ~ 65g，羊、猪 3 ~ 10g，兔、禽 0.5 ~ 1.5g。

【禁　　忌】孕畜禁用。不宜与巴豆同用。

【方　　例】1. 牵牛大黄丸（《奇效医术》）：黑牵牛（炒半生）、马蹄大黄（酒拌炒）、槟榔、枳实、厚朴、三棱、莪术、米酒。治内热腹痛，热气上冲而呕。

2. 舟车丸（《景岳全书》）：黑丑（牵牛子）、甘遂、芫花、京大戟、大黄、青皮、陈皮、木香、槟榔、轻粉。能行气逐水，主治水肿水胀、口渴、气粗、便秘。

430. 鸦胆子

【别　　名】老鸦胆，鸭蛋子，雅旦子，苦参子。

【来　　源】苦木科植物鸦胆子 *Brucea javanica* （L.）Merr. 的干燥成熟果实。主产于广西、广东等地。

【采集加工】秋季果实成熟时采收，除去杂质，晒干。

【药　　性】苦，寒；有小毒。归大肠、肝经。

【功　　能】清热燥湿，杀虫，解毒，蚀疣。

【主　　治】痢疾，久泻，赘疣。

【用法用量】马、牛 6 ~ 15g，羊、猪 1 ~ 3g。外用适量。

【禁　　忌】该品有毒，对胃肠道及肝肾均有损害，内服需严格控制剂量，不宜多用久服。外用注意用胶布保护好周围正常皮肤，以防止对正常皮肤的刺激。孕畜及幼畜慎用。胃肠出血及肝肾病患畜，应忌用或慎用。

【方　　例】治球虫方（《民间兽医本草》）：鸦胆子、地榆、白头翁、黄连、侧柏炭、槐花。诸药共为细末，开水冲服，治疗牛球虫病。

431. 韭菜子

【别　　名】韭菜籽，韭子，韭菜仁。

【来　　源】百合科植物韭菜 *Allium tuberosum* Rottl. 的干燥成熟种子。全国各地均产。

【采集加工】秋季采集成熟果序，晒干，搓出种子，除去杂质，生用或盐水炙用。

【药　　性】辛、甘，温。归肝、肾经。

【功　　能】温补肝肾，壮阳固精。

【主　　治】阳痿，滑精，遗尿，小便频数，腰膝酸软，冷痛。

【用法用量】马、牛、驼 30 ~ 60g，羊、猪 6 ~ 15g，犬、猫 4 ~ 8g。

【禁　　忌】阴虚火旺者忌服。

【方　　例】补肾壮阳散（《中华人民共和国兽药典》2015 年版）：淫羊藿、熟地、胡芦巴、远志、丁香、巴戟天、锁阳、菟丝子、五味子、蛇床子、韭菜子、覆盆子、沙苑子、肉苁蓉、莲须、补骨脂，诸药粉碎，混匀。能温补肾阳，主治性欲减退，阳痿，滑精。

【别　　名】喉咙草，白花珍珠草，天星草。
【来　　源】报春花科植物点地梅 *Androsace umbellata*（Lour.）Merr. 的全草。产于东北、华北和秦岭以南各省区。
【采集加工】春季开花时采集，洗净泥土，晒干。
【药　　性】苦、辛，寒。
【功　　能】清热解毒，消肿止痛。
【主　　治】咽喉肿痛，跌扑损伤。

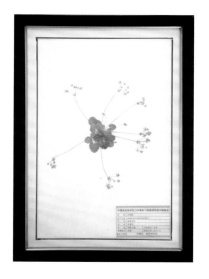

【别　　名】红根草，红脚草，定经草，矮荷子，麻疯草，红赤根。
【来　　源】报春花科植物星宿菜 *Lysimachia fortunei* Maxim. 的全草。主产于江苏、浙江、福建、江西、广东、广西等地。
【采集加工】4—8 月采收，鲜用或晒干。
【药　　性】苦、涩，平。
【功　　能】活血散瘀，利水化湿。
【主　　治】暑热，痢疾水肿，跌打损伤。
【用法用量】马、牛 60 ~ 120g，羊、猪 30 ~ 60g。
【方　　例】1. 治家畜中暑发热方（《兽医常用中草药》）：鲜星宿菜 250 ~ 500g，和水擂烂，绿豆浆 5 大碗，混合喂服。

2. 治牛赤白痢方（《广西中兽医药用植物》）：红七根（星宿菜）、反食草（小石苇）、毛连草（大星蕨）、花肺金（卷柏）、喷水菜（铁苋）、地葡萄（地捻）、三爪风（三加皮）、五角枫（五加皮）、大敷根（悬勾子）、龙牙草（仙鹤草）、蚂拐草（车前草）、土茯苓、金银花、地榆各 60 ~ 150g，煎水分次服。

434. 骨碎补

榭蕨
Drynaria fortunei（Kunze）J.Sm.

骨碎补

中华榭蕨
Drynaria baronii（Christ.）Diels.

【别　　名】猴姜，猢狲姜，石毛姜，岩姜。

【来　　源】水龙骨科植物榭蕨 *Drynaria fortunei*（Kunze）J.Sm. 或中华榭蕨 *Drynaria baronii*（Christ.）Diels. 的干燥根茎。前者主产于浙江、湖北、广东、广西、四川；后者主产于陕西、甘肃、青海、四川等地。

【采集加工】全年均可采挖，除去泥沙，干燥或再燎去茸毛（鳞片）。

【药　　性】苦，温。归肝、肾经。

【功　　能】补肾壮骨，续筋疗伤，活血止痛。

【主　　治】肾虚久泻，腰胯无力，风湿痹痛，跌打闪挫，筋骨折伤。

【用法用量】马、牛 15 ~ 45g，羊、猪 5 ~ 10g，兔、禽 1.5 ~ 3g。外用适量。

【禁　　忌】阴虚火旺，血虚风燥慎用。

【方　　例】1. 骨碎补散（《中兽医治疗学》）：骨碎补、红花、当归、杜仲、乳香、没药、刀豆壳。能活血化瘀，强腰补肾，治疗猪、牛肾伤腰痛。

2. 活血补骨汤（《活兽慈周》）：骨碎补、红花、当归、川芎、木通、续断、三七、麻黄、桂枝。能活血化瘀，续伤止痛，治疗马、骡跌扑损伤。

【别　　名】吊藤，钓藤，双钩藤，鹰爪风，挂钩藤。
【来　　源】茜草科植物钩藤 *Uncaria rhynchophylla*（Miq.）Miq.
　　　　　　ex Havil.、大叶钩藤 *Uncaria macrophylla* Wall.、毛
　　　　　　钩藤 *Uncaria hirsuta* Havil.、华钩藤 *Uncaria sinensis*
　　　　　　（Oliv.）Havil. 或无柄果钩藤 *Uncaria sessilifructus*
　　　　　　Roxb. 的干燥带钩茎枝。主产于广西、广东、湖南、江
　　　　　　西、四川。
【采集加工】秋、冬二季采收，去叶，切段，晒干。
【药　　性】甘，凉。归肝、心包经。
【功　　能】清热平肝，息风定惊。
【主　　治】肝经风热，痉挛抽搐，幼畜抽风。
【用法用量】马、牛15～60g，羊、猪5～15g，兔、禽1.5～2.5g。
【方　　例】1. 治猪、羊破伤风方（《兽医中草药临症应用》）：
　　　　　　钩藤120g，蝉蜕60g，天麻30g，甘草15g，煎水喂服。
　　　　　　2. 治猪抽筋方（《兽医常用中草药》《民间兽医本草》）：
　　　　　　双钩藤（钩藤）、金钱草、黑竹根，煎水取汁服。

【别　　名】牛头猛，山高粱，道旁谷，棒槌草。
【来　　源】禾本科植物看麦娘 *Alopecurus aequalis* Sobol. 的全草。
　　　　　　全国大部分地区均产。
【采集加工】春、夏季采收，晒干或鲜用。
【药　　性】淡，凉。
【功　　能】清热利湿，止泻，解毒。
【主　　治】水肿，泄泻，湿热黄疸，毒蛇咬伤。

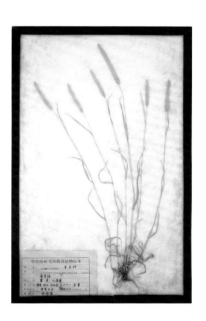

437. 香 附

【别　　名】香附子，香头草，香附米，雷公头，莎草根，猪荸荠。

【来　　源】莎草科植物莎草 Cyperus rotundus L. 的干燥根茎。全国大部分地区均产，主产于广东、河南、四川、浙江、山东等地。

【采集加工】秋季采挖，燎去毛须，置沸水中略煮或蒸透后晒干，或燎后直接晒干。

【药　　性】辛、微苦、微甘，平。归肝、脾、三焦经。

【功　　能】理气解郁，活血止痛。

【主　　治】气血郁滞，胸腹疼痛，肚胀，产后腹痛。

【用法用量】马、牛 15 ~ 45g，羊、猪 10 ~ 15g，兔、禽 1 ~ 3g。

【方　　例】1. 降气散（《师皇安骥集》）：香附子（香附）、黄柏、五味子、槟榔各等份，藿香加倍，甘草少许。共为细末，用酒水调匀，据马大小灌服，治马上实（胸腹胀满）。

2. 香附理血散（《吉林省中兽医验方选集》）：香附、赤芍、当归、川芎、五灵脂、益智仁、乳香、没药、红花、厚朴、酒军（大黄）、甘草。共为细末，开水冲服，治母畜产后腹痛。

438. 香 橼

【别　　名】枸橼，钩缘干，香泡树，香圆。

【来　　源】芸香科植物枸橼 Citrus medica L. 或香圆 Citrus wilsonii Tanaka 的干燥成熟果实。主产于浙江、江苏、广东、广西等地。

【采集加工】秋季果实成熟时采收，趁鲜切片，晒干或低温干燥。香圆亦可整个或对剖两半后，晒干或低温干燥。

【药　　性】辛、苦、酸，温。归肝、脾、肺经。

【功　　能】理气，宽中，化痰。

【主　　治】气滞腹胀，反胃吐食，痰饮咳嗽。

【用法用量】马、牛 15 ~ 30g，羊、猪 5 ~ 10g。

【方　　例】1. 香橼丸（《绛囊撮要》）：陈香橼皮60g，川贝母（去心）90g，炒黑当归45g，白通草（或烘或晒）、陈西瓜皮（隔年预备，晒干）各30g，甜桔梗9g，主治动物一切气逆，不进草料，或即呕哕。

2. 治臌香橼丸（《杂病源流犀烛》）：陈香橼120g，去白陈皮、醋三棱、醋蓬术、泽泻、茯苓各60g，醋香附90g，炒莱菔子180g，青皮（去瓤）、净楂肉各30g，主治臌胀兼痧。

香薷
Elsholtzia ciliata（Thunb.）

【别　　名】香菜，香戎，香茅，细叶香薷，青香薷，土香薷。

【来　　源】唇形科植物石香薷 *Mosla chinensis* Maxim. 或江香薷 *Mosla chinensis*‘Jiangxiangru’的干燥地上部分。前者习称"青香薷"，后者习称"江香薷"。青香薷主产于广西、湖南、湖北等地；江香薷主产于江西宜丰县。

【采集加工】夏季茎叶茂盛、花盛时择晴天采割，除去杂质，阴干。

【药　　性】辛，微温。归肺、胃经。

【功　　能】发汗解表，和中利湿。

【主　　治】伤暑，发热无汗，泄泻腹痛，尿不利，水肿。

【用法用量】马、牛 15 ～ 45g，羊、猪 3 ～ 10g，兔、禽 1 ～ 2g。

【禁　　忌】该品辛温发汗之力较强，表虚有汗及暑热证当忌用。

【方　　例】1. 香薷散（《元亨疗马集》）：香薷、黄芩、黄连、柴胡、甘草、当归、连翘、天花粉、栀子。诸药共为细末，以蜂蜜、浆水、童便为引，空草灌之，治疗马热证中暑效好。

2. 清暑益气汤（《活兽慈周》）：香薷、青蒿、青果、黄芩、枯矾、青皮、石膏、芒硝、黄连、沙参、黄芪、甘草。捣煎候冷，入绿豆浆合啖，治疗马、牛热天感冒。

440. 重 楼

七叶一枝花
Paris polyphylla Smith
var.*chinensis*（Franch.）Hara

【别　　名】蚤休，七叶一枝花，草河车，铁灯台。

【来　　源】百合科植物云南重楼 *Paris polyphylla Smith* var.*yunnanensis*（Franch.）Hand.-Mazz. 或七叶一枝花 *Paris polyphylla* Smith var.*chinensis*（Franch.）Hara 的干燥根茎。主产于云南、广西等地。

【采集加工】秋季采挖，除去须根，洗净，晒干。

【药　　性】苦，微寒；有小毒。归肝经。

【功　　能】清热解毒，消肿止痛，凉肝定惊。

【主　　治】肺热咳嗽，咽喉肿痛，毒蛇咬伤，疮疡肿毒，跌打损伤，惊风抽搐。

【用法用量】马、牛 30 ～ 60g，羊、猪 15 ～ 60g。外用适量。

【禁　　忌】体虚、无实火热毒者、孕畜及患阴证疮疡者均忌服。

【方　　例】1.马、牛草慢方（《新编集成马医方》）：重楼、天花粉、芒硝、川黄连、牛蒡子、龙脑、薄荷。诸药等份为末，以蜂蜜为引，水煎滤液取汁，候温草后灌服。治疗马鼻湿鼻内脓出，咽喉肿痛作声，啖水草难。

2. 治家畜咽喉肿痛方：①七叶一枝花（重楼），煎水喂服（《猪病防治》《民间兽医本草》）。②蚤休根（重楼）、射干根，共为细末，开水冲服（《兽医常用中草药》）。

441. 鬼吹箫

【别　　名】空心木，鬼吹哨，来色木，吹鼓清，炮竹筒，鬼竹子，大笔杆草。

【来　　源】忍冬科植物鬼吹箫 *Leycesteria formosa* Wall. 的全草。主产于四川、贵州、云南、西藏等地。

【采集加工】茎叶夏、秋季采收，根全年均可采挖，鲜用或切段晒干。

【药　　性】苦，凉。

【功　　能】利湿清热，活血止血。

【主　　治】湿热黄疸，风湿痹痛，咳嗽喘息，外伤出血，骨折损伤。

442. 鬼针草

【别　　名】三叶鬼针草，虾钳草，蟹钳草，一包针，引线包。

【来　　源】菊科植物鬼针草 *Bidens pilosa* L. 的全草。产于华东、华中、华南、西南各省区。

【采集加工】夏、秋季采收，晒干。

【药　　性】苦，平。

【功　　能】清热解毒，散瘀消肿。

【主　　治】热毒疮痈，咽喉肿痛，毒蛇咬伤。

【用法用量】马、牛 60 ~ 120g，羊、猪 30 ~ 60g。

【方　　例】1. 治猪、牛肠炎血痢方（《中兽医手册》）：鬼针草、大血藤、忍冬藤各适量煎水喂服。

2. 治家畜毒蛇咬伤方（《家畜常见病防治手册》）：鬼针草、半边莲、马齿苋、七叶一枝花各适量，共同捣敷。

443. 鬼箭羽

【别　　名】卫矛，四面风，四方柴，四面剑，六月凌。

【来　　源】卫矛科植物卫矛 *Euonymus alatus*（Thunb.）Sieb. 具翅状物的枝条或翅状附属物。全国大部分地区均产。

【采集加工】全年可采，切片晒干，也可随采随用。

【药　　性】苦，寒。

【功　　能】祛风利湿，破血通筋。

【主　　治】癥瘕结块，心腹疼痛，疮肿，跌打伤痛，虫积腹痛，毒蛇咬伤。

【用法用量】马、牛 30 ~ 60g，羊、猪 15 ~ 30g。

【禁　　忌】孕畜忌服。

【方　　例】1. 治猪、牛风湿骨痛方（《赤脚兽医学习资料》）：回陀柴（鬼箭羽）、白毛藤（白英）、五加皮、白茅根、青风藤、当归、红花，煎水喂服。

2. 治家畜跌打损伤方（《兽医常用中草药》）：回陀柴（鬼箭羽）60 ~ 120g，接骨木 30 ~ 60g。黄酒 250mL，红糖 120g，煎水喂服。

444. 胖大海

【别　　名】澎大海，大海子，胡大海，大海，通大海。
【来　　源】梧桐科植物胖大海 *Sterculia lychnophora* Hance 的干燥成熟种子。主产于泰国、柬埔寨、马来西亚、印度尼西亚、越南、印度等国。
【采集加工】4—6 月，果实开裂时剥取成熟种子，晒干。
【药　　性】甘，寒。归肺、大肠经。
【功　　能】清热润肺，利咽开音，润肠通便。
【主　　治】肺热声哑，干咳无痰，咽喉干痛，热结便闭，头痛目赤。
【用法用量】马、牛、驼 60 ~ 90g，羊、猪 15 ~ 30g，犬、猫 5 ~ 10g。
【方　　例】1. 大海豆根汤（《兽医验方偏方汇编》）：胖大海、山豆根、牛蒡子、桔梗。清热润肺，利咽解毒，治疗马、牛咽喉肿痛。
2. 大海射干汤（《中兽医诊疗经验集》）：胖大海、射干、山豆根、麦门冬、生地黄、黄丹、芒硝、冰片。清热润肺，清咽利喉，治疗马喉骨胀痛。

445. 独　活

【别　　名】香独活，肉独活，川独活。
【来　　源】伞形科植物重齿毛当归 *Angelica pubescens* Maxim.f.*biserrata* Shan et Yuan 的干燥根。主产于四川、湖北、安徽等地。
【采集加工】春初苗刚发芽或秋末茎叶枯萎时采挖，除去须根和泥沙，烘至半干，堆置 2 ~ 3 天，发软后再烘至全干。
【药　　性】辛、苦，微温。归肾、膀胱经。
【功　　能】祛风除湿，通痹止痛。
【主　　治】风寒湿痹，腰肢疼痛。

【用法用量】马、牛 15 ~ 45g，羊、猪 3 ~ 10g，兔、禽 0.5 ~ 1.5g。
【禁　　忌】血虚者忌用，阴虚内热者慎服。
【方　　例】1. 独活寄生汤（《抱犊集》）：独活、羌活、防风、当归、桂枝、五加皮、防己、秦艽、续断、川芎、杜仲、车前子、桑寄生，水酒煎服。能祛风湿，止痹痛，益肝肾，补气血，治牛拐脚筋骨胀。
2. 羌活胜湿汤（《内外伤辨惑论》）：羌活、独活、防风、藁本、川芎、蔓荆子、甘草，共研为末，开水冲调，一次灌服。可发汗祛湿，主治风湿在表，腰脊僵拘，肌肉疼痛，走动不灵，恶寒微热，苔白脉浮等。

【别　　名】黄姜，毛姜黄，宝鼎香。

【来　　源】姜科植物姜黄 *Curcuma longa* L. 的干燥根茎。主产于四川、福建等地。

【采集加工】冬季茎叶枯萎时采挖，洗净，煮或蒸至透心，晒干，除去须根。

【药　　性】辛、苦，温。归脾、肝经。

【功　　能】破血行气，散结止痛。

【主　　治】气滞血瘀，胸腹疼痛，跌扑肿痛，风湿痹痛。

【用法用量】马、牛 15～30g，羊、猪 3～10g，兔、禽 0.5～1.5g。

【禁　　忌】血虚无气滞血瘀及孕畜慎服。

【方　　例】1. 乌梅散（《元亨疗马集》）：乌梅、姜黄、诃子、黄连、干柿，共为细末，开水冲，候温灌服，或水煎灌服。能涩肠止泻，清热燥湿，主治出生幼驹奶泻。

2. 如意金黄散（《外科正宗》）：天花粉、姜黄、黄柏、大黄、白芷、生南星、苍术、厚朴、陈皮、生甘草。共研细末，混匀，以醋或蜂蜜调敷患部。

446. 姜　黄

白花前胡
*Peucedanum
praeruptorum* Dunn

前胡

紫花前胡
*Peucedanum
decursivum* Maxim

447. 前　胡

【别　　名】土当归，野当归，山独活，鸡脚前胡。

【来　　源】伞形科植物白花前胡 *Peucedanum praeruptorum* Dunn 或紫花前胡 *Peucedanum decursivum* Maxim. 的根。前者主产于浙江、河南、湖南、四川等地；后者主产于江西、安徽、湖南、浙江等地。

【采集加工】冬季翌次春茎叶枯萎或未抽花茎时采挖，除去须根，洗净，晒干或低温干燥。

【药　　性】苦、辛，微寒。归肺经。

【功　　能】疏风清热，降气消痰。

【主　　治】风热咳嗽，痰多气喘。

【用法用量】马、牛 15～45g，羊、猪 5～10g，兔、禽 1～3g。

【方　　例】热咳散（《安徽中兽医诊疗》）：前胡、黄芩、浙贝母、桔梗、天花粉、桑白皮、款冬花、杏仁。能清热宣肺，祛痰止咳，主治马肺热咳嗽。

448. 首乌藤

【别　　名】夜交藤，棋藤。

【来　　源】蓼科植物何首乌 *Polygonum multiflorum* Thunb. 的干燥藤茎。主产于河南、湖北、广东、广西、贵州等地。

【采集加工】秋、冬二季采割，除去残叶，捆成把或趁鲜切段，干燥。

【药　　性】甘，平。归心、肝经。

【功　　能】养血安神，祛风通络。

【主　　治】血虚不安，风湿痹痛，皮肤瘙痒。

【用法用量】马、牛 30 ~ 60g，羊、猪 10 ~ 20g。外用适量。

【方　　例】1. 治血虚身痛，风湿痹痛（《中药学》）：治血虚身痛，常与鸡血藤、当归、川芎等补血活血，痛经止痛药配伍；治风湿痹痛，常与羌活、独活、桑寄生等祛风湿、止痹痛药同用。

2. 治皮肤瘙痒（《中药学》）：常与蝉蜕、浮萍、地肤子等药同用，治风疹、疥癣之皮肤瘙痒。

449. 总状土木香

【别　　名】玛奴，木香，土木香。

【来　　源】菊科植物总状土木香 *Inula racemosa* Hook.f. 的干燥根。主产于新疆、四川、湖北等地。

【采集加工】秋季采挖，除去泥沙，晒干。

【药　　性】辛、苦，温。归肝、脾经。

【功　　能】健脾和胃，行气止痛，安胎。

【主　　治】胸胁、脘腹胀痛，呕吐泻痢，胸胁挫伤，岔气作痛，胎动不安。

【用法用量】马、牛 15 ~ 45g，羊、猪 3 ~ 9g，犬、猫 1 ~ 3g。

【别　　名】金钱草，连钱草，大叶金钱草，金钱薄荷，十八缺，透骨消。

【来　　源】唇形科植物活血丹 *Glechoma longituba*（Nakai）Kupr 的全草。分布于东北、华北、华东等地。

【采集加工】4—5 月采收，晒干备用，或随采随用。

【药　　性】苦，微辛，凉。

【功　　能】清热解毒，止咳，消肿，利尿通淋。

【主　　治】疮痈肿毒，咳喘，水肿，跌打损伤，血淋，尿淋。

【用法用量】马、牛 250 ~ 500g，羊、猪 120 ~ 250g。

【方　　例】1. 治牛、马尿淋、尿闭方：①大叶金钱草（活血丹）500g（捣烂），冲水喂服，连服 3 ~ 5 剂（《兽医手册》）。②鲜连钱草（活血丹）500g，鲜车前草250g，煎水喂服（《赤脚兽医手册》）。③连钱草（活血丹）、海金沙各 120 ~ 250g，煎水喂服（《兽医常用中草药》《民间兽医本草》续编）。④尿闭水肿：连钱草（活血丹）、车前草、灯心草、萹蓄草、海金沙、冬瓜皮，煎水喂服（《兽医药物学》）。

2. 治牛劳伤，跌打损伤方：①劳伤：活血丹、土牛膝、全当归、红花各适量，以黄酒为引，煎水调服（《牛病诊疗经验汇编》）。②跌打损伤肿痛：鲜活血丹煎服，以米酒为引，并敷患处（《兽医手册》）。

【别　　名】罗马洋甘菊，德国洋甘菊，欧药菊。

【来　　源】菊科植物母菊 *Matricaria recutita* L. 的干燥头状花序。原产于欧洲，我国主产于新疆。

【采集加工】5—7 月采收花与全草，晒干。

【功　　能】发汗，止痉，止咳平喘。

【主　　治】汗出不畅，痉挛抽搐，咳嗽喘息。

452. 洋金花（附药：无刺曼陀罗、毛曼陀罗）

白花曼陀罗
Datura metel L.

【别　　名】闹羊花，凤茄花，曼陀罗花，喇叭花，枫茄子，枫茄花。

【来　　源】茄科植物白花曼陀罗 *Datura metel* L. 的干燥花。全国大部分地区均产。

【采集加工】4—11 月花初开时采收，晒干或低温干燥。

【药　　性】辛，温；有毒。归肺、肝经。

【功　　能】平喘止咳，镇痛解痉。

【主　　治】咳嗽喘急，肚腹冷痛，寒湿痹痛。

【用法用量】马、牛 15 ~ 30g，羊、猪 1.5 ~ 3g。

【禁　　忌】孕畜慎用，痰热咳喘、青光眼禁用。

【方　　例】1. 治猪喘气病方（《赤脚兽医手册》）：曼陀罗花（洋金花）晒干、甘草，煎水灌服。具有温肺散寒，平喘止咳的功效，主治猪喘气病。

2. 治牛、猪风湿症方（《赤脚兽医手册》）：曼陀罗根及叶适量，和锯末捣烂，加酒混合调匀热敷患处，祛风解痉，止搐止痛，治牛、猪风湿症。

无刺曼陀罗
Datura inermis Jacq

毛曼陀罗
Datura innoxia Mill.

附药：无刺曼陀罗、毛曼陀罗

　　《中药大辞典》记载无刺曼陀罗 *Datura inermis* Jacq、毛曼陀罗 *Datura innoxia* Mill. 的花亦作洋金花用。

【别　　名】穿地龙，野山药，地龙骨，山常山，火藤根。

【来　　源】薯蓣科植物穿龙薯蓣 *Dioscorea nipponica* Makino 的干燥根茎。全国大部分地区均产。

【采集加工】春、秋二季采挖，洗净，除去须根和外皮，晒干。

【药　　性】甘、苦，温。归肝、肾、肺经。

【功　　能】祛风除湿，舒筋活络，活血止痛，止咳平喘。

【主　　治】咳嗽喘急，肚腹冷痛，寒湿痹痛。

【用法用量】马、牛 20 ~ 60g，羊、猪 5 ~ 10g。外用适量。

【方　　例】1. 扭伤跛脚方（《兽医技术革新成果选编》）：穿山龙根、王不留行根、倒水莲各 90 ~ 150g，共同切细，煎水喂服。能活血通经，治马、骡扭伤跛脚。

2. 穿山龙散（《家畜常见病防治手册》）：穿山龙、桂枝、连翘各 30g，以红糖、白酒为引，共为细末，开水冲服。能祛风湿，活血通络，治马、骡急性蹄叶炎。

【别　　名】鹤虱，粘粘草，破子衣，水防风。

【来　　源】伞形科植物窃衣 *Torilis scabra*（Thunb.）DC. 或小窃衣 *Torilis japonica*（Houtt.）DC. 的果实或全草。主产于陕西、甘肃、江苏、安徽、浙江、江西等地。

【采集加工】夏末秋初采收，晒干或鲜用。

【药　　性】苦、辛，平。归脾、大肠经。

【功　　能】杀虫止泻，收湿止痒。

【主　　治】虫积腹痛，泄痢，疮疡溃烂，湿疹。

小窃衣
Torilis japonica（Houtt.）DC.

455. 祖师麻

【别　　名】黄瑞香，大救驾，冬夏青。

【来　　源】瑞香科植物黄瑞香 *Daphne giraldii* Nitsche 的根皮或茎皮。主产于陕西、甘肃、四川、青海等地。

【采集加工】全年可采，采后剥取根皮，晒干。

【药　　性】辛、苦，温，有小毒。

【功　　能】祛风除湿，止痛散瘀。

【主　　治】感冒，风湿骨痛，腰腿疼痛，跌打损伤，皮肤瘙痒。

【用法用量】马、牛 15 ~ 30g，羊、猪 3 ~ 5g。

【禁　　忌】孕畜禁用。

【方　　例】1. 治牛、马风湿症方（《青海省兽医中草药》）：祖师麻 20g，陆英 40g，莲子藨 45g，松节 50g，煎水喂服。

2. 治家畜跌打损伤方（青海省畜牧兽医总站）：祖师麻 15g，独一味 40g，高乌头 10g，煎水喂服，连服 3 ~ 5 剂。

456. 神　曲

【别　　名】六神曲，药曲，炒神曲，焦神曲。

【来　　源】杏仁、赤小豆、苍耳子、青蒿、辣蓼等药物与面粉或麸皮混合后经发酵而成的曲剂加工品，全国各地均产。

【药　　性】甘、辛，温。归脾、胃经。

【功　　能】消食化积，健脾和胃。

【主　　治】消化不良，脘腹胀满，食欲不振，呕吐泻痢。

【用法用量】马、牛、驼 24 ~ 60g，羊、猪 6 ~ 12g，犬、猫 2 ~ 5g。

【方　　例】1. 保和丸（《丹溪心法》）：神曲、山楂、半夏、茯苓、陈皮、连翘、莱菔子，能消食和胃，主治一切食积，脘腹痞满胀痛，嗳腐吞酸，恶食呕逆，或大便泄泻，舌苔厚腻，脉滑等证。

2. 枳实导滞丸（《内外伤辨惑论》）：神曲、大黄、枳实、茯苓、黄芩、黄连、白术、泽泻，能消导化积，清热祛湿，主治湿热食积，内阻肠胃，脘腹胀痛，下痢泄泻，或大便秘结，小便短赤，舌苔黄腻，脉沉有力等。

【别　　名】一见香，七层楼，白龙须，老君须，小尾伸根，土白前。

【来　　源】萝藦科植物娃儿藤 *Tylophora floribunda* Miq. 的全草。
　　　　　　主产于贵州、湖南、江西、福建、浙江等地。

【采集加工】夏秋季采收，采后洗净，晒干。

【药　　性】辛，温，有小毒。

【功　　能】祛风化痰，解毒散瘀。

【主　　治】痰多咳嗽，咽喉肿痛，风湿痹痛，跌打损伤。

【用法用量】马、牛 15 ~ 45g，羊、猪 5 ~ 15g。

【方　　例】1. 治牛咽喉炎，口腔炎方：①娃儿藤根适量，捣烂，
　　　　　　兑淘米水服（《兽医中草药验方选》）。②鲜娃儿
　　　　　　藤根适量，红者加蜂蜜，白者加红糖，煎水喂服（《台
　　　　　　农兽医学习班交流经验汇编》）。
　　　　　　2. 治牛胆胀症方（《中兽医疗牛集》）：娃儿藤、
　　　　　　铁冬青、地胆草、鸦胆子叶、耳草各适量，煎水灌服。

【别　　名】吸壁藤，络石，悬石，领石，鬼系腰。

【来　　源】夹竹桃科植物络石 *Trachelospermum jasminoides*（Lindl.）Lem. 的干燥带叶藤茎。主产
　　　　　　于江苏、湖北、山东等地。

【采集加工】冬季至次春采割，除去杂质，晒干。

【药　　性】苦，微寒。归心、肝、肾经。

【功　　能】祛风通络，凉血消肿。

【主　　治】风湿热痹，筋脉拘挛，腰膝酸痛，喉痹，痈肿，跌扑损伤。

【用法用量】马、牛 30 ~ 60g，羊、猪 10 ~ 15g。

【方　　例】1. 治肠炎痢疾方（《猪病防治》）：络石藤、忍冬藤、鱼腥草、地锦草，煎水取汁，掺
　　　　　　入饲料内喂服。能凉血止痢，治猪肠炎痢疾效好。
　　　　　　2. 止痛灵宝散（《外科精要》）：络石藤、皂角刺、瓜蒌、甘草、乳香、没药，水、酒各半煎。
　　　　　　能祛风通络，凉血消肿，治肿疡毒气凝聚作痛。

中兽药标本及器具图谱

459. 秦 艽

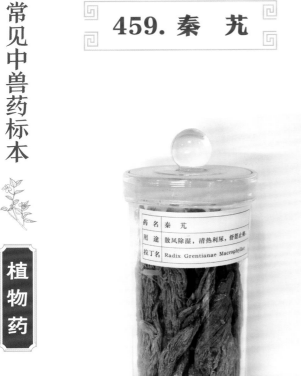

【别　　名】麻花艽，萝卜艽，西秦艽，辫子艽。

【来　　源】龙胆科植物秦艽 *Gentiana macrophylla* Pall.、麻花秦艽 *Gentiana straminea* Maxim.、粗茎秦艽 *Gentiana crassicaulis* Duthie ex Burk. 或小秦艽 *Gentiana dahurica* Fisch. 的干燥根。前三种按性状不同分别习称"秦艽"和"麻花艽"，后一种习称"小秦艽"。主产于陕西、甘肃、内蒙古、四川等地。

【采集加工】春、秋二季采挖，除去泥沙；秦艽和麻花艽晒软，堆置"发汗"至表面呈红黄色或灰黄色时，摊开晒干，或不经"发汗"直接晒干；小秦艽趁鲜时搓去黑皮，晒干。

【药　　性】辛、苦，平。归胃、肝、胆经。

【功　　能】祛风湿，退热，止痹痛。

【主　　治】风湿痹痛，筋脉拘挛，阴虚发热，尿血。

【用法用量】马、牛 15 ~ 45g，羊、猪 3 ~ 10g，兔、禽 1 ~ 1.5g。

【方　　例】1. 秦艽散（《元亨疗马集》）：秦艽、知母、百合、甘草、大黄、栀子、紫菀、川贝母、山药、黄芩、远志、麦冬、牡丹皮。共为细末，以蜂蜜、薤白汁为引，调匀灌之。能养阴清热，滋阴润肺，治马肺败病、鼻流浓涕、气促喘粗、耳耷头低尤为适宜。

2. 治马腰背疼痛方（《元亨疗马集》）：秦艽、续断、骨碎补、牛膝、独活、破故纸（补骨脂）、巴戟天、杜仲、桂皮、当归、木香、红花。共研细末，以黄酒为引，同调灌下。

【别　　名】岑皮，秦白皮，蜡树皮，苦榴皮。

【来　　源】木犀科植物苦枥白蜡树 *Fraxinus rhynchophylla* Hance、白蜡树 *Fraxinus chinensis* Roxb.、尖叶白蜡树 *Fraxinus szaboana* Lingelsh. 或宿柱白蜡树 *Fraxinus stylosa* Lingelsh. 的干燥枝皮或干皮。主产于吉林、辽宁、河南等地。

【采集加工】春、秋二季剥取，晒干。

【药　　性】苦、涩，寒。归肝、胆、大肠经。

【功　　能】清热燥湿，收涩止痢，明目。

【主　　治】湿热下痢，目赤肿痛，云翳。

【用法用量】马、牛 15 ～ 60g，羊、猪 5 ～ 10g，兔、禽 1 ～ 1.5g。外用适量。

【禁　　忌】脾胃虚寒者忌用。

【方　　例】1. 泻痢方（《青海省中兽医验方汇编》）：秦皮、槐花、地榆、苍术、白术、白头翁、山楂、神曲、青皮、陈皮、黄连、甘草。煎水滤液取汁，候温灌服，治疗马、牛肠癀泻痢。

2. 风热感冒方（《兽医中药类编》）：秦皮、柴胡、苦参、黄芩、黄柏、黄连。诸药共为细末，开水冲服，或煎水滤液取汁，候温灌服，治疗马、牛风热感冒。

461. 素馨花

【别　　名】鸡爪花，多花素馨。

【来　　源】木犀科植物素馨花 *Jasminum polyanthum* Franch. 的全草。主产于四川、贵州、云南等地。

【采集加工】夏、秋季采收近开放的花蕾，隔水蒸约 20 分钟，蒸至变软为度，取出，晒至五成干时，用硫黄熏一次，再晒至足干。

【药　　性】苦，平。归肝经。

【功　　能】行气止痛，清热散结。

【主　　治】肝胁疼痛，下痢腹痛。

462. 蚕茧蓼

【别　　名】蚕茧草，蓼子草，小蓼子草，红蓼子。

【来　　源】蓼科植物蚕茧草 *Polygonum japonicum* Meisn. 的全草。主产于江苏、安徽、浙江、福建、四川、湖北等地。

【采集加工】秋季采集，晒干。

【药　　性】辛，温。

【功　　能】解毒，止痛，透疹。

【主　　治】疮疡肿痛，诸虫咬伤，腹泻，痢疾，腰膝寒痛，麻疹透发不畅。

463. 盐匏藤

【别　　名】咸匏藤，沉匏，补阳丹。

【来　　源】胡颓子科植物披针叶胡颓子 *Elaeagnus lanceolata* Warb. 的根及茎叶。主产于陕西、甘肃、湖北、四川、贵州、云南、广西等地。

【采集加工】全年可采，挖根，洗净，切片晒干。叶晒干或鲜用。

【药　　性】酸、微甘，温。归肾、肺、肝经。

【功　　能】活血通络，疏风止咳，温肾缩尿，止痢。

【主　　治】跌打骨折，劳伤，风寒咳嗽，小便失禁，痢疾。

464. 莽 草

【别　　名】白花八角，日本莽草，野八角，臭八角，野茴香。

【来　　源】八角科植物狭叶茴香 *Illicium lanceolatum* A.C.Smith 的叶。主产于陕西、江苏、安徽、浙江、江西、福建等地。

【采集加工】春、夏两季采摘，晒干或鲜用。

【药　　性】辛，温。有毒。

【功　　能】祛风止痛，消肿散结，杀虫止痒。

【主　　治】风湿痹痛，痈肿，乳痈，瘰疬，疥癣。

465. 莲 子

【别　　名】莲肉，莲实，莲米，水之舟。

【来　　源】睡莲科植物莲 *Nelumbo nucifera* Gaertn. 的干燥成熟种子。主产于湖南、福建、江苏、浙江等地。

【采集加工】秋季采收，果实成熟时，剪下莲蓬，剥出果实，趁鲜用快刀划开，剥去壳皮，晒干。

【药　　性】甘、涩，平。归脾、肾、心经。

【功　　能】补脾止泻，益肾涩精，养心安神。

【主　　治】脾虚泄泻，滑精，带下，心神不宁。

【用法用量】马、牛、驼 50 ~ 120g，羊、猪 10 ~ 20g，犬、猫 5 ~ 10g。

【方　　例】参苓白术散（《和剂局方》）：党参、白术、茯苓、炙甘草、山药各 45g，扁豆 60g，莲子、桔梗、薏苡仁、砂仁各 30g。共研为末，开水冲调，候温灌服，或水煎服。能补气健脾，益肺气，渗湿止泻。主治脾胃气虚挟湿证，症见精神倦怠，体瘦毛焦，食欲减退，四肢无力，便溏泄泻，舌苔白腻，脉缓弱等。

466. 莲子心

【别　　名】莲子，莲心，苦薏。

【来　　源】睡莲科植物莲 *Nelumbo nucifera* Gaertn. 的成熟种子中的干燥幼叶及胚根。主产于湖南、福建、江苏、浙江等地。

【采集加工】秋季采收，果实成熟时，剪下莲蓬，剥出果实，趁鲜用快刀划开，取出莲子心，晒干。

【药　　性】苦，寒。归心、肾经。

【功　　能】清心安神，交通心肾，涩精止血。

【主　　治】热入心包，神昏谵语，心肾不交，失眠遗精，血热吐血。

【用法用量】马、牛 10 ～ 20g，羊、猪 3 ～ 9g。

467. 莲　须

【别　　名】莲花须，莲花蕊，莲蕊须。

【来　　源】睡莲科植物莲 *Nelumbo nucifera* Gaertn. 的干燥雄蕊。主产于湖南、福建、江苏、浙江等地。

【采集加工】夏季花开时选晴天采收，盖纸晒干或阴干。

【药　　性】甘、涩，平。归心、肾经。

【功　　能】固肾涩精。

【主　　治】肾虚滑精，尿频，尿失禁。

【用法用量】马、牛 15 ～ 25g，羊、猪 5 ～ 10g。

【方　　例】1. 治牛、马尿淋白浊方（《兽医中药及处方学》）：莲须、黄连、黄柏、益智仁、砂仁、半夏、茯苓、甘草各适量，煎水喂服。

2. 治公畜精滑不禁方（《兽医中药及处方学》）：莲子、莲须、芡实、牡丹、沙苑、蒺藜各适量，共为细末，盐汤送服。

【别　　名】黑心姜，姜七，温莪术，蓬莪术，山姜黄。

【来　　源】姜科植物蓬莪术 *Curcuma phaeocaulis* Val.、广西莪术 *Curcuma kwangsiensis* S.G.Lee et C.F.Liang 或温郁金 *Curcuma wenyujin* Y.H.Chen et C.Ling 的干燥根茎。蓬莪术主产于四川、广东、广西；广西莪术又称桂莪术，主产于广西；温郁金又称温莪术，主产于浙江温州。

【采集加工】冬季茎叶枯萎后采挖，洗净，蒸或煮至透心，晒干或低温干燥后除去须根和杂质。

【药　　性】辛、苦，温。归肝、脾经。

【功　　能】破瘀消积，行气止痛。

【主　　治】气血瘀滞，肚腹胀痛，食积不化，跌打损伤。

【用法用量】马、牛 15 ~ 60g，羊、猪 5 ~ 10g。

【禁　　忌】孕畜禁用。

【方　　例】1. 消积散（《家畜病中药治疗法》）：三棱、莪术、大黄，共为细末，开水冲服。能消积导滞，治疗马、牛食积不化等。

2. 产后恶露方（《民间兽医本草》）：莪术、三棱、当归、红花、川芎、黄芩、黄柏、黄连、益母草，煎水喂服。能活血化瘀，清热解毒，治疗母畜产后恶露不止等。

【别　　名】莲叶，藕叶，河叶。

【来　　源】睡莲科植物莲 *Nelumbo nucifera* Gaertn. 的干燥叶。主产于湖南、福建、江苏、浙江等地。

【采集加工】夏、秋二季采收，晒至七八成干时，除去叶柄，折成半圆形或折扇形，干燥。

【药　　性】苦，平。归肝、脾、胃经。

【功　　能】解暑，升阳，止泻，凉血止血。

【主　　治】暑湿泄泻，脾虚泄泻，鼻衄，便血，尿血。

【用法用量】马、牛 30 ~ 90g，羊、猪 10 ~ 30g。

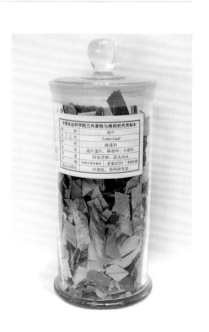

【方　　例】1. 荷叶散（《司牧安骥集》）：荷叶、乌药、当归、羌活、赤芍、白药子、甜瓜子、延胡索、没药、血竭。诸药共为细末，同煎滤液取汁，以韭汁为引，草后灌服。治疗马膈前痛、抬头难或哽气、把腰、草慢等。

2. 治牛、马肺出血方：①荷叶、藕节、石膏，煎水喂服（《河南中兽医验方集》）。②四生丸：生荷叶、生地黄、生侧柏、生栀子，煎水喂服（《安徽省中兽医经验集》）。

470. 桂 皮

阴香
Cinnamomum burmannii
（Nees et T.Nees）Blume.

川桂
Cinnamomum wilsonii Gamble

【别　　名】天竺桂，阴香，川桂，土肉桂，土玉桂。

【来　　源】樟科植物天竺桂 *Cinnamomum japonicum* Sieb.、阴香 *Cinnamomum burmannii*（Nees et T.Nees）Blume. 或川桂 *Cinnamomum wilsonii* Gamble 的树皮。天竺桂主产于江苏、浙江、安徽、福建等地，阴香主产于广东、广西、云南、福建等地，川桂主产于陕西、江西、四川、贵州等地。

【采集加工】多于秋季剥取，阴干。

【药　　性】辛、甘、温。归脾、胃、肝、肾经。

【功　　能】温中散寒，理气止痛。

【主　　治】脘腹冷痛，呕吐泄泻，腰膝酸冷，寒疝腹痛，寒湿痹痛，跌打肿痛。

【用法用量】马、牛 30 ~ 60g，羊、猪 15 ~ 30g。

【禁　　忌】外感热病、阴虚火旺、血热妄行证，均当忌用。孕畜慎用。

【方　　例】1. 治牛冷肠泄泻方（《中兽医验方汇编》）：山肉桂（桂皮）、山芝麻、土黄连、槟榔、黄芩等各适量，共为细末，煎水喂服。

2. 治牛跌打损伤方（《中兽医疗牛集》）：土玉桂（桂皮）、入地金牛（两面针）根皮、生姜各适量。上药捣烂，米酒调糊，煮热涂敷。

471. 桂 竹

【别　　名】五月竹，斑竹，月季竹，麦黄竹，刚竹，五月季竹。

【来　　源】禾本科植物桂竹 *Phyllostachys bambusoides* Sieb.et Zucc. 的叶。分布于黄河流域及其以南各地。

【采集加工】夏秋采收，晒干。

【药　　性】甘，寒。

【功　　能】祛风除湿，清热解毒。

【主　　治】咳嗽喘息，四肢顽痹，筋骨疼痛。

【别　　名】白药，梗草，苦桔梗，苦菜根，卢如，房图。

【来　　源】桔梗科植物桔梗 *Platycodon grandiflorus*（Jacq.）A.DC. 的干燥根。全国大部分地区均产。

【采集加工】春、秋二季采挖，洗净，除去须根，趁鲜剥去外皮或不去外皮，干燥。

【药　　性】苦、辛，平。归肺经。

【功　　能】宣肺，祛痰，利咽，排脓。

【主　　治】咳嗽痰多，咽喉肿痛，肺痈，疮疡不溃。

【用法用量】马、牛 15 ~ 45g，羊、猪 3 ~ 10g，兔、禽 1 ~ 1.5g。

【禁　　忌】该品性升散，凡气机上逆，呕吐、呛咳、眩晕、阴虚火旺咳血等不宜用，胃、十二指肠溃疡者慎服。用量过大易致恶心呕吐。

【方　　例】1. 桔梗治肺散（《疗马集》）：桔梗、天花粉、甘草、知母、栀子、黄芩、黄柏、桑白皮、杏仁、车前子、麦冬、葶苈子、白矾。共为细末，以鸡子清为引，米泔水调喂，治马下鼻。
2. 洗肝散（《牛医金鉴》）：桔梗、薄荷、黄芩、玄参、生军（大黄）、防风、山栀、连翘、黄连、胆星。以灯心草、竹沥为引，煎水喂服，治牛肝黄症。

中兽药标本及器具图谱

【别　　名】白桦茸，桦褐孔菌。

【来　　源】生长于白桦树上的药用真菌白桦茸 *Inonotus obliquus*，主产于黑龙江、吉林等地。

【主　　治】降血糖，抗癌，提高免疫力等。

474. 桃 仁

【别　　名】桃核仁，扁桃仁，大桃仁，桃子仁。

【来　　源】蔷薇科植物桃 *Prunus persica*（L.）Batsch 或山桃 *Prunus davidiana*（Carr.）Franch. 的干燥成熟种子。桃全国各地均产，山桃主产于辽宁、河北、河南、山东、四川、云南等地。

【采集加工】果实成熟后采收，除去果肉和核壳，取出种子，晒干。

【药　　性】苦、甘，平。归心、肝、大肠经。

【功　　能】活血祛瘀，润肠通便。

【主　　治】产后血瘀，胎衣不下，膀胱蓄血，跌打损伤，肠燥便秘。

【用法用量】马、牛 15～30g，羊、猪 3～10g。

【禁　　忌】孕畜忌服。便溏者慎用。

【方　　例】1. 桃红四物汤（《医宗金鉴》）：桃仁、当归、赤芍、红花、川芎、生地黄。以上 6 味共为末，开水冲调，或水煎，候温灌服。能活血祛瘀、补血止痛，主治血瘀肢体疼痛、产后血瘀腹痛及瘀血所致的不孕症。

2. 独活散（《痊骥通玄论》）：当归、桃仁、连翘、汉防己、独活、羌活、防风、炙甘草、肉桂、泽泻、大黄、黄柏。共研为末，以酒为引，水煎候温灌服。能活血化瘀、祛风湿，主治马五劳七伤腰肢痛。

475. 桃金娘

【别　　名】山稔子，苏圆子，孟子树，奶子娘，岗稔，山多莲。

【来　　源】桃金娘科植物桃金娘 *Rhodomyrtus tomentosa*（Ait.）Hassk. 的根叶或果实。主产于广西、广东、福建、云南、贵州、湖南等地。

【采集加工】根全年可采。果实秋季采集。

【药　　性】甘、涩，平。

【功　　能】止泻止血，祛风除湿。

【主　　治】风湿痹痛，泄泻，痢疾。

【用法用量】马、牛 60～90g，羊、猪 30～60g。

【方　　例】1. 治猪、牛肠炎、痢疾拉血方（《中兽医方剂汇编》）：桃金娘 120g，凤尾草、大青叶、石橄榄各 180g，生萝卜 1000g（捣烂），蜜糖 120mL，煎水和服。

2. 治猪、牛风湿软脚方（《中兽医方剂汇编》）：桃金娘、松树根、土牛膝各 30g，煎水混料服。

476. 索骨丹

【别　　名】鬼灯檠，黄药子，猪屎七，称杆七，山藕，厚朴七，牛角七。

【来　　源】虎耳草科植物七叶鬼灯檠 *Rodgersia aesculifolia* Batal. 的干燥根茎。主产于陕西、宁夏、甘肃、河南、湖北、四川、云南等地。

【采集加工】秋季采挖，除去粗皮及须根，切片，晒干。

【药　　性】苦、涩，平。归脾、胃、肝、肾、大肠经。

【功　　能】清热解毒，凉血止血。

【主　　治】腹泻，吐血，便血，外伤出血。

【用法用量】马、牛 15 ~ 60g，羊、猪 5 ~ 10g，兔、禽 1 ~ 3g。

【方　　例】1. 治湿热腹泻，痢疾，便血，吐血（《四川中药志》）：鬼灯檠（索骨丹），水煎服；或研粉，温水送服。

2. 治外伤出血（《四川中药志》）：鬼灯檠（索骨丹）研粉，直接敷于患处。

3. 治痈肿疔疮（《四川中药志》）：醋调鬼灯檠（索骨丹）粉末敷患处。

477. 夏至草

【别　　名】小益母草，白花夏枯，灯笼棵，风轮草，小益母草，假益母草。

【来　　源】唇形科植物夏至草 *Lagopsis supina* （Steph.）Ik.-Gal. 的全草。主产于黑龙江、吉林、辽宁、内蒙古、湖北、山西、陕西、甘肃等地。

【采集加工】夏至前盛花期采收，晒干或鲜用。

【药　　性】辛、微苦，寒。归肝经。

【功　　能】养血活血，清热利湿。

【主　　治】产后瘀滞腹痛，血虚头昏，跌打损伤，水肿，小便不利，疮痈。

中兽药标本及器具图谱

279

478. 夏枯草

【别　　名】夏枯球，夏枯花，夏枯头，枯草穗。

【来　　源】唇形科植物夏枯草 *Prunella vulgaris* L. 的干燥果穗。全国各地均产，主产于江苏、浙江、安徽、河南等地。

【采集加工】夏季果穗呈棕红色时采收，除去杂质，晒干。

【药　　性】辛，苦，寒。归肝、胆经。

【功　　能】清肝火，散郁结。

【主　　治】目赤肿痛，乳痈，疮肿瘰疬。

【用法用量】马、牛 15 ～ 60g，羊、猪 5 ～ 10g，兔、禽 1 ～ 3g。

【禁　　忌】脾胃寒弱者慎用。

【方　　例】1. 治家畜目赤肿痛方（《藏兽医经验选编》）：夏枯草、金银花、千里光、野菊花、荆芥，煎水滤液喂服，治疗家畜目赤肿痛效好。

2. 治母畜乳痈肿痛方（《兽医手册》）：夏枯草、蒲公英、连翘，煎水滤液灌服，治疗家畜乳痈肿痛，疗效极佳。

479. 党　参

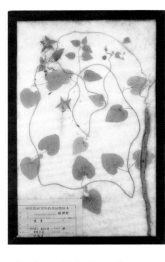

【别　　名】上党人参，黄参，防党参，上党参。

【来　　源】桔梗科植物党参 *Codonopsis pilosula*（Franch.）Nannf.、素花党参 *Codonopsis pilosula* Nannf.var.*modesta*（Nannf.）L.T.Shen 或川党参 *Codonopsis tangshen* Oliv. 的干燥根。主产于山西、陕西、甘肃等地。

【采集加工】秋季采挖，洗净，晒干。

【药　　性】甘，平。归脾、肺经。

【功　　能】补中益气，健脾益肺。

【主　　治】脾胃虚弱，少食腹泻，肺虚咳喘，体倦无力，气虚垂脱。

【用法用量】马、牛 20 ～ 60g，羊、猪 5 ～ 10g，兔、禽 0.5 ～ 1.5g。

【禁　　忌】不能与藜芦同用。

【方　　例】1. 发汗散（《元亨疗马集》）：党参、当归、川芎各30g，麻黄25g，葛根、升麻、白芍各20g，紫荆皮、香附各15g。诸药为末，开水冲，候温加葱白3根、生姜15g、白酒60mL，同调灌服。能发散风寒，补气活血，主治气血不足的外感风寒证，症见恶寒颤抖，发热无汗，咳嗽流涕，体瘦食少，脉浮等。

2. 白术散（《元亨疗马集》）：党参、白术、当归、熟地黄、陈皮各30g，阿胶60g，苏叶、黄芩、白芍、砂仁、川芎各20g，生姜、甘草各15g。诸药水煎服，或共为末，开水冲调，候温灌服。能养血安胎，主治胎动不安，习惯性流产，先兆流产等。

480. 柴胡（附药：黑柴胡）

【别　　名】嫩柴胡，香柴胡，春柴胡，南柴胡，北柴胡。

【来　　源】伞形科植物柴胡 *Bupleurum chinense* DC. 或狭叶柴胡 *Bupleurum scorzonerifolium* Willd. 的干燥根。按性状不同，分别习称"北柴胡"和"南柴胡"。北柴胡主产于河北、河南、辽宁、湖北、陕西等地，南柴胡主产于湖北、四川、安徽、黑龙江、吉林等地。

柴胡　　　　　　柴胡
Bupleurum chinense DC.

【采集加工】春、秋二季采挖，除去茎叶和泥沙，干燥。

【药　　性】辛、苦，微寒。归肝、胆、肺经。

【功　　能】疏散退热，疏肝解郁，升举阳气。

【主　　治】感冒发热，寒热往来，脾虚久泻，子宫垂脱，脱肛。

【用法用量】马、牛 15 ~ 45g，羊、猪 3 ~ 10g，兔、禽 1 ~ 3g。

【禁　　忌】阴虚阳亢、肝风内动、阴虚火旺及气机上逆者忌用或慎用。

【方　　例】1. 柴芩散（《兽药规范》二部）：柴胡、黄芩、黄连、生石膏、僵蚕、生甘草、木通、车前子、滑石、乳香、牛蒡子、瓜蒌仁。能清泄热毒，治颈项黄肿、角热目赤、肌表发热、苔黄、邪入少阳胆经。

2. 银黄散（《猪经大全》）：柴胡、黄芩、栀子、木通、金银花、白菊、羌活、防风、桑白皮、蝉蜕、天花粉、甘草、荆芥穗、车前仁，煎水滤液，候温灌服，治疗猪热极不退、四肢冰冷、振颤不已、不食水草效佳。

附药：黑柴胡

黑柴胡　伞形科植物黑柴胡 *Bupleurum smithii* Wolff 的干燥根，可入药，和柴胡具有相似的功效。

黑柴胡
Bupleurum smithii Wolff

481. 鸭脚木

【别　　名】鹅掌柴，鸭脚树，七叶莲，白蜡苗，五指通。

【来　　源】五加科植物鹅掌柴 *Schefflera octophylla*（Lour.）Harms 的根、茎等。主产于广东、广西、云南、贵州、福建、浙江等地。

【采集加工】根皮、茎皮四季可采。

【药　　性】苦、涩，凉。

【功　　能】消滞止痛，清热解毒。

【主　　治】食滞腹泻，风湿痹痛，跌打肿痛，疮痈肿毒。

【用法用量】马、牛 60～120g，羊、猪 30～60g。

【方　　例】1. 治牛、马脾气痛方（《中兽医方剂汇编》）：鸭脚木叶、樟树叶、铁冬青叶各 250g，香茅、香附、薄荷各 90g，煎水喂服。

　　　　　　2. 治猪无名高热方（《兽医中草药处方选编》）：鸭脚木皮、阔叶十大功劳各适量，煎水灌服。

482. 鸭脚艾

【别　　名】鸡甜草，甜子菜，甜菜子，四季菜，鸭脚菜，勒菜，刘寄奴。

【来　　源】菊科植物白苞蒿 *Artemisia lactiflora* Wall.ex DC. 或奇蒿 *Artemisia anomala* S.Moore 的全草。全国大部分地区均产。

【采集加工】夏、秋季采集，采后鲜用或晒干。

【药　　性】辛、甘，平。

【功　　能】祛风活血，消肿解毒。

【主　　治】胃肠气胀，跌打损伤，疮痈肿毒。

【用法用量】马、牛 60～90g，羊、猪 15～30g。

【禁　　忌】孕畜慎用。

【方　　例】治牛慢性胃肠气胀方（《浙江民间兽医草药集》）：四季菜（鸭脚艾）、石菖蒲、青木香、大黄、苏打，共研为末，开水调服。

483. 鸭跖草

【别　　名】鸡舌草，露草，竹根采。

【来　　源】鸭跖草科植物鸭跖草 *Commelina communis* L. 的干燥全草。全国大部分地区均产。

【采集加工】春、秋二季采集全草，晒干。

【药　　性】甘，微寒。归心、肝、脾、肾、大肠、小肠经。

【功　　能】清热泻火，解毒，利水消肿。

【主　　治】邪热未清，咽喉肿痛，湿热泄泻，小便不利。

【用法用量】马、牛、驼 60～120g，羊、猪 30～60g，犬、猫 10～20g。

【方　　例】1. 治家畜热症喉痛方（《兽医常用中草药》）：鲜鸭跖草 500g，鲜土牛膝 60～120g，捣烂取汁服。

2. 治猪、牛肠炎泄泻方（《猪病防治》）：鸭跖草、凤尾草、鱼腥草、萹蓄草各 30～60g，煎水喂服。

484. 铁包金

【别　　名】乌龙根，勾儿茶，乌口仔，小叶铁包金。

【来　　源】鼠李科植物铁包金 *Berchemia lineata*（L.）DC. 的根。主产于广东、广西、福建等地。

【采集加工】全年可采，洗净切片，晒干。

【药　　性】苦、微涩，平。归心、肺经。

【功　　能】消肿解毒，止血镇痛，祛风除湿。

【主　　治】痈疽疔毒，咳嗽咯血，跌打损伤，风湿痹痛。

【用法用量】马、牛 60～180g，羊、猪 30～60g。

【方　　例】1. 治母猪产后风瘫方（《猪病防治手册》）：铁包金、六耳铃、九节茶、蔓荆子、香附子，黄酒半斤，煎水喂服。

2. 治家畜疮黄肿毒方（《广东中兽医常用草药》）：铁包金、苦地胆叶、羊乳参叶、羊蹄大黄叶各 1 握。红糖少许，共同捣烂，包敷患处。

485. 铁扫帚

【别　　名】夜关门，夜合草，关门草，半天雷，细叶草，鱼仔串，国公鞭。

【来　　源】豆科植物截叶铁扫帚 *Lespedeza cuneata* G.Don 的全草或带根全草。主产于黑龙江、吉林、辽宁、内蒙古、山东、江苏、浙江、江西、湖北、湖南等地。

【采集加工】9—10 月采收，鲜用或晒干用。

【药　　性】苦、辛，凉。

【功　　能】补肝益肺，散瘀消肿。

【主　　治】食积腹胀，伤食腹泻，皮肤疮毒，毒蛇咬伤，疮口不收。

【用法用量】马、牛 30 ~ 60g，羊、猪 15 ~ 30g。

【方　　例】1. 治猪牛食积腹胀方（《赤脚兽医手册》）：铁扫帚 90g，马鞭草、桔皮各 30g，煎水喂服。
2. 治牛胆胀，猪肝硬化方（《中兽医手册》）：铁扫帚、爵床草、过路黄，煎水喂服。

486. 铁脚草

【别　　名】高山金粉蕨，黑足金鸡蕨，高山乌蕨。

【来　　源】中国蕨科植物黑足金粉蕨 *Onychium contiguum* Hope 的全草。主产于四川、贵州、云南、西藏等地。

【采集加工】夏、秋季采收，洗净，晒干。

【药　　性】微苦，凉。

【功　　能】清热解毒，利尿，止血。

【主　　治】疮毒，水肿，小便不利，外伤出血。

487. 铁角蕨（附药：变异铁角蕨）

【别　　名】猪宗七，瓜子莲，石林珠，铁角凤尾蕨，铁角决，
　　　　　　瓜子蕨。

【来　　源】铁角蕨科植物铁角蕨 *Asplenium trichomanes*
　　　　　　L. 的带根全草。主产于云南、四川、湖北、湖南、
　　　　　　江西、广东等地。

【采集加工】全年可采，洗净，晒干或鲜用。

【药　　性】淡，平。

【功　　能】清热渗湿，散瘀止血。

【主　　治】红白痢，小便淋涩，阴虚盗汗，遗精白带，跌打
　　　　　　损伤。

【用法用量】马、牛 60 ~ 120g，羊、猪 30 ~ 60g。

【方　　例】1. 治猪牛赤白痢疾方（《浙江民间兽医草药
　　　　　　集》）：铁角蕨、凤尾草、老鹳草、旱莲草各
　　　　　　30 ~ 120g。煎水喂服，或拌料服。
　　　　　　2. 治猪、牛小便淋沥方（《民间兽医本草》续
　　　　　　编）：铁角蕨、凤尾草、车前草、金钱草、过
　　　　　　路黄各 30 ~ 150g，煎水喂服。
　　　　　　3. 治牛、马脚筋断裂方（《黔东南兽医常用中
　　　　　　草药》）：仙人架桥（铁角蕨）、金鸡尾、四轮草，
　　　　　　捣烂包患处。

铁角蕨
Asplenium trichomanes L.

附药：变异铁角蕨

变异铁角蕨　铁角蕨科植物变异铁角蕨 *Asplenium varians* 的
全草。能止血生肌、消肿、散瘀、接骨、主治高热惊风、疮疡
溃烂、烧烫伤等。

变异铁角蕨
Asplenium varians

中兽药标本及器具图谱

285

488. 铁线蕨（附药：扇叶铁线蕨）

白背铁线蕨
Adiantum davidii Franch.

【别　　名】过坛龙，猪鬃草，猪毛漆，铁骨草，乌脚毛，猪毛草。

【来　　源】铁线蕨科植物铁线蕨 *Adiantum capillus-veneris* L. 或白背铁线蕨 *Adiantum davidii* Franch. 的全草。主产于广东、广西、福建等地。

【采集加工】全年可采，采后洗净，晒干。

【药　　性】甘、微苦，平。

【功　　能】清热利湿，消肿解毒。

【主　　治】湿热泻痢，尿淋血淋，痈肿疮毒，跌打肿痛。

【用法用量】马、牛 90 ~ 120g，羊、猪 30 ~ 60g。

【方　　例】1. 治家畜时疫高热方（《兽医常用中草药》）：过坛龙（铁线蕨）、梅叶冬青、柳叶白前 30 ~ 150g，煎水喂服。
2. 治牛、马尿淋血淋方：①尿路感染：铁线蕨、车前草、瞿麦草，煎水喂服（《高原中草药治疗手册》）。②小便拉血：猪毛漆（铁线蕨）9 ~ 15g，装在猪小肠内，煮熟喂服（《贵州民间兽医验方》）。③猪鬃草（铁线蕨）、车前草、海金沙各 60 ~ 125g，煎水喂服（《黔南兽医常用中草药》）。

附药：扇叶铁线蕨

扇叶铁线蕨　铁线蕨科植物扇叶铁线蕨 *Adiantum flabellulatum* L. 的全草，功效、主治与铁线蕨相似。

扇叶铁线蕨
Adiantum flabellulatum L.

【别　　名】八百棒，铁牛七，雪上一枝蒿，草乌，铁牛七。

【来　　源】毛茛科植物铁棒锤 *Aconitum szechenyianum* Gay. 或
　　　　　　伏毛铁棒锤 *Aconitum flavum* Hand.-Mazz. 的块根。
　　　　　　铁棒锤主产于陕西、甘肃、青海、河南、四川、云南
　　　　　　等地；伏毛铁棒锤主产于内蒙古、宁夏、甘肃、青海、
　　　　　　四川等地。

【采集加工】秋季采集，去须根，洗净晒干。

【药　　性】苦、辛，温；有毒。归肺、心经。

【功　　能】活血祛瘀，祛风除湿，消肿止痛。

【主　　治】跌打损伤，骨折瘀肿疼痛，风湿腰痛，痈肿恶疮，毒
　　　　　　蛇咬伤。

【别　　名】黑毛七，小山桃儿七，钻古风，岩马桑根，铁钢叉，
　　　　　　瓦鸟柴。

【来　　源】毛茛科植物铁筷子 *Helleborus thibetanus* Franch. 的根。
　　　　　　分布于华东及湖北、湖南、四川、贵州、云南等地。

【采集加工】全年可采，洗去泥土，鲜用，或烘干、晒干。

【药　　性】辛，温；有毒。归肝、肺经。

【功　　能】祛风止痛，理气活血，止咳平喘。

【主　　治】风湿痹痛，风寒感冒，跌打损伤，脘腹疼痛，劳伤咳嗽，
　　　　　　疔疮肿毒。

491. 铁箍散

【别　　名】拦路虎，铁板道，牛舌头草。

【来　　源】紫草科植物琉璃草 *Cynoglossum zeylanicum*（Vahl） Thunb. 的根或叶。主产于河南、陕西、甘肃等地。

【采集加工】春、夏采集，净制，干燥。

【药　　性】苦、凉。归心经。

【功　　能】清热解毒，活血散瘀，消肿止痛。

【主　　治】疮疖痈肿，毒蛇咬伤，跌打损伤，骨折。

492. 铃　兰

【别　　名】香水花，芦藜花，鹿铃草，铃铛花，小芦藜，草寸香。

【来　　源】百合科植物铃兰 *Convallaria majalis* Linn. 的全草或根。主产于黑龙江、吉林、辽宁、内蒙古、河北、山西等地。

【采集加工】7—9 月采挖，去净泥土，晒干。

【药　　性】甘、苦，温。有毒。

【功　　能】温阳利水，活血祛风。

【主　　治】心气虚损，风湿痹痛。

【别　　名】崩大碗，马蹄草，老鸦碗，铜钱草，大金钱草，铁灯盏。

【来　　源】伞形科植物积雪草 *Centella asiatica*（L.）Urb. 的干燥全草。主产于陕西、江苏、安徽、浙江等地。

【采集加工】夏、秋二季采收，除去泥沙，晒干。

【药　　性】苦、辛，寒。归肝、脾、肾经。

【功　　能】清热利湿，解毒消肿。

【主　　治】感冒发热，中暑，湿热黄疸，咽喉肿痛，排尿不利，跌打损伤，疮黄肿毒。

【用法用量】马、牛 60 ~ 120g，羊、猪 30 ~ 60g。外用适量。

【方　　例】1. 治牛、马热淋尿闭方（《兽医中草药临症应用》）：积雪草 90 ~ 120g（捣烂），米汤冲服。

2. 治疗疮肿毒方（《中兽医手册》）：鲜铜钱草（积雪草）1 握，捣烂外敷患处。

【别　　名】臭灯桐，臭八宝，大红袍，臭枫桐。

【来　　源】马鞭草科植物臭牡丹 *Clerodendron bungei* Steud. 的茎、根皮或叶。主产于河北、河南、陕西、浙江、安徽、江西等地。

【采集加工】叶夏季采收，根皮全年可采，采后切片晒干。

【药　　性】辛，平。有小毒。

【功　　能】活血散瘀，消肿解毒。

【主　　治】中暑发痧，风湿痹痛，白痢，产后发热，皮肤热毒。

【用法用量】马、牛 60 ~ 90g，羊、猪 15 ~ 30g。

【方　　例】1. 治牛喉黄肿痛方（《中兽医验方汇编》）：臭牡丹 250 ~ 500g，煎水兑酒喂服。

2. 治仔猪白痢、牛腹泻方：①臭牡丹叶适量，研成细末，拌入饲料内喂服（《民间兽医本草》续编）。②臭牡丹、白头翁、土黄连、龙胆草。共为细末，拌料喂服（《兽医中草药临症应用》）。③牛胃肠炎方：臭牡丹 250g，炒大米 1000g，煎水分 2 次服（《兽医中草药验方选》）。

495. 臭梧桐

【别　　名】海州常山，八角梧桐，地梧桐，臭桐彭。

【来　　源】马鞭草科植物臭梧桐 *Clerodendrum trichotomum* Thunb. 的根或叶。主产于辽宁、甘肃、陕西等地。

【采集加工】8—10 月开花后采，割取花枝及叶，捆扎成束，晒干；根秋后采收，出去泥杂及茎叶。

【药　　性】苦，寒。

【功　　能】祛风湿，降血压。

【主　　治】风湿痹痛，痈疽肿毒。

【用法用量】马、牛 30 ~ 60g，羊、猪 15 ~ 30g。

【方　　例】1. 清阳散（《中兽医手册》）：臭梧桐 8 份，大蓟根 4 份，牛耳大黄 3 份。共研细末，每次服 30 ~ 60g，开水冲服，治牛头晕昏倒。
2. 治猪、牛关节肿痛方（浙江省吴兴县青山公社兽医站经验）：臭梧桐、朱砂根、虎杖根、大血藤、常春藤、威灵仙、勾儿茶，煎水喂服。

496. 臭常山

【别　　名】和常山，胡椒树，日本常山。

【来　　源】芸香科植物臭常山 *Orixa japonica* Thunb. 的根、茎或叶。主产于河南、安徽、江苏、浙江、江西、湖北等地。

【采集加工】根、茎四季可采，晒干；叶夏秋采集，鲜用。

【药　　性】苦，辛，凉。

【功　　能】清热利湿，截疟，止痛。

【主　　治】风热感冒，风湿痹痛，疟疾，跌打损伤，痈肿疮毒。

【别　　名】交剪草，野萱花，鱼翅草，铁扁旦。

【来　　源】鸢尾科植物射干 *Belamcanda chinensis*（L.）DC. 的干燥根茎。主产于湖北、河南、江苏、安徽等地。

【采集加工】春初刚发芽或秋末茎叶枯萎时采挖，除去须根和泥沙，干燥。

【药　　性】苦，寒。归肺经。

【功　　能】清热解毒，消痰利咽。

【主　　治】咽喉肿痛，痰涎壅盛，肺热咳喘。

【用法用量】马、牛 15 ~ 45g，羊、猪 5 ~ 10g。

【禁　　忌】该品苦寒，脾虚便溏者不宜使用。孕妇忌用或慎用。

【方　　例】1. 射干汤（《活兽慈舟》）：射干、玄参、青黛、桔梗、防风、石膏、灯心草、甘草、藿香、山豆根，共捣入清油，投入嘴中慢慢咽下，治疗马、骡喉炎。

2. 射干散（《广西兽医中草药处方选编》）：射干、犁头草、薄荷、大青叶各适量，诸药煎水滤液取汁，蜂蜜调匀，候温灌服，治疗鹅嗉囊胀效佳。

【别　　名】续毒，川狼毒，白狼毒，猫眼花根。

【来　　源】大戟科植物月腺大戟 *Euphorbia ebracteolata* Hayata 或狼毒大戟 *Euphorbia fischeriana* Steud. 的干燥根。主产于河北、内蒙古、山西等地。

【采集加工】春、秋二季采挖，洗净，切片，晒干。

【药　　性】辛，平；有毒。归肝、脾经。

【功　　能】杀虫，破积，祛痰。

【主　　治】疥癣，虫积，咳喘气急，痰饮积聚。

【用法用量】马、牛 6 ~ 15g，羊、猪 3 ~ 6g。外用适量。

【禁　　忌】体弱及孕畜忌服。

【方　　例】1. 治牛瘤胃积食方：①干狼毒根适量，食油煎黄为度，研细调服（《民间兽医本草》）。②鲜狼毒（去皮），放油内煎黄，捣细喂服（《兽医验方偏方汇编》）。

2. 治牛马皮肤疥癣方：①狼毒、花椒、白矾、铜绿、白芷、硫黄、大枫子。共为细末，棉子油搽敷（《河南省中兽医经验集》）。②狼毒、大枫子，共为细末，菜油调搽，应防止舐食中毒（《民间兽医本草》）。

291

499. 凌霄花

【别　　名】紫葳，藤萝花，鬼丹，倒挂金钟，云霄藤。

【来　　源】紫葳科植物凌霄 Campsis grandiflora（Thunb.）Schum. 的全株。全国大部分地区均产。

【采集加工】7—9 月间采收，择晴天摘下刚开放的花朵，晒干；根茎全年可采。

【药　　性】甘、酸，寒。归肝、心包经。

【功　　能】活血化瘀，凉血祛风。

【主　　治】癥瘕积聚，产后乳肿，风疹发红，皮肤瘙痒。

【用法用量】马、牛 25 ~ 45g，羊、猪 15 ~ 25g。

【禁　　忌】气血虚弱及孕畜慎用。

【方　　例】1. 治母猪产后瘫痪方（《猪病防治》《民间兽医本草》续编）：凌霄根、茅莓根、络石藤、五加皮、竹子根、楤木，煎水喂服。

2. 治牛马腰膝肿痛方（《兽医手册》）：云霄藤（凌霄藤）、土牛膝、杜木瓜、豨莶草各适量。共为细末，以黄酒为引，开水冲服。

3. 治猪牛跌打损伤方（《兽医中草药临症应用》）：凌霄花根、蛇含草各适量，共同捣烂用酒调敷。

500. 高良姜

【别　　名】良姜，海良姜，小良姜，高凉姜，佛手根。

【来　　源】姜科植物高良姜 Alpinia officinarum Hance 的干燥根茎。主产于广东、广西、海南等地。

【采集加工】夏末秋初采挖，除去须根和残留的鳞片，洗净，切段，晒干。

【药　　性】辛，热。归脾、胃经。

【功　　能】祛寒，止痛，温中，消食。

【主　　治】冷痛，反胃吐食，冷肠泄泻，胃寒少食。

【用法用量】马、牛 15 ~ 30g，羊、猪 3 ~ 10g，兔、禽 0.3 ~ 1g。

【方　　例】1. 高良姜汤（《千金方》）：高良姜、厚朴、当归、桂心。能温里散寒，下气行滞，治疗心腹突然绞痛如刺，两胁支满烦闷不可忍。

2. 二姜丸（《太平惠民和剂局方》）：干姜（炮）、高良姜（去芦头）。能养脾温胃，去冷消痰，宽胸下气，治疗心脾疼痛，一切冷无所伤。

【别　　名】紫参，草河车，刀剪药，铜罗，虾参，地虾，山虾。

【来　　源】蓼科植物拳参 *Polygonum bistorta* L. 的干燥根茎。主产于河北、山西、甘肃、山东、江苏等地。

【采集加工】春初发芽时或秋季茎叶将枯萎时采挖，除去泥沙，晒干，去须根。

【药　　性】苦、涩，微寒。归肺、肝、大肠经。

【功　　能】清热解毒，消散痈肿，止血。

【主　　治】赤白痢疾，毒蛇咬伤，瘀血积聚，痈肿诸疮，鼻衄。

【用法用量】马、牛 15 ~ 45g，羊、猪 5 ~ 15g，兔、禽 1 ~ 3g。

【禁　　忌】无实火热毒者不宜使用。阴证疮疡患者忌服。

【方　　例】沙参四味汤（《医法海鉴》）：南沙参、甘草、紫草茸、拳参。有解热清肺，止咳祛痰功效。用于感冒咳嗽，肺热咳嗽，痰中带血，胸胁刺痛。

502. 益母草

【别　　名】益母蒿，益母艾，四棱草，捆草，九重楼。

【来　　源】唇形科植物益母草 *Leonurus japonicus* Houtt. 的新鲜或干燥地上部分。全国大部分地区均产。

【采集加工】鲜品春季幼苗期至初夏花前期采割；干品夏季茎叶茂盛、花未开或初开时采割，晒干，或切段晒干。

【药　　性】苦、辛，微寒。归肝、心包、膀胱经。

【功　　能】活血通经，利尿消肿。

【主　　治】胎衣不下，恶露不尽，带下，水肿尿少。

【用法用量】马、牛 30 ~ 60g，羊、猪 10 ~ 30g，兔、禽 0.5 ~ 1.5g。

【禁　　忌】孕畜慎用。

【方　　例】1. 益母生化散（《中华人民共和国兽药典》2015 年版）：益母草、当归、川芎、桃仁、炮姜、炙甘草，共研为末，水煎或开水冲服，候温灌服。能活血祛瘀，温经止痛，主治产后恶露不行，血瘀腹痛。

2. 补益当归散（《新刻注释马牛驼经大全集》）：当归、益母草、白芍、白术、黄芩、紫苏、甘草。共研为末，开水冲调，候温灌服。能养血安胎，益气消肿，主治动物妊娠胎动。

503. 浙贝母

【别　　名】浙贝，大贝，象贝，元宝贝，珠贝。

【来　　源】百合科植物浙贝母 *Fritillaria thunbergii* Miq. 的干燥鳞茎。主产于浙江、江苏、安徽等地。

【采集加工】初夏植株枯萎时采挖，洗净。大小分开，大者除去芯芽，习称"大贝"；小者不去芯芽，习称"珠贝"。分别撞擦，除去外皮，拌以锻过的贝壳粉，吸去擦出的浆汁，干燥；或取鳞茎，大小分开，洗净，除去芯芽，趁鲜切成厚片，洗净，干燥，习称"浙贝片"。

【药　　性】苦，寒。归肺、心经。

【功　　能】化痰止咳，清热散结。

【主　　治】肺热咳嗽，肺痈，乳痈，疮疡肿毒。

【用法用量】马、牛 15 ～ 30g，驼 35 ～ 75g，羊、猪 3 ～ 10g，兔、禽 0.5 ～ 1.5g。

【禁　　忌】不宜与乌头类药材同用。

【方　　例】1. 清肺散（《元亨疗马集》）：浙贝母、桔梗、板蓝根、葶苈子、甘草、蜂蜜。能清肺解表，化痰平喘，治疗肺热咳嗽，非时恶喘。

2. 金银花解毒汤（《新刻注释马牛驼经大全集》）：浙贝母、金银花、天花粉、白芷、木通、陈皮、甘草、桔梗、川芎、生地黄，煎汤去渣，候温灌服。能清热消痈，通滞散结，主治马乳黄。

504. 娑罗子

七叶树 *Aesculus chinensis* Bge.

【别　　名】天师栗，娑婆子，武吉，梭椤子。

【来　　源】七叶树科植物七叶树 *Aesculus chinensis* Bge.、浙江七叶树 *Aesculus chinensis* Bge.var.*chekiangeasis*（Hu et Fang）Fang 或天师栗 *Aesculus wilsonii* Rehd. 的干燥成熟种子。主产于陕西、河南、浙江、江苏、四川等地。

【采集加工】秋季果实成熟时采收，除去果皮，晒干或低温干燥。

【药　　性】甘，温。归肝、胃经。

【功　　能】理气宽中，和胃止痛，杀虫。

【主　　治】肚腹胀满，胃寒作痛，虫积，疥癣。

【用法用量】马、牛 30 ～ 45g，羊、猪 3 ～ 10g。

【方　　例】1. 治牛、马慢性肚腹胀痛方（《兽医常用中草药》续编）：天师栗（娑罗子）2 ～ 3 个，焙干研末，以烧酒为引，开水冲服。

2. 治马疥癣病方（《师皇安骥集》）：娑罗子、蜈蚣、斑蝥、硫黄、巴豆（去皮）、蛤粉、朴硝。共为细末，将疥癣处洗净，油调涂敷。

【别　　名】海金砂，铁蜈蚣，金砂截，罗网藤，铁线藤。
【来　　源】海金沙科植物海金沙 *Lygodium japonicum*（Thunb.）
　　　　　　Sw. 的干燥成熟孢子。主产于广东、浙江等地。
【采集加工】秋季孢子未脱落时采割藤叶，晒干，搓揉或打下孢子，
　　　　　　除去藤叶。
【药　　性】甘、咸，寒。归膀胱、小肠经。
【功　　能】清利湿热，通淋止痛。
【主　　治】膀胱湿热，尿淋，尿石。
【用法用量】马、牛 30 ~ 45g，羊、猪 10 ~ 20g，兔、禽 1 ~ 2g。
【禁　　忌】肾阴亏虚者慎服。
【方　　例】1. 金砂散（《新编中兽医学》）：海金沙、金钱草、
　　　　　　金花菜、萹蓄、瞿麦、滑石、当归、柴胡、黄芩、酒知母、
　　　　　　茯苓、泽泻、木通，共为细末，开水冲调。能清热利湿，
　　　　　　消石通淋，治疗家畜石淋症。
　　　　　　2. 消石散（《新编中兽医学》）：芒硝、滑石、茯苓、
　　　　　　冬葵子、木通、海金沙，共为细末，开水冲调。能消
　　　　　　石通淋，治疗家畜尿中夹有沙石的排尿障碍。

【别　　名】海萝，海苔，海蒿子，海菜。
【来　　源】马尾藻科植物海蒿子 *Sargassum pallidum*（Turn.）C.Ag.
　　　　　　或羊栖菜 *Sargassum fusiforme*（Harv.）Setch. 的干
　　　　　　燥藻体。前者习称"大叶海藻"，后者习称"小叶海藻"。
　　　　　　主产于辽宁、山东、福建、浙江、广东等沿海地区。
【采集加工】夏、秋两季采捞，除去杂质，洗净，晒干。
【药　　性】苦、咸，寒。归肝、胃、肾经。
【功　　能】软坚散结，消痰，利水，清热。
【主　　治】水肿积聚，瘰疬，睾丸肿痛。
【用法用量】马、牛 15 ~ 60g，羊、猪 3 ~ 15g。
【禁　　忌】不宜与甘草同用。
【方　　例】1. 海藻玉壶汤（《外科正宗》）：昆布、海藻、川贝
　　　　　　母、陈皮、青皮、川芎、当归、连翘、半夏、甘草节、
　　　　　　独活、海带。能化痰软坚，理气散结。主治瘿瘤初起，
　　　　　　或肿或硬，或赤或不赤，但未破者。
　　　　　　2. 三海散（《兽医中草药大全》）：昆布、海藻、海带、
　　　　　　全蝎、穿山甲、三棱、莪术、青黛、荆芥、土茯苓、
　　　　　　夏枯草。能软坚散结，消肿解毒，治疗牛胸前瘰疬
　　　　　　肿胀。

中兽药标本及器具图谱

植物药

507. 浮 萍

【别　　名】青萍，田萍，浮萍草，水浮萍，水萍草。

【来　　源】浮萍科植物紫萍 *Spirodela polyrrhiza*（L.）Schleid. 的干燥全草。全国各地池沼均有产，以湖北、江苏、浙江、福建、四川等省产量大。

【采集加工】6—9 月采收，洗净，除去杂质，晒干。

【药　　性】辛，寒。归肺经。

【功　　能】宣散风热，发汗利尿。

【主　　治】风热感冒，水肿尿少，烫火伤。

【用法用量】马、牛 60 ~ 90g，羊、猪 5 ~ 10g。外用适量。

【禁　　忌】表虚自汗者不宜使用。

【方　　例】1. 治牛伤风感冒方：①浮萍、柴胡、菊花、蒲公英，煎水喂服（《兽医中草药验方选编》）。②干浮萍、紫苏、橘皮、生姜、法半夏，煎水喂服（《兽医常用中草药》）。

2. 治牛、马水肿不退方：①干浮萍 250 ~ 500g，研成细末，开水调服（《中兽医诊疗》）。②干浮萍、木贼草、连翘、赤小豆、麻黄、西瓜皮、甘草，煎水喂服（《兽医中药类编》）。

508. 通奶草

【别　　名】乳汁草。

【来　　源】大戟科植物通奶草 *Euphorbia hypericifolia* L. 的全草。主产于江西、湖南、广东等地。

【采集加工】夏季采收，洗净，除去杂质，晒干。

【药　　性】微酸、涩，微凉。

【功　　能】清热利湿，收敛止痒，通奶。

【主　　治】湿热泻痢，肠炎腹泻，湿疹，皮肤瘙痒，乳汁不下。

【别　　名】通脱木，木通树，天麻子，白通草，大通草。

【来　　源】五加科植物通脱木 Tetrapanax papyrifer（Hook.）K.Koch 的干燥茎髓。主产于贵州、云南、四川、广西等地。

【采集加工】秋季割取茎，截成段，趁鲜取出髓部，理直，晒干。

【药　　性】甘、淡，微寒。归肺、胃经。

【功　　能】清热利尿，通气下乳。

【主　　治】湿热尿淋，尿短赤，水肿，乳汁不下。

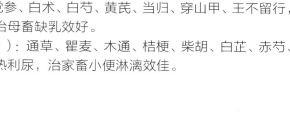

【用法用量】马、牛 15～30g，驼 30～60g，羊、猪 3～10g，兔、禽 0.5～2g。

【禁　　忌】孕畜慎用。

【方　　例】1. 下乳方（《简明猪病学》）：通草、党参、白术、白芍、黄芪、当归、穿山甲、王不留行，共为细末，拌料喂服。能养血通乳，治母畜缺乳效好。

2. 小便淋漓方（《兽医中药与处方学》）：通草、瞿麦、木通、桔梗、柴胡、白芷、赤芍、连翘、青皮、甘草，煎水喂服。能清热利尿，治家畜小便淋漓效佳。

中兽药标本及器具图谱

【别　　名】八月瓜，狗腰藤，腊瓜，八月炸，拉道藤，牛卵藤，野木瓜。

【来　　源】木通科植物木通 Akebia quinata（Thunb.）Decne.、三叶木通 Akebia trifoliata（Thunb.）Koidz. 或白木通 Akebia trifoliata（Thunb.）Koidz.var.australis（Diels）Rehd. 的干燥成熟果实。主产于江苏、湖南、湖北等地。

【采集加工】秋季采集，晒干。

【药　　性】甘，寒。

【功　　能】舒肝理气，活血止痛，利尿通淋。

【主　　治】风湿痹痛，小便短赤，水肿，跌打损伤。

【用法用量】马、牛 30～60g，羊、猪 15～30g。

【方　　例】1. 治家畜痢疾方（《兽医常用中草药》）：五叶木通或三叶木通果实（预知子）、黄毛耳草，煎水喂服。

2. 治牛、马跌打损伤，内出血方（《黔南兽医常用中草药》）：八月瓜（预知子）250g，和酒 250mL，煎成 60mL 服，特效。

511. 桑 叶

【别　　名】霜桑叶，冬桑叶，双桑叶，炙桑叶，蜜桑叶，炒桑叶。

【来　　源】桑科植物桑 *Morus alba* L. 的干燥叶。全国大部分地区均产。

【采集加工】初霜后采收，除去杂质，晒干。

【药　　性】甘、苦，寒。归肺、肝经。

【功　　能】疏散风热，清肺润燥，清肝明目。

【主　　治】风热感冒，肺热燥咳，目赤流泪。

【用法用量】马、牛 15 ～ 30g，羊、猪 5 ～ 10g，兔、禽 1.5 ～ 2.5g。

【方　　例】1. 桑杏汤（《温病条辨》）：淡豆豉、桑叶、川贝母、山豆根、梨皮、沙参、杏仁。能清肺化痰，止咳平喘，治燥热伤肺，干咳无痰，热喘等证效佳。

2. 桑菊饮（《中兽医方剂选解》）：桑叶、白菊花、杏仁、桔梗、薄荷、连翘、芦根、甘草，煎水滤液，候温灌服，治疗马、牛风热感冒初起效佳。

512. 桑白皮

【别　　名】桑根白皮，桑皮，桑根皮，白桑皮，炙桑皮。

【来　　源】桑科植物桑 *Morus alba* L. 的干燥根皮。全国大部分地区均产。

【采集加工】秋末叶落时至次春发芽前采挖根部，刮去黄棕色粗皮，纵向剖开，剥取根皮，晒干。

【药　　性】甘，寒。归肺经。

【功　　能】泻肺平喘，利水消肿。

【主　　治】肺热喘咳，水肿腹胀，尿少。

【用法用量】马、牛 15 ～ 30g，羊、猪 5 ～ 10g，兔、禽 1 ～ 2g。

【方　　例】1. 双花清肺散（《新编中兽医学》）：桑白皮、枇杷叶、金银花、黄芩、杏仁、川贝母、半夏、茯苓、陈皮、生甘草、蜂蜜。能清散风热，止咳化痰，主治外感风热所致的肺热咳嗽。

2. 清肺止咳散（《兽药规范二部》）：桑白皮、知母、杏仁、前胡、金银花、连翘、桔梗、甘草、橘红、黄芩。能清肺止咳，治疗肺热咳喘。

【别　　名】桑实，桑果，桑枣，桑葚，桑葚子。

【来　　源】桑科植物桑 *Morus alba* L. 的干燥果穗。全国大部分地区均产。

【采集加工】4—6 月果实变红时采收，晒干，或略蒸后晒干。

【药　　性】甘、酸，寒。归心、肝、肾经。

【功　　能】滋阴补血，生津润燥。

【主　　治】肝肾阴虚，眩晕耳鸣，心悸失眠，津伤口渴，内热消渴，肠燥便秘。

【别　　名】寄生，桑上寄生。

【来　　源】桑寄生科植物桑寄生 *Taxillus chinensis*（DC.）Danser 的干燥带叶茎枝。主产于广东、广西、云南等地。

【采集加工】冬季至次春采割，除去粗茎，切段，干燥，或蒸后干燥。

【药　　性】苦、甘，平。归肝、肾经。

【功　　能】祛风湿，补肝肾，强筋骨，安胎元。

【主　　治】风湿痹痛，腰胯无力，胎动不安。

【用法用量】马、牛 30 ~ 60g，羊、猪 5 ~ 15g。

【方　　例】1. 治筋骨疼痛、项背强直方（《中兽医诊疗》）：桑寄生、川牛膝、何首乌、白茯苓、川续断、全当归、枸杞子、胡麻仁，煎水喂服。能补益肝肾，强筋壮骨，治马、牛筋骨疼痛、项背强直效好。

2. 治胎动腹痛方（《青海省中兽医验方汇编》）：桑寄生、菟丝子、党参、赤芍、黄芪、当归、川芎、红花、山药、熟地黄、续断、龟板、阿胶、桂圆、甘草，煎水喂服。能补血养血，养血安胎，治马、牛胎动腹痛效好。

515. 排钱树

【别　　名】双金钱，金钱草，午时灵，钱串草，龙鳞草，午时合。

【来　　源】豆科植物排钱草 *Phyllodium pulchellum*（L.）Desv. 的干燥地上部分。主产于福建、江西、广东、海南、广西、云南等地。

【采集加工】夏秋季采收，晒干。

【药　　性】辛，苦，温，有小毒。

【功　　能】祛风散热，祛瘀生新。

【主　　治】咽喉肿痛，产后瘀血腹痛，关节肿痛，痈疔肿毒。

【用法用量】马、牛 30 ~ 60g，羊、猪 15 ~ 30g。

【禁　　忌】孕畜忌服。

【方　　例】1.治牛咽喉肿痛方（《福建中兽医草药图说》）：排钱草根、山豆根、射干各 60 ~ 120g。以蜂蜜为引，煎水调服，每天 1 ~ 2 剂。

2.治母牛产后瘀血腹痛方（福建省牧兽医研究所）：排钱草、益母草、地耳草、金不换、香附子各 60 ~ 180g，煎水喂服，每天 1 ~ 2 剂。

516. 接骨木

【别　　名】续骨木，扦扦活，接骨丹，舒筋树，接骨草。

【来　　源】忍冬科植物接骨木 *Sambucus williamsii* Hance 的茎枝。全国大部分地区均产。

【采集加工】全年可采。叶夏秋季采，多随采随用。

【药　　性】甘，苦，平。

【功　　能】祛风利湿，活血止痛。

【主　　治】跌打损伤，产后瘫痪。

【用法用量】马、牛 30 ~ 60g，羊、猪 15 ~ 30g。

【方　　例】1.治母畜产后瘫痪方（《兽医常用中草药》《民间兽医本草》续编）：接骨木、木防己、五加皮、威灵仙、益母草、茜草根。以黄酒为引，煎水喂服。

2.治牛、马骨折整复后用方：①马尿骚（接骨木）根皮、土牛膝根、黄瓜子、土鳖虫各 30g。焙干研末，以元酒为引，开水冲服（《吉林省中兽医验方选集》）。②马尿梢（接骨木）、石决明（火煅）、血竭、冰片、麝香、樟丹各适量，共为细末，咸鸭蛋 7 个，以香油为引。共熬成接骨膏，涂敷患处（《黑龙江中兽医经验集》）。

517. 菝葜（附药：金刚藤、华东菝葜）

【别　　名】金刚兜，金刚果，马加勒，筋骨柱子。

【来　　源】百合科植物菝葜 *Smilax china* L. 的干燥根茎。主产于山东、江苏、浙江、福建等地。

【采集加工】秋末至次年春采挖，除去须根，洗净，晒干或趁鲜切片，干燥。

【药　　性】甘、微苦、涩，平。归肝、肾经。

【功　　能】利湿去浊，祛风除痹，解毒散瘀。

【主　　治】小便淋浊，带下量多，风湿痹痛，疔疮痈肿。

【用法用量】马、牛 60～120g，羊、猪 30～60g。

【方　　例】1. 治牛水泻病方（《广西中兽医药用植物》）：金刚藤（菝葜）、桃金娘、马鞭草、车前草、地苍各250g，煎水喂服。

2. 治牛猪腰胯风湿方（江西民间常用兽医草药）：马夸力（菝葜）、冒爷藤（菟丝子藤）、枫树姜（骨碎补）各500g。以黄酒为引，煎水喂服。

附药：金刚藤、华东菝葜

1. 金刚藤　百合科植物短梗菝葜 *Smilax scobinicaulis* 的的干燥根茎，主产于河北、山西、河南、陕西、甘肃、四川等地，在河北、陕西称威灵仙。微辛，温。具有祛风、活血、解毒的功效，主治风湿痹痛，跌打损伤，瘰疬。

2. 华东菝葜　百合科植物华东菝葜 *Smilax sieboldii* 的根及根茎，主产于辽宁、山东、江苏、安徽、浙江等地。《中华本草》记载为铁丝灵仙的来源之一。辛、微苦，平。具有祛风除湿、活血通络、解毒散结的功效，主治风湿痹痛，关节不利，疮疖，肿毒，瘰疬。

华东菝葜 *Smilax sieboldii*

金刚藤

518. 菥 蓂

【别　　名】遏蓝菜，大荠，老荠，瓜子草。

【来　　源】十字花科植物菥蓂 *Thlaspi arvense* L. 的干燥地上部分。全国大部分地区均产。

【采集加工】夏季果实成熟时采割，除去杂质，干燥。

【药　　性】辛，微寒。归肝、胃、大肠经。

【功　　能】清肝明目，和中利湿，解毒消肿。

【主　　治】目赤肿痛，脘腹胀痛，胁痛，肠痈，水肿，带下，疮疖痈肿。

【用法用量】马、牛 120 ～ 250g，羊、猪 30 ～ 60g。

【方　　例】1. 治牛、马化脓性肺炎方（《青海省兽医中草药》）：菥蓂、苇茎、薏仁、桃仁、桔梗、鱼腥草，煎水喂服。

2. 治牛痢疾拉血方（《浙江民间兽医草药集》）：菥蓂、蕺菜、老鹳草、仙鹤草、马齿苋，煎汁喂服。

3. 治羊产后出血方（《兽医简便良方》）：菥蓂 70 ～ 90g，以红糖 30 ～ 40g 为引，煎水调服。

519. 黄水枝

【别　　名】博落，水前胡，防风七。

【来　　源】虎耳草科植物黄水枝 *Tiarella polyphylla* 的全草。主产于陕西、甘肃、江西、湖北等地。

【采集加工】夏秋季采收，洗净，晒干或鲜用。

【药　　性】苦，寒。

【功　　能】清热解毒，活血祛瘀。

【主　　治】咳嗽气喘，痈疖肿毒，跌打损伤。

520. 黄毛耳草

【别　　名】腹泻草，爬地蜈蚣，白山茄，耳草，山蜈蚣。

【来　　源】茜草科植物黄毛耳草 *Oldenlandia chrysotricha*（Palib.）Chun 的全草。主产于江西、安徽、江苏、浙江、福建等地。

【采集加工】夏、秋采收，晒干，或随采随用。

【药　　性】微苦，平。

【功　　能】清热除湿，止泻止痢。

【主　　治】肾炎水肿，肠炎泻痢，跌打损伤，毒蛇咬伤。

【用法用量】马、牛 60 ~ 120g，羊、猪 30 ~ 60g。

【方　　例】1. 治仔猪白痢方（《民间兽医本草》续编编者采访经验）：山蜈蚣（黄毛耳草）、凤尾草、野菊花、仙鹤草、石菖蒲、紫苏根、金樱根各适量，煎成 1：1 取汁，母猪每次服 40mL，仔猪 10mL，连服 1 ~ 2 次即愈。

2. 治仔猪黄痢方（《民间兽医本草》续编编者采访经验）：黄毛耳草、白头翁、秦皮各等份。切细浸渍，煎水取汁，每次服 1 ~ 2 食匙，每天 1 剂，连服 3 ~ 5 剂即愈。

521. 黄　皮

【别　　名】金弹子，黄弹子，黄皮果，黄皮树。

【来　　源】芸香科植物黄皮 *Clausena lansium*（Lour.）Skeels 的根、叶或果核。主产于广东、广西、福建等地。

【采集加工】根、叶全年可采，果实秋季采摘，晒干。

【药　　性】微苦，温。

【功　　能】消积行气，散热消肿。

【主　　治】气逆咳嗽，皮肤瘙痒，毒蛇咬伤。

【用法用量】马、牛 100 ~ 200g，羊、猪 60 ~ 90g。

【方　　例】1. 治牛食积停肚方（《广西兽医中草药处处方选编》）：黄皮果叶、桃树叶各 250g，香附子、白矾各 30g。以酸荞水 1000mL 为引，捣烂冲服。

2. 治牛肺火发热方（《诊疗牛病经验汇编》）：黄皮树根、枇杷树根、鸡屎藤等各 250g，煎水喂服，连服 3 ~ 5 剂。

3. 治牛生背疮方（《全国中兽医经验选编》）：黄皮叶、山花椒各适量。共为细末，童便煎煮，趁热涂敷。

522. 黄花母

【别　　名】大地丁草，黄花猛，脓见愁，地膏药，金盏花，黄花稔，
黄花草。

【来　　源】锦葵科植物白背黄花稔 *Sida rhombifolia* Linn. 的全草。
主产于福建、广东、广西、贵州、云南、四川等地。

【采集加工】秋季采收，晒干。

【药　　性】甘、辛，凉。归心、肝、肺、大肠、小肠经。

【功　　能】清热利湿，解毒消肿。

【主　　治】感冒高热，咽喉肿痛，湿热泻痢，黄疸，痈疽疔疮。

523. 黄　芪

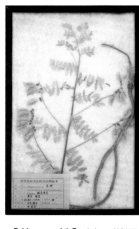

【别　　名】黄耆，绵黄芪，箭芪，百药棉，
蒙芪。

【来　　源】豆科植物蒙古黄芪 *Astragalus
membranaceus*（Fisch.）
Bge.var.*mongholicus*（Bge.）
Hsiao 或膜荚黄芪 *Astragalus
membranaceus*（Fisch.）Bge.
的干燥根。主产于内蒙古、山西、
黑龙江等地。

【采集加工】春、秋二季采挖，除去须根和根
头，晒干。

【药　　性】甘，微温。归肺、脾经。

【功　　能】补气升阳，益卫固表，利水消肿，托毒排脓，敛疮生肌。

【主　　治】肺脾气虚，中气下陷，表虚自汗，气虚水肿，疮痈难溃，久溃不敛。

【用法用量】马、牛 20 ～ 60g，驼 30 ～ 80g，羊、猪 5 ～ 15g，兔、禽 1 ～ 2g。

【方　　例】1. 验方伤力散（《中兽医方剂大全》）：党参、黄芪、山药、当归、陈皮各 40g，白术、
香附、甘草各 30g，茯苓、秦艽各 25g。诸药共为细末，开水冲调，候温灌服。补虚益气，
主治马、牛、驼气虚劳伤。

2. 补中益气汤（《脾胃论》）：黄芪、炙甘草、人参（去芦）、酒当归、橘皮、升麻、柴胡、
白术，水煎或制丸，温开水或姜汤灌下。补中益气，升阳举陷，用于脾虚气陷。

524. 黄芩（附药：滇黄芩）

【别　　名】条芩，子芩，枯芩，腐肠，山茶根。

【来　　源】唇形科植物黄芩 *Scutellaria baicalensis* Georgi 的干燥根。主产于河北、山西、内蒙古、河南、陕西等地。

【采集加工】春、秋二季采挖，除去须根和泥沙，晒后撞去粗皮，晒干。

【药　　性】苦，寒。归肺、胆、脾、大肠、小肠经。

【功　　能】清热燥湿，泻火解毒，止血，安胎。

【主　　治】肺热咳嗽，胃肠湿热，泻痢，黄疸，高热贪饮，便血，衄血，目赤肿痛，痈肿疮毒，胎动不安。鱼烂鳃，赤皮，肠炎，出血。

【用法用量】马、牛 20 ~ 60g，羊、猪 5 ~ 15g，兔、禽 1.5 ~ 2.5g。鱼每千克体重 2 ~ 4g，拌饵投喂。

【禁　　忌】该品苦寒伤胃，脾胃虚寒者不宜使用。

【方　　例】1. 黄芩散（《元亨疗马集》）：郁金、黄芩、白矾（飞），诸药为末，蜜和清水同调，喂饱灌之。治疗马驹喉骨胀，鼻流白脓，用之效好。

2. 凉膈散（《和剂局方》）：薄荷、大黄、甘草、黄芩、芒硝、栀子、连翘、淡竹叶、蜂蜜。能泻热通便，治疗上焦、中焦热邪炽盛，见水急饮，口舌生疮，咽喉肿痛，便秘尿赤等。

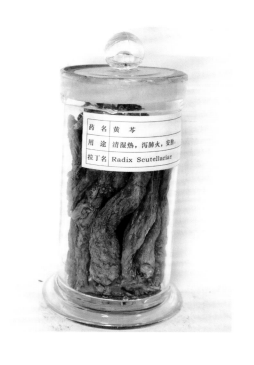

附药：滇黄芩

滇黄芩　唇形科植物滇黄芩 *Scutellaria amoena* C.H. Wright 的根，据《滇南本草》云多用于热证。云南收购作黄芩代用品，茎叶可代茶饮。

滇黄芩
Scutellaria amoena C.H.Wright

525. 黄 连

【别　　名】味连，云连，雅连，鸡爪连，川黄连，荚黄连。

【来　　源】毛茛科植物黄连 *Coptis chinensis* Franch.、三角叶黄连 *Coptis deltoidea* C.Y.Cheng et Hsiao 或云连 *Coptis teeta* Wall. 的干燥根茎，以上三种分别习称"味连""雅连""云连"。主产于四川、云南、湖北等地。

【采集加工】秋季采挖，除去须根和泥沙，干燥，撞去残留须根。

【药　　性】苦，寒。归心、脾、胃、肝、胆、大肠经。

【功　　能】清热燥湿，泻火解毒。

【主　　治】湿热泻痢，心火亢盛，胃火炽盛，肝胆湿热，目赤肿痛，火毒疮痈。鱼赤皮，白头白嘴，出血。

【用法用量】马、牛 15 ~ 30g，驼 25 ~ 45g，羊、猪 5 ~ 10g，兔、禽 0.5 ~ 1g。外用适量。每千克体重 2 ~ 5g，拌饵投喂；每立方米水体 1.5 ~ 2g，泼撒鱼池。

【禁　　忌】该品大苦大寒，过服久服易伤脾胃，脾胃虚寒者忌用；苦燥易伤阴津，阴虚津伤者慎用。

【方　　例】1. 黄连泻肝散（《师皇安骥集》）：黄连、郁金、栀子、石决明、草决明、旋覆花、青葙子、草龙胆、甘草。各等份为末，以白羊肝（细切）为引，草后哝服。治疗马内障，眼睛先青色，后变绿色。

2. 黄连泻心汤（《抱犊集》）：黄连、生地黄、淡竹叶、枯黄芩、花大白（槟榔）、白桔梗、车前子、淮木通、广陈皮、荆芥穗、薄荷、台乌药。如火盛者，加西庄（大黄）、枳实、甘草、生石膏。治牛心热吐舌。

526. 黄 荆

【别　　名】布荆子，黄金子，野江子。

【来　　源】马鞭草科植物黄荆 *Vitex negundo* L. 的果实或茎叶。产于长江以南各省。

【采集加工】秋季果实成熟时采收，用手搓下，晒干，扬净。

【药　　性】辛、苦，温。

【功　　能】祛风除痰，行气止痛。

【主　　治】气胀食胀，伤风感冒，中暑发痧，肠黄痢疾。

【用法用量】黄荆子：马、牛 90 ~ 150g，羊、猪 15 ~ 60g。

【方　　例】1. 治牛慢性臌气方（《浙江民间兽医草药集》）：黄荆叶、樟树叶、松树叶各 1 握，捣烂取汁，开水冲服。

2. 治牛、马风寒感冒方：①黄荆叶、樟树叶、紫苏叶各 1 握。煎水取汁，温热喂服（《兽医中草药处方选编》）。②黄荆子、花椒子、石菖蒲，煎水喂服（《兽医中草药验方手册》）。

3. 治家畜肠炎泄泻方（《兽医中草药验方手册》）：黄荆根、鱼腥草，煎水喂服。

【别　　名】黄药，黄独，黄山药，金钱吊蛋，黄金山药。

【来　　源】薯蓣科植物黄独 *Dioscorea bulbifera* L. 的块茎。主产于湖北、湖南、江苏等地。

【采集加工】秋冬二季采挖，除去根叶及须根，洗净，切片晒干生用。

【药　　性】苦，寒。有毒。归肺、肝经。

【功　　能】化痰散结消瘿，清热解毒。

【主　　治】瘿瘤，疮疡肿毒，咽喉肿痛，毒蛇咬伤。

【用法用量】马、牛、驼 20 ~ 60g，羊、猪 6 ~ 15g，犬、猫 1 ~ 3g。

【禁　　忌】该品有毒，不宜过量。如多服、久服可引起吐泻腹痛等消化道反应，并对肝肾有一定损害，故脾胃虚弱及肝肾功能损害者慎用。

【方　　例】1. 消黄散（《元亨疗马集》）：黄药子、白药子、知母、栀子、黄芩、大黄、甘草、川贝母、连翘、黄连、郁金、芒硝。能清热泻火，解毒，治一切热毒及疮黄肿毒。
2. 四黄散（《痊骥通玄论》）：黄药子、款冬花、黄芩、贝母、栀子、郁金、白药子、黄柏、秦艽、黄连、大黄、甘草。各等份为末，以蜂蜜为引，同调灌之。治疗马心热，鼻内出血。

【别　　名】黄檗，檗木，川黄柏，关黄柏，柏皮。

【来　　源】芸香科植物黄皮树 *Phellodendron chinense* Schneid. 或黄檗 *Phellodendron amurense* Rupr. 的干燥树皮。前者习称"川黄柏"，后者习称"关黄柏"。川黄柏主产于四川、贵州，关黄柏主产于辽宁、吉林、河北等地。

【采集加工】剥取树皮，除去粗皮，晒干。

【药　　性】苦，寒。归肾、膀胱经。

【功　　能】清热燥湿，泻火解毒，退虚热。

【主　　治】湿热泻痢，黄疸，带下，热淋，疮疡肿毒，湿疹，湿热下注四肢，阴虚火旺盗汗。鱼肠炎，出血。

【用法用量】马、牛 15 ~ 45g，驼 20 ~ 50g，羊、猪 5 ~ 10g，兔、禽 0.5 ~ 2g。外用适量。鱼每千克体重 3 ~ 6g，拌饵投喂。

【禁　　忌】脾胃虚寒者忌用。

【方　　例】1. 十黑散（《中兽医诊疗经验》第 2 集）：黄柏、知母、栀子、地榆、槐花、蒲黄、侧柏叶、棕皮、杜仲（以上各药炒黑）、血余炭。能清热泻火，凉血止血，治膀胱积热尿血。
2. 加味四黄散（《畜牧纂验方》）：黄柏、黄连、黄芩、大黄、款冬花、白药子、川贝母、郁金、黄药子、秦艽、栀子、甘草，各等份为末，以蜂蜜、白糖为引服。能泻火解毒，治疗心热草慢、鼻内出血等。

529. 黄 堇

【别　　名】断肠草，粪铜草，石莲，臭铜瓶，鸡屎草，黄花草。

【来　　源】罂粟科植物小花黄堇 *Corydalis racemosa*（Thunb.）Pers 的全草或根。主产于甘肃、陕西、河南、四川、贵州等地。

【采集加工】夏季采收，洗净，晒干，或随采随用。

【药　　性】苦、涩，寒。有毒。

【功　　能】消肿行气，清热解毒。

【主　　治】中暑发热，肠炎泄泻，小便不利，毒蛇咬伤。

【用法用量】马、牛 60 ~ 120g，羊、猪 30 ~ 60g。

【方　　例】1. 治牛瘤胃臌气方：①鲜黄堇全草 1 握，揉烂喂服（《兽医手册》）。②鲜臭草（黄堇）120 ~ 250g，塞入病牛嘴中，咽下有效（《赤脚兽医手册》）。
2. 治猪、牛暑热腹泻方（《中兽医手册》）：鲜臭桐瓶（黄堇）30 ~ 120g，煎水喂服，连服 3 ~ 5 剂。
3. 治猪肠热便秘方（《农畜土方草药汇编》）：臭草（黄堇）、大青叶、车前草、威灵仙、干葛各 30 ~ 60g，煎水喂服。

530. 菜子七

【别　　名】山芥菜，假芹菜，角蒿，白花石芥。

【来　　源】十字花科植物白花碎米荠 *Cardamine leucantha* 的根。全国大部分地区均产。

【采集加工】秋季采挖，除去泥土杂质及须根，晒干。

【药　　性】辛、甘，平。归肺、肝经。

【功　　能】化痰止咳，活血止痛。

【主　　治】百日咳，跌打损伤。

黄精
Polygonatum sibiricum Red.

黄精

多花黄精
Polygonatum cyrtonema Hua

【别　　名】鸡头参，多花黄精，野生姜，仙人余粮，姜蕤，笔管菜。

【来　　源】百合科植物滇黄精 *Polygonatum kingianum* Coll.et Hemsl.、黄精 *Polygonatum sibiricum*
　　　　　Red. 或多花黄精 *Polygonatum cyrtonema* Hua 的干燥根茎。按形状不同，习称"大黄精"
　　　　　"鸡头黄精""姜形黄精"。黄精主产于河北、内蒙古、陕西等地，滇黄精主产于云南、贵州、
　　　　　广西等地，多花黄精主产于贵州、湖南、云南等地。

【采集加工】春、秋二季采挖，除去须根，洗净，置沸水中略烫或蒸至透心，干燥。

【药　　性】甘，平。归脾、肺、肾经。

【功　　能】补气养阴，健脾，润肺，益肾。

【主　　治】脾胃虚弱，倦怠无力，口干食少，肺虚燥咳，精血不足，阴虚贪水。

【用法用量】马、牛 20 ~ 60g，驼 30 ~ 100g，羊、猪 5 ~ 15g，兔、禽 1 ~ 3g。

【方　　例】1. 猪喘素（《藏兽医经验选编》）：滇独活、麻黄、藏黄连、黄精、松花各等份，共研为末，
　　　　　中等大小猪每次服 30g。能祛风解表，泻火燥湿，润肺止咳，主治猪气喘病。
　　　　　2. 治牛、马羸瘦症方（《兽医中药类编》）：黄精、薏苡仁、沙参。共为细末，掺入饲料
　　　　　内喂服。

532. 菊 花

【别　　名】白菊，杭菊，滁菊，野菊。

【来　　源】菊科植物菊 Chrysanthemum morifolium Ramat. 的干燥头状花序。主产于浙江、安微、河南等地。

【采集加工】9—11月花盛开时分批采收，阴干或焙干，或熏、蒸后晒干。药材按产地和加工方法不同，分为"亳菊""滁菊""贡菊""杭菊""怀菊"。以亳菊和滁菊品质最优。由于花色不同，又有黄菊花和白菊花之分。

【药　　性】甘、苦，微寒。归肺、肝经。

【功　　能】散风清热，平肝明目。

【主　　治】风热感冒，目赤肿痛，翳膜遮睛。

【用法用量】马、牛 15 ~ 45g，驼 30 ~ 60g，羊、猪 3 ~ 10g，兔、禽 1.5 ~ 3g。

【方　　例】1. 桑菊饮（《温病条辨》）：桑叶、菊花、薄荷、桂枝、连翘、芦根、生草（甘草）、杏仁。能解表清热，宣肺止咳。主治外感风热初期，体表发热，咳嗽微喘，目赤肿痛，口舌红燥，脉象洪数等。

2. 洗心散（《养耕集》）：菊花、薄荷、半夏、陈皮、大黄、苦参、黄芩、黄连、天南星、瓜蒌、栀子、侧柏叶，水煎滤液，候温灌服，主治牛心黄发胀。

533. 梧 桐

【别　　名】青桐，耳桐，苍桐，九层皮，铜麻，青皮树，白梧桐。

【来　　源】梧桐科植物梧桐 Firmiana platanifolia（L.f.）Marsili 的树皮及种子。全国大部分地区均产。

【采集加工】种子秋季采，树皮随时采，叶春夏季采。

【药　　性】甘，平。

【功　　能】消食顺气，祛风除湿。

【主　　治】胃痛，伤食腹泻，赤白痢疾，风湿痹痛，肺痨虚弱，胎衣不下。

【用法用量】马、牛 60 ~ 120g，羊、猪 30 ~ 60g。

【方　　例】1. 治母牛胎衣不下方：①梧桐树皮（或根叶）、荷莲叶、紫苏叶、破蒲扇各适量，煎水冲服（《农畜病土方草药汇编》）。②梧桐子或枫树球、黄实叶各120g，以黄酒为引，煎水冲服（《赤脚兽医手册》）。

2. 治牛脚扭伤方（《浙江民间兽医草药集》《民间兽医本草》续编）：梧桐树皮 1 握，红蚯蚓适量。共同捣烂，和白酒外敷。

【别　　名】白银树皮，九层皮，白兰香，熊胆木，白银香，白银木，过山风。

【来　　源】冬青科植物铁冬青 *Ilex rotunda* Thunb. 的干燥树皮。主产于江苏、安徽、浙江等地。

【采集加工】夏、秋二季剥取，晒干。

【药　　性】苦，寒。归肺、胃、大肠、肝经。

【功　　能】清热利湿，消肿止痛。

【主　　治】外感发热，咽喉肿痛，风湿痹痛，湿热泄泻，烫伤。

【用法用量】马、牛60～120g，羊、猪15～30g。外用适量。

【方　　例】1. 治猪、牛感冒发热方：①铁冬青（救必应）、旱莲草各30～60g，煎水喂服（《兽医中草药临症应用》）。②救必应、山姜各250g，薄荷120g，煎水喂服（《兽医中草药处方选编》）。
2. 治牛拉稀，便血方：①救必应叶、鸭脚木叶、樟树叶、香茅各250g，香附、薄荷，捣烂冲服（《中兽医方剂汇编》）。②救必应、山熊胆各60～90g，共为细末，开水冲服（《诊疗牛病经验汇编》）。

【别　　名】五谷树，挂梁青。

【来　　源】木犀科植物雪柳 *Fontanesia fortunei* Carr. 的茎皮、枝条和果穗。主产于河北、陕西、山东、江苏、安徽等地。

【采集加工】茎皮、枝条全年可采，果穗6—10月采，洗净，晒干或鲜用。

【药　　性】苦，寒。有毒。

【功　　能】活血散瘀，消肿止痛。

【主　　治】骨折，跌打损伤，风湿痹痛。

【禁　　忌】孕畜忌服。

中兽药标本及器具图谱

536. 雀梅藤

【别　　名】对节刺，对角刺，碎米子，沙穷勒，扎托梅，扎扎花。

【来　　源】鼠李科植物雀梅藤 Sageretia thea（Osbeck）Johnst. 的根、茎或叶。主产于安徽、江苏、浙江、江西、福建、广东、广西等地。

【采集加工】全年可采，鲜用或晒干。

【药　　性】微苦，凉。

【功　　能】清热解毒，止痢消肿，降气化痰。

【主　　治】湿热痢疾，疮疖肿毒，咳嗽。

【用法用量】马、牛 60 ~ 120g，羊、猪 15 ~ 30g。

【方　　例】1. 治小牛拉白屎方（《广东中兽医常用草药》）：雀梅藤叶 500g，白牛胆根 15g，白米 60g。共同捣烂，开水冲服。

2. 治猪、牛皮肤疥疮方（《浙江民间兽医草药集》）：扎扎花（雀梅藤）根或叶 1 握，捣烂和食盐，硫黄调敷。

537. 常　山

【别　　名】鸡骨常山，黄常山，土常山，大金刀，大常山。

【来　　源】虎耳草科植物常山 Dichroa febrifuga Lour. 的干燥根。主产于四川、贵州，湖南。

【采集加工】秋季采挖，除去须根，洗净，晒干。

【药　　性】苦、辛，寒；有毒。归肺、肝、心经。

【功　　能】杀虫，除痰消积。

【主　　治】球虫病，宿草不转。

【用法用量】马、牛 30 ~ 60g，羊、猪 10 ~ 15g，兔、禽 0.5 ~ 3g。

【禁　　忌】有催吐的副作用，剂量不宜过大；孕畜慎用。

【方　　例】1. 治猪传染性胃肠炎方（赣州地区农业局经验）：常山 60g，马齿苋 250g，鹅不食草 30g，煎水喂服。

2. 治家畜焦虫，锥虫病热症方（《兽医中药类编》）：常山 75g，槟榔、枳壳、砂仁、陈皮各 30g，煎水喂服。

3. 治疹块型猪丹毒方（《兽医中药类编》）：常山、藿香、厚朴、射干、金银花，煎水喂服，结合用肥皂水和石灰水洗擦猪体。

【别　　名】三角风，三角尖，常青藤，白飞龙，紫风藤，长春藤。

【来　　源】五加科植物常春藤 *Hedera nepalensis* K.Koch var. *sinensis*（Tobl.）Rehd. 的茎叶。全国大部分地区均产。

【采集加工】秋季采收，切片，晒干。

【药　　性】苦，凉。

【功　　能】祛风利湿，平肝解毒。

【主　　治】风湿痹痛，痈疽肿毒，跌扑损伤。

【用法用量】马、牛 30 ~ 60g，羊、猪 15 ~ 30g。

【方　　例】1.治牛风湿坐栏方：①常春藤、鸡血藤、海风藤、桑寄生、土牛膝、汉防己、延胡索、五灵脂等各适量，共为细末，煎水冲服（《中兽医讲义》）。②三角风（常春藤）、五加皮、老虎刺、青木香、土牛膝、苦参，以黄酒为引，煎水冲服（《牛病诊疗经验汇编》）。

2.治肛门脱出、子宫脱出方（《兽医中草药临症应用》）：常青藤、稻草灰、食盐，煎熏洗患处。

【别　　名】南山楂，小叶山楂，红果子。

【来　　源】蔷薇科植物野山楂 *Crataegus cuneata* Sieb.et Zucc. 的果实。主产于河南、湖北、江西、湖南、安徽、江苏等地。

【采集加工】秋季果实成熟时采收，置沸水中略烫后干燥或直接干燥。

【药　　性】酸、甘，微温。归脾、胃、肝经。

【功　　能】消食化积，行气散瘀。

【主　　治】伤食腹胀，消化不良，产后恶露不尽。

【用法用量】马、牛 20 ~ 60g，羊、猪 10 ~ 15g，犬、猫 3 ~ 6g，兔、禽 1 ~ 2g。

【禁　　忌】胃酸分泌过多者慎用。

540. 野甘草

【别　名】香仪，珠子草，假甘草，土甘草，假枸杞，冰糖草，通花草，节节珠。

【来　源】玄参科植物野甘草 *Scoparia dulcis* L. 的全草。主产于广东、广西、云南、福建等地。

【采集加工】全年可采，鲜用或晒干。

【药　性】甘，凉。

【功　能】疏风止咳，清热利湿。

【主　治】感冒发热，肺热咳嗽，咽喉肿痛，痢疾，小便不利，水肿。

541. 野牡丹

【别　名】毛稔，九莲灯，石九莲，女儿红，猪古稔，高脚地稔，细叶鸡头。

【来　源】野牡丹科植物野牡丹 *Melastoma candidum* D.Don 的全草。主产于浙江、广东、广西、福建、四川、贵州等地。

【采集加工】全年可采，以秋季采为佳，采后晒干。

【药　性】酸、涩，凉。

【功　能】止泻止痢，消肿解毒。

【主　治】湿热泄泻，痢疾，筋骨疼痛，跌打损伤。

【用法用量】马、牛 60～120g，羊、猪 30～60g。

【方　例】1. 治牛热病方：①野牡丹 250g，番石榴叶 150g，接骨丹藤 90g，金银花藤、柚子干、车前草、黄连等各 30g，煎水喂服（《福建中兽医草药图说》）。②爆芽郎（野牡丹）叶、番石榴叶、桃金娘叶、鸭脚粟各 250g，煎水灌服（《兽医中草药处方选编》）。
2. 治马、牛血痢方：①野牡丹、白头翁各 60g，马齿苋、凤尾草各 250g，白花蟛蜞草 90g，以蜂蜜为引，煎水调服（《中兽医方剂汇编》）。②野牡丹、大血藤、小血藤、地榆等，煎水冲糖服（《黔南兽医常用中草药》）。

542. 野菊花

【别　　名】野菊，野黄菊，苦薏，山九月菊，千层菊。

【来　　源】菊科植物野菊 *Chrysanthemum indicum* L. 的干燥头状花序。全国各地均产，主产于江苏、四川、安徽、广东、山东等地。

【采集加工】秋、冬二季花初开放时采摘，晒干，或蒸后晒干。

【药　　性】苦、辛，微寒。归肝、心经。

【功　　能】清热解毒，平肝明目。

【主　　治】痈肿疮毒，目赤肿痛。

【用法用量】马、牛 15～30g，羊、猪 5～10g，兔、禽 1.5～3g。外用适量。

【方　　例】1. 凉肝散（《蓄牧纂验方》）：野菊花、白蒺藜、防风、羌活各等份为末，以蜂蜜为引，浆水同调灌之，治马眼昏暗，翳膜遮障。
2. 牛眼肿痛方（《中兽医治疗学》）：野菊花、鲜桑叶、车前草、生石膏，各药适量，煎水灌服，连服 2～5 剂，治疗牛眼睛肿痛效佳。

543. 野棉花

【别　　名】满天星，清水胆，土羌活，打破碗碗花，白头翁。

【来　　源】毛茛科植物野棉花 *Anemone vitifolia* Buch.-Ham. 的全草。主产于河南、甘肃、陕西、湖南、四川、云南、贵州等地。

【采集加工】夏、秋季采收，采后鲜用，或晒干用。

【药　　性】苦、辛，寒。有毒。

【功　　能】清热解毒，杀虫灭疥。

【主　　治】风湿痹痛，跌打损伤，蛔虫病。

【用法用量】马、牛 15～24g，羊、猪 6～12g。

【禁　　忌】过量服用时，可致头晕、呕吐、四肢麻木等中毒症状，故内服宜慎。

【方　　例】牛、马清热解毒方（《兽医中草药选》）：野棉花、香白芷、黄芩各 30g，老鼠黄瓜、贯众、防己、苦参、白云花根各 15g，研成细末，开水冲服。

544. 蛇足草

【别　　名】千层塔，金不换，千金榨，虱子草，打伤草。

【来　　源】石松科植物蛇足石松 *Lycopodium serratum* Thunb. 的全草。全国大部分地区均产。

【采集加工】夏末秋初采收全草，去泥土，晒干。7—8 月间采收孢子，干燥。

【药　　性】辛，平。有小毒。归肺、大肠、肝、肾经。

【功　　能】清热解毒，燥湿敛疮。

【主　　治】肺痈，劳伤吐血，跌打损伤，疮痈肿毒，溃疡不敛。

【用法用量】马、牛 15 ~ 30g，羊、猪 7 ~ 15g。

【禁　　忌】孕畜忌服。

【方　　例】1. 治牛喉风肿痛方（《兽医中草药临症应用》）：蛇足草、野菊花、野鸡尾、马兰根、薄荷各 30g，煎水分次喂服。

2. 治牛跌打损伤、消肿行血方（《福建中兽医草药图说》）：金不换（蛇足草）、当归尾、双钩藤、地骨皮、金樱根、杜木瓜、土牛膝各 30g，煎水喂服。

545. 蛇床子

【别　　名】野茴香，蛇床实，蛇床仁，蛇珠，蛇米。

【来　　源】伞形科植物蛇床 *Cnidium monnieri*（L.）Cuss. 的干燥成熟果实。全国各地均产，以河北、山东、浙江、江苏、四川等地产量较大。

【采集加工】夏、秋二季果实成熟时采收，除去杂质，晒干。

【药　　性】辛，苦，温；有小毒。归肾经。

【功　　能】温肾壮阳，祛风燥湿，杀虫止痒。

【主　　治】阳痿，宫寒不孕，带下，阴道滴虫病，湿疹。

【用法用量】马、牛 30 ~ 60g，羊、猪 15 ~ 30g。外用适量。

【禁　　忌】阴虚火旺或下焦有湿热者不宜内服。

【方　　例】1. 治公畜肾虚阳痿方：①蛇床子、五味子、菟丝子，共研细末，白酒调服（《兽医验方汇编》《兽医中药学》）。②蛇床子、山茱萸、小茴香、淫羊藿，煎水喂服（《兽医中药类编》）。

2. 治家畜皮肤湿毒方：①蛇床子、荆芥穗、金银花、赤芍药、苦参、薄荷、黄柏、连翘、蝉蜕、甘草，煎水喂服（《青海省中兽医验方汇编》）。②蛇床子、苦参子、萹蓄、辣蓼各 1 握，煎洗患处（《温岭县民间兽医验方集》）。

546. 蛇葡萄

【别　　名】山葡萄，酸藤，假葡萄，见肿消，野葡萄，细叶生藤。
【来　　源】葡萄科植物蛇葡萄 *Ampelopsis brevipedunculata*（Maxim.）Trautv 的茎叶。主产于辽宁、河北、山西等地。
【采集加工】秋季采收，采后切细，晒干。
【药　　性】甘，平。
【功　　能】利尿通淋，活血消肿。
【主　　治】关节肿痛，跌打损伤，尿淋尿血。
【用法用量】马、牛 60 ~ 120g，羊、猪 30 ~ 60g。
【方　　例】1. 治牛、猪关节肿痛方（《兽医中草药临症应用》）：野葡萄（蛇葡萄）根、枫荷梨、诈死风、山豆根、土牛膝、茄根各 60 ~ 90g，煎水喂服。
　　　　　　2. 治牛跌打损伤方（《农畜病土方草药汇编》）：野葡萄（蛇葡萄）根、胡颓子根、红木香根、苎麻根、榔榆根、骨碎补各适量，和糯米饭捣敷。

547. 啤酒花

【别　　名】忽布，蛇麻草，香蛇麻，野酒花，野黄腰子，皮酒花。
【来　　源】桑科植物啤酒花 *Humulus lupulus* L. 的全草或花序。主产于新疆、四川等地。
【采集加工】夏、秋季花盛开时采摘花序，鲜用或晒干用。藤茎随采随用。
【药　　性】苦，微凉。归肝、肾经。
【功　　能】健脾消食，利尿安神。
【主　　治】食欲不振，肾虚水肿，小便不利。
【用法用量】马、牛 60 ~ 80g，羊、猪 30 ~ 45g。
【方　　例】1. 治牛肠炎拉稀方（《青海省兽医中草药》）：啤酒花 100g，阔叶独行菜 150g。共为细末，开水冲服，或煎汁喂服。
　　　　　　2. 治牛、马消化不良方（《昌吉自治州中兽医经验选编》第 1 集）：鲜啤酒花 300 ~ 500g，煎水喂服。

548. 崖花海桐

【别　　名】崖花子，海金子，山海桐，山饭树，金耳环。

【来　　源】海桐花科植物海金子 *Pittosporum illicioides* Makino 的根、茎叶或种子。主产于广东、海南、广西、贵州、湖南等地。

【采集加工】根茎全年可采，种子秋后采。

【药　　性】根：苦、辛，温；子：苦，寒。

【功　　能】根：祛风活络，散瘀止痛；叶：解毒，止血。

【主　　治】根：风湿痹痛，跌打损伤，毒蛇咬伤，疮疖；子：肠炎，白带。

549. 银　耳

【别　　名】白木耳，白耳子，白耳，五鼎芝。

【来　　源】银耳科植物银耳 *Tremella fuciformis* Berk. 的干燥子实体。主产于陕西、江苏、安徽、浙江、江西等地。

【采集加工】当耳片开齐停止生长时，及时采收，清水漂洗 3 次后，及时晒干或烘干。

【药　　性】甘、淡，平。归肺、胃、肾经。

【功　　能】滋补生津，润肺养胃。

【主　　治】虚劳咳嗽，痰中带血，津少口渴，病后体虚，气短乏力。

【禁　　忌】风寒咳嗽者及湿热酿痰致咳者禁用。

550. 银柴胡

【别　　名】银胡，山菜根，牛肚根，土参，黄柴胡，铁柴胡。

【来　　源】石竹科植物银柴胡 *Stellaria dichotoma* L.var.*lanceolata* Bge. 的干燥根。主产于我国西北部及内蒙古等地。

【采集加工】春、夏间植株萌发或秋后茎叶枯萎时采挖，栽培品于种植后第三年9月中旬或第四年4月中旬采挖，除去残茎、须根及泥沙，晒干。

【药　　性】甘，微寒。归肝、胃经。

【功　　能】祛风，定惊，退翳，止痒。

【主　　治】惊痫抽搐，目翳，瘙痒。

【用法用量】马、牛5～15g，羊、猪1.5～3g。

【禁　　忌】外感风寒，血虚无热者忌用。

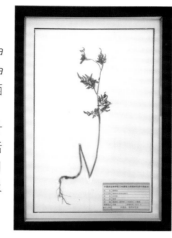

551. 银粉背蕨

【别　　名】通经草，金丝草，铜丝草，金牛草。

【来　　源】中国蕨科植物银粉背蕨 *Aleuritopteris argentea*（Gmel.）Fee 的全草。全国大部分地区均产。

【采集加工】春、秋采集，拔出全草，去须根及泥土，晒干或鲜用。

【药　　性】淡、微涩，温。

【功　　能】活血调经，补虚止咳。

【主　　治】腹痛，肺痨咳嗽，咯血。

552. 梨 树

【别　　名】果宗，玉乳，蜜艾，白梨，沙梨，梨子，甜梨，鸭梨。

【来　　源】蔷薇科植物白梨 *Pyrus bretschneideri* Rehd. 等的果实或树叶。主产于河北、河南、山东、山西、陕西、甘肃等地。

【采集加工】果实秋季成熟时采，树叶夏秋季采，树皮随时可采，平时可收取梨皮晒干备用。

【药　　性】甘、微酸，凉。

【功　　能】清热化痰，生津润燥。

【主　　治】衄血，咳嗽喘息，痢疾。

【用法用量】马、牛 250~500g，羊、猪 120~250g（梨果或叶）。

【方　　例】1. 治牛、马鼻出血方（《牲畜疫病中药验方汇编》）：梨子、河藕、荸荠各 500～1000g，捣烂取汁，麦冬、芦根各 30～60g，煎水调服。

2. 治猪久咳不止方：①大梨 1 个（捣烂），大蒜 1 个（捣糊），煎水喂服（《民间兽医本草》续编）。②红梨 3 个（捣烂），红糖 120g，煎水调服（《兽医验方汇编》）。③梨子 500g（捣烂），白糖 120g，煎水调服（《浙江民间兽医草药集》）。

553. 犁头草

【别　　名】箭头草，地丁草，羊蹄草，半边铃，犁头尖。

【来　　源】堇菜科植物犁头草 *Viola inconspicua* 的全草或根。主产于陕西、甘肃、江苏、安徽、浙江、江西等地。

【采集加工】夏季采收，鲜用或晒干，以鲜用为佳。

【药　　性】微苦，寒。

【功　　能】清热解毒，消肿排脓。

【主　　治】目赤肿痛，目赤肿痛，疮痈肿毒，肠炎痢疾。

【用法用量】马、牛 250～500g，羊、猪 120～250g。

【方　　例】1. 治家畜咽喉肿痛方（《兽医手册》）：鲜犁头草 1 握，和清凉油少许，捣烂喂服。

2. 治家畜肺炎发热方（《赤脚兽医手册》）：犁头草、野菊花、桑白皮、桔梗各 90～120g，煎水喂服。

3. 治牛外伤出血方（《兽医中草药验方手册》）：犁头草 1 握，捣烂敷患处。

【别　　名】白辣蓼，大马蓼。

【来　　源】蓼科植物酸模叶蓼 *Polygonum lapathifolium* L. 的全草。
全国大部分地区均产。

【采集加工】夏、秋采集，洗净，干燥。

【药　　性】辛，温。

【功　　能】消肿止痛。

【主　　治】腹痛肿疡。

【别　　名】善鸡尾草，小凤尾草。

【来　　源】莎草科植物猪毛草 *Scirpus wallichii* Nees 的根或茎叶。
主产于福建、江西、广东、广西、贵州、云南等地。

【采集加工】全年可采，采后洗净，晒干或鲜用。

【药　　性】苦、涩，凉。

【功　　能】清热解毒。

【主　　治】犬咬伤、汤火伤、刀伤。

【用法用量】外用：捣敷或研末调敷。

【禁　　忌】内服宜慎。

556. 猪苓

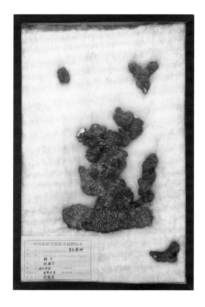

【别　　名】野猪苓，野猪粪，野猪食，猪屎苓，地乌桃。

【来　　源】多孔菌科真菌猪苓 *Polyporus umbellatus*（Pers.）Fries
的干燥菌核。主产于陕西、山西、河北、河南、云南等地。

【采集加工】春、秋二季采挖，除去泥沙，干燥。

【药　　性】甘、淡，平。归肾、膀胱经。

【功　　能】利水渗湿。

【主　　治】水湿停滞，排尿不利，水肿胀满，鸡鸣作泻，湿热淋浊，
带下。

【用法用量】马、牛、驼 25～60g，羊、猪 10～20g，犬、猫 1～
5g。

【方　　例】1. 五苓散（《中华人民共和国兽药典》2015 年版）：
猪苓、白术（炒）、茯苓、肉桂、泽泻。能温阳化气，
利湿行水，治水湿内停，排尿不利，泄泻，水肿。
2. 猪苓散（《伤寒论》）：猪苓、干姜、肉桂、天仙子、
泽泻。能利水止泻，温中散寒，治冷肠泄泻。

557. 猫爪草

【别　　名】猫爪儿草，三散草。

【来　　源】毛茛科植物小毛茛 *Ranunculus ternatus* Thunb. 的干
燥块根。主产于长江中下游各地。

【采集加工】春季采挖，除去须根和泥沙，晒干。

【药　　性】甘、辛，温。归肝、肺经。

【功　　能】散瘀消肿，解毒。

【主　　治】咽喉肿痛，瘰疬。

【用法用量】马、牛 45～90g，羊、猪 15～30g。

【方　　例】治牛老鼠疮方（《陕西省中兽医诊疗经验汇编》）：
猫爪草 125～250g，研成细末，黄酒 250mL 冲服，
连服 3～5 剂，结合用药渣捣烂，米醋调敷。

【别　　名】阳桃，弥猴桃，木子，藤梨，野梨，毛桃，杨桃，洋桃。
【来　　源】猕猴桃科植物猕猴桃 *Actinidia chinensis* Planch. 的根或果实。主产于陕西、湖北、湖南、河南、安徽、江苏等地。
【采集加工】果实秋季采，根茎全年可采，采后切片晒干。
【药　　性】甘、酸，寒。
【功　　能】解热止渴，利尿通淋。
【主　　治】热壅反胃，烦渴，骨节风，小便淋漓。
【用法用量】马、牛 60 ~ 120g，羊、猪 30 ~ 45g。
【方　　例】1. 治牛翻胃吐草方（《湖南中兽医药物集》）：猕猴桃果适量，生姜少许，捣汁喂服。
2. 治猪牛大小便不通方（《农畜土方草药汇编》）：杨桃（猕猴桃）根、乌桕根、大青根、车前草、水灯心各 30 ~ 60g，煎水喂服。
3. 治耕牛热淋症方（《兽医常用中草药》）：洋桃（猕猴桃）根 60g，车前草、瞿麦草各 30g，十大功劳 45g，以红糖为引，煎水调服。

【别　　名】净麻黄，去节麻黄，麻黄绒，草麻黄，中麻黄，木贼麻黄，华麻黄。
【来　　源】麻黄科植物草麻黄 *Ephedra sinica* Stapf、中麻黄 *Ephedra intermedia* Schrenk et C.A.Mey. 或木贼麻黄 *Ephedra equisetina* Bge. 的干燥草质茎。主产于河北、山西、内蒙古、甘肃等地。
【采集加工】秋季采割绿色的草质茎，晒干。
【药　　性】辛、微苦，温。归肺、膀胱经。
【功　　能】解表散寒，宣肺平喘，利水消肿。
【主　　治】外感风寒，咳嗽，气喘，水肿。
【用法用量】马、牛 15~30g，羊、猪 3~9g。
【禁　　忌】该品发汗宣肺力强，凡表虚自汗、阴虚盗汗及肺肾虚喘者均当慎用。

中麻黄 *Ephedra intermedia* Schrenk et C.A.Mey.

麻黄

【方　　例】1. 麻黄散（《安骥药方》）：麻黄、麦芽、百部、紫菀、百合、紫苏子、干地黄、山药、枇杷叶（去毛）、柴胡、小茴香、杏仁（去皮尖），上药十二味为末，以藩面、瓜蒌为引，草后灌服，隔日再灌。治马慢病，把前把后，腰硬胯细，气喘项脊愫。
2. 麻黄汤（《伤寒论》）：麻黄、桂枝、杏仁、甘草。能解表散寒，发汗平喘。治外感风寒引起的精神倦怠，耳耷头低，恶寒战栗，无汗而喘，舌苔白薄，脉象浮紧等。

323

560. 康乃馨

【别　　名】香石竹，狮头石竹，麝香石竹，大花石竹。

【来　　源】石竹科植物香石竹 *Dianthus caryophyllus* L. 的全草。全国大部分地区均产。

【采集加工】夏季采收，洗净，干燥。

【药　　性】甘，微凉。归肺、肾经。

【功　　能】生津润喉，健胃消积，滋阴补肾。

【主　　治】烦渴，脾胃不和，食积不消。

561. 鹿茸草

【别　　名】千年艾，千重塔，千年霜，白丝草，六月雪，白毛鹿茸草，绵毛鹿茸草。

【来　　源】玄参科植物沙氏鹿茸草 *Monochasma savatieri* Franch. 的全草。主产于江苏、浙江、福建、江西、湖南等地。

【采集加工】夏秋季采收，洗净，晒干。

【药　　性】苦，平。

【功　　能】清热凉血，止血止痢。

【主　　治】食积，肠热，痢疾，尿血，白带，痢疾，肿毒。

【用法用量】马、牛 90 ~ 180g，羊、猪 20 ~ 40g。

【方　　例】1. 治牛、马劳伤吐血方（《兽医常用中草药》）：鹿茸草、龙芽草、炒苦参各 120 ~ 150g，煎水喂服。

2. 治猪、牛肠热痢疾方：①白毛鹿茸草（鹿茸草）单方 90 ~ 180g，煎水喂服（《兽医手册》）。②治牛肠热、食积方：白毛鹿茸草（鹿茸草）、半边莲、地胆草，煎水喂服（《兽医中草药临症应用》）。

【别　　名】章柳根，白昌，夜呼，当陆，野羊红。

【来　　源】商陆科植物商陆 *Phytolacca acinosa* Roxb. 或垂序商陆 *Phytolacca americana* L. 的干燥根。全国大部分地区均产。

【采集加工】秋季至次春采挖，除去须根和泥沙，切成块或片，晒干或阴干。

【药　　性】苦，寒；有毒。归肺、脾、肾、大肠经。

【功　　能】逐水消肿，通利二便；外用解毒散结。

【主　　治】水肿，宿水停脐，二便不通，痈肿疮毒。

【用法用量】马、牛 15～30g，羊、猪 2～5g。外用鲜品适量。

【禁　　忌】孕畜忌服。

【方　　例】1. 推水散（《春耕集》）：商陆、车前、木通、芫荑、通草、猪苓、泽泻、黄芩、黄柏、栀子、薄荷，以生姜为引。治牛冬天失水胀症，服之即愈。

2. 治牛、马肩痈肿毒方（《民间兽医献方汇编》）：红商陆根和糯米饭适量，捣敷患处。

【别　　名】金复花，猫耳朵花，金沸花，伏花。

【来　　源】菊科植物旋覆花 *Inula japonica* Thunb. 或欧亚旋覆花 *Inula britannica* L. 的干燥头状花序。主产于河南、河北、江苏、浙江、安徽等地。

【采集加工】夏、秋二季花开放时采收，除去杂质，阴干或晒干。

【药　　性】苦、辛、咸，微温。归肺、脾、胃、大肠经。

【功　　能】降气，消痰，行水，止呕。

欧亚旋覆花 *Inula britannica* L. 　　旋覆花

【主　　治】风寒咳嗽，痰饮蓄结，呕吐。

【用法用量】马、牛 15～45g，羊、猪 5～10g。

【禁　　忌】阴虚劳嗽，津伤燥咳者忌用；又因该品有绒毛，易刺激咽喉作痒而致呛咳呕吐，故须布包入煎。

【方　　例】1. 泻肝散（《司牧安骥集》）：旋覆花、黄连、郁金、栀子、石决明、草决明、青葙子、龙胆草、甘草。能清热泻肝，退翳明目，治疗马内障眼。

2. 旋覆代赭汤（《伤寒论》）：旋覆花、代赭石、生姜、制半夏、炙甘草、大枣、党参。能和胃降逆，下气消痰，用于胃气虚弱，痰浊内阻，胃失和降，消化不良。

564. 望江南

【别　　名】金豆子，狗屎豆，江南豆，水爪豆，羊角豆。

【来　　源】豆科植物望江南 *Cassia occidentalis* Linn. 的茎叶或种子。主产于河北、山东、江苏、浙江、福建等地。

【采集加工】10月左右采收成熟果实，脱粒除去杂质，晒干。茎、叶鲜用或夏季采收，晒干。

【药　　性】苦，寒。归肺、肝、胃经。

【功　　能】清热平肝，利湿止泻。

【主　　治】目赤肿痛，肠炎痢疾，乳痈。

【用法用量】马、牛30～60g，羊、猪15～30g。

【方　　例】1.治家畜眼结膜红肿方（《中兽医手册》）：望江南子30～60g，车前草120～180g，煎水喂服。

2.治猪、牛湿热腹泻方（《浙江民间兽医草药集》）：望江南茎叶、黄毛耳草、过路黄、海金沙藤各30～90g，煎水喂服。

565. 断肠草

【别　　名】胡蔓藤，水莽草，毒根，烂肠草，大茶叶。

【来　　源】马钱科植物钩吻 *Gelsemium elegans* Benth 的全草。主产于江西、福建、湖南、广东、海南、广西、贵州、云南等地。

【采集加工】全年可采，洗净，切片晒干。

【药　　性】辛、苦，温。有大毒。

【功　　能】攻毒拔毒，散瘀止痛，杀虫止痒。

【主　　治】皮肤湿疹，疔疮，疥癣，跌打损伤，骨折，肠寄生虫病。

【用法用量】马、牛60～120g，羊、猪15～30g。

【禁　　忌】内服宜慎。

【方　　例】1.治猪、牛寄生虫病方：①猪蛔虫病：断肠草鲜叶60～90g（切细），混入饲料内服（《赤脚兽医手册》）。②牛肝片吸虫病：大茶药（断肠草）120g，鸦胆子45g，生姜90g，煎汁喂服。

2.治牛皮肤疥癣方（《广东中兽医验方选编》）：钩吻（断肠草）、葫芦茶各适量。捣烂煎水，和黄泥涂擦。

566. 粗齿铁线莲（附药：灰叶铁线莲）

【别　　名】大木通，银叶铁线莲，大蓑衣根，小木通，线木通。

【来　　源】毛茛科植物粗齿铁线莲 *Clematis argentilucida* （Levl.et Vant.）W.T.Wang 的根。主产于云南、贵州、四川、甘肃等地。

【采集加工】全年可采，洗净，晒干或鲜用。

【药　　性】甘、辛、苦，凉。

【功　　能】行气活血，祛风止痛。

【主　　治】跌打损伤，瘀血疼痛，风湿痹痛。

【用法用量】马、牛 15 ~ 45g，驼 40 ~ 80g，羊、猪 5 ~ 15g，犬、猫 3 ~ 6g，兔，禽 1.2 ~ 3g。

粗齿铁线莲 *Clematis argentilucida*
（Levl.et Vant.）W.T.Wang

附药：灰叶铁线莲

灰叶铁线莲　毛茛科植物灰叶铁线莲 *Clematis canescens* （Turcz.）W.T.Wang et M.C.Chang，主产于甘肃、宁夏、内蒙古等地，为低等的饲用灌木。

灰叶铁线莲 *Clematis canescens*
（Turcz.）W.T.Wang et M.C.Chang

567. 淫羊藿

淫羊藿 *Epimedium brevicornu* Maxim.

淫羊藿

【别　　名】仙灵脾，仙灵毗，干鸡筋，千两金，刚前。

【来　　源】小檗科植物淫羊藿 *Epimedium brevicornu* Maxim.、箭叶淫羊藿 *Epimedium sagittatum*（Sieb.et Zucc.）Maxim.、柔毛淫羊藿 *Epimedium pubescens* Maxim. 或朝鲜淫羊藿 *Epimedium koreanum* Nakai 的干燥叶。主产于陕西、辽宁、山西、湖北、四川等地。

【采集加工】夏、秋季茎叶茂盛时采收，晒干或阴干。

【药　　性】辛、甘，温。归肝、肾经。

【功　　能】补肾阳，强筋骨，祛风湿。

【主　　治】阳痿遗精，母畜不发情，腰胯无力，风湿痹痛。

【用法用量】马、牛 15 ~ 30g，羊、猪 10 ~ 15g，兔、禽 0.5 ~ 1.5g。

【禁　　忌】阴虚火旺者不宜服。

【方　　例】1. 治母畜不孕症方：①淫羊藿单方，熬汤喂服，每天服 2 次，在发情周期前 1 周服（《中兽医治疗学》）。②淫羊藿、阳起石。共研细末，以烧酒为引，开水冲服（《青海省中兽医经验集》）。

2. 治母畜产后爬窝不起方（《黑龙江中兽医经验集》）：淫羊藿、小茴香、地龙（煅）、马钱子（炙）。共研细末，开水冲服，以黄酒为引。

【别　　名】碎骨子，金鸡米，迷身草，金竹叶。

【来　　源】禾本科植物淡竹叶 *Lophatherum gracile* Brongn. 的干燥茎叶。主产于浙江、江苏等地。

【采集加工】夏季未抽花穗前采割，晒干。

【药　　性】甘、淡，寒。归心、胃、小肠经。

【功　　能】清热，利尿。

【主　　治】心热舌疮，尿短赤，尿血。

【用法用量】马、牛 15 ~ 45g，羊、猪 5 ~ 15g，兔、禽 1 ~ 3g。

【方　　例】1. 清暑益气汤（《温热经纬》）：淡竹叶、荷梗、西瓜皮、黄连、知母、党参、粳米、甘草、石斛、麦冬，煎水喂服。能清暑益气，对暑热伤气，出汗，口渴，烦热，或温热病后期余热未清，用之效好。

2. 竹叶石膏汤（《伤寒论》）：石膏 50g，淡竹叶、党参、粳米各 30g，麦冬 20g，半夏 12g，炙甘草 10g。上七味，水煎滤液，候温灌服，每日三服。治伤寒、温病、暑病之后，余热未清，气精两伤，用之效好。

【别　　名】豆豉，杜豆豉，香豉，淡豉，大豆豉，盐豉，美豉。

【来　　源】豆科植物大豆 *Glycine max*（L.）Merr. 的成熟种子的发酵加工品。全国大部分地区均产。

【药　　性】苦、辛，凉。归肺、胃经。

【功　　能】解表清热。

【主　　治】外感发热，躁动不安。

【用法用量】马、牛 15 ~ 60g，驼 30 ~ 90g，羊、猪 10 ~ 15g。

【方　　例】1. 治马卒热腹胀起卧欲死方（《新编集成马医方》）：豉汁，和冷水，灌之立效。

2. 治马热病汗淋方（《齐民要术》）：美豉（淡豆豉）、好酒。夏则着日中，冬则温热浸豉使液，以手捏之，后去其滓，以汁灌口，汗出即愈矣。

中兽药标本及器具图谱

570. 深绿卷柏

【别　　名】生根卷柏，石上柏，大叩菜，梭罗草，地梭罗，金龙草，龙鳞草。

【来　　源】卷柏科植物深绿卷柏 *Selaginella doederleinii* Hieron. 的全草。全国大部分地区均产。

【采集加工】全年可采，洗净，晒干或鲜用。

【药　　性】甘、辛，平。

【功　　能】清热利湿，止血止痢。

【主　　治】吐血，衄血，尿淋，水肿。

【用法用量】马、牛60～120g，羊、猪30～60g。

571. 密蒙花

【别　　名】蒙花，小锦花，羊耳朵，蒙花珠，黄花醉鱼草。

【来　　源】马钱科植物密蒙花 *Buddleja officinalis* Maxim. 的干燥花蕾和花序。主产于湖北、四川、陕西、河南、广东、广西、云南等地。

【采集加工】春季花未开放时采收，除去杂质，干燥。

【药　　性】甘，微寒。归肝经。

【功　　能】清热泻火，养肝明目，退翳。

【主　　治】肝经风热，目赤肿痛，睛生翳膜，肝虚目暗。

【用法用量】马、牛20～45g，羊、猪5～15g。

【方　　例】1.密菊散（《活兽慈周》）：密蒙花、白菊花、当归、木槿花、芙蓉花、金银花、野红花、桃仁、地骨皮、赤芍、柴胡、薄荷、荆芥穗、川椒根，浓煎滤液取汁，候温入好醋，啖服，治疗牛胬肉攀睛。

2.治牛、马目赤肿痛、视物不清方（《兽医中药类编》）：密蒙花、天花粉、杭菊花、石决明、北沙参、麦冬，煎水喂服。

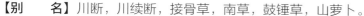

572. 续　断

【别　　名】川断，川续断，接骨草，南草，鼓锤草，山萝卜。

【来　　源】川续断科植物川续断 *Dipsacus asper* Wall. ex Henry 的干燥根。主产于四川、湖北、湖南、贵州等地。

【采集加工】秋季采挖，除去根头和须根，用微火烘至半干，堆置"发汗"至内部变绿色时，再烘干。

【药　　性】苦、辛，微温。归肝、肾经。

【功　　能】补肝肾，强筋骨，续折伤，止崩漏。

【主　　治】肝肾不足，风寒湿痹，腰肢痿软，筋骨折伤，跌打损伤，胎动不安。

【用法用量】马、牛 25 ~ 60g，羊、猪 5 ~ 15g，兔、禽 1 ~ 2g。

【禁　　忌】风湿热痹者忌服。

【方　　例】1. 催乳汤（《活兽慈周》）：党参、当归各 45g，黄芩、茯苓、通草、川芎、白芍、续断、牛膝各 30g，陈皮 25g，煎汤去渣，候温灌服。益气养血，通经下乳，主治牛缺乳。

2. 独活寄生汤（《抱犊集》）：羌活、独活、防风、当归、桂枝、五加皮、防己、秦艽、续断、川芎、杜仲、车前子、桑寄生，诸药为末，以酒为引，开水冲调，候温灌服。能祛风湿，止痹痛，益肝肾，主治牛痹证，跛行。

573. 绵枣儿

【别　　名】石枣儿，天蒜，地兰，鲜白头，地枣，独叶芹，催生草，老鸦葱。

【来　　源】百合科植物绵枣儿 *Scilla scilloides*（Lindl.）Druce 的鳞茎或全草。全国大部分地区均产。

【采集加工】6—7 月采收，洗净，鲜用或晒干。

【药　　性】苦、甘，寒。有小毒。

【功　　能】强心利尿，消肿止痛，解毒。

【主　　治】跌打损伤，痈疽疮毒，毒蛇咬伤。

【禁　　忌】孕畜忌用。

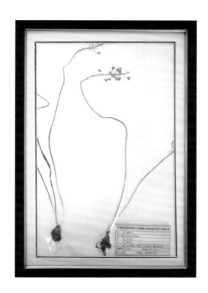

574. 绿萝花

【别　　名】黄金葛，藤芋，石柑子，马蹄金。

【来　　源】瑞香科植物滇结香 *Edgeworthia gardneri*（Wall.）Meisn. 的花蕾，为传统藏药。主产于西藏寒冷地带，喜马拉雅山脉。

【采集加工】春、夏季采收，洗净，鲜用或切段晒干。

【药　　性】淡，微寒。归肾、肝经。

【功　　能】养阴安神，明目去翳，降血脂。

【主　　治】翳障，多泪，虚淋，失音，高脂血症。

575. 琴叶榕

○ 十二画

【别　　名】牛乳子树，奶浆树，乳汁树，牛乳子。

【来　　源】桑科植物琴叶榕 *Ficus pandurata* Hance 的根、叶。主产于我国东南部。

【采集加工】根全年可采，叶 6—10 月采收，随采随用。

【药　　性】辛、涩，平。

【功　　能】祛风除湿，化瘀通乳。

【主　　治】风湿痹痛，产后缺乳，滑精。

【用法用量】马、牛 60～120g，羊、猪 30～60g。

【方　　例】1. 治牛、猪四肢风湿方（《兽医手册》）：琴叶榕、大活血各 60～90g，煎水喂服。

2. 治母畜产后缺乳方（《兽医中草药临症应用》）：牛乳子树（琴叶榕）根 500g，通草 15g，生虾 120g，煎水喂服。

3. 治公畜滑精方（《中兽医方剂汇编》）：牛乳树（琴叶榕）根 250～500g，桃寄生 60～90g，煎水喂服。

【别　　名】冬花，款花，香灯花，艾冬花，九九花。

【来　　源】菊科植物款冬 *Tussilago farfara* L. 的干燥花蕾。主产于河南、甘肃、山西、陕西等地。

【采集加工】12 月或地冻前当花尚未出土时采挖，除去花梗和泥沙，阴干。

【药　　性】辛、微苦，温。归肺经。

【功　　能】润肺下气，止咳化痰。

【主　　治】咳嗽，气喘。

【用法用量】马、牛 15~45g，驼 20 ~ 60g，羊、猪 3 ~ 10g，兔、禽 0.5 ~ 1.5g。

【方　　例】1. 款冬花散（《元亨疗马集》）：款冬花、黄药子、白僵蚕、郁金、白及、玄参，以蜂蜜为引。能滋阴降火，止咳平喘。治疗阴虚火旺，咳嗽气喘。

2. 款花汤（《疮疡经验全书》）：款冬花（去梗）、炙甘草、桔梗、薏苡仁。能润肺下气，化痰止咳。治肺痈咳嗽而胸满振寒，脉数，咽干，大渴，时出浊唾腥臭，日久吐脓如粳米粥状者。

【别　　名】号筒梗，乌龙帅，土霸王，四通广，三钱三，葫芦竹。

【来　　源】罂粟科植物博落回 *Macleaya cordata*（Willd.）R.Br. 的带根全草。全国大部分地区均产。

【采集加工】5—10 月采，或随采随用。

【药　　性】辛、苦，温。有大毒。

【功　　能】消肿解毒，杀虫灭疥。

【主　　治】痈肿疮毒，疥癣，蛇虫咬伤，水火烫伤。

【用法用量】外用药无定量，用量视患处大小而定。

【禁　　忌】内服宜慎。

【方　　例】1. 治家畜痈肿恶毒方：①乌龙帅（博落回）叶 1 握，捣烂外敷（《兽医手册》）。②博落回干叶 3g，凡士林 9g。调成药膏，涂敷患处。

2. 治家畜皮肤疥癣方（《兽医手册》）：号筒梗（博落回）、蒲公英、茶枯各等量，煎洗患处。

578. 葫芦茶

【别　　名】四角金剑，铁拐葫芦，百劳刺，咸鱼菜，牛虫草，龙舌黄。

【来　　源】豆科植物葫芦茶 *Tadehagi triquetrum*（L.）Ohashi 的全草。主产于广东、广西、福建、云南、贵州等地。

【采集加工】夏秋季割取地上部分，除去粗枝，晒干。

【药　　性】苦、涩，凉。归肺、肝、膀胱经。

【功　　能】清热利湿，消滞杀虫。

【主　　治】中暑感冒，咽喉肿痛，湿热痢疾，伤食腹泻。

【用法用量】马、牛 30 ～ 60g，羊、猪 15 ～ 30g。

【方　　例】1. 治家畜风热咳嗽方（《兽医常用中草药》《民间兽医本草》选编）：葫芦茶根、山芝麻根各 120g，枇杷叶 10 张（去毛），煎水喂服。

2. 治家畜水肿不通方（《兽医中草药临症应用》）：葫芦茶、车前草、三白草各 30 ～ 60g，煎水喂服。

3. 治猪蛔虫病方（《猪病防治手册》）：葫芦茶叶、使君子叶各 90 ～ 120g，煎水取汁，混入饲料喂服。

579. 葛　根

【别　　名】干葛，粉葛，甘葛，粉葛根。

【来　　源】豆科植物野葛 *Pueraria lobata*（Willd.）Ohwi 或甘葛藤 *Pueraria thomsonii* Benth. 的干燥根。野葛主产于湖南、河南、广东、浙江、四川等地，甘葛藤主产于广西、广东等地。

【采集加工】秋、冬二季采挖，趁鲜切成厚片或小块，干燥。

【药　　性】甘、辛，凉。归脾、胃、肺经。

【功　　能】解肌退热，生津止渴，透疹，升阳止泻。

【主　　治】外感发热，胃热口渴，痘疹，脾虚泄泻。

【用法用量】马、牛 20 ～ 60g，羊、猪 5 ～ 15g，兔、禽 1.5 ～ 3g。

【方　　例】1. 香葛散（《师皇安骥集》）：葛根、香附、升麻、川芎、紫苏、薄荷、藿香、陈皮、甘草，诸药为末，开水调灌，治疗马头风效佳。

2. 葛根芩连汤（《中兽医诊疗》）：葛根、黄芩、黄连、金银花、连翘、木通、滑石、地肤子、瞿麦、山楂、麦芽。煎水喂服，治牛、马暑湿泄泻。

【别　　名】甜葶苈子，辣辣菜，北葶苈子，
南葶苈子。

【来　　源】十字花科植物播娘蒿 Descurainia
sophia（L.）Webb.ex Prantl.
或独行菜 Lepidium apetalum
Willd. 的干燥成熟种子。前者习
称"南葶苈子"，主产于江苏、
山东、安徽、浙江等地。后者
习称"北葶苈子"，主产于河北、
辽宁、内蒙古、吉林等地。

【采集加工】夏季果实成熟时采割植株，晒
干，搓出种子，除去杂质。

【药　　性】辛、苦，大寒。归肺、膀胱经。

【功　　能】泻肺平喘，行水消肿。

【主　　治】痰涎壅肺，喘咳痰多，水肿，胸腹水饮，尿不利。

【用法用量】马、牛 15～30g，驼 20～45g，羊、猪 5～10g，犬、猫 3～5g，兔、禽 1～2g。

【方　　例】1. 葶苈大枣泻肺汤（《金匮要略》）：葶苈子、大枣。能泻肺逐饮，化痰平喘。治肺痈
症见喘不得卧，胸胀满；或一身面目水肿，鼻塞，清涕出，不闻香臭酸辛；或咳逆上气，
喘鸣迫塞。
2. 葶苈散（《兽医中草药大全》）：葶苈子、知母、川贝母、马兜铃、升麻、黄芪。能
清热泻肺，益气行水，治疗马、骡肺部蓄水引起的喘急之患。

播娘蒿 Descurainia sophia
（L.）Webb.ex Prantl.

葶苈子

【别　　名】猫秋子草，毛仔树，疮草。

【来　　源】冬青科植物落霜红 Ilex serrata Thunb. 的根皮及叶。
主产于浙江、江西、福建、湖南、四川等地。

【采集加工】夏、秋季采收，多鲜用。

【药　　性】甘、苦，凉。归心、肝经。

【功　　能】清热解毒，凉血止血。

【主　　治】烫伤，疮疡溃烂，外伤出血。

582. 萹 蓄

【别　　名】大萹蓄，扁竹，竹叶草。
【来　　源】蓼科植物萹蓄 *Polygonum aviculare* L. 的干燥地上部分。主产于河南、四川、浙江、山东、吉林、河北等地。
【采集加工】夏季叶茂盛时采收，除去根和杂质，晒干。
【药　　性】苦，微寒。归膀胱经。
【功　　能】利尿通淋，杀虫，止痒。
【主　　治】热淋，尿短赤，湿热黄疸，湿疹。
【用法用量】马、牛20～60g，驼30～80g，羊、猪5～10g，兔、禽0.5～1.5g。
【禁　　忌】脾虚者慎用。
【方　　例】1. 萹蓄散（《司牧安骥集》）：萹蓄、瞿麦、木通、防风、薄荷、石膏、车前子、甘草、大黄、板蓝根、荆芥、栀子、黄芩、地骨皮、黄连，各等份为末，同煎取汁，草后灌之。能清热利湿，祛风止痒，治疗马心经发热所致的惊狂倒地，或浑身瘙痒，毛干易沾尘土。
2. 八正散（《太平惠民和剂局方》）：车前子、瞿麦、萹蓄、滑石、栀子、炙甘草、木通、大黄（面裹煨）、灯心草。能清热泻火，利水通淋，常用于湿热淋证。

583. 棕榈炭

【别　　名】棕皮炭，棕炭，棕骨炭，陈棕炭，败棕炭。
【来　　源】棕榈科植物棕榈 *Trachycarpus fortunei*（Hook.f.）H. Wendl. 的干燥叶柄。主产于广东、福建、云南、甘肃、贵州、浙江等地。
【采集加工】全年可采，一般多在9—10月采收，以陈久者为佳。采棕时割取旧叶柄下延部分和鞘片，除去纤维状的棕毛，晒干。煅炭用。
【药　　性】苦、涩，平。归肺、肝、大肠经。
【功　　能】收敛止血。
【主　　治】鼻衄，便血，尿血，子宫出血。
【用法用量】马、牛15～45g，驼20～60g，羊、猪5～15g。
【禁　　忌】出血兼有瘀滞，湿热下痢初起者慎用。
【方　　例】1. 棕灰散（《圣济总录》）：棕榈皮（烧灰）、原蚕砂、阿胶共研末，温酒调，灌服。主治妊娠胎动，下血不止，肚腹疼痛。
2. 黑散子（《直指方》）：棕榈炭、莲蓬、血余炭。用于诸窍出血，鼻衄。

【别　　名】地棠，黄度梅，金棣棠，黄榆叶梅，麻叶棣棠，小通花，金旦子花。

【来　　源】蔷薇科植物棣棠 *Kerria japonica*（L.）DC. 的花或枝叶。主产于甘肃、陕西、山东、河南、湖北、江苏等地。

【采集加工】4—5 月采花，晒干。

【药　　性】苦、涩，平。归肺、胃、脾经。

【功　　能】化痰止咳，利尿消肿，解毒。

【主　　治】咳嗽，风湿痹痛，产后劳伤腹痛，水肿，小便不利，痈疽肿毒。《中国植物志》记载棣棠的茎髓作为通草代用品入药，有催乳利尿之效。

【别　　名】酸浆草，三叶酸，九九酸，老鸦酸，老鸦饭，鹁鸪酸。

【来　　源】酢浆草科植物酢浆草 *Oxalis corniculata* L. 的全草。全国大部分地区均产。

【采集加工】夏秋季采收，洗净，晒干。

【药　　性】酸，寒。归大肠、小肠经。

【功　　能】清热利湿，止痢消肿。

【主　　治】外感发热，膀胱湿热，肠炎痢疾，跌打损伤，痈肿疮毒，水火烫伤。

【用法用量】马、牛 15 ～ 45g，羊、猪 5 ～ 15g。

【方　　例】1. 治猪发热不退方（《福建省中兽医草药图说》）：酢浆草、冬桑叶、水苋菜、蜈蚣萍各 60 ～ 90g，小苏打、小茴香各 18 ～ 20g（研末），煎水调服。
2. 治母畜产后风、赤白带下方：①酢浆草 120g，煎水喂服（《兽医中草药临症应用》）。②母牛白带：酢浆草、乌豆（研粉）各 500g，食盐 15g。煎水调服，每天 1剂，连服 2 ～ 3 天即愈（《中兽医方剂汇编》）。

586. 紫　竹

【别　　名】乌竹，黑竹，水竹子。

【来　　源】禾本科植物紫竹 *Phyllostachys nigra*（Lodd.ex Lindl.）Munro 的干燥根茎。全国大部分地区均产。

【采集加工】全年可采，采根，洗净，晒干。

【药　　性】辛、淡，平。

【功　　能】祛风除湿，息风镇惊。

【主　　治】风湿痹痛，惊痫癫狂。

【用法用量】马、牛 60 ~ 120g，羊、猪 30 ~ 60g。

【方　　例】1. 治猪扯惊风方（《中兽医猪病治疗经验》）：黑竹根（紫竹）、双钩藤、金钱草各 30 ~ 60g，煎水喂服。
2. 治牛疯狗咬伤方（《湖南省中兽医诊疗经验集》）：黑竹根（紫竹）120g，开喉箭 30g，煎水喂服。

587. 紫色翼萼

【别　　名】香椒草，马铃草，软骨田方草，方形草，通肺草。

【来　　源】玄参科植物紫萼蝴蝶草 *Torenia violacea*（Azaola）Pennell 的全草。分布于我国华东、华南、西南、华中等地。

【采集加工】夏、秋季采收，洗净，晒干。

【药　　性】微苦，凉。

【功　　能】消食化积，解暑，清肝明目。

【主　　治】食积不消，中暑呕吐，腹泻，目赤肿痛。

【别　　名】苏子，黑苏子，野麻子，赤苏子，
　　　　　　皱紫苏子。

【来　　源】唇形科植物紫苏 *Perilla frutescens*
　　　　　　（L.）Britt. 的干燥成熟果实。
　　　　　　主产于江苏、安徽、河南等地。

【采集加工】秋季果实成熟时采收，除去杂
　　　　　　质，晒干。

【药　　性】辛，温。归肺经。

【功　　能】降气化痰，止咳平喘，润肠通便。

【主　　治】痰壅咳喘，肠燥便秘。

【用法用量】马、牛 15～60g，驼 20～80g，羊、
　　　　　　猪 5～10g，兔、禽 0.5～1.5g。

【禁　　忌】阴虚喘咳及脾虚便溏者慎用。

【方　　例】1. 苏子降气汤（《太平惠民和剂局方》）：紫苏子、前胡、厚朴、甘草、当归、半夏、
　　　　　　橘皮、大枣、生姜、桂心。能降气平喘，祛痰止咳，主治上实下虚，痰涎壅盛，喘咳短气，
　　　　　　胸膈满闷，或腰疼脚弱，肢体倦怠，或肢体水肿，舌苔白滑或白腻等。
　　　　　　2. 三子养亲汤（《韩氏医通》）：炒紫苏子、白芥子、莱菔子，洗净，微炒，击碎，不
　　　　　　宜煎熬太过。能降气化痰，主治老畜痰壅气滞，症见咳嗽喘逆，痰多胸痞，食少难化，
　　　　　　舌苔白腻脉滑。

【别　　名】紫苏，赤苏，皱苏，香苏叶，鸡冠紫苏。

【来　　源】唇形科植物紫苏 *Perilla frutescens*（L.）Britt. 的干燥叶
　　　　　　（或带嫩枝）。主产于江苏、安徽、河南等地。

【采集加工】夏季枝叶茂盛时采收，除去杂质，晒干。

【药　　性】辛，温。归肺、脾经。

【功　　能】解表散寒，行气和胃，止血。

【主　　治】风寒感冒，咳嗽气喘，呕吐，外伤出血。

【用法用量】马、牛 15～60g，驼 25～80g，羊、猪 5～15g，
　　　　　　兔、禽 1.5～3g。外用鲜品适量。

【方　　例】1. 紫苏散（《元亨疗马集》）：紫苏、川贝母、当归、
　　　　　　茯苓、防风、甘草、桔梗、葶苈子、木通、牵牛子，
　　　　　　诸药共为细末，以生姜为引，同煎取汁，候温草后灌之，
　　　　　　治马肺病鼻湿，喘粗毛焦，胸膊痛病用之效好。
　　　　　　2. 治肺散（《牛经大全》）：紫苏、白矾、白术、川贝母、
　　　　　　大黄、甘草、黄芩、桔梗、知母、紫菀，共为细末，
　　　　　　以生姜、蜂蜜为引，同煎灌之，治牛感冒效果显著。

590. 紫苏梗

【别　　名】苏梗，苏茎，紫苏茎，紫苏草。
【来　　源】唇形科植物紫苏 *Perilla frutescens*（L.）Britt. 的干燥茎。主产于江苏、安徽、河南等地。
【采集加工】秋季果实成熟后采割，除去杂质，晒干，或趁鲜切片，晒干。
【药　　性】辛，温。归肺、脾经。
【功　　能】理气宽中，止痛，安胎。
【主　　治】气滞腹胀，呕吐，胎动不安。
【用法用量】马、牛 15 ～ 60g，驼 20 ～ 70g，羊、猪 10 ～ 15g。

591. 紫茉莉

【别　　名】水粉头，花粉头，入地老鼠，粉子头，白丁香，草丁香，胭脂花。
【来　　源】紫茉莉科植物紫茉莉 *Mirabilis jalapa* L. 的根或叶。全国大部分地区均产。
【采集加工】秋后挖根，洗净切片晒干。茎、叶多鲜用，随用随采。
【药　　性】甘、苦，平。
【功　　能】活血散瘀，利尿泻热。
【主　　治】疮黄肿毒，扭伤肿痛，热淋涩痛。
【用法用量】马、牛 60 ～ 90g，羊、猪 18 ～ 24g。
【方　　例】1. 治耕牛劳伤虚损、四肢僵硬方（《浙江民间兽医草药集》）：夜饭红根（紫茉莉）、土牛膝根、土人参根、牛苦参各 60g。以黄酒、红糖为引，煎水喂服。
2. 治牛风湿软脚方（《中兽医疗牛集》）：臭茉莉根、金樱子根、樟树皮、银花藤各 250g，煎水去渣冲酒灌服。
3. 治家畜扭伤肿痛方（《中兽医手册》）：夜娇娇根（紫茉莉）30 ～ 90g，紫金皮、威灵仙各 15 ～ 30g，煎水喂服，以黄酒为引。
4. 治母畜白带方（《浙江民间兽医草药集》）：白胭脂花根（紫茉莉）、白木槿花根、益母草、马鞭草各 30 ～ 60g，煎水喂服，每天 1 剂。

【别　　名】矮茶子，矮地茶，矮脚茶，矮脚樟，平地木

【来　　源】紫金牛科植物紫金牛 *Ardisia japonica*（Thunb）Blume 的茎叶。主产于福建、江西、湖南、四川、江苏、浙江、贵州、广西、云南等地。

【采集加工】全年可采，洗净，晒干或鲜用。

【药　　性】苦，平。

【功　　能】祛痰镇咳，活血利尿，消肿解毒。

【主　　治】劳伤虚损，久咳不止，痢疾拉血，产后伤风，跌打损伤。

【用法用量】马、牛 60～120g，羊、猪 30～60g。

【方　　例】1. 治牛劳伤虚损方（《兽医常用中草药》）：紫金牛 120g，锦鸡儿 30g，黄酒 250mL，红糖 120g，煎水调服。

2. 治牛风热感冒，久咳不止方：①矮地茶（紫金牛）、银花藤、马尾松、管仲，煎水喂服（《兽医手册》）。②矮地茶、旋覆花、沙参各 60g，蜜糖 250mL，煎水调服（《赤脚兽医手册》）。

3. 治牛痢疾拉血方：①地桔子根（紫金牛）250g，黑枣 500g，煎汁喂服（《牛病诊疗经验汇编》）。②紫金牛、白马骨、金樱根、地榆根各适量，煎水喂服（《浙江民间兽医草药集》）。

【别　　名】小辫儿，夹板菜，驴耳朵菜，软紫菀。

【来　　源】菊科植物紫菀 *Aster tataricus* L.f. 的干燥根和根茎。主产于河北、安徽等地。

【采集加工】春、秋二季采挖，除去有节的根茎（习称"母根"）和泥沙，编成辫状晒干，或直接晒干。

【药　　性】辛、苦，温。归肺经。

【功　　能】润肺下气，消痰止咳。

【主　　治】咳嗽，痰多喘急。

【用法用量】马、牛 15～45g，驼 25～60g，羊、猪 3～6g。

【方　　例】1. 紫菀散（《元亨疗马集》）：紫菀、秦艽、当归、百合、天冬、款冬花、川贝母、白芍、马兜铃、麦冬、防己，各等份为末，以蜂蜜、薤汁为引。能滋阴润肺，化痰止咳，治疗马鼻湿症。

2. 秦艽散（《元亨疗马集》）：秦艽、知母、百合、甘草、大黄、栀子、紫菀、川贝母、山药、黄芩、远志、麦冬、牡丹皮。共为细末，以蜂蜜、薤汁、童便为引，调匀灌之。能清热润肺，化痰平喘，治马肺败病，鼻流浓涕，气促喘粗，耳聋头低等。

594. 紫 草

紫草 *Lithospermum erythrorhizon* Sieb.et Zucc.

【别　　名】鸦衔草，硬紫草，大紫草，红条紫草，紫丹，紫草根。

【来　　源】紫草科植物新疆紫草 *Arnebia euchroma*（Royle）Johnst. 或内蒙古紫草 *Arnebia guttata* Bunge 的干燥根。主产于辽宁、湖南、河北、新疆等地。

【采集加工】春、秋二季采挖，除去泥沙，干燥。

【药　　性】甘、咸，寒。归心、肝经。

【功　　能】清热凉血，活血解毒，透疹消斑。

【主　　治】血热毒盛，热毒血斑，丹毒，疮疡，湿疹，烫伤，烧伤。

【用法用量】马、牛 15 ~ 45g，驼 20 ~ 60g，羊、猪 5 ~ 10g，兔、禽 0.5 ~ 1.5g。外用适量。

【禁　　忌】该品性寒而滑利，脾虚便溏者忌服。

【方　　例】1. 紫草退热汤（《中兽医手册》）：紫草、白薇、白前、芦根、葛根、红藤、败酱草、金银花，煎水喂服，治母畜产后高热。

2. 紫草膏（《中兽医诊疗》）：紫草、当归、白芷、金银花、黄蜡、冰片，共研细末，麻油熬膏，擦敷患处，治家畜水火烫伤。

附药：紫草（植物）

《中华大辞典》记载紫草科植物紫草 *Lithospermum erythrorhizon* Sieb.et Zucc. 亦为中药紫草的来源之一。

【别　　名】京三棱，草三棱，鸡爪棱，石三棱。

【来　　源】莎草科植物荆三棱 *Scirpus yagara* Ohwi 的块茎。主产于河北、陕西、内蒙古等地。

【采集加工】秋季采挖，除去茎叶，洗净，削去须根，晒干或烘干。

【药　　性】辛、苦，平。归肝、脾经。

【功　　能】破血行气，消积止痛。

【主　　治】癥瘕痞块，食积胀痛。

【用法用量】马、牛 15 ～ 60g，羊、猪 5 ～ 10g，犬、猫 1 ～ 3g。

【方　　例】治母畜难产方（《安徽省中兽医经验集》）：海龙干、牡丹皮、荆三棱（黑三棱）、蓬莪术、熟地黄、当归尾、川芎、甘草，煎水喂服。

【别　　名】黑茶藨子，茶藨子，旱葡萄，黑豆，黑果茶藨。

【来　　源】虎耳草科植物黑茶藨子 *Ribes nigrum* L. 的干燥成熟果实。主产于黑龙江、内蒙古、新疆等地。

【采集加工】7—8 月采摘果实，洗净，晒干。

【功　　能】清热解毒，活血通络，补益养气。

【主　　治】风湿痹痛，水肿，咳嗽。

中兽药标本及器具图谱

343

597. 黑芝麻

【别　　名】胡麻，脂麻，油麻。

【来　　源】胡麻科植物芝麻 *Sesamum indicum* L. 的干燥成熟种子。原产印度，我国大部分地区均产。

【采集加工】秋季果实成熟时采割植株，晒干，打下种子，除去杂质，晒干。

【药　　性】甘，平。归肝、肾、大肠经。

【功　　能】补肝肾，益精血，润肠燥。

【主　　治】劳伤体瘦，肠燥便秘，百叶干。

【用法用量】马、牛 30 ~ 150g，驼 20 ~ 250g，羊、猪 5 ~ 15g。

【方　　例】1. 治牛、马大便秘结，百叶干燥方（《湖北省中兽医经验集》）：麻油（黑芝麻榨油）500mL，莱菔子 60g（炒焦研末），混合喂服，服后牵蹓运动。
2. 治公畜垂缕不收方（《吉林省中兽医验方选集》）：香油（黑芝麻榨油）、石灰水各等量，混合调匀，涂敷患处。

598. 黑面神

【别　　名】鬼画符，夜兰茶，黑面贼，甲将军，借父叶，四眼柴，黑面将军。

【来　　源】大戟科植物黑面神 *Breynia fruticosa*（Linn.）Hook.f. 的嫩枝叶。主产于云南、贵州、浙江、福建等地。

【采集加工】全年可采，采后晒干。

【药　　性】苦、甘，寒。有毒。

【功　　能】行气止痛，清热解毒。

【主　　治】肠炎腹泻，风湿骨痛，刀伤出血，痈疮肿毒。

【用法用量】马、牛 60 ~ 120g，羊、猪 30 ~ 60g。

【方　　例】1. 治牛、马风气疝方（《兽医手册》）：黑面神、酸味藤、乌桕根、五指柑、苍耳叶、陈艾叶，煎水喂服。
2. 治马湿热黄疸方（《广东中兽医验方选编》）：黑面神、田基王、火炭母、金钱草、天胡荽、香附子、陈皮，煎水喂服。
3. 治牛反花（宫脱）方（《广东中兽医常用草药》）：黑面神叶，白背叶各适量，糯米酒 1 碗，煎洗患处，整复后内服白牛胆、陈艾叶、金银花等。

【别　　名】小紫花菜，直刺变豆菜。

【来　　源】伞形科植物直刺变豆菜 *Sanicula orthacantha* S.Moore 的全草。主产于安徽、浙江、江西、福建、湖南等地。

【采集加工】春、夏采收，晒干。

【药　　性】苦，温。

【功　　能】清热解毒。

【主　　治】痈肿疮疡，跌打损伤。

【别　　名】筋骨草，小伸筋，过山龙，水杉，狗仔草，伸筋草。

【来　　源】石松科植物垂穗石松 *Lycopodium cernuun* L. 的全草。主产于浙江、江西、福建、湖南等地。

【采集加工】7—9 月采收，去净泥土杂质，晒干。

【药　　性】甘，平。

【功　　能】祛风湿，舒筋络，活血，止血。

【主　　治】风湿拘疼麻木，痢疾，风疹，吐血，衄血，便血，跌打损伤。

【用法用量】马、牛 25～40g，羊、猪 5～10g，兔、禽 0.5～1.5g。

【禁　　忌】孕畜慎用。

601. 锁 阳

【别　　名】锈铁锤，地毛球，锁燕。

【来　　源】锁阳科植物锁阳 *Cynomorium songaricum* Rupr. 的干燥肉质茎。主产于内蒙古、甘肃、青海、新疆等地。

【采集加工】春季采挖，除去花序，切段，晒干。

【药　　性】甘，温。归肝、肾、大肠经。

【功　　能】补肾阳，益精血，润肠通便。

【主　　治】阳痿滑精，腰胯无力，肠燥便秘。

【用法用量】马、牛 25～45g，驼 30～60g，羊、猪 5～15g，兔、禽 1～3g。

【禁　　忌】阴虚阳亢、脾虚泄泻、实热便秘均忌服。

【方　　例】1. 止泻七补散（《骆驼病诊疗经验》）：党参 60g，白术 45g，青皮、香附、附子、肉桂、白芍、良姜、厚朴、猪苓、茯苓、灯心草、炙甘草、天仙子各 30g，锁阳 24g，共研为末，开水冲调，候温灌服。能健脾燥湿，祛寒止泻，主治骆驼脾虚泄泻。

2. 佛姜饮（《青海省中兽医经验集》）：锁阳 3g，研末，加温开水或茶水 50mL，给产后 5 天的羔羊一次灌服，能止泻，主治羔羊下痢。

602. 筋骨草

【别　　名】白毛夏枯草，散血草，金疮小草，青鱼胆草，苦草，苦地胆。

【来　　源】唇形科植物筋骨草 *Ajuga ciliata* Bunge 的全草。主产于河北、山西、陕西、甘肃、山东、浙江等地。

【采集加工】春、夏、秋均可采集，晒干或鲜用。

【药　　性】苦，寒。

【功　　能】清热解毒，凉血消肿。

【主　　治】咽喉肿痛，肺热咯血，跌打肿痛。

【用法用量】马、牛 60～90g，羊、猪 30～60g。

【方　　例】1. 治牛红白痢方（《浙江民间兽医草药集》）：单边旗（半边旗）、凤尾草、老鹳草、旱莲草、酢浆草、筋骨草、乌梅、诃子各适量，煎水喂服。

2. 治牛肺热咳嗽方（《中兽医疗牛集》）：野苦瓜（马㼎儿）、海金沙、铁包金、筋骨草、华山矾、梅叶冬青各 200g，穿心莲 50g，水煎喂服。

【别　　名】泻叶，埃及番泻叶，旃那叶，泡竹叶。

【来　　源】豆科植物狭叶番泻 *Cassia angustifolia* Vah 或尖叶番泻 *Cassia acutifolia* Delile 的干燥小叶。前者主产于印度、埃及和苏丹，后者主产于埃及，我国广东、广西及云南亦有栽培。

【采集加工】9月采收，晒干。

【药　　性】甘、苦，寒。归大肠经。

【功　　能】泻热行滞，通便，利水。

【主　　治】热结积滞，便秘腹痛，水肿。

【用法用量】马 25～40g，牛 30～60g，羊、猪 5～10g，兔、禽 1～2g。

【禁　　忌】孕畜慎用。

【方　　例】1. 当归苁蓉散（《中华人民共和国兽药典》2015 年版）：当归（麻油炒）、肉苁蓉、番泻叶、瞿麦、六神曲、木香、厚朴、枳壳、香附（醋制）、通草，粉碎，过筛，混匀。能润燥滑肠，理气通便，主治老、弱、孕畜便秘。

2. 宽肠散（《中兽医方剂大全》）：枳壳、枳实、川芎、牵牛子、神曲（炒）、麦芽（炒）、山楂（炒）、番泻叶、郁李仁、火麻仁、千金子、草果仁为末，开水冲调，候温灌服。能消食化滞，宽肠，主治马料伤五攒痛。

【别　　名】田鸡草，犁壁藤，铁板膏药，七厘藤，金不换。

【来　　源】防己科植物粪箕笃 *Stephania longa* Lour. 的全草或根茎。主产于云南、广东、广西、福建等地。

【采集加工】全年可采，以秋季为佳。割取藤叶，或连根挖取，洗净，除去细根，晒干。

【药　　性】苦，平。

【功　　能】清热解毒，利湿止痢。

【主　　治】大肠热结，赤白痢疾，大便秘结，毒蛇咬伤。

【用法用量】马、牛 30～60g，羊、猪 15～30g。

【方　　例】1. 治猪胃肠炎方（《广东中兽医中草药验方选编》）：粪箕笃藤 250g，桃金娘叶、金银花藤各 120g，大米 250g（磨浆），捣烂煮服，每日 2 次。

2. 治牛红白痢方（《广东中兽医常用草药》）：粪箕笃藤、鸡屎藤、凤尾草各 120～250g，大蒜头 60g（捣烂），大米 250g（磨浆），煮糊喂服。

605. 蓍 草

【别　名】一枝蒿，蜈蚣草，喉蛾药，飞天蜈蚣。

【来　源】菊科植物蓍 Achillea alpina L. 的干燥地上部分。全国大部分地区均产。

【采集加工】夏、秋二季花开时采割，除去杂质，阴干。

【药　性】苦、酸，平。归肺、脾、膀胱经。

【功　能】解毒利湿，活血止痛。

【主　治】咽喉肿痛，泄泻痢疾，肠痈腹痛，热淋涩痛，湿热带下，蛇虫咬伤。

【用法用量】马、牛 30 ~ 90g，羊、猪 15 ~ 30g。

【禁　忌】孕畜慎服。

【方　例】1. 治猪、牛喉内痈肿方（《兽医中草药临症应用》）：飞天蜈蚣（蓍草）30 ~ 60g，捣烂，人尿 1 碗，冷水 1 碗混合，慢慢喂服，每次半碗。

2. 治牛、马毒蛇咬伤方: ①一枝蒿（蓍草）熬水，灌服 2 ~ 3 碗，并洗伤口（《陕西中兽医治疗经验汇集》）。②一枝蒿（蓍草）、雄黄各适量，烧酒浸泡，擦敷伤口（《黔东南兽医常用中草药》）。

606. 蓝花参

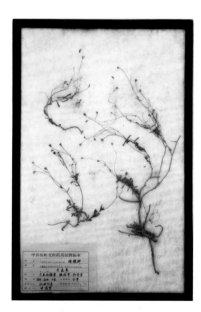

【别　名】土参，无逢草，铁线草，兰花参，兰花白根草，痢疾草，打药草。

【来　源】桔梗科植物蓝花参 Wahlenbergia marginata（Thunb.）A.DC. 的根或带根全草。主产于湖南、湖北、贵州、四川等地。

【采集加工】全草夏季采收，根秋、冬季采收。

【药　性】甘、微苦，平。

【功　能】补虚解表，止咳化痰。

【主　治】感冒发热，咽喉肿痛，跌打损伤。

【用法用量】马、牛 120 ~ 250g，羊、猪 30 ~ 90g。

【方　例】1. 治猪咽喉炎方（《兽医中草药临症应用》）：鲜兰花白根草（蓝花参）、鲜玉叶金花根各 150g，共同捣烂，拌入饲料内喂服，分 3 次服完。

2. 治家畜伤风咳嗽方（《兽医常用中草药》）：兰花参（蓝花参）适量，风热咳嗽配牛蒡子、桑白皮；肺燥咳嗽配沙参、百部；肺虚咳嗽配地骨皮、白马骨各适量。煎水喂服。

3. 治猪、牛久咳不止方（《赤脚兽医手册》）：兰花参（蓝花参）250g（切细）。白糖 60g，煎水调服。

607. 蓖麻子

【别　　名】红蓖麻，杜麻，蓖麻仁，萆麻子，红大麻子。

【来　　源】大戟科植物蓖麻 *Ricinus communis* L. 的干燥成熟种子。全国大部分地区均产。

【采集加工】秋季采摘成熟果实，晒干，除去果壳，收集种子。

【药　　性】甘、辛，平；有毒。归大肠、肺经。

【功　　能】泻下通滞，消肿拔毒。

【主　　治】大便燥结，痈疽肿毒，喉痹，瘰疬。

【用法用量】马、牛60～120g，羊、猪30～60g。

【禁　　忌】孕畜及便滑者忌服。

【方　　例】1. 治牛、马痈疽肿毒方（《中兽医外科学》）：蓖麻子（去壳）、杏仁霜、松香、乳香、没药、铜绿、儿茶、巴豆，和香油适量，共捣槌成膏，用时隔水燉化，摊贴患处。

2. 治家畜皮肤创伤感染方（《草药针灸治兽病》）：蓖麻子和猪油适量，捣敷患处。

608. 蒺藜

【别　　名】刺蒺藜，白蒺藜，硬蒺，蒺骨子。

【来　　源】蒺藜科植物蒺藜 *Tribulus terrestris* L. 的干燥成熟果实。主产于河南、河北、山东、安徽、江苏等地。

【采集加工】秋季果实成熟时采割植株，晒干，打下果实，除去杂质。

【药　　性】辛、苦，微温；有小毒。归肝经。

【功　　能】平肝解郁，活血祛风，明目，止痒。

【主　　治】头痛眩晕，胸胁胀痛，乳闭乳痈，目赤翳障，风疹瘙痒。

【用法用量】马、牛、驼25～60g，羊、猪10～20g，犬、猫2～6g。

【禁　　忌】气血虚弱及孕畜慎服。

【方　　例】1. 白蒺藜散（《张氏医通》）：白蒺藜（蒺藜）、菊花、蔓荆子、草决明、甘草、连翘、青葙子。能清泻肝火，明目退翳，治疗肝经风热，目赤肿痛，流泪多眵。

2. 凉肝散（《蓄牧纂验方》）：野菊花、白蒺藜、防风、羌活各等份为末，以蜂蜜为引，浆水同调灌之，治马眼昏暗，翳膜遮障。

609. 蒴藋

【别　　名】走马箭，陆英，英雄草，接骨草，苛草。
【来　　源】忍冬科植物接骨草 *Sambucus chinensis* Lindl. 的根或全草。主产于陕西、甘肃、江苏、安徽、浙江、江西等地。
【采集加工】全年可采，晒干，或随采随用。
【药　　性】苦、辛，寒。有小毒。
【功　　能】祛风除湿，活血消肿。
【主　　治】黄疸水肿，风湿痹痛，跌打损伤，内伤出血。
【用法用量】马、牛 60 ~ 120g，羊、猪 30 ~ 60g。
【禁　　忌】孕畜慎用。
【方　　例】1. 治猪、牛风湿症方（《兽医手册》）：八棱麻（蒴藋）、五加皮、威灵仙、土牛膝、枫荷梨，水酒各半煎服。
2. 治牛、马跌打损伤方（《兽医常用中草药》）：陆英根（蒴藋）、骨碎补各 60 ~ 90g，黄酒 250mL，红糖 120g，煎水调服。

610. 蒲儿根

【别　　名】猫耳朵，肥猪苗。
【来　　源】菊科植物蒲儿根 *Sinosenecio oldhamianus*（Maxim.）B.Nord. 的全草。全国大部分地区均产。
【采集加工】夏秋采收，鲜用或晒干。
【药　　性】辛、苦，凉。有小毒。
【功　　能】清热解毒。
【主　　治】痈疖肿毒。
【用法用量】外用适量，鲜草捣烂敷患处。

【别　　名】蒲公草，黄花苗，婆婆丁，黄花地丁。

【来　　源】菊科植物蒲公英 *Taraxacum mongolicum* Hand.-Mazz.、碱地蒲公英 *Taraxacum borealisinense* Kitam. 或同属数种植物的干燥全草。全国各地均有分布。

【采集加工】花初开时采挖，除去杂质，洗净，晒干。

【药　　性】苦、甘，寒。归肝、胃经。

【功　　能】清热解毒，消肿散结，利尿通淋。

【主　　治】疮毒，乳痈，肺痈，目赤，咽痛，湿热黄疸，热淋。

【用法用量】马、牛 30 ~ 90g，驼 45 ~ 120g，羊、猪 15 ~ 30g，兔、禽 1.5 ~ 3g。外用鲜品适量。

【方　　例】1. 公英散（《中兽医治疗学》）：蒲公英、金银花、连翘、丝瓜络、通草、芙蓉花、穿山甲。能清热解毒，消肿散痈，治乳痈。

2. 蒲公英散（《活兽慈周》）：蒲公英、夏枯草、车前草、黄柏皮、栀子、黄连、大黄、当归、川芎、红花、芒硝、灯心草、芭蕉根、生甘草，共同捣煎，入绿豆合啖。治疗马心癀，用之效佳。

【别　　名】香蒲，蒲草，蒲花，蒲棒花粉，蒲草黄。

【来　　源】香蒲科植物水烛香蒲 *Typha angustifolia* L.、东方香蒲 *Typha orientalis* Presl 或同属植物的干燥花粉。夏季采收蒲棒上部的黄色雄花序，晒干后碾轧，筛取花粉。剪取雄花后，晒干，成为带有雄花的花粉，即为草蒲黄。主产于浙江、江苏、安徽、湖北、山东等地。

【采集加工】夏季采收蒲棒上部的黄色雄性花序，晒干后碾轧，筛取细粉，生用或炒用。

水烛香蒲
Typha angustifolia L.

【药　　性】甘，平。归肝、心包经。

【功　　能】止血，化瘀，通淋。

【主　　治】鼻衄，尿血，便血，子宫出血，跌打损伤，瘀血肿痛。

【用法用量】马、牛 15 ~ 45g，驼 30 ~ 60g，羊、猪 5 ~ 10g，兔、禽 0.5 ~ 1.5g。

【禁　　忌】孕畜慎用。

【方　　例】1. 失笑散（《太平惠民和剂局方》）：蒲黄、五灵脂，共研为末，水酒各半煎后灌服。能通利血脉，活血散瘀，消肿止痛，对治疗动物气滞血瘀、心腹疼痛、产后恶露不行用之极佳。

2. 蒲黄散（《中兽医诊疗经验》）：炙蒲黄、棕榈炭、藕节、白茅根、当归、生地黄、三七、陈皮、甘草，共研为末，开水冲服，候温灌服。能凉血止血，主治鼻衄。

613. 椿 皮

【别　　名】臭椿，椿根皮，樗白皮，樗根皮。

【来　　源】苦木科植物臭椿 Ailanthus altissima（Mill.）Swingle 的干燥根皮或干皮。主产于山东、辽宁、河南、安徽等地。

【采集加工】全年均可剥取，晒干，或刮去粗皮晒干。

【药　　性】苦、涩，寒。归大肠、胃、肝经。

【功　　能】清热燥湿，收涩止带，止泻，止血。

【主　　治】湿热泻痢，久泻久痢，肠风便血，赤白带下，子宫出血。

【用法用量】马、牛 15 ~ 60g，驼 20 ~ 70g，羊、猪 9 ~ 15g。

【禁　　忌】脾胃虚寒者慎用。

【方　　例】1. 椿皮散（《全国中兽医经验选编》）：椿皮、莱菔子各 75g，常山、柴胡各 25g，枳实 30g，甘草 15g，共研为末，开水冲调，候温灌服；或水煎服。下气消食，主治牛瘤胃积食，前胃弛缓。

2. 伏龙椿皮秫米汤（《中兽医方药应用选编》）：灶心土、秫米（炒）各 500g，椿皮 120g，灶心土、椿皮同煎煮沸去渣，炒高粱研末冲入，候温灌服。能温中涩肠止泻，主治牛冷泻。

614. 槐 花

【别　　名】槐角，槐米，槐花米，槐蕊，柚花。

【来　　源】豆科植物槐 Sophora japonica L. 的干燥花及花蕾。全国各地均产。

【采集加工】夏季花开放或花蕾形成时采收，及时干燥，除去枝、梗及杂质。前者习称"槐花"，后者习称"槐米"。

【药　　性】苦，微寒。归肝、大肠经。

【功　　能】凉血止血，清肝泻火。

【主　　治】便血，赤白痢疾，仔猪白痢，子宫出血，肝热目赤。

【用法用量】马、牛 30 ~ 45g，驼 40 ~ 80g，羊、猪 5 ~ 15g。

【禁　　忌】脾胃虚寒及阴虚发热而无实火者慎用。

【方　　例】1. 槐花散（《本事方》）：炒槐花、炒侧柏叶、荆芥炭、炒枳壳，共研为末，开水冲，候温灌服。具有清肠止血、疏风理气的功效，主治因风邪热毒或湿毒壅遏于肠胃血分所致的肠风下血，症见粪中带血，血色鲜红。

2. 金黄散（《寿世保元》）：炒槐花、郁金（湿纸包，火煨）各等份，共研为末，水煎，候温灌服，治尿血。

615. 槐 角

【别　　名】槐实，槐果。

【来　　源】豆科植物槐 *Sophora japonica* L. 的干燥成熟果实。全国各地均产。

【采集加工】冬季采收，除去杂质，干燥。

【药　　性】苦，寒。归肝、大肠经。

【功　　能】清热泻火，凉血止血，催生下胎。

【主　　治】肠热便血，尿血，脱肛，难产，风热目赤。

【用法用量】马、牛 15~40g，羊、猪 5 ~ 15g，兔、禽 0.5 ~ 1.5g。

【禁　　忌】孕畜慎用。

【方　　例】治仔猪白痢方（《猪病防治手册》）：槐角、车前草，煎水喂服。

616. 榆 钱

【别　　名】榆荚仁，榆果仁，榆仁，白榆，钱榆，钻天榆。

【来　　源】榆科植物榆树 *Ulmus pumila* L. 的未成熟果实。全国大部分地区均产。

【采集加工】果实未成熟时采摘，阴干或鲜用。

【药　　性】辛，平。

【功　　能】安神利水，止带利浊。

【主　　治】烦躁不安，食欲不振，母畜带下。

【用法用量】马、牛 30 ~ 60g，羊、猪 15 ~ 30g。

【方　　例】1. 治耕牛烦躁不安方（《浙江民间兽医草药集》）：榆果仁（榆钱）、柏子仁、酸枣仁、白茯神、远志筒、炙甘草各 15 ~ 30g，煎水喂服。

2. 治母畜带下不止方（《青海省兽医中草药》）：榆钱 50g，椿皮 30g，鸡冠花 50g，共研细末，开水冲服。

617. 楤 木

【别　　名】刺老包，鹰不扑，千枚针，雷公木，刅木，水牛刺。

【来　　源】五加科植物楤木 *Aralia chinensis* L. 的根皮和茎皮。主产于河北、山东、甘肃、陕西、安徽、江苏、浙江等地。

【采集加工】秋季采集，切片晒干。

【药　　性】微咸，温。

【功　　能】祛风除湿，利尿消肿，活血止痛。

【主　　治】风湿痹痛，水肿，小便不利，跌打损伤。

【用法用量】马、牛60～120g，羊、猪30～60g。

【禁　　忌】孕畜慎服。

【方　　例】1.治牛跌打损伤方(《兽医常用中草药》《民间兽医本草》续编)：楤木根、白马骨、马鞭草，黄酒、以红糖为引，煎水冲服。

2.治牛、马风湿软脚方(《兽医中草药处方选编》)：乌不落(楤木)、半枫荷、臭茉莉各120～150g，以黄酒为引，煎水冲服。

618. 楼梯草

【别　　名】细水麻叶，石边采，赤车使者，半边山，惊风草，拐枣七。

【来　　源】荨麻科植物楼梯草 *Elatostema involucratum* Franch. et Sav. 的全草。主产于云南、贵州、四川、湖南、广西、广东等地。

【采集加工】春、夏、秋季采割，洗净，切碎，鲜用或晒干。

【药　　性】苦，微寒。归大肠、肝、脾经。

【功　　能】清热解毒，祛风除湿，利水消肿，活血止痛。

【主　　治】赤白痢疾，高热惊风，黄疸，风湿痹痛，水肿，疮肿，跌打损伤。

619. 雷 丸

【别　　名】竹苓，雷实，雷矢，竹铃子。

【来　　源】白蘑科真菌雷丸 Omphalia lapidescens Schroet. 的干燥菌核。主产于四川、贵州、云南、湖北、广西等地。

【采集加工】秋季采挖，洗净，晒干。

【药　　性】微苦，寒。归胃、大肠经。

【功　　能】杀虫消积。

【主　　治】绦虫病，钩虫病，蛔虫病，虫积腹痛。

【用法用量】马、牛 30 ~ 80g，驼 45 ~ 90g，羊、猪 10 ~ 20g。

【禁　　忌】不宜入煎剂。因该品含蛋白酶，加热 60℃ 左右即易于破坏而失效。有虫积而脾胃虚寒者慎服。

【方　　例】雷丸散（《冉氏经验集》）：雷丸 300g，洗净，低温干燥，研为细粉，过筛，温开水灌服，治钩虫病，杀虫驱虫。雷丸散密闭防潮，勿令受热，入汤剂无效。

620. 雾水葛

【别　　名】田薯，地消散，脓见消，石茹，生肉药。

【来　　源】苎麻科植物雾水葛 Pouzolzia zeylanica（L.）Benn. 的全草。主产于广东、广西、福建、湖北等地。

【采集加工】全年可采，鲜用或晒干。

【药　　性】甘、淡，寒。

【功　　能】清热解毒，消肿排脓。

【主　　治】肠炎痢疾，疮痈，乳痈。

【用法用量】马、牛 500 ~ 1000g，羊、猪 250 ~ 500g。

【方　　例】1. 治牛小便拉血方（《广东中兽医常用草药》）：雾水葛、积雪草、旱莲草、狗肝菜、车前草，捣烂去渣，以白糖为引，开水冲服。

2. 治家畜疮黄肿毒方（《广东中兽医中草药验方选编》）：雾水葛、小飞扬、羊角拗叶、红蓖麻心各适量，共同捣烂，敷疮口周围。

621. 雷公藤（附药：昆明山海棠）

雷公藤
Tripterygium wilfordii Hook.f

【别　　名】黄藤，黄藤木，黄蜡藤，水莽子，断肠草。
【来　　源】卫矛科植物雷公藤 *Tripterygium wilfordii* Hook. f. 去皮的干燥根及根茎。主产于江西、湖北等地。
【采集加工】培育3～4年，夏、秋季采收，剥去外皮，晒干。
【药　　性】苦、辛，凉。有大毒；归肝、肾经。
【功　　能】祛风除湿，活血通络，消肿止痛，清热解毒。
【主　　治】风湿痹痛。
【用法用量】马、牛、驼60～90g，羊、猪15～30g，犬、猫1～3g。
【禁　　忌】凡有心、肝、肾器质性病变及白细胞减少者慎服，孕畜忌服。
【方　　例】1. 治牛流感方（《民间兽医本草》续编）：雷公藤70g，薄荷、紫苏、栀子各60g，大青叶、土大黄、金银花、天花粉各30g，煎水分次喂服。能清热解毒，主治牛流感。
2. 治牛痈不愈方（《民间兽医本草》续编）：雷公藤根、五爪龙根各90g，金银花、砂仁各30g，煎水喂服，并取其渣敷患处。能清热解毒，消肿止痛，治疗牛痈肿疮疡。

昆明山海棠 *Tripterygium hypoglaucum*（Levl.）Hutch

附药：昆明山海棠
昆明山海棠　卫矛科植物昆明山海棠 *Tripterygium hypoglaucum*（Levl.）Hutch 的干燥根，云南某些地区称作雷公藤，与雷公藤 *Tripterygium wilfordii* Hook.f. 为不同植物。苦、辛，微温，大毒；归肝、脾、肾经。能祛风除湿，活血止血，舒筋接骨，解毒杀虫。主治风湿痹痛，产后腹痛，出血不止，跌打损伤。

【别　　名】枫实，枫树球，枫球子，枫树果，狼眼，六路通。

【来　　源】金缕梅科植物枫香树 *Liquidambar formosana* Hance 的干燥成熟果序。全国大部分地区均产。

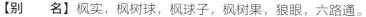

【采集加工】冬季果实成熟后采收，除去杂质，干燥。

【药　　性】苦，平。归肝、肾经。

【功　　能】祛风活络，利水通经。

【主　　治】关节痹痛，四肢拘挛，乳汁不通，水肿。

【用法用量】马、牛 30 ~ 60g，驼 45 ~ 90g，羊、猪 15 ~ 30g，兔 1 ~ 3g。

【禁　　忌】孕畜慎用。

【方　　例】1. 治猪产后乳汁不通症方（《兽医验方汇编》）：六路通（路路通）、王不留行、通草，共为细末，煎水喂服。
2. 治猪、牛风湿瘫痪方：①枫树球（路路通）、威灵仙、络石藤、千斤拔、桑树皮、薜荔。切细炒干，以米酒为引，煎水喂服（《常见猪病防治》）。②枫树籽（路路通）、络石藤、桑树枝、威灵仙各适量，煎水喂服（《常见猪病防治》）。

中兽药标本及器具图谱

【别　　名】蛇头草，水钟流头，黑南瓜，野饭瓜，南瓜三七，野南瓜，网丝皮。

【来　　源】菊科植物蜂斗菜 *Petasites japonicus*（Sieb.et Zucc.）Maxim. 的根茎及全草。主产于江西、安徽、江苏、山东、福建、湖北、四川等地。

【采集加工】夏、秋季采挖，洗净，鲜用或晒干。

【药　　性】苦，辛，凉。

【功　　能】清热解毒，散瘀消肿。

【主　　治】咽喉肿痛，痈肿疔毒，毒蛇咬伤，跌打损伤。

624. 锡叶藤

【别　　名】涩沙藤，涩谷藤，锡叶，涩叶藤，水车藤。
【来　　源】五桠果科植物锡叶藤 *Tetracera asiatica*（Lour.）Hoogl. 的根或叶。主产于广东、广西等地。
【采集加工】根全年可采，叶夏秋季采。随采随用。
【药　　性】苦、涩，凉。归肝、大肠经。
【功　　能】止泻止痢，生肌收口。
【主　　治】热泻拉稀，溃疡不敛。
【用法用量】马、牛 30 ~ 60g，羊、猪 15 ~ 30g。
【方　　例】1. 治牛热泻拉稀方（《广东中兽医常用草药》）：
　　　　　　　锡叶藤、酸味藤、银花藤、野菊花、凤尾草、鸟不企、
　　　　　　　簕苋菜各 120 ~ 150g，煎水喂服。
　　　　　　2. 治小牛拉白屎方（《广东中兽医验方选编》）：
　　　　　　　锡叶藤、白背叶、番茄叶各 90 ~ 120g，锅底灰
　　　　　　　30g，煎水喂服，每天 2 剂，连服 2 ~ 3 剂。

625. 腹水草

爬岩红 *Veronicastrum axillare*（Sieb.et Zucc.）Yamazaki

腹水草 *Veronicastrum stenostachyum*（Hemsl.）Yamazaki

【别　　名】毛叶仙桥，复水草，班到生，
　　　　　　两头龙，钓鱼杆。
【来　　源】玄参科植物爬岩红
　　　　　　Veronicastrum axillare
　　　　　　（Sieb.et Zucc.）Yamazaki
　　　　　　或腹水草 *Veronicastrum*
　　　　　　stenostachyum（Hemsl.）
　　　　　　Yamazaki 的茎叶或根。主产
　　　　　　于浙江、江苏、安徽、江西、
　　　　　　福建、湖南、湖北等地。
【采集加工】根 10 月采挖，洗净，晒干；
　　　　　　全草夏秋季采集。
【药　　性】辛、苦，微寒。
【功　　能】行水散瘀，消肿解毒。
【主　　治】家畜腹水，小便不利，风湿痹
　　　　　　痛，烫火伤。

【用法用量】马、牛 120 ~ 250g，羊、猪 60 ~ 120g。
【方　　例】1. 治猪、牛胸腹积水方（《兽医中草药临症应用》）：仙人搭桥（腹水草）250 ~
　　　　　　500g，金樱子根 500 ~ 1000g，芫花根 15 ~ 30g，共同切细，煎水喂服。
　　　　　　2. 治猪、牛尿淋尿闭方（《兽医常用中草药》）：两头龙（腹水草）90 ~ 120g，车前
　　　　　　草 150 ~ 180g，煎水喂服，牛 1 次服，猪分 2 ~ 3 次服。

626. 碧根果

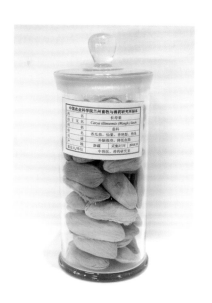

【别　　名】长寿果，美国山核桃，长山核桃。

【来　　源】胡桃科植物美国山核桃 *Carya illinoensis* 的干燥成熟果实。原产于北美洲；我国主产于河北、河南、江苏、浙江、福建、江西、湖南、四川等地。

【采集加工】9—11月果成熟时采收。

【功　　能】补中益气，补肾通脑，降血脂。

【主　　治】气虚乏力，肾虚腰痛。

627. 蔓赤车

【别　　名】岩苋菜，毛赤车，入脸麻，接骨仙子，鸡骨香，水田草。

【来　　源】荨麻科植物蔓赤车 *Pellionia scabra* Benth. 的全草。主产于云南、贵州、广东、广西、四川等地。

【采集加工】全年可采，洗净，多鲜用。

【药　　性】淡，凉。归肝、胃经。

【功　　能】清热解毒，散瘀消肿，凉血止血。

【主　　治】目赤肿痛，扭挫伤痛，疮疖肿痛，烧烫伤，毒蛇咬伤，外伤出血。

628. 蔓荆子

【别　　名】荆条子，京子，大荆子，蔓青子。

【来　　源】马鞭草科植物单叶蔓荆 *Vitex trifolia* L.var.*simplicifolia* Cham. 或蔓荆 *Vitex trifolia* L. 的干燥成熟果实。单叶蔓荆主产于山东、江西、浙江、福建等地；蔓荆主产于广东、广西等地。

【采集加工】秋季果实成熟时采收，除去杂质，晒干。

【药　　性】辛、苦，微寒。归膀胱、肝、胃经。

【功　　能】疏风散热，清利头目。

【主　　治】风热感冒，目赤多泪，目暗不明。

【用法用量】马、牛 15 ~ 45g，羊、猪 5 ~ 10g，兔、禽 0.5 ~ 2.5g。

【方　　例】1. 蔓荆子汤(《抱犊集》)：白菊花、薄荷、川芎、大黄、归尾、防风、谷精草、红花、连翘、蔓荆子、木贼草，煎水喂服，治牛热翳膜效好。

2. 千金散（《元亨疗马集》）：阿胶、蝉蜕、川芎、独活、防风、全蝎、何首乌、藿香、蔓荆子、羌活、升麻、天南星、细辛，诸药共为细末，以生姜为引服，治马破伤风用之效好。

629. 榧　子

【别　　名】榧实，玉榧，香榧，野杉子。

【来　　源】红豆杉科植物榧 *Torreya grandis* Fort. 的干燥成熟种子。主产于安徽、福建、江苏、浙江、湖南、湖北等地。

【采集加工】秋季种子成熟时采收，除去肉质假种皮，洗净，晒干。

【药　　性】甘，平。归肺、胃、大肠经。

【功　　能】杀虫消积，润肺止咳，润燥通便。

【主　　治】绦虫病，蛲虫病，钩虫病，蛔虫病，虫积腹痛，肺燥咳嗽，大便秘结。

【用法用量】马、牛 15 ~ 30g，羊、猪 5 ~ 10g。

【禁　　忌】大便溏薄，肺热咳嗽者不宜用。服榧子时，不宜食绿豆，以免影响疗效。

【方　　例】1. 榧子贯众汤（《方剂学》）：榧子、槟榔、红藤各 30g，贯众 15g，水煎取汁，分 2 次服，主驱蛔虫。每次服药时随吃生大蒜 2 ~ 3 瓣，连用 3 天。

2. 杀虫散（《兽药规范》二部）：榧子、使君子、苦楝皮、大风子、蛇床子、贯众、百部、厚朴、枳壳、石榴皮、雷丸。能杀虫，治疗猪虫积腹痛。

【别　　名】玉片，大白，槟榔子，大腹子，鸡心槟榔。

【来　　源】棕榈科植物槟榔 *Areca catechu* L. 的干燥成熟种子。主产于海南、福建、云南、广西等地。

【采集加工】春末至秋初采收成熟果实，水煮，干燥，除去果皮，取出种子，干燥。

【药　　性】苦、辛，温。归胃、大肠经。

【功　　能】杀虫，消积，行气，利水。

【主　　治】绦虫病、蛔虫病、姜片虫病，虫积腹痛，宿草不转，食积腹胀，便秘，水肿。

【用法用量】马 5 ~ 15g，牛 12 ~ 60g，羊、猪 6 ~ 12g，兔、禽 1 ~ 3g。

【禁　　忌】脾虚便溏或气虚下陷者忌用；孕畜慎用。

【方　　例】1. 治牛宿草不转，患牛水草不食，鼻干气急方（《农学录》）：槟榔、滑石、牵牛、大戟、黄芩、黄芪、大黄。共为细末，以猪脂（熬油）为引，煎汁灌服。
2. 槟榔杀虫汤（《中兽医诊疗》）：槟榔、贯众、苏木、木通、泽泻、厚朴、草豆蔻、龙胆草，煎水喂服，治马柳叶虫病。

【别　　名】枣仁，山枣仁，酸枣，酸枣核，刺酸枣。

【来　　源】鼠李科植物酸枣 *Ziziphus jujuba* Mill.var.*spinosa*（Bunge）Hu ex H.F.Chou 的干燥成熟种子。主产于河北、陕西、辽宁、河南、山西、山东、甘肃等地。

【采集加工】秋末冬初采收成熟果实，除去果肉和核壳，收集种子，晒干。

【药　　性】甘、酸，平。归肝、胆、心经。

【功　　能】宁心安神，养心补肝，敛汗生津。

【主　　治】心虚惊恐，烦躁不安，体虚多汗，津伤口渴。

【用法用量】马、牛 20 ~ 60g，羊、猪 5 ~ 10g，兔、禽 1 ~ 2g。

【方　　例】1. 重镇安神汤（《中兽医诊疗》）：酸枣仁、柏子仁、远志筒、生龙骨、琥珀、天麻、合欢花、僵蚕、黄芩、黄柏，煎水喂服，治牛、马心黄病。
2. 治牛虚劳病，狂躁不安方（《民间兽医本草》续编）：酸枣仁、白茯神、西潞党、炒白术、肥知母、当归全、川芎、甘草各 15 ~ 20g，煎水喂服。

632. 豨莶草

豨莶
Siegesbeckia orientalis L.

腺梗豨莶
Siegesbeckia pubescens Makino

豨莶草

【别　　名】豨莶，虎莶，风湿草，绿莶草，黏糊草。

【来　　源】菊科植物豨莶 *Siegesbeckia orientalis* L.、腺梗豨莶 *Siegesbeckia pubescens* Makino 或毛梗豨莶 *Siegesbeckia glabrescens* Makino 的地上干燥部分。我国大部分地区有产，以湖南、湖北、江苏等地产量较大。

【采集加工】夏、秋二季花开前和花期均可采割，除去杂质，晒干。

【药　　性】辛、苦，寒。归肝、肾经。

【功　　能】祛风湿，利关节，解毒。

【主　　治】风湿痹痛，腰胯无力，风疹湿疮。

【用法用量】马、牛 20 ~ 60g，羊、猪 10 ~ 15g。

【方　　例】1. 豨桐丸（《兽医常用中草药》）：豨莶草、臭梧桐各适量，共为细末，以蜂蜜为引，拌料喂服。能祛风除湿，通经活络，治疗家畜关节肿痛，四肢痿弱效佳。
2. 豨莶丸（《兽医中草药制剂经验选编》）：豨莶草适量，煎水取汁一半，浓缩成膏，另一半研粉（酒炖），炼蜜为丸。能除湿壮骨，治疗风湿痹痛。

633. 蝇子草

【别　　名】鹤草，蚊子草，野蚊子草。

【来　　源】石竹科植物蝇子草 *Silene fortunei* Vis. 的全草。分布长江流域和黄河流域南部。

【采集加工】夏、秋季采集，洗净，鲜用或晒干。

【药　　性】辛、涩，凉。归大肠、膀胱经。

【功　　能】清热利湿，活血解毒。

【主　　治】痢疾，肠炎，热淋，带下，咽喉肿痛，劳伤发热，跌打损伤，毒蛇咬伤。

【别　　名】野南瓜，山馒头，馒头果，水毛楂，鸡木斗，算盘珠。
【来　　源】大戟科植物算盘子 *Glochidion puberum*（L.）Hutch. 的根。主产于安徽、江苏、浙江、江西、湖南、湖北、四川、广西等地。
【采集加工】根全年可采，叶夏秋季采，种子秋季采。采后晒干。
【药　　性】苦，平。有小毒。
【功　　能】清热利湿，活血解毒。
【主　　治】泄泻痢疾，风湿痹痛。
【用法用量】马、牛60～180g，羊、猪30～60g。
【方　　例】1. 治猪水泻病方（《兽医中草药临症应用》）：算盘子叶、山苍子叶各60g，煎水喂服。
2. 治猪寄生虫病方：①猪蛔虫病：算盘子根、山楂根、花椒根、使君子各30～60g，煎水拌料服（《兽医中草药处方选编》）。②猪姜片虫病：算盘子根60g，牛苦参根、土荆芥、水辣蓼各15g，煎水取汁，拌料喂服，连服3次（《赤脚兽医手册》）。

【别　　名】水蓼，小蓼，红辣蓼，马蓼，水辣蓼。
【来　　源】蓼科植物水蓼 *Polygonum hydropiper* L. 的全草。全国大部分地区均产。
【采集加工】秋季开花时采收，洗净，晒干，切细。
【药　　性】辛，平。
【功　　能】化湿行滞，祛风消肿。
【主　　治】肠炎泄泻，风湿痹痛，跌打损伤，痈疽疮疖，毒蛇咬伤。
【用法用量】马、牛60～120g，羊、猪30～60g。
【方　　例】1. 治猪、牛冷肠泄泻方（《常见猪病防治》）：辣蓼根30～90g，煎水喂服。
2. 治猪皮肤疥癣方：①鲜辣蓼草适量，洗净煎汁，洗擦患处（《兽医常用中草药》）。②干辣蓼叶120g（烧灰），生油调敷患处（《广东中兽医常用草药》）。

636. 漏 芦

【别　　名】狼头花，野兰，鬼油麻。

【来　　源】菊科植物祁州漏芦 *Rhaponticum uniflorum*（L.）DC. 的干燥根。全国大部分地区均产。

【采集加工】春、秋二季采挖，除去须根和泥沙，晒干。

【药　　性】苦，寒。归胃经。

【功　　能】清热解毒，通经下乳。

【主　　治】乳痈肿痛，乳汁不通，痈疽疮毒。

【用法用量】马、牛 15 ~ 30g，羊、猪 3 ~ 10g。

【禁　　忌】气虚、疮疡平塌者及孕畜慎服。

【方　　例】补益当归散（《蕃牧纂验方》）：漏芦、当归、补骨脂、荷叶、海带、骨碎补、红花、连翘、龟甲、虎骨、胡芦巴、没药、赤芍、甜瓜子、血竭、自然铜。祛风除湿，活血止痛，治母马产后腰胯痛，腰胯无力，蹩闪着腰。

637. 翠云草

【别　　名】翠羽草，剑柏，蓝地柏，回生草，伸脚草，胆草。

【来　　源】卷柏科植物翠云草 *Selaginella uncinata*（Desv.）Spring 的全草。全国大部分地区均产。

【采集加工】夏秋季采收，采后洗净，晒干。

【药　　性】淡、微苦，凉。

【功　　能】清热利胆，解毒止血。

【主　　治】黄疸，痢疾，水肿，风湿痹痛，咳嗽吐血。

【用法用量】马、牛 30 ~ 90g，羊、猪 15 ~ 30g。

【方　　例】治牛胆胀（胆囊炎）方（《中兽医疗牛集》）：胆草（翠云草）、半枝莲、田基王、黄栀子、粉单竹、甘松香、芦荟、朴硝等各 200g。上药捣烂，以食盐为引，开水冲服。

十五画

638. 樱桃核

【别　　名】朱果，杏珠，婴桃，朱桃，樱珠，家樱桃。

【来　　源】蔷薇科植物樱桃 *Prunus pserdocerasus* Lindl. 的果实。主产于河南、河北、山东、安徽、江苏、浙江、福建、湖北等地。

【采集加工】春末夏初采，洗净，晒干。

【药　　性】甘，微苦，平。归肺经。

【功　　能】发表透疹，消瘤去瘢，行气止痛。

【主　　治】痘疹初期透发不畅，皮肤瘢痕，瘿瘤，疝气疼痛。

【用法用量】马、牛 60 ~ 120g，羊、猪 30 ~ 60g。

【方　　例】1. 治牛马皮肤冻伤方（《河南省中兽医经验集》）：樱桃核、辣子根各适量，熬水洗患处。

2. 治猪、羊痘疹方（《青海省兽医中草药》）：樱桃核 15g，升麻 12g，大青叶 50g，煎水喂服。

639. 樟　树

【别　　名】香樟，樟材，章木，芳樟，樟脑树，香樟木。

【来　　源】樟科植物樟 *Cinnamomum camphora*（L.）Presl 的树皮或叶等。产南方或西南各省区。

【采集加工】樟木在冬季采，树皮和叶随采随用。

【药　　性】辛，温。归脾、胃、肺经。

【功　　能】消胀行气，祛风逐湿。

【主　　治】食滞腹胀，风湿痹痛。

【用法用量】马、牛 30 ~ 120g，羊、猪 15 ~ 30g。

【方　　例】1. 治牛气胀食胀方：①樟树叶 500g（捣烂），和水喂服（《兽医中草药验方手册》）。②樟木皮、青木香、生姜、大蒜，煎水喂服（《农畜土方草药汇编》）。③香樟皮、石菖蒲、陈艾叶，煎水喂服（《四川省中兽医验方汇编》）。④樟树叶、枫树叶各 250g，炒焦和鸡毛煎服（《兽医中草药临症应用》）。

2. 治牛、猪水泻病方：①鲜嫩樟叶、鲜嫩枫叶各 60 ~ 120g，煎水喂服（《兽医常用中草药》）。②樟树叶、紫苏叶、地锦草、贯众各 30g。以生姜、食盐为引，煎水喂服（《中兽医验方汇编》）。

640. 墨旱莲

【别　　名】旱莲草，黑墨草，野葵花，烂脚草，墨汁草，乌心草。

【来　　源】菊科植物鳢肠 *Eclipta prostrate* L. 的地上干燥部分。主产于江苏、江西、浙江等地。

【采集加工】花开时采割，晒干。

【药　　性】甘、酸，寒。归肾、肝经。

【功　　能】滋补肝肾，凉血止血。

【主　　治】阴虚血热，鼻衄，尿血，便血，血痢，子宫出血，腰胯无力。

【用法用量】马、牛 20～50g，羊、猪 10～15g。外用适量。

【方　　例】1. 二至丸（《医方集解》）：女贞子、墨旱莲各等份。女贞子冬至时采，阴干，蜜酒拌蒸，过 1 夜，粗袋擦去皮，晒干为末；墨旱莲夏至时采，捣汁，熬膏，和前药为丸。能补虚损，暖腰膝，壮筋骨，明眼目，补益肝肾，滋阴止血。主治肝肾阴虚，眩晕耳鸣，咽干鼻燥，腰膝酸痛。

2. 治牛、马大便出血方：①仙鹤草、墨旱莲、苦参，煎水取汁，以灶心土为引，取上清液冲服（《赤脚兽医手册》）。②龙芽草（仙鹤草）、翻白草、酢浆草、苦参，煎水喂服（《兽医常用中草药》）。

641. 稻　芽

【别　　名】稌，嘉蔬，粳稻，陈仓谷。

【来　　源】禾本科植物稻 *Oryza sativa* L. 的成熟果实经发芽干燥的炮制加工品。主产于南方各地。

【采集加工】将稻谷用水浸泡后，保持适宜的温、湿度，待须根长至约 1cm 时，干燥。

【药　　性】甘，温。归脾、胃经。

【功　　能】消食和中，健脾开胃。

【主　　治】食积不消，腹胀，脾胃虚弱。

【用法用量】马、牛 20～60g，羊、猪 10～15g，兔、禽 2～5g。

【方　　例】治牛、马肠炎腹泻方：①陈仓谷（稻谷）、枳壳、甘草、生姜。炒焦研末，开水冲服（《安徽省中兽医验方集》）。②陈仓谷（稻谷）、陈茶叶、两头尖、化食丹（刘寄奴）。炒焦研末，煎水喂服（《民间兽医本草》续编）。

642. 黎罗根

【别　　名】拿柳，黄药，苦李根，掌牛仔，山黑。

【来　　源】鼠李科植物长叶冻绿 *Rhamnus crenatus* Sieb.et Zucc. 的根。主产于陕西、河南、安徽、江苏等地。

【采集加工】全年可采，洗净切片，晒干或鲜用。

【药　　性】苦、辛，平。有毒。

【功　　能】清热利湿，杀虫止痒。

【主　　治】疥疮，顽癣，湿疹。

【用法用量】外用药无定量。

【禁　　忌】该品有毒，不可内服。

643. 鹤　虱

【别　　名】鸪虱，鬼虱，北鹤虱。

【来　　源】菊科植物天名精 *Carpesium abrotanoides* L. 或伞形科植物野胡萝卜 *Daucus carota* L. 的干燥成熟果实。前者主产于华北各地，称北鹤虱；后者主产于江苏、浙江、安徽、湖北、四川等地，称南鹤虱。

【采集加工】秋季果实成熟时采收，晒干，除去杂质。

【药　　性】苦、辛，平；有小毒。归脾、胃经。

【功　　能】杀虫消积。

【主　　治】蛔虫病，蛲虫病，绦虫病，虫积腹痛。

【用法用量】马、牛 15 ～ 30g，羊、猪 3 ～ 6g，兔、禽 1 ～ 2g。

【禁　　忌】该品有小毒，服后可有头晕、恶心、耳鸣、腹痛等反应，故孕畜、腹泻者忌用；又南鹤虱有抗生育作用，孕畜忌服。

【方　　例】1. 鹤虱丸（《圣济总录》）：鹤虱、雷丸、白矾灰、皂荚刺、硫黄，研为细末，醋煮面糊为丸，如梧桐子大，雄黄为衣，食前服。治痔瘘，脓血不止。

2. 鹤虱散（《太平圣惠方》）：鹤虱、大黄、朴硝，水煎，分 2 次灌下，治蛔虫病。

中兽药标本及器具图谱

644. 薯莨

【别　　名】赭魁，芋良，于良，血三七，雄黄七，金花果。

【来　　源】薯蓣科植物薯莨 *Dioscorea cirrhosa* Lour. 的块茎。主产于四川、云南、贵州、湖南、湖北、广西等地。

【采集加工】春末夏初采挖，洗净，切片晒干。

【药　　性】甘、酸，平。有小毒。

【功　　能】活血止血，理气止痛，清热解毒。

【主　　治】咯血，衄血，尿血，便血，产后腹痛，脘腹胀痛，风湿痹痛，跌打肿痛。

【用法用量】马、牛 30 ~ 60g，羊、猪 15 ~ 30g。

【方　　例】1. 治家畜关节肿痛方（《浙江民间兽医草药集》《民间兽医本草》续编）：红孩儿（薯莨）30 ~ 60g，烧酒浸渍，每次服 1 ~ 2 杯，擦敷患处有显效。

2. 治猪肠炎腹泻方（《黔东南兽医常用中草药》）：朱砂莲（薯莨）、仙鹤草、苦参各适量，煎水内服。

645. 薏苡仁

【别　　名】薏米，生薏米，薏仁，苡仁。

【来　　源】禾本科植物薏苡 *Coix lacryma-jobi* L.var.*mayuen*（Roman.）Stapf 的干燥成熟种仁。全国大部分地区均产，主产于福建、河北、辽宁等地。

【采集加工】秋季果实成熟时采割植株，晒干，打下果实，再晒干，除去外壳、黄褐色种皮和杂质，收集种仁。

【药　　性】甘、淡，凉。归脾、胃、肺经。

【功　　能】利水渗湿，健脾止泻，除痹，排脓。

【主　　治】脾虚泄泻，湿痹拘挛，水肿，尿不利，肺痈。

【用法用量】马、牛 30 ~ 60g，羊、猪 10 ~ 25g，兔、禽 3 ~ 6g。

【禁　　忌】孕畜慎用。津液不足者慎用。

【方　　例】1. 三仁汤（《温病条辨》）：杏仁、白蔻仁、厚朴、半夏、薏苡仁、通草、飞滑石、淡竹叶。共为细末，开水冲调，候温灌服。能清利湿热，治疗时热初期，胃呆纳少，舌苔黄腻，精神倦怠。

2. 萆薢渗湿汤（《新编中兽医学》）：萆薢、薏苡仁、赤茯苓、牡丹皮、泽泻、滑石、通草、黄柏。共为细末，开水冲调，候温灌服。能祛风利湿，治疗湿疹。

646. 薄 荷

【别　　名】香荷，番荷菜，苏薄荷。

【来　　源】唇形科植物薄荷 *Mentha haplocalyx* Briq. 的干燥地上部分。主产于江苏、浙江等地。

【采集加工】夏、秋二季茎叶茂盛或花开至三轮时，选晴天，分次采割，晒干或阴干。

【药　　性】辛，凉。归肺、肝经。

【功　　能】疏散风热，清利头目，利咽，透疹。

【主　　治】外感风热，咽喉肿痛，目赤，风疹。

【用法用量】马、牛 15 ~ 45g，羊、猪 3 ~ 9g，兔、禽 0.5 ~ 1.5g。

【禁　　忌】该品芳香辛散，发汗耗气，故体虚多汗者不宜使用。

【方　　例】1. 薄荷散（《农学录》）：薄荷、白矾、川芎、甘草、黄连、桔梗、黄柏、硼砂、青黛，诸药共为细末，以蜂蜜、水酒为引，同调灌之，治疗牛嗓癀立效。

2. 治猪生肿毒方（《猪经大全》）：茅草根、苏薄荷、土川贝母、野菊花、猪苓，诸药共捣如泥，煎汤灌下，用渣包敷患处，治疗猪热毒肿胀效佳。

647. 橘 红

【别　　名】芸皮，化州桔红，芸红。

【来　　源】芸香科植物橘 *Citrus reticulata* Blanco 及其栽培变种的干燥外层果皮。主产于福建、浙江。

【采集加工】秋末冬初果实成熟后采收，用刀削下外果皮，晒干或阴干。

【药　　性】辛、苦，温。归肺、脾经。

【功　　能】理气宽中，燥湿化痰。

【主　　治】咳嗽痰多，食积，腹胀。

【用法用量】马、牛 30 ~ 90g，羊、猪 15 ~ 30g。

【方　　例】1. 菖蒲去邪汤（《中兽医验方汇编》）：石菖蒲、天花粉、枳壳、贝母、竹茹、枣仁、黄连、茯神、橘红、远志、玄参、麦冬、甘草、生姜各适量，煎水喂服，治牛、马心热风邪。

2. 杏仁款冬饮（牛经备要医方》）：杏仁、橘红、款冬花、枇杷叶、五味子、麦冬、青木香、桑白皮、紫菀、茯苓、炙甘草、当归，煎水喂服，治牛患咳嗽症。

648. 橘 核

【别　　名】橘子仁，橘子核，橘米。
【来　　源】芸香科植物橘 *Citrus reticulata* Blanco 及其栽培变种大红袍 *Citrus reticulate* 'Dahongpao'、福橘 *Citrus reticulate* 'Tangerina' 的干燥成熟种子。
【采集加工】果实成熟后收集，洗净，晒干。
【药　　性】苦，平。归肝、肾经。
【功　　能】理气，散结，止痛。
【主　　治】疝气疼痛，睾丸肿痛，乳痈乳癖。

649. 薰衣草

十七画

【别　　名】香水植物，灵香草，香草，黄香草，拉文德。
【来　　源】唇形科植物薰衣草 *Lavandula angustifolia* 的全草。原产于地中海地区，现我国大部分地区均有栽培。
【采集加工】6 月采收，阴干。
【药　　性】辛，凉。
【功　　能】清热解毒，散风止痒。
【主　　治】头痛头晕，口舌生疮，咽喉红肿，水火烫伤，风疹，疥癣。

650. 藁 本

【别　　名】西芎，土芎，山园荽，香藁本。

【来　　源】伞形科植物藁本 *Ligusticum sinensis* Oliv. 或辽藁本 *Ligusticum jeholense* Nakai et Kitag. 的干燥根茎和根。藁本主产于陕西、甘肃、河南、四川、湖北、湖南等地；辽藁本主产于辽宁、吉林、河北等地。

【采集加工】秋季茎叶枯萎或次春出苗时采挖，除去泥沙，晒干或烘干。

【药　　性】辛，温。归膀胱经。

【功　　能】祛风散寒，胜湿止痛。

【主　　治】外感风寒，颈项强直，风湿痹痛。

【用法用量】马、牛 15~30g，羊、猪 3~10g，兔、禽 0.5 ~ 1.5g。

【禁　　忌】该品辛温香燥，凡阴血亏虚、肝阳上亢、火热内盛之头痛者忌服。

【方　　例】1. 藁本祛风汤（《抱犊集》）：白芷、薄荷、地骨皮、川芎、防风、藁本、甘草、荆芥、牡丹皮、蔓荆子、威灵仙、玄参、升麻，煎水滤液，候温灌服，治疗牛大头风用之效好。

2. 治母畜产后胎风方（《安徽省中兽医经验集》）：藁本、白术、川芎、党参、当归、防风、红花、荆芥、升麻、熟地黄，诸药共为细末，开水调糊，候温灌服，治疗母畜产后胎风效佳。

中兽药标本及器具图谱

651. 爵 床

【别　　名】爵卿，小青草，蚱蜢腿，麻斋菜，麦穗红，六角仙。

【来　　源】爵床科植物爵床 *Rostellularia procumbens*（L.）Nees 的全草。主产于山东、浙江、江苏、江西、湖北、四川、云南等地。

【采集加工】立秋后采收，洗净，晒干或鲜用。

【药　　性】咸、辛，寒。归肺、肝、膀胱经。

【功　　能】清热解毒，利湿消滞。

【主　　治】咽喉肿痛，目赤肿痛，湿热泻痢，黄疸，小便淋浊，跌打损伤，痈疽疔疮，湿疹。

【用法用量】马、牛 250 ~ 500g，羊、猪 120 ~ 250g。

【方　　例】1. 治猪、牛感冒发热、咽喉肿痛方（《兽医中草药临症应用》）：六角英（爵床）、一枝黄花各 60 ~ 180g，煎水喂服。

2. 治猪、牛肠炎痢疾方（《福建中兽医草药图说》）：麦穗莲（爵床）250g，蟋蟀草、白头翁、香薷各 90 ~ 120g，煎水喂服。

3. 治家畜皮肤黄肿方（《中兽医手册》）：爵床、野菊花、忍冬藤各适量，煎水喂服。

652. 藜 芦

【别　　名】山葱，黑藜芦，芦葱。

【来　　源】百合科植物藜芦 *Veratrum nigrum* L. 的干燥根茎。主产于东北、河北、山东等地。

【采集加工】四季均可采集，洗净泥土，晒干。

【药　　性】苦、辛，寒；有毒。归肝、肺、胃经。

【功　　能】催吐，祛风痰，解毒，杀虫。

【主　　治】中风痰壅，癫痫，疥癣。

【用法用量】马 5 ~ 15g，牛 10 ~ 25g，羊、猪 2 ~ 5g。外用适量。

【禁　　忌】孕畜忌服。该品不宜与人参、党参、沙参、玄参、紫参、细辛、芍药同用。

【方　　例】1. 人参藜芦散（《司牧安骥集》）：人参（去芦）、藜芦、麝香、赤小豆。共为细末，以竹筒盛，吹入鼻中，治马气脉不通症，立效。

2. 治马肺毒疮方（《痊骥通玄论》）：藜芦、砒霜、百草霜。共为细末，有疮破处，干贴两次见效。

653. 覆盆子

【别　　名】覆盆，复盆，乌藨子，小托盘，福盆子。

【来　　源】蔷薇科植物华东覆盆子 *Rubus chingii* Hu 的干燥果实。主产于浙江、福建等地。

【采集加工】夏初果实由绿变绿黄时采收，除去梗、叶，置沸水中略烫或略蒸，取出，干燥。

【药　　性】甘、酸，温。归肝、肾、膀胱经。

【功　　能】益肾，固精，缩尿。

【主　　治】阳痿，滑精，尿频。

【用法用量】马、牛 15 ~ 45g，羊、猪 5 ~ 15g。

【方　　例】1. 治公畜肾虚阳痿方（《兽医中药类编》）：覆盆子、菟丝子、枸杞子、金樱子、韭菜籽各适量。共为细末，黄酒冲服。

2. 治家畜小便不禁方：①覆盆子、益智仁、山萸肉、淮山药、茴香、石韦、茯苓。共为细末，开水冲服（《黑龙江中兽医经验集》）。②覆盆子、肉苁蓉、补骨脂。共为细末，开水冲服。

瞿麦　　　　　　　石竹　　　　　　　瞿麦
Dianthus superbus L.　　*Dianthus chinensis* L.

【别　　名】巨句麦，大兰，剪绒花，竹节草，蜡烛花，剪刀花。
【来　　源】石竹科植物瞿麦 *Dianthus superbus* L. 或石竹 *Dianthus chinensis* L. 的干燥地上部分。全国大部分地区有分布，主产于河北、河南、辽宁、江苏等地。
【采集加工】夏、秋二季花果期采割，除去杂质，干燥。
【药　　性】苦，寒。归心、小肠经。
【功　　能】利尿通淋，破血通经。
【主　　治】尿血，血淋，石淋，尿不利，痈肿，胎衣不下。
【用法用量】马、牛 20 ~ 45g，羊、猪 10 ~ 15g，兔、禽 0.5 ~ 1.5g。
【禁　　忌】孕畜慎用。
【方　　例】1. 治牛尿淋症方（《活兽慈周》）：瞿麦、萹蓄、滑石、甘草、知母、贝母、地龙、生地、地榆、泽泻、车前、灯心草、大黄、甘草，同煎啖之。
2. 瞿麦散（《河南省中兽医经验集》）：瞿麦、猪苓、泽泻、地肤子、茯苓、木通、金银花、滑石、黄芩、萆薢、赤芍、甘草梢。以白糖为引，煎水喂服，治牛、马胞转症。

中兽药标本及器具图谱

【别　　名】回春草，路边菊，马兰草，蟛蜞花，水兰，卤地菊，鹿舌草。
【来　　源】菊科植物蟛蜞菊 *Wedelia chinensis*（Osbeck.）Merr. 的全草。主产于辽宁、福建、广东等地。
【采集加工】夏季采集，晒干或鲜用。
【药　　性】微苦、甘，凉。
【功　　能】清热解毒，凉血散瘀。
【主　　治】感冒发热，痈肿疮毒，衄血，尿血。

656. 藿 香

【别　　名】川藿香，广藿香，苏藿香，野藿香，土藿香。

【来　　源】唇形科植物广藿香 *Pogostemon cablin*（Blanco）Benth. 或藿香 *Agastache rugosa*（Fisch.et Mey.）O.Ktze. 的干燥全草。药材有土藿香与广藿香之分，土藿香又称为"鲜藿香""川藿香"，主产于四川、江苏、浙江等地；广藿香主产于广东。

【采集加工】枝叶茂盛时采割，日晒夜闷，反复至干。

【药　　性】辛，微温。归脾、胃、肺经。

【功　　能】芳香化湿，和中止呕，宣散表邪，行气化滞。

【主　　治】伤暑，反胃吐食，肚胀，脾受湿困，暑湿泻滞。

【用法用量】马、牛 10 ~ 30g，羊、猪 3 ~ 10g，犬、猫 1 ~ 3g，兔、禽 0.3 ~ 1g。

【方　　例】藿香正气散（《和剂局方》）：藿香、紫苏、白芷、大腹皮、茯苓、土炒白术、陈皮、半夏曲、厚朴（姜制）、桔梗。共为细末，以生姜、大枣适量同煎热服。能解表和中、理气化湿，多用于治疗四时感冒，外有风寒表证，寒热头痛，内有痰湿中阻，脾胃运纳失常，以致胸膈满闷，脘腹胀痛，呕吐泄泻，或夏时外感，外受风寒，又脾胃不和，或水土不服，脾胃失调，或山岚瘴气等。

657. 瓣蕊唐松草

【别　　名】花唐松草，马尾黄连，肾叶唐松草。

【来　　源】毛茛科植物瓣蕊唐松草 *Thalictrum petaloideum* L. 的根及根茎。主产于陕西、宁夏、甘肃、青海等地。

【采集加工】夏、秋季采挖，除去茎叶及泥土，切段，晒干。

【药　　性】苦，寒。归肝、胃、大肠经。

【功　　能】清热，燥湿，解毒。

【主　　治】湿热泻痢，黄疸，肺热咳嗽，目赤肿痛，痈肿疮疖。

【用法用量】马、牛 30 ~ 60g，羊、猪 10 ~ 20g。

【方　　例】1. 治红白痢（《宁夏中草药手册》）：马尾黄连（瓣蕊唐松草）、马齿苋，煎水喂服。
2. 治痈肿疮疖（《宁夏中草药手册》）：马尾黄连（瓣蕊唐松草）、蒲公英，煎水喂服。

二十画

【别　　名】苴莆，嘉草，芋渠、白襄荷，阳藿，野生姜，良姜，野山姜。

【来　　源】姜科植物襄荷 Zingiber mioga（Thunb.）Rosc. 的根茎。主产于江苏、安徽、浙江、江西、湖北、湖南等地。

【采集加工】夏、秋季采收，鲜用或切片晒干。

【药　　性】辛，温。归肺、肝经。

【功　　能】温中理气，祛痰止咳，解毒消肿。

【主　　治】跌打损伤，咳嗽气喘，痈疽肿毒，瘰疬。

二十一画

【别　　名】山波罗，山菠萝，芦剑，菜兰，郎古，蛇郎古，假菠萝。

【来　　源】露兜树科植物露兜树 Pandanus tectorius Soland. 的根或叶等。主产于广东、广西、云南等地。

【采集加工】根叶全年可采，果实秋季采，核果分开晒干。

【药　　性】甘，寒。

【功　　能】清热解毒，利尿通淋。

【主　　治】疮痈肿毒，肾炎水肿。

【用法用量】马、牛 60 ~ 120g，羊、猪 30 ~ 60g。

【禁　　忌】孕畜慎服。

【方　　例】1. 治牛中暑方（《广西兽医中草药处方选编》）：露兜簕、芭蕉心、乌桕根、车前草、救必应、黄栀子各 60 ~ 180g，水煎灌服。

2. 治牛、马大热烦躁方（《中兽医汤头》）：露兜簕心、小花龙葵、地胆头、狗肝菜各 150g，煎水喂服。

3. 治牛闭尿方（《广西兽医中草药处方选编》）：露兜筋、车前草各 150g，观音蕉根 250g，煎水喂服。

二、动物药

660. 土鳖虫

【别　　名】地鳖虫，土元，地乌龟，簸箕虫。

【来　　源】鳖蠊科昆虫地鳖 *Eupolyphaga sinensis* Walker 或冀地鳖 *Steleophaga plancyi*（Boleny）的雌虫干燥体。主产于江苏、浙江、湖北等地。

【采集加工】捕捉后，置沸水中烫死，晒干或烘干。

【药　　性】咸，寒；有小毒。归肝经。

【功　　能】破血逐瘀，续筋接骨。

【主　　治】血瘀疼痛，产后腹痛，跌打损伤，痈肿，筋骨疼痛。

【用法用量】马、牛 15 ~ 45g，羊、猪 5 ~ 10g，犬、猫 1 ~ 3g。

【禁　　忌】孕畜忌服。

【方　　例】1. 接骨丹（《新编中兽医学》）：土鳖虫、三七、自然铜、生龙骨、乳香、没药、麝香、黄酒等。能活血化瘀、消肿止痛，主治跌打损伤、骨折及瘀血疼痛。

2. 跛行散（《中兽医学》）：土鳖虫、当归、红花、骨碎补、自然铜、地龙、制南星、大黄、血竭、乳香、没药、甘草。能活血化瘀、消肿止痛，主治跌打损伤、气滞血瘀所致的肿胀疼痛。

661. 五灵脂

【别　　名】灵脂，糖风脂，灵脂米，灵脂块，寒雀，寒号虫粪。

【来　　源】鼯鼠科动物复齿鼯鼠 *Trogopterus xanthipes* Milne-Edwards 的干燥粪便。主产于河北、山西、甘肃等地。

【采集加工】全年均可采收，除去杂质，晒干。

【药　　性】苦、咸、甘，温。归肝经。

【功　　能】活血止痛，化瘀止血。

【主　　治】产后血瘀腹痛，恶露不尽，子宫出血，跌打损伤，蛇虫咬伤。

【用法用量】马、牛、驼 15 ~ 45g，猪、羊 5 ~ 15g，犬、猫 1 ~ 3g。

【禁　　忌】不宜与人参同用，孕畜慎用。

【方　　例】1. 当归散《元亨疗马集》：当归、五灵脂、乳香、没药、血竭、玄参、川芎、知母、玄胡索、自然铜。共为细末，以葱、温酒童便为引，同调灌之。治马负重劳伤太过，毛焦草慢羸瘦病。

2. 催生散（《新刻注释马牛驼经大全集》）：五灵脂、延胡索、官桂、红花、泽泻、车前子、牵牛子、大黄等。共研为末，开水冲服，加黄酒，候温灌服。能化瘀止痛、催生下胎，主治母畜胎死腹中。

3. 五灵脂散（《全骥通玄论》）：五灵脂、炒蒲黄、小茴香各等份，共研为末，开水冲调，候温灌服。能活血祛瘀、散寒止痛，主治瘀血凝滞腰肾、腰胯冷痛等证。

盐肤木 *Rhus chinensis* Mill.

【别　　名】文蛤，百虫仓，木附子，漆倍子，旱倍子，红叶桃。

【来　　源】漆树科植物盐肤木 *Rhus chinensis* Mill.、青麸杨 *Rhus potaninii* Maxim. 或红麸杨 *Rhus punjabensis* Stew.var. *sinica*（Diels）Rehd.et Wils. 叶上的虫瘿，主要由五倍子蚜 *Melaphis chinensis*（Bell）Baker 寄生而形成。按外形不同，分为"肚倍"和"角倍"。主产于四川、贵州、陕西、河南、湖北等地。

【采集加工】秋季采摘，置沸水中略煮或蒸至表面呈灰色，杀死蚜虫，取出，干燥。

【药　　性】酸、涩，寒。归肺、大肠、肾经。

【功　　能】敛肺降火，涩肠止泻，敛汗涩精，收敛止血，收湿敛疮。

【主　　治】久咳，久泻，脱肛，虚汗，外伤出血，疮疡。

【用法用量】马、牛 10～30g，羊、猪 3～10g，犬、猫 0.5～2g，兔、禽 0.2～0.6g。外用适量。

【禁　　忌】孕畜忌服。

【方　　例】1. 拔毒生肌散（《全国中兽医经验选编》）：松香、滑石各 30g，生石膏、赤石脂各 60g，五倍子 45g，蜂蜡 9g，诸药为细末，调生桐油外敷患处。能拔毒生肌，主治牛背疮。
2. 治猪、牛久泻不止方：①五倍子、五味子、乌梅、诃子，煎水喂服（《民间兽医本草》）。②治猪腹泻方：五倍子、血见愁（铁苋）、蚊子草，煎水喂服（《兽医验方汇编》）。③治仔猪白痢方：五倍子 3g，研成细末服（《兽医中草药验方选编》）。

377

663. 瓦楞子

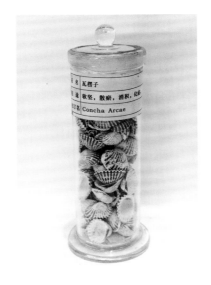

【别　　名】蚶子壳，瓦龙子，瓦龙蛤皮。

【来　　源】蚶科动物毛蚶 *Arca subcrenata* Lischke、泥蚶 *Arca gnanosa* Linnaeus 或魁蚶 *Arca inflata* Reeve 的贝壳。主产于山东、浙江、福建、广东等地。

【采集加工】秋、冬至次年春捕捞，洗净，置沸水中略煮，去肉，干燥。

【药　　性】咸，平。归肺、胃、肝经。

【功　　能】消痰化瘀，软坚散结，制酸止痛。

【主　　治】顽痰胶结，黏稠难咯，瘿瘤，瘰疬，癥瘕痞块，胃痛泛酸。

【用法用量】马、牛 30 ~ 60g，羊、猪 10 ~ 15g。

【方　　例】1. 瓦楞止吐散（《浙江民间兽医验方集》）：瓦楞子（火煅、水飞）、海螵蛸（漂洗去皮）、鸡蛋壳（洗净火煅）。能制酸止吐，治疗胃酸过多、胃溃疡等。

2. 治牛吊脚痧（《牛病诊疗经验汇编》）：瓦楞子（火煅、水飞）、佩兰叶、全瓜蒌、白芍药、香附子、牵牛子、八月札、黄芩、黄连、大黄、蒲黄、滑石、大戟、甘遂、巴豆、木香各 24 ~ 30g。煎水喂服，连服 2 ~ 3 剂有效。

664. 水　蛭

【别　　名】马黄，蚂蟥，蛭蝚，红蛭，肉钻子。

【来　　源】水蛭科动物蚂蟥 *Whitmania pigra* Whitman、水蛭 *Hirudo nipponica* Whitman 或柳叶蚂蟥 *Whitmania acranulata* Whitman 的干燥全体。全国大部分地区均产。

【采集加工】夏、秋二季捕捉，用沸水烫死，晒干或低温干燥。

【药　　性】咸、苦，平；有小毒。归肝经。

【功　　能】破血逐瘀，通经活络。

【主　　治】跌打损伤，疮黄疗毒。

【用法用量】马、牛 10 ~ 15g，羊、猪 1.5 ~ 3g。

【禁　　忌】孕畜慎用。

【方　　例】1. 治牛、马跌打损伤、瘀血作痛方（《兽医中药类编》）：水蛭（炒泡）、大黄、黑丑。共研细末，以高粱酒为引，开水冲服。

2. 治牛、马痈肿热毒方（《兽医中药类编》）：水蛭（砂研）、大黄、芒硝、雄黄。各等份为末，米醋调敷患处。

【别　　名】乌蛇，黑花蛇，青蛇，黑乌蛇。

【来　　源】游蛇科动物乌梢蛇 *Zaocys dhumnades*（Cantor）的干燥体。主产于浙江、江苏、安徽、湖北、湖南等地。

【采集加工】多于夏、秋二季捕捉，剖开腹部或先剥皮留头尾，除去内脏，盘成圆盘状，干燥。

【药　　性】甘，平。归肝经。

【功　　能】祛风，活络，止痉。

【主　　治】风寒湿痹，惊痫抽搐，破伤风，口眼㖞斜，恶疮。

【用法用量】马、牛 15 ～ 30g，羊、猪 3 ～ 6g。

【禁　　忌】血虚生风者慎服。

【方　　例】1. 追风散（《牛经大全》）：乌梢蛇、全蝎、厚朴、当归、川芎、麻黄、桂心、防风、乌头、白附子、天冬。共为细末，以好酒为引，候温灌服。能祛风活络，治牛脚风证立见效。

2. 风湿症方（《青海省中兽医验方汇编》）：乌梢蛇、当归、川芎、牛膝、续断、荆芥、防风、没药、桂枝、川乌、草乌。共为细末，开水冲服。能通经活络，祛风胜湿，治疗牛、马风湿证疗效显著。

665. 乌梢蛇

【别　　名】鱼鳆甲，千里光，九空螺，鲍鱼壳，真珠母，海决明。

【来　　源】鲍科动物杂色鲍 *Haliotis diversicolor* Reeve、皱纹盘鲍 *Haliotis discus hannai* Ino、羊鲍 *Haliotis ovina* Gmelin、澳洲鲍 *Haliotis ruber*（Leach）、耳鲍 *Haliotis asinina* Linnaeus 或白鲍 *Haliotis laevigata*（Donovan）的贝壳。我国主产于广东、山东、福建，进口澳洲鲍主产于澳洲、新西兰，耳鲍主产于印度尼西亚、菲律宾、日本。

【采集加工】夏、秋二季捕捞，去肉，洗净，干燥。

【药　　性】咸，寒。归肝经。

【功　　能】平肝潜阳，清肝明目。

【主　　治】肝经风热，目赤肿痛，目翳内障，肝阳上亢。

【用法用量】马、牛 30 ～ 60g，驼 45 ～ 100g，羊、猪 15 ～ 25g，犬、猫 3 ～ 5g，兔、禽 1 ～ 2g。

【禁　　忌】脾胃虚寒、无实热者忌用。

【方　　例】1. 决明散（《元亨疗马集》）：石决明、草决明、白药子、黄药子、黄芩、黄连、栀子、大黄、郁金、没药、黄芪，以蜂蜜、鸡子清、米泔水为引。能清泻肝火、明目退翳，治疗肝热传眼、睛生白膜。

2. 石决明散（《蓄牧纂验方》）：石决明、草决明、黄药子、白药子、大黄、黄连、黄芩、山栀、黄芪、没药。各等份为末，以蜂蜜、鸡子为引，同调灌之。治马眼昏初得时如醉，脚弱欲倒下，头向下症。

3. 决明散（《司牧安骥集》）：石决明、草决明、薤仁（去油）、黄连、黄芩、黄柏、秦皮、山栀、甘草。各等份为末，以蜂蜜、猪胆为引，用水同调，草后灌之。治马谷晕及眼内有青白晕，肝脏积热，眼中泪出。

666. 石决明

667. 地 龙

【别　　名】蚯蚓，曲蟮，土龙，地龙子。

【来　　源】钜蚓科动物参环毛蚓 *Pheretima aspergillum*（E.Perrier）、通俗环毛蚓 *Pheretima vulgaris* Chen、威廉环毛蚓 *Pheretima guillelmi*（Michaelsen）或栉盲环毛蚓 *Pheretima pectinifera* Michaelsen 的干燥体。前一种习称"广地龙"，后三种习称"沪地龙"。主产于广东、广西、浙江等地。

【采集加工】广地龙春季至秋季捕捉，沪地龙夏季捕捉，及时剖开腹部，除去内脏和泥沙，洗净，晒干或低温干燥。

【药　　性】咸，寒。归肝、脾、膀胱经。

【功　　能】清热定惊，通络，平喘，利尿。

【主　　治】热病痉搐，拘挛痹痛，气喘，水肿。

【用法用量】马、牛 30 ~ 60g，羊、猪 10 ~ 15g，犬、猫 1 ~ 3g，兔、禽 0.5 ~ 1g。外用适量。

【方　　例】1. 水火烫伤方（《活兽慈周》）：地龙、石灰、白糖，调水涂敷，治疗水火烫伤效好。

2. 肛门外出方（《猪经大全》）：地龙、风化硝，共为细末；商陆、荆芥、生姜、葱白，煎水滤液取汁，清洗患处，治疗猪、牛肛门外翻效佳。

668. 血余炭

【别　　名】血余，头发炭，发灰，乱发。

【来　　源】人发制成的炭化物。全国大部分地区均产。

【采集加工】取头发，除去杂质，碱水洗去油垢，清水漂净，晒干，焖煅成炭，放凉。

【药　　性】苦，平。归肝、胃经。

【功　　能】收敛止血，化瘀。

【主　　治】尿血，便血，衄血，子宫出血，外伤出血。

【用法用量】马、牛 15 ~ 30g，驼 25 ~ 50g，羊、猪 6 ~ 12g。外用适量。

【方　　例】1. 十黑散（《中兽医诊疗经验·第二集》）：血余炭、知母、黄柏、地榆、蒲黄、栀子、槐花、侧柏叶、杜仲、棕皮，各药炒黑，共研为末，开水冲，候温加童便，灌服。具有清热泻火、凉血止血的功效，主治膀胱积热所致的尿血。

2. 止血痢方（《浙江民间兽医草药集》）：血余炭、地榆炭、槐花炭、金银花炭，煎水喂服。能凉血止痢，治疗牛痢疾便血不止。

669. 全　蝎

【别　　名】全虫，蝎子，东全蝎。

【来　　源】钳蝎科动物东亚钳蝎 *Buthus martensii* Karsch 的干燥体。主产于河南、山东、湖北、安徽等地。

【采集加工】春末至秋初捕捉，除去泥沙，置沸水或沸盐水中，煮至全身僵硬，捞出，置通风处，阴干。

【药　　性】辛，平；有毒。归肝经。

【功　　能】息风解痉，攻毒散结，通络止痛。

【主　　治】痉挛抽搐，口眼歪斜，风湿痹痛，破伤风，疮疡肿毒。

【用法用量】马、牛 15 ～ 30g，羊、猪 3 ～ 9g，犬、猫 1 ～ 3g，兔、禽 0.5 ～ 1g。

【禁　　忌】该品有毒，用量不宜过大。孕畜慎用。

【方　　例】1. 全蝎散（《师皇安骥集》）：全蝎、天南星、半夏、天麻、麻黄。诸药共为细末，以酒应急灌之，治疗马急慢惊风。

2. 治牛、马痈肿热毒方（《吉林省中兽医验方选集》）：全蝎、蜈蚣、蜂房、乌蛇、甲珠。共研细末，以白酒为引，开水冲服。

670. 牡　蛎

【别　　名】牡蛤，海蛎子，蛎黄，生蚝。

【来　　源】牡蛎科动物长牡蛎 *Ostrea gigas* Thimberg、大连湾牡蛎 *Ostrea talienwhanensis* Crosse 或近江牡蛎 *Ostrea rivularis* Gould 的贝壳。主产于广东、福建、江苏、浙江、山东等地。

【采集加工】全年均可捕捞，去肉，洗净，晒干。

【药　　性】咸，微寒。归肝、胆、肾经。

【功　　能】滋阴潜阳，敛汗固涩，软坚散结。

【主　　治】阴虚内热，虚汗，滑精，带下，泄泻，骨软症。

【用法用量】马、牛 30 ～ 90g，羊、猪 10 ～ 30g，兔、禽 1 ～ 3g。

【方　　例】1. 牡蛎散（《中华人民共和国兽药典》2015 年版）：煅牡蛎、黄芪、麻黄根、浮小麦，共为末。敛汗固表，主治体虚自汗。

2. 补肝益肾散（《活兽慈周》）：牡蛎、生地黄、当归、川芎、白芍、续断、牡丹皮、柴胡、白芷、广木香、陈皮、山药、防风、枸杞子、补骨脂、胡桃、骨碎补、甘草。淡盐汤，好酒醋啖服，治疗马肝虚。

671. 没食子

【别　　名】没石子，墨石子，无食子。

【来　　源】没食子科动物没食子蜂 Cynips gollae-tinctoriae Olivier. 的幼虫，寄生于壳斗科没食子树 Quercus infectoria Olivier. 的幼枝上所产生的虫瘿。

【采集加工】通常于 8—9 月，采集尚未穿孔的虫瘿，洗净，晒干。

【药　　性】苦，温。

【功　　能】止泻止血，固气溃精。

【主　　治】泄泻，痢疾，肠胃出血，刀伤出血，皮肤烂疮。

【用法用量】马、牛 15 ~ 30g，羊、猪 6 ~ 12g。

【禁　　忌】湿热泻痢初起或内有积滞者禁服。

【方　　例】1. 治牛、马泄泻、慢性痢疾方（《兽医中药类编》）：没食子、黄连、黄柏、黄芩、甘草，煎水喂服。

2. 治牛、马肠胃出血方（《家畜病中药治疗法》）：没食子、白药子、地榆各 30 ~ 45g。共研细末，煎水喂服。

3. 治牛、马皮肤烂疮、刀伤出血方（《兽医中药类编》《民间兽医本草》）：没食子适量，研成细末，搽敷患处。

672. 阿　胶

【别　　名】驴皮胶，傅致胶，盆覆胶。

【来　　源】马科动物驴 Equus asinm L. 的干燥皮或鲜皮经煎煮、浓缩制成的固体胶。主产于山东。

【采集加工】全年均可加工，鲜皮经煎煮、浓缩制成。

【药　　性】甘，平。归肺、肝、肾经。

【功　　能】补血滋阴，润燥，止血。

【主　　治】血虚萎黄，眩晕心悸，肌痿无力，心烦不眠，虚风内动，肺燥咳嗽，劳嗽咯血，吐血尿血，便血崩漏，妊娠胎漏。

【用法用量】马、牛、驼 15~60g，猪、羊 10~15g，犬、猫 5~8g。

【禁　　忌】该品黏腻，有碍消化，故脾胃虚弱者慎用。

【方　　例】1. 千金散（《元亨疗马集》）：乌蛇、蔓荆子、羌活、独活、防风、升麻、阿胶、何首乌、生姜、沙参各 30g，天麻 25g，天南星、僵蚕、蝉蜕、藿香、川芎、桑螵蛸、全蝎、旋覆花各 20g，细辛 15g，水煎取汁，化入阿胶，灌服，或共为末，开水冲调，候温灌服。能散风解痉，息风化痰，养血补阴，主治破伤风。

2. 补肺散（《新刻注释马牛驼经大全集》）：百合、白及、川贝母各 30g，紫菀、知母各 25g，白蔹、陈皮、紫参、茯苓、五味子、阿胶、桔梗、甘草各 20g，诸药为末，开水冲调，候温加蜂蜜、芝麻油各 100g 灌服。能滋阴润肺，祛痰定喘，排脓止血，主治驼肺损，气喘，鼻流脓血。

【别　　名】鸡肫皮，鸡黄皮，鸡肫，鸡胗，鸡中金。

【来　　源】雉科动物家鸡 *Callus gallus domesticus* Brisson 的干燥砂囊内壁。全国各地均产。

【采集加工】杀鸡后，取出鸡肫，立即剥下内壁，洗净，干燥。

【药　　性】甘，平。归脾、胃、小肠、膀胱经。

【功　　能】健胃，消食。

【主　　治】食积不消，呕吐，泄泻。

【用法用量】马、牛 15 ~ 30g，羊、猪 3 ~ 9g，兔、禽 1 ~ 2g。

【禁　　忌】脾虚无积滞者慎用。

【方　　例】1. 鸡肶胵散（《太平圣惠方》）：鸡内金、熟地黄、牡蛎、龙骨、鹿茸、赤石脂、肉苁蓉、黄芪、桑螵蛸。能温补肾阳，涩精止遗。主治膀胱虚冷，小便频数，遗精，白浊。
2. 治虚劳方（《太平圣惠方》）：鸡内金（微炙）、菟丝子（酒浸三宿，曝干，捣为末）、鹿茸（去毛、涂酥炙微黄）、桑螵蛸（微炒）。诸药捣细末为散，主治虚劳，上焦烦热，小便滑数不禁。

673. 鸡内金

【别　　名】鱼胶，白鳔，鱼肚，鱼泡，鱼泡胶。

【来　　源】石首鱼科动物大黄鱼 *Pseudosciaena crocea*（Richardson）、小黄鱼 *Pseudosciaena polyactis* Bleeker、黄姑鱼 *Nibea albiflora*（Richardson）、鮸鱼 *Miichthys miiuy*（Basilewsky）或鲟科动物中华鲟 *Acipenser sinensis* Gray、鳇鱼 *Huso dauricus*（Georgi）等的鱼鳔。大黄鱼分布于黄海、东海和南海；小黄鱼分布于渤海、黄海和东海；黄姑鱼、鮸鱼我国沿海均有分布；中华鲟分布于黄海、东海、南海及长江、黄河、钱塘江等流域；鳇鱼分布于东北，黑龙江流域尤为多见。

【采集加工】全年均可捕捉，取得鱼鳔后，剖开除去血管及黏膜，洗净压扁，鲜用或晒干。用时蛤粉炒至起泡，研成细末。

【药　　性】甘，平。归肝、肾经。

【功　　能】补肾益精，祛风镇惊。

【主　　治】肾虚遗精，腰膝无力，破伤风。

【用法用量】马、牛 60 ~ 120g，羊、猪 30 ~ 60g。

【禁　　忌】胃呆痰多者慎服。

【方　　例】1. 治牛、马项脊风方（《黑龙江中兽医经验集》）：鱼鳔（炒泡）、羌活、胡盐。共研细末，开水冲服。
2. 治母畜产后风方：①鱼鳔（土炒）、黄蜡，煎水喂服（《山西省名兽医座谈会经验秘方汇编》）。②鱼鳔、荆芥穗、钩藤、防风。共研细末，以红糖、黄酒为引，煎水喂服（《全国中兽医经验选编》）。

674. 鱼　鳔

675. 玳 瑁

【别　　名】文甲，瑁，瑇玳，瑇瑁，鹰嘴海龟。

【来　　源】海龟科动物玳瑁 *Eretmochelys imbricata* 的甲片。分布于广大的海域中。

【采集加工】全年均可捕获，捕得后，将其倒悬，用沸醋浇泼，逐片剥下甲片，去净残肉，洗净。

【药　　性】甘、咸，寒。

【功　　能】清热，解毒，镇惊。

【主　　治】热病惊狂，痈肿疮毒。

676. 珍珠母

【别　　名】珠牡丹，珠母，真珠母，明珠母。

【来　　源】蚌科动物三角帆蚌 *Hyriopsis cumingii*（Lea）、褶纹冠蚌 *Cristaria plicata*（Leach）或珍珠贝科动物马氏珍珠贝 *Pteria martensii*（Dunker）的贝壳。主产于浙江。

【采集加工】去肉，洗净，干燥。

【药　　性】咸，寒。归肝、心经。

【功　　能】平肝潜阳，定惊明目。

【主　　治】惊痫抽搐，肝热目翳。

【用法用量】马、牛 30 ～ 60g，羊、猪 15 ～ 30g。

【禁　　忌】脾胃虚寒者、孕畜慎用。

【方　　例】防腐方（《中兽医经验集》）：珍珠母、乳香、没药、血竭、冰片、雄黄、轻粉、枯矾、石膏。共为细末，撒敷患处，治疗马腐败性创伤。

677. 哈士蟆

【别　　名】吧拉蛙，田鸡，雪蛤，林蛙，林娃。

【来　　源】蛙科动物中国林蛙 *Rana temporaria chensinensis* David 的干燥全体，经采制干燥而得。主产于东北各地，以吉林产者为最佳，均系野生。

【采集加工】于白露前后捕捉。捕得雄蛙即剖腹去内脏，洗净风干或晒干。捕得雌蛙则取出输卵管（即为蛤蟆油），再除去内脏，晒干。

【药　　性】甘、咸、平。归肺、肾经。

【功　　能】补肾益精，养阴润肺。

【主　　治】病后体弱，神疲乏力，心悸失眠，盗汗，痨嗽咳血。

【用法用量】牛、马 3 ～ 5 只，羊、猪 1 ～ 2 只。

【禁　　忌】外感初起及食少便溏者慎用。

【方　　例】治小猪肺燥咳嗽方（《浙江民间兽医草药集》《民间兽医本草》续编）：哈士蟆（或蛤蟆油）3 ～ 5 只量，川贝母 10 ～ 15g，煎水掺入饲料内喂服有显效。

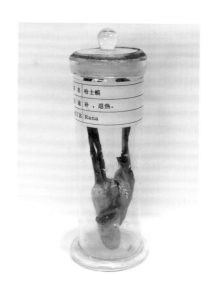

678. 穿山甲

【别　　名】山甲，鲮鲤，陵鲤，龙鲤，石鲤鱼。

【来　　源】鲮鲤科动物鲮鲤 *Manis pentadactyia* Linnaeus 的鳞甲。主产于广西、广东、云南、贵州、浙江、福建、湖南、安徽等地，以广西产为佳。

【采集加工】全年均可捕捉，捕捉后杀死置沸水中略烫，取下鳞片，洗净，晒干生用；或砂烫至鼓起，洗净，干燥；或炒后再以醋淬后用，用时捣碎。

【药　　性】咸，微寒。归肝、胃经。

【功　　能】活血消癥，通经，下乳，消肿排脓。

【主　　治】痈疽疮肿，风寒湿痹，乳汁不通，止血。

【用法用量】马、牛、驼 15 ～ 45g，猪、羊 5 ～ 15g，犬、猫 3 ～ 5g。

【禁　　忌】孕畜慎用。痈肿已溃者忌用。

【方　　例】1. 仙方活命饮（《外科发挥》）：穿山甲、金银花、防风、白芷、当归、赤芍、天花粉、川贝母、陈皮、乳香、没药、皂角刺。能清热解毒，消肿溃坚，活血止痛，治疗疮黄肿毒初期之赤肿灼痛属于阳证者。

2. 下乳涌泉汤（《新编中兽医学》）：穿山甲、当归、白芍、生地黄、川芎、木通、王不留行、漏芦、天花粉、甘草、青皮、牛膝、柴胡。能活血化瘀，行气通络，治疗产后缺乳或乳汁不下。

679. 蚕 砂

【别　　名】原蚕砂，原蚕屎，晚蚕矢，晚蚕砂，蚕屎。
【来　　源】蚕蛾科动物家蚕 *Bombyx mori* L. 幼虫的干燥粪便。全国大部分地区均产。
【采集加工】秋季收集，晒干，除去杂质。
【药　　性】甘、辛，温。归肝、脾、胃经。
【功　　能】祛风除湿，活血定痛。
【主　　治】风湿痹痛，肢体不遂，风疹瘙痒，吐泻转筋。
【用法用量】马、牛 120～150g，羊、猪 30～60g。
【方　　例】1. 治马、骡下鼻方（《河南民间兽医治疗畜病单方》）：炒蚕沙（蚕砂）、槐花米、白矾，以蜂蜜为引，煎水喂服。
　　　　　　 2. 治牛瘦弱不食方（《中兽医临床药方汇编》）：晚蚕沙（蚕砂）、榆白皮、桑白皮。共研细末，开水冲服。
　　　　　　 3. 治牛翻胃吐草方（《安徽省中兽医经验集》）：晚蚕沙（蚕砂）、灶心土、鬼木灰、生姜、葱头。以大酒为引，煎水喂服。

680. 海 马

【别　　名】水马，龙落子，马头鱼，对海马，刺海马，斑海马。
【来　　源】海龙科动物线纹海马 *Hippocampus kelloggi* Jordan et Snyder、刺海马 *Hippocampus histrix* Kaup、大海马 *Hippocampus kuda* Bleeker、三斑海马 *Hippocampus trimaculatus* Leach 或小海马（海蛆）*Hippocampus japonicus* Kaup 的干燥体。
【采集加工】夏、秋二季捕捞，洗净，晒干；或除去皮膜和内脏，晒干。
【药　　性】甘、咸，温。归肝、肾经。
【功　　能】温肾壮阳，散结消肿。
【主　　治】阳痿，遗尿，肾虚作喘，癥瘕积聚，跌扑损伤；外治痈肿疔疮。
【用法用量】马、牛 15～30g，羊、猪 9～15g。
【禁　　忌】孕畜及阴虚火旺者忌服。
【方　　例】1. 治公畜阳痿不举方（《浙江民间兽医草药集》）：海马、海龙、仙灵脾、肉苁蓉、巴戟天、枣杞子、党参、熟地各适量。以黄酒为引，煎水喂服。
　　　　　　 2. 治牛跌打损伤方（《牛病诊疗经验汇编》）：海马、琥珀、乳香、没药、威灵仙、补骨脂、自然铜（醋淬），煎水喂服。

681. 海 龙

【别　　名】海蛇，刁海龙，钱串子，鞋底索，杨枝鱼。

【来　　源】海龙科动物刁海龙 Solenognathus hardwickii（Gray）、拟海龙 Syngnathoides biaculeatus（Bloch）或尖海龙 Syngnathus acus Linnaeus 的干燥体。主产于广东、福建等地。

【采集加工】多于夏、秋二季捕捉，刁海龙、拟海龙除去皮膜，洗净，晒干；尖海龙直接洗净，晒干。

【药　　性】甘、咸，温。归肝、肾经。

【功　　能】温肾壮阳，散结消肿。

【主　　治】肾阳不足，阳痿遗精，癥瘕积聚，瘰疬痰核，跌打损伤；外治痈肿疔疮。

【用法用量】马、牛 15～45g，羊、猪 9～15g。

【禁　　忌】孕畜及阴虚火旺者忌服。

【方　　例】1.治母畜难产方（《安徽省中兽医经验集》）：海龙干、牡丹皮、荆三棱、蓬莪术、熟地黄、当归尾、川芎、甘草，煎水喂服。

2.治公畜阳痿方（《浙江民间兽医草药集》）：刁海龙、淫羊藿、肉苁蓉、仙茅根、巴戟天、五味子、枸杞子、熟地、黄柏。以黄酒为引，煎水冲服。

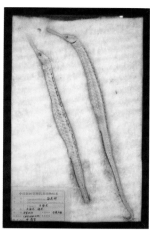
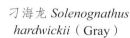
刁海龙 Solenognathus hardwickii（Gray）

海龙

682. 海狗肾

【别　　名】腽肭兽，腽肭脐。

【来　　源】海狗科动物海狗 Callorhinus ursins Linnaeus 或海豹科动物海豹 Phoce vitulina Linnaeus 的雄性外生殖器，又名腽肭脐。主产于我国渤海及黄海沿岸，如辽宁的锦西、兴城、大连等地。

【采集加工】春季冰裂时捕捉割取，干燥。洗净，切段或片，干燥。

【药　　性】咸，热。归肾经。

【功　　能】暖肾壮阳，益精补髓。

【主　　治】阳痿精冷，肾阳衰微，心腹冷痛。

【用法用量】马、牛 15～60g，羊、猪 15～30g。

【禁　　忌】阴虚火旺及骨蒸劳嗽等忌用。

【方　　例】1.治公畜阳痿方（《湖南中兽医经验集》）：海狗肾、桑螵蛸、补骨脂、枸杞子。以黄酒为引，煎水冲服。

2.治气虚性欲减退方（《中国海洋药用生物》）：海狗肾、人参、当归、白芍各适量。共为细末，黄酒冲服。

683. 海螵蛸

【别　　名】乌贼骨，乌贼鱼骨，墨鱼骨，墨鱼盖。

【来　　源】乌贼科动物无针乌贼 *Sepiella maindroni* de Rochebrune 或金乌贼 *Sepia seculenta* Hoyle 的干燥内壳。主产于浙江、江苏、广东、福建等地。

【采集加工】收集乌贼鱼的骨状内壳，洗净，干燥。

【药　　性】咸、涩，温。归脾、肾经。

【功　　能】收敛，止血，涩精，止带，敛疮。

【主　　治】鼻衄，胃肠出血，子宫出血，带下，损伤出血，目翳流泪，溃疡不敛。

【用法用量】马、牛 30 ~ 60g，羊、猪 10 ~ 15g。外用适量。

【方　　例】1. 清带汤（《兽医验方新编》）：山药 90g，生龙骨、生牡蛎各 50g，海螵蛸 25g，茜草、苦参、黄柏各 30g，甘草 15g。煎汤去渣，候温灌服。能清热燥湿，止带，主治赤白带下，子宫内膜炎。

2. 青盐散（《脱经大全》）：青盐、海螵蛸、芒硝、铜青、枯矾各等份，研为极细末，用灯心草蘸少许点眼。能明目退翳，主治骆驼云翳遮睛。

684. 桑螵蛸

【别　　名】蜱蛸，桑蛸，螵蛸，刀螂子，猴儿包，螳螂壳。

【来　　源】螳螂科昆虫大刀螂 *Tenodera sinensis* Saussure、小刀螂 *Statilia maculata*（Thunberg）或巨斧螳螂 *Hierodula patellifera*（Serville）的干燥卵鞘，以上三种分别习称"团螵蛸""长螵蛸"及"黑螵蛸"。全国大部分地区均产。

【采集加工】深秋至次春收集，除去杂质，蒸至虫卵死后，干燥。

【药　　性】甘、咸，平。归肝、肾经。

【功　　能】益肾固精，缩尿，止浊。

【主　　治】阳痿，滑精，尿频数，尿浊，带下。

【用法用量】马、牛 15 ~ 30g，羊、猪 5 ~ 15g，兔、禽 0.5 ~ 1g。

【禁　　忌】该品助阳固涩，故阴虚多火，膀胱有热而小便频数者忌用。

【方　　例】1. 千金散（《元亨疗马集》）：天麻 25g，乌梢蛇、蔓荆子、羌活、独活、防风、升麻、阿胶、何首乌、沙参、生姜各 30g，天南星、僵蚕、藿香、川芎、桑螵蛸、全蝎、旋覆花、蝉蜕各 20g，细辛 15g，水煎取汁，化入阿胶，灌服，或共为末，开水冲服，候温灌服。能散风解痉，息风化痰，养血补阴，主治破伤风。

2. 桑螵蛸散（《本草衍义》）：桑螵蛸、远志、石菖蒲、人参、茯神、当归、龙骨、龟甲（醋炙）各 30g，上药研末。能补肾养心，涩精止遗。主治心肾两虚，小便频数，如稠米泔，食少，或溺后遗沥不尽，或滑精，舌淡苔白，脉细弱者。

685. 鹿角霜

【别　　名】鹿角白霜。

【来　　源】鹿科动物马鹿 Cervus elaphus Linnaeus 或梅花鹿 Cervus Nippon Temminck 已骨化的鹿角去胶质的角块。主产于吉林、辽宁、黑龙江。

【采集加工】春、秋二季生产，将骨化角熬去胶质，取出角块，干燥。

【药　　性】咸、涩、温。归肝、肾经。

【功　　能】温肾助阳，收敛止血。

【主　　治】脾肾阳虚，白带过多，遗尿尿频，崩漏下血，疮疡不敛。

【用法用量】马、牛 30 ~ 45g，羊、猪 15 ~ 30g。

【禁　　忌】凡发热者均忌服。

【方　　例】1. 治猪瘦弱瘫痪方（《重庆市中兽医诊疗经验》）：鹿角霜、西潞党、黄芪、煅牡蛎、自然铜，煎水喂服。

2. 治母畜乳房肿痛方（《黑龙江中兽医经验集》）：鹿角霜、蒲公英、紫花地丁、红花，煎水喂服。

3. 治家畜皮肤肿毒方（《黑龙江中兽医经验集》）：鹿角霜、炮甲珠、金银花、枯矾，煎水喂服。

686. 望月砂

【别　　名】兔尿，玩月砂，明月砂，兔粪。

【来　　源】兔科动物东北兔 Lepus mandschuricus Radde、华南兔 Lepus sinensis Gray 等野兔的干燥粪便。

【采集加工】秋季野草割除后，可见野兔粪，收集后去净泥土，晒干。用时煎汁或焙干研末。

【药　　性】辛、寒。归肝、肺经。

【功　　能】去翳明目，解毒杀虫。

【主　　治】目翳目暗，疳积，肩伤肿烂。

【用法用量】马、牛 120 ~ 250g，羊、猪 60 ~ 120g。

【禁　　忌】孕畜慎服。

【方　　例】1. 治人畜目赤翳障方（《高原中草药治疗手册》）：望月砂、木贼草、紫菀各适量，煎水内服。

2. 治马驴夜盲症方（《兽医国药及处方》）：望月砂、夜明砂、石决明、草决明。共为细末，拌胡萝卜喂服。

3. 治耕牛肩痈方（《中兽医验方汇编》）：望月砂（炒炭存性）、雄黄等量为末，烧酒调敷。

中兽药标本及器具图谱

687. 紫贝齿

【别　　名】紫贝，文具，海宝贝，蚜螺。

【来　　源】宝贝科动物蛇首眼球贝 Erosaria caputserpentis（L.）、山猫宝贝 Cypraea lynx（L.）或绶贝 Mauritia arabica（L.）等的贝壳。主产于海南、广东、福建等地。

【采集加工】5—7 月捕捉，除去贝肉，洗净，晒干。生用或煅用。用时打碎或研成细粉。

【药　　性】咸，平。归肝经。

【功　　能】平肝潜阳，镇惊安神，清肝明目。

【主　　治】惊悸心烦，血热斑疹，目赤翳膜。

【用法用量】马、牛、驼 30~60g，羊、猪 15~20g，犬、猫 3 ~ 5g。

【禁　　忌】脾胃虚弱者慎用。

【方　　例】1. 安神疗狂方（《吉林省中兽医验方选集》）：紫贝齿、全当归、远志筒、杜木瓜、广郁金、桑寄生。煎水滤液，候温灌服，治疗马、牛热急狂躁。

2. 治牛眼上翳方（《温岭县民间兽医验方集》）：紫贝齿、石决明、木贼草、谷精草、野菊花、金银花、蝉蜕，煎水喂服。

688. 紫河车

【别　　名】胎盘，衣胞，胎衣，京河车，杜河车，混沌衣。

【来　　源】健康产妇的胎盘。

【采集加工】将取得的新鲜胎盘，割开血管，用清水反复洗净，蒸或置沸水中略煮后，烘干，研粉用。亦可鲜用。

【药　　性】甘、咸，温。归肺、肝、肾经。

【功　　能】补肾益精，养血益气。

【主　　治】虚损，羸瘦，咯血气喘，劳热骨蒸，滑精。

【用法用量】马、牛、驼 60 ~ 120g，羊、猪 30 ~ 60g，犬、猫 10 ~ 15g。

【禁　　忌】阴虚火旺不宜单独应用。

【方　　例】1. 治牛、马劳伤虚损方（《兽医中药及处方学》）：紫河车、淮山药、西潞党、白茯苓、炙甘草，煎水喂服。

2. 治母畜胎动不安方（《福建省中兽医经验集》）：紫河车、补骨脂、何首乌、西潞党、菟丝子、炒白术、全当归、熟地黄、炙甘草，煎水喂服。

【别　　名】紫矿，紫梗，赤胶，虫胶，紫虫胶，火漆。

【来　　源】紫胶虫科昆虫紫胶虫 *Laccifer Lacca* kerr. 在树枝上所分秘的胶质物。主产于云南、四川等地。

【采集加工】夏秋季采收，将长有紫胶的枝条剪下，取胶，置干燥通风处，直至干燥而不失结块为止。

【药　　性】甘、咸，平。归肺、肝经。

【功　　能】清热凉血，解毒消肿。

【主　　治】麻疹不透，疮疡肿毒。

【用法用量】马、牛 15 ~ 30g，羊、猪 7 ~ 15g。

【禁　　忌】孕畜慎用。

【方　　例】1. 治马骡蹄裂，烂蹄病方：①紫胶（紫草茸）、松香、白蜡、血余炭。共研细末，熔补患处（《中兽医验方》）。②紫矿（紫草茸）、沥青、黄蜡、人发炭。熔化成膏，削去腐蹄，涂后火熔（《中兽医外科学》）。
2. 治皮肤湿疹方（《广西药用动物》）：紫虫胶（紫草茸）、香油。混合浸透，煮沸熬膏，涂搽患处。

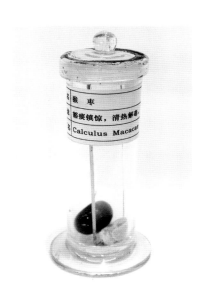

【别　　名】猴子枣，羊肠枣，猴丹。

【来　　源】猴科动物猕猴 *Macaca mulatta* Zimmermann 等的肠胃结石。

【药　　性】苦、微咸，寒。归心、肺、肝经。

【功　　能】清热镇惊，豁痰定喘，解毒消肿。

【主　　治】痰热喘咳，咽痛喉痹，惊痫，瘰疬痰核。

【用法用量】研末内服，外用适量。

中兽药标本及器具图谱

691. 蝉　蜕

【别　　名】蝉衣，蝉退，蝉皮，蝉壳，金牛儿。

【来　　源】蝉科昆虫黑蚱 *Cryptotympana pustulata* Fabricius 的若虫羽化时脱落的皮壳。主产于山东、河北、河南、江苏等地。

【采集加工】夏、秋二季收集，除去泥沙，晒干。

【药　　性】甘，寒。归肺、肝经。

【功　　能】散风热，利咽喉，退云翳，解痉。

【主　　治】外感风热，咽喉肿痛，皮肤瘙痒，目赤翳障，破伤风。

【用法用量】马、牛 15 ~ 30g，羊、猪 3 ~ 10g。

【禁　　忌】孕畜慎用。

【方　　例】1. 蝉壳散（《蕃牧纂验方》）：白术、苍术、蝉蜕、地骨皮、黄连、菊花、甜瓜子、龙胆草，治疗马谷晕眼肿。

2. 治马破伤风方（《疗马集》）：蝉蜕、干蝎子（炒）、天麻、半夏、防风、川乌（炮）、藿香、朱砂、腻粉、白附子（炮）、蔓荆子、天南星、乌梢蛇（酒浸）、麝香。共为细末，凉水冲服。

692. 僵　蚕

【别　　名】白僵蚕，天虫，僵虫。

【来　　源】蚕蛾科昆虫家蚕 *Bombyx mori* L. 4 ~ 5 龄的幼虫感染（或人工接种）白僵菌 *Beauveria bassiana*（Bals.）Vuillant 而致死的干燥体。主产于浙江、江苏等地。

【采集加工】多于春、秋季生产，将感染白僵菌病死的蚕干燥。

【药　　性】咸、辛，平。归肝、肺、胃经。

【功　　能】息风止痉，祛风止痛，化痰散结。

【主　　治】肝风抽搐，破伤风，喉痹，皮肤瘙痒。

【用法用量】马、牛 30 ~ 60g，羊、猪 10 ~ 15g。

【方　　例】1. 千金散（《元亨疗马集》）：天麻、天南星、全蝎、僵蚕、蔓荆子、羌活、独活、防风、细辛、升麻、蝉蜕、藿香、阿胶、何首乌、旋覆花、川芎、沙参、桑螵蛸。能息风解表，补血养阴，治疗破伤风有效。

2. 青黛散（《牛经备用医方》）：青黛、硼砂、硇砂、生石膏、人中白、胡黄连、白僵蚕、冰片、麝香，研极细末，用笔管吹入喉中。治疗牛患喉蛾，用之效好。

【别　　名】团鱼甲，鳖壳，鳖盖子。

【来　　源】鳖科动物鳖 *Trionyx sinensis* Wiegmann 的背甲。主产于湖北、湖南、安徽等地。

【采集加工】全年均可捕捉，以秋、冬两季为多，捕捉后杀死，置沸水中烫至背甲上的硬皮能剥落时，取出，剥取背甲，除去残肉，晒干。

【药　　性】咸，微寒。归肝、肾经。

【功　　能】养阴清热，平肝潜阳，软坚散结。

【主　　治】阴虚发热，虚汗，热病伤阴，虚风内动。

【用法用量】马、牛 15 ~ 60g，羊、猪 5 ~ 10g。

【方　　例】1.治牛、马劳伤脱力方（《赤脚兽医手册》）：鳖甲 1 个，焙焦研末，以红糖、红酒为引，开水冲服。
　　　　　　　2.治牛、马新旧创伤方（《黑龙江中兽医经验集》）：鳖甲 1 个，用火烧黄，醋炸为面，搽敷患处。

三、矿物药

【别　　名】花龙骨，白龙骨，五花龙骨。

【来　　源】古代大型哺乳类动物象类、三趾马类、犀类、鹿类、牛类等骨骼的化石。主产于山西、内蒙古、河南、河北、陕西、甘肃等地。

【采集加工】全年可采，挖出后，除去泥土及杂质，贮于干燥处，生用或煅用。

【药　　性】甘、涩，平。归心、肝、肾经。

【功　　能】镇惊安神，平肝潜阳，收敛固涩。

【主　　治】盗汗滑精，肠风下血，泻痢，吐血，衄血；外用可敛疮。

【用法用量】马、牛、驼 45 ~ 60g，猪、羊 10 ~ 15g，犬、猫 3 ~ 5g。

【禁　　忌】湿热积滞者不宜用。

【方　　例】1.金锁固精汤（《医方集解》）：沙苑子、芡实各 60g，莲须、煅龙骨、煅牡蛎、莲子肉各 30g，水煎去渣，候温灌服；或研末，开水冲调，候温灌服。能补肾涩精，主治肾虚不固，症见滑精，早泄，腰胯四肢无力，尿频，舌淡，脉细数。
　　　　　　　2.雄黄散（《痊骥通玄论》）：雄黄、白及、白蔹、龙骨、大黄各等份。共为细末，温醋或水调敷，亦可撒布创面。清热解毒，消肿止痛。主治体表各种急性黄肿，而见红、肿、热、痛、尚未溃脓者。

695. 芒硝

【别　　名】朴硝，皮消，皮硝，消石朴。

【来　　源】硫酸盐类矿物芒硝族芒硝，经加工精制而成的结晶体。主含十水硫酸钠（$Na_2SO_4 \cdot 10H_2O$）。主产于河北、河南、山东、江苏、安徽等地。

【采集加工】将天然芒硝（朴硝）用热水溶解，滤过，放冷析出结晶，通称"皮硝"。再取萝卜洗净切片，置锅内加水与皮硝共煮，取上层液，放冷析出结晶，即芒硝。以青白色、透明块状结晶、清洁无杂质者为佳。芒硝经风化失去结晶水而成白色粉末称玄明粉（元明粉）。

【药　　性】咸、苦，寒。归胃、大肠经。

【功　　能】泻热通便，润燥软坚，清火消肿。

【主　　治】实热便秘，粪便燥结，乳痛肿痛。

【用法用量】马 200 ~ 500g，牛 300 ~ 800g，羊 40 ~ 100g，猪 25 ~ 50g，犬、猫 5 ~ 15g，兔、禽 2 ~ 4g。外用适量。

【禁　　忌】孕畜禁用。

【方　　例】1. 大承气汤（《伤寒论》）：芒硝、大黄、厚朴、枳实。能峻下热结，主治阳明腑实证。症见大便不通，脘腹痞满，腹痛拒按，舌苔黄燥起刺，或焦黑燥烈，脉沉实在；亦可治热结旁流，下利清水，色纯青，脐腹疼痛，按之坚硬有块，口舌干燥，脉滑实；亦可治里热实证之热厥发狂等。

2. 木香槟榔丸（《丹溪心法》）：芒硝、大黄、木香、香附、青皮、陈皮、枳壳、黑丑、槟榔、黄连、黄柏、三棱、莪术。能行气导滞，攻积泄热，主治积滞内停，湿蕴生热。

696. 自然铜

【别　　名】方块铜，石髓铅。

【来　　源】硫化物类矿物黄铁矿族黄铁矿，主含二硫化铁（FeS_2）。主产于四川、湖南、云南、广东等地。

【采集加工】全年均可采集。采后除去杂质，砸碎，以火煅透，醋淬，研末或水飞用。

【药　　性】辛，平。归肝经。

【功　　能】散瘀，接骨，止痛。

【主　　治】跌打肿痛，筋骨折伤。

【用法用量】马、牛 15 ~ 45g，羊、猪 5 ~ 10g。外用适量。

【禁　　忌】不宜久服。凡阴虚火旺，血虚无瘀者慎用。

【方　　例】1. 百补散（《养耕集》）：自然铜、五灵脂、川楝子、小茴香、厚朴、陈皮、没药、白芷。能散瘀止痛，温中理气，治疗家畜肾伤把胯，闪伤腰痛。

2. 接骨丹（《新编中兽医学》）：三七、自然铜、生龙骨、乳香、没药、麝香、土鳖虫、黄酒。能活血化瘀，消肿止痛，治疗跌打损伤、骨折、瘀血肿痛。

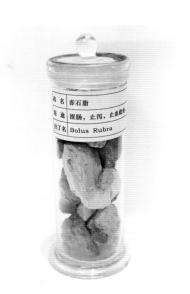

【别　　名】赤符，红高岭，赤石土，红土。

【来　　源】硅酸盐类矿物多水高岭石族多水高岭石，主含四水硅酸铝〔$Al_4(Si_4O_{10})(OH)_8 \cdot 4H_2O$〕。主产于福建、山东、河南等地。

【采集加工】全年均可采挖。拣去杂石，研末水飞或火煅水飞用。

【药　　性】甘、涩，温。归大肠、胃经。

【功　　能】涩肠止泻，止血，生肌敛疮。

【主　　治】久泻，久痢，便血，疮疡不敛。

【用法用量】马、牛 15 ～ 45g，驼 30～75g，羊、猪 10～15g，兔、禽 1 ～ 2g。外用适量。

【禁　　忌】湿热积滞泻痢者忌服；孕妇慎用；不宜与官桂同用。

【方　　例】1. 拔毒生肌散（《全国中兽医经验选编》）：松香、滑石各 30g，蜂蜡 9g，生石膏、赤石脂各 60g，五倍子 45g，冰片 12g。共为细末，调生桐油外敷患处。拔毒生肌，主治牛背疮。

2. 温中涩肠散（《中兽医内科学》）：制硫黄 15g，制赤石脂 30g，石榴皮 45g。硫黄置去核的大枣中，炭火中烧炭存性，研末，与赤石脂混合，用醋调匀，晒干研末后与石榴皮末混匀。每次 10 ～ 15g，开水冲调，候温灌服。能温中涩肠，主治猪虚寒久泻。

【别　　名】石胆，胆子矾，鸭嘴胆矾，蓝矾。

【来　　源】三斜晶系胆矾的矿石，主含七水硫酸铜（$CuSO_4 \cdot 7H_2O$）。主产于云南、山西等地。

【采集加工】全年均可采收，开采铅、锌、铜等矿时选取或用化学法制得。研末或煅后研末用。

【药　　性】酸、辛，寒；有毒。归胆经。

【功　　能】催吐，燥湿杀虫，化痰消积。

【主　　治】风热痰喘，食物中毒，绦虫病，恶疮肿毒。

【用法用量】马、牛 3 ～ 12g，羊、猪 0.3 ～ 1.5g。外用适量。

【禁　　忌】体虚者忌用。

【方　　例】1. 石胆散（《太平圣惠方》）：石胆（胆矾）、马牙消、黄连（去须）、龙脑、黄柏（锉）、角蒿。上为细散，入冰片、马牙消等，研细。新绵薄裹，含良久，有涎即吐之，可治热病口舌生疮。

2. 治牛、马蹄叉腐烂方（《兽医中药类编》）：胆矾 5 份，清水 100 份。调水洗蹄部，用药棉蘸塞伤口。

中兽药标本及器具图谱

699. 琥 珀

【别　　名】虎珀，江珠，虎魄，琥魄，顿牟，虎白。

【来　　源】古代松科植物，如枫树、松树的树脂埋藏地下经年久转化而成的化石样物质。主产于广西、云南、河南、辽宁等地。

【采集加工】随时可采，从地下或煤层中挖出后，除去砂石，泥土等杂质，用时捣碎，研成细粉用。

【药　　性】甘，平。归心、肝、膀胱经。

【功　　能】镇惊安神，活血散瘀，利尿通淋。

【主　　治】心神不宁，心悸失眠，惊风，癫痫，癥瘕积聚，淋证。

【用法用量】马、牛 10 ～ 15g，羊、猪 2 ～ 3g。

【禁　　忌】忌火煅。

【方　　例】1. 治牛心热风邪方（《浙江民间兽医处方》）：琥珀、黄连、青蒿、天竺黄、龙胆草、淡竹叶、金铃子、细辛、甘草，煎水喂服。

2. 治牛尿淋、白浊方（《牛病诊疗经验汇编》）：琥珀、萆薢、薄荷、条芩、车前、木通、黑丑、滑石、海金沙，煎水喂服。

700. 硫 黄

【别　　名】石硫黄，石流黄，石留黄，白硫黄，硫黄粉。

【来　　源】自然元素类矿物硫族自然硫。主产于山西、山东、陕西、河南等地。

【采集加工】采挖后，加热熔化，除去杂质；或用含硫矿物经加工制得。

【药　　性】酸，温；有毒。归肾、大肠经。

【功　　能】壮阳通便，解毒，杀虫。

【主　　治】阳痿，阳虚便秘，虚寒气喘，疥癣，阴疽恶疮，虱、螨、蜱。蜜蜂巢虫，真菌病。

【用法用量】马、牛 10 ～ 30g，驼 15 ～ 35g，羊、猪 0.3 ～ 1g。外用适量。蜂贮存巢脾每箱体 3 ～ 5g，点燃，密闭，烟熏 8 ～ 12 小时。

【禁　　忌】阴虚火旺及孕畜慎用。

【方　　例】1. 治母马不孕症方（《中兽医治疗学》）：硫黄 6g，鸡蛋 5 个，温水调灌，每天 1 次，连服 3 天，在发情期喂服有效。

2. 治家畜皮肤湿疹方（《中兽医治疗学》）：明净硫黄、荞麦面、白面各适量，清水调匀，干湿得宜，搽敷患处。

701. 雄 黄

【别　　名】石黄，鸡冠石，黄金石，熏黄，黄石。

【来　　源】硫化物类矿物雄黄的矿石，主含二硫化二砷（As_2S_2）。主产于广东、湖南、湖北、贵州、四川等地。

【采集加工】随时可采，采挖后除去杂质。研成细粉或水飞，生用。切忌火煅。

【药　　性】辛，温；有毒。归肝、大肠经。

【功　　能】解毒杀虫，燥湿祛痰。

【主　　治】虫积腹痛，惊痫，痈肿疮毒，疥癣，蛇虫咬伤。

【用法用量】马、牛 5 ~ 15g，驼 10 ~ 15g，羊、猪 0.5 ~ 1.5g，兔、禽 0.03 ~ 0.1g。外用适量，熏涂患处。

【禁　　忌】内服宜慎，不可久用。孕畜禁用。

【方　　例】1. 雄黄散（《痊骥通玄论》）：雄黄、白及、大黄、白蔹、龙骨，共研细末，调敷患处，治马皮肤黄肿。

2. 追风散（《元亨疗马集》）：雄黄、乌头（去结）、白术、川芎、防风、白芷、苍术、细辛。共为细末，温酒半盏，同调灌之，治疗马揭鞍风。

702. 硼 砂

【别　　名】大朋砂，益砂，蓬砂，鹏砂，月石，盆砂。

【来　　源】天然矿物硼砂的矿石，经提炼精制而成的结晶体。主产于青海、西藏等地。

【采集加工】一般 8—11 月采挖。除去杂质，捣碎，生用或煅用。

【药　　性】甘，咸，凉。归肺、胃经。

【功　　能】外用清热解毒，内服清肺化痰。

【主　　治】咽喉肿痛，口舌生疮，目赤翳障，痰热咳嗽。

【用法用量】马、牛、驼 10~25g，羊、猪 2~5g，犬、猫 0.5~2g。

【禁　　忌】外用为主，内服宜慎。

【方　　例】1. 硼砂散（《司牧安骥集》）：鹏砂（硼砂）、牙硝、螺儿青（青黛）、黄药、郁金、僵蚕、蒲黄。捣罗为末，以蜂蜜为引，新汲水同调，草饱灌之，治马因心肺久积热不散，攻咽喉束塞及喉骨胀症。

2. 治牛、马木舌、舌疮方：①硼砂、山豆根、贯众、滑石、寒水石、海螵蛸。共研细末，芭蕉汁调匀，擦在舌上（《抱犊集》）。②硼砂、青黛、黄连、薄荷、桔梗、黄柏、儿茶。共为细末，装入纱布袋内，麻绳吊好，使马噙服（《青海省中兽医验方汇编》）。

703. 礞 石

【别　　名】青礞石，金礞石，酥酥石，蒙石。

【来　　源】绿泥石片岩或云母岩的石块或碎粒。前者药材称青礞石，主产于湖南、湖北、四川等地；后者药材称金礞石，主产于河南、河北等地。

【采集加工】全年可采，除去杂质，煅用。

【药　　性】咸，平。归肺、肝经。

【功　　能】坠痰下气，平肝镇惊。

【主　　治】顽痰胶结，咳逆喘急，癫痫发狂，烦躁胸闷，惊风抽搐。

【用法用量】马、牛 30 ~ 60g，羊、猪 3 ~ 9g。

【禁　　忌】该品重坠性猛，非痰热内结不化之实证不宜使用。脾虚胃弱，幼畜慢惊及孕畜忌服。

【方　　例】1. 治牛心风黄方（《牛病诊疗经验汇编》）：礞石、磁石、远志、神曲、浮小麦、甘草、大枣，煎水喂服。

2. 礞石滚痰汤（《牲畜病针灸与中药疗法》）：青礞石、沉香、黄芩、大黄。共研细末，开水冲服，治牛、马肺豁痰滞。

第三章　中兽医常用器具

一、中兽医常用器具介绍

（一）石针（砭石）

石针，古代针灸用具，即砭石。《礼记·内则》云："古者以石为针，所以为刺病。"

（二）毫针（补泻针）

材质：优质不锈钢或合金钢。

特点：针尖锐利，针体细长。适用于深刺或透刺，且针刺损伤较小，不易感染，术部容易愈合。"得气"和体验针感反应毫针最佳。

构成：

①针尖：针前尖端的锋锐部分，又名"针芒"。

②针体：针尖与针根之间的部分，又名"针身"。

③针根：针体与针柄的连接部分。

④针柄：金属丝缠绕以便执拿及运针时着力的部分，有平头式和盘龙式两种。

⑤针尾：针柄的末端部分，有圆珠状和圆环状。

应用：凡适用于白针和火针的穴位，均可使用毫针。

（三）圆利针（白针）

材质：不锈钢。

特点：形状结构与毫针相似，但针体较粗，针尖呈三棱形，较为锋利，进针容易，起针迅速，适于留针、运针。

应用：皮厚及肌肉丰满处的穴位。

疗法：圆利针刺法（白针疗法）

1. 术前准备

先将患畜妥善保定，根据病情选好施针穴位，剪毛消毒。然后，根据针治的穴位选取适当长度的针具，检查针具并用酒精棉球消毒。

2. 操作方法

（1）缓刺法。术者以右手拇指、食指夹持针柄，以中指、无名指抵住针体，在进针时帮助用力。左手根据不同的穴位，采用不同的押手法，以固定术部皮肤，帮助进针。进针时，先将针尖刺至于皮下，然后根据所需的进针方向，调好针刺角度，捻转进针达所需深度，并施以补泻方法，使之出现针感。一般需留针 10 ～ 20 分钟，在留针过程中，每隔 3 ～ 5 分钟可运针 1 次，加强刺激强度。

（2）急刺法。圆利针针尖锋利，针体较粗，具有进针快、不易弯针等特点，对于不温顺的患畜或针刺肌肉丰满部的穴位，尤其宜用此法。操作时采用执笔式或全握式持针，押手切穴或不用押手；按穴位要求的进针角度，依照速刺进针法或飞针法的操作要领一次刺至所需深度。进针后留针、运针同缓刺法。

退针时，可用左手拇指、食指夹持针体，同时按压穴位皮肤，右手捻转或抽拔针柄出针。

（四）三棱针

材质：优质钢或合金。

特点：针身分前后两部分，前部针身呈三棱形，针尖如荞麦粒状，峰面有纵沟和无纵沟之别，后部针身呈杆状。

应用：大三棱针用于小血管放血或挑刺、乱刺；小三棱针因其针尾有孔，还可代缝合针用。

疗法：

1. 术前准备

将患畜保定；施术前严密消毒，穴位局部一定要剪毛涂以碘酊，针具和术者手指，也应严密消毒；备有止血器具和药品。

2. 三棱针刺血法操作方法

多用于体表浅刺，如三江、分水穴，口腔内穴位，如通关、玉堂穴等，根据不同穴位的针刺要求和持针方法，确定针刺深度，一般以刺破穴位血管出血为度，针刺出血后，多能自行止血，或待其达到适当的出血量后，用酒精棉球轻压穴位，即可止血。在病变局部（瘀血肿胀处）乱刺出血，称散刺法或点刺法。

（五）宽针（血针）

材质：优质钢。

特点： 针端呈矛尖状，针刃锋利。

分类（针头宽度）：

①大宽针：头宽约 8mm

②中宽针：头宽约 6mm

③小宽针：头宽约 4mm（箭针：针体直径约 2mm，针头宽 3mm）

应用：

①大宽针：放大家畜的颈脉、带脉、肾堂等血，破皮补气，乱刺黄肿。

②中宽针：刺牛、马胸堂、尾本、蹄头血。

③小宽针：牛、马缠腕、太阳、眼脉等穴的放血。

④箭针：可代替圆利针用于非血针穴位的针刺，尤以刺牛穴时多用。

疗法：

1. 小宽针刺法

施针时，左手按穴，右手持针，刺手的拇指、食指固定入针深度，速刺速拔，不留针，不运针。适用于肌肉丰满的穴位，如抢风、巴山等穴。尤以牛体穴位多用。

2. 宽针刺血法

首先，根据不同穴位，选取大小不同的针具，血管粗需出血量大，可用大、中宽针；血管细需出血量小，可用小宽针或眉刀针。宽针持针多用全握式、手代针锤式或用针锤、针杖持针法。一般多垂直刺入约 1cm，以出血为准。

（六）穿黄针

材质： 优质钢。

特点： 针的规格和形状与大宽针相似，针尾部有一小孔。

应用： 吊黄或乱刺黄肿。

（七）火针

材质： 优质钢。

特点： 针尖圆而略钝，较圆利针粗，针体光滑，进针浅。

作用： 温经通络，祛风散寒，壮阳止泻。

疗法：

1. 烧针法

烧针前先详细检查针具并擦拭干净，用棉花将针尖及针体的一部分缠成枣核形，缠棉长度依针刺深度而定，一般稍长于入针的深度，缠好的棉球直径 1 ～ 1.5cm，松紧度适当（过松则火候不到，过紧则棉花不易烧透），呈内松外紧状，然后浸入植物油中，油浸透后，可先将针尖部的油略挤掉一些以易于点燃，点燃后，针尖先略向下，热油不至流到针柄部而烫手，并不断转动针体使之受热均匀。待油烧尽棉花收缩变黑，针即烧透，将棉球在其他物体上松动后甩掉（也可用镊子刮脱棉球），迅即进针。

也有用酒精灯直接烧红针尖及部分针体立即刺入穴位。

2. 刺针法

烧针前先选定穴位，剪毛，消毒，待针烧透时，术者以左手按压穴位，右手持针，迅速刺入穴位中，刺入后可留针（5 分钟左右）或不留针。留针期间应轻微捻转运针。

3. 起针法

起针时先将针体轻轻捻转一下（醒针），然后用一手按压穴部皮肤，另一手将针拔出。针孔用 5% 碘酊消毒，并用药膏封闭针孔，以防止感染。

（八）夹气针

材质： 竹片或合金。

特点： 扁平的长针，针端呈钝圆的矛尖状。

适用穴位： 专用于大家畜里夹气穴的透刺。

疗法：

1. 术前准备

术前详细检查针具，如有破损决不可使用；严格煮沸消毒；患畜妥善保定；夹气穴局部严格剪毛消毒，防止将被毛带入针孔内。

2. 操作方法

先用大宽针向上将穴位皮肤刺破，再用涂以消毒过润滑油（植物油）的夹气针从针孔刺入穴位内，针尖对准肩胛后角方向，向外上方徐徐进针，至所要求的深度后稍微退针，刺手执针柄，上下拨动针尖数次，随即起针。起针后将患肢前后左右摆动数次。术后要充分消毒针孔。

（九）眉刀或痧刀针

材质：优质钢。

特点：性似眉毛，刀刃薄而锋利。

应用：猪病的放血。

（十）三弯针

材质：优质钢。

特点：针尖圆钝，尖后呈直角弯折。

应用：专用于治马混睛虫病。

（十一）玉堂钩

材质：优质钢。

特点：尖端具有一直径约为 1cm 的半圆形弯钩，针尖呈三棱形。入针深度固定，操作简单，且不会被患畜咬伤刺手。

应用：专用于刺玉堂穴。

（十二）姜牙钩

材质：优质钢。

特点：钩尖圆钝呈半圆形，其他部分与玉堂钩相似。

应用：专用于钩取姜牙。

（十三）抽筋钩

材质：优质钢。

特点：针尖圆而钝，弯度小于姜牙钩，钩尖比姜牙钩粗。

应用：专用于抽筋穴挑拉抽筋。

（十四）骨眼钩

材质：优质钢。

特点：钩尖细而锐，尖长约 0.3cm，钩身长 6～8cm。

应用：专用于钩取闪骨。

（十五）宿水管

材质：古人用鹅翎管制作，现多采用铜、铝或薄铁皮制成。

特点：形似毛笔帽，尖端密封，扁圆而钝，粗端管口直径约 0.8cm，管口有一圈凸出的唇形缘，管身周围钻满小孔。

应用：专用于云门穴放腹水，治宿水停脐。

（十六）持针器

1. 针锤

材质：硬质木料旋成。

特点：长约 35cm，锤的一端较粗，另一端较细，较粗的顶端膨大部为锤头，沿锤头直径钻一小孔以便于夹针；沿锤头正中，通过小孔锯一道缝至锤体的 2/5 处将锤体分成两半。在锤体上套一藤制或革制的活动箍，箍向锤头部移动，则锯缝被勒紧，针具随即被固定；箍向锤柄部移动，则锯缝松开，便可取下针具。

应用：刺放颈脉血、胸堂血、蹄头血，或大宽针乱刺黄肿等时，将宽针固定于针锤上施针，操作极为便利。

2. 针棒

材质：硬木制成。

特点：棒长 24～30cm，直径约 4cm，棒的一端约在 7cm 处锯去一半，沿纵轴中心挖一针槽，使用时，用细绳把针固定在针槽内，留出适当的长度。

应用：多用于扎四蹄血。

（十七）大血绳

材质：绳质为光滑而柔韧的丝绳或尼龙绳。

特点：绳长约 1.5cm，直径 0.3～0.5cm。绳的一端系一个 3～4cm 长的小滑车，滑车尖呈圆锥形，粗短光滑。系结方便，松解利落，便于操作。

应用：专用于大量放颈脉血系于颈部以压迫血管，使其怒张而保证泻血量。

（十八）捣药罐

捣药罐由捣药筒、捣药杆和盖子组成，用于破碎药材，增加溶出率，传统上有"逢子必捣"之说。

二、中兽医常用器具图

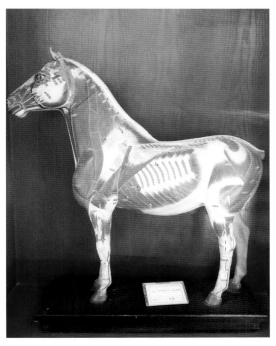

马体针灸穴位模型

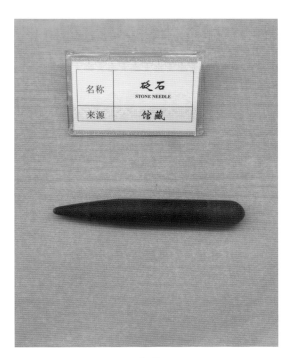

砭石

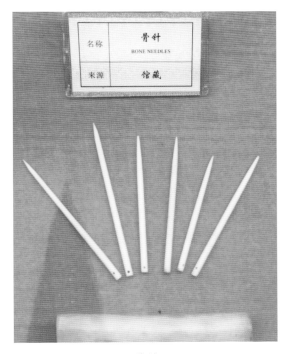

骨针

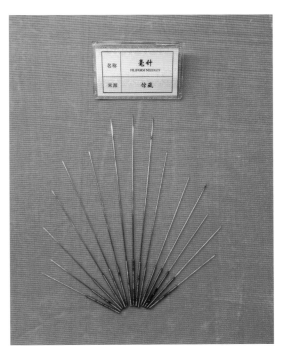

毫针

中兽药标本及器具图谱

三棱针

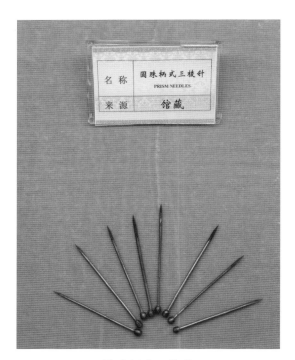

圆珠柄式三棱针

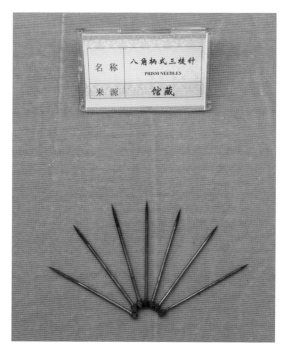

八角柄式三棱针

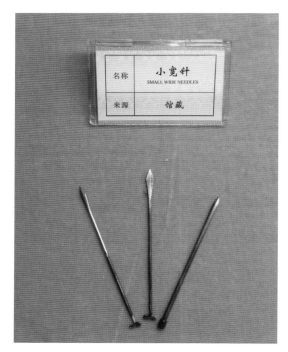

小宽针

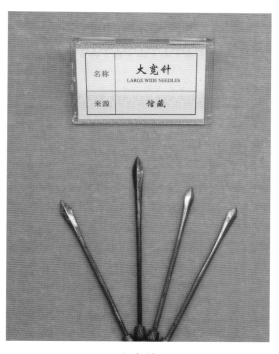

大宽针

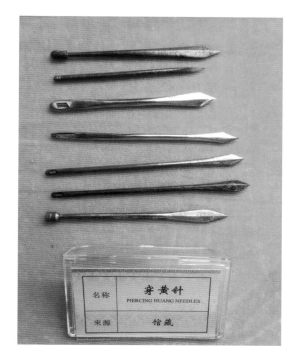

穿黄针

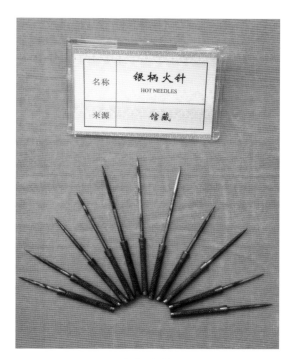

银柄火针

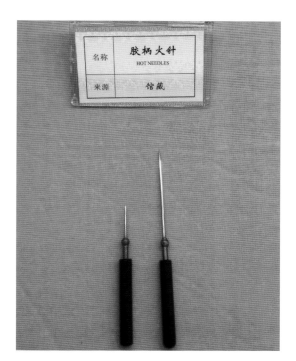

胶柄火针

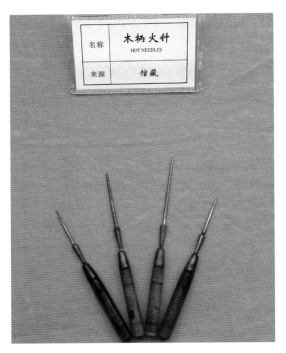

木柄火针

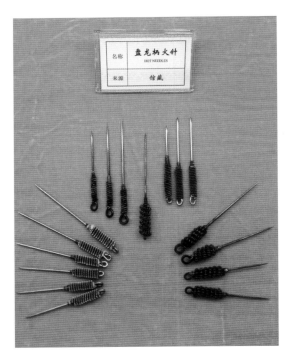

盘龙柄火针

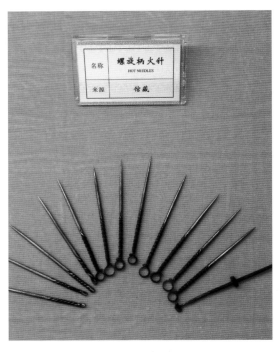

螺旋柄火针

江西古火针

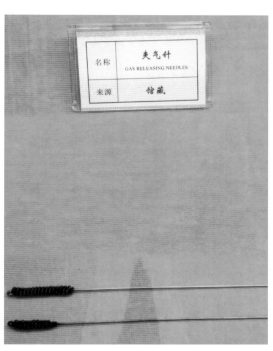

夹气针

眉刀针

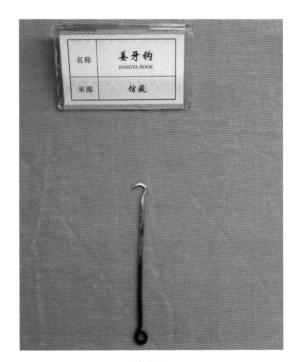

姜牙钩

抽筋钩

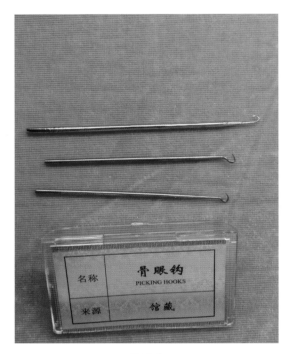

骨眼钩

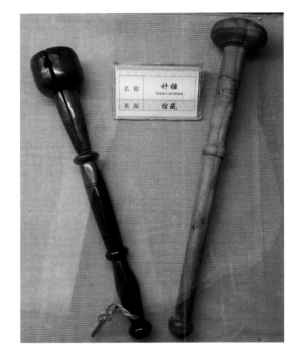

针锤

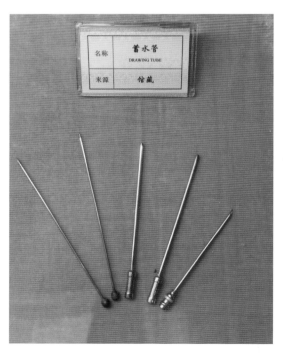

蓄水管

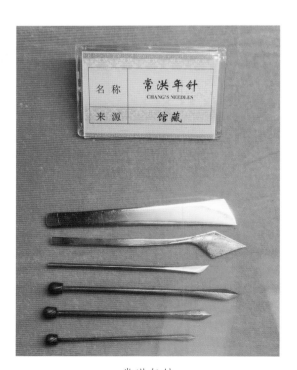

常洪年针

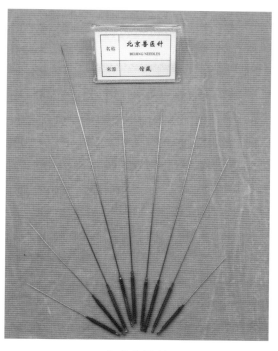

北京兽医针

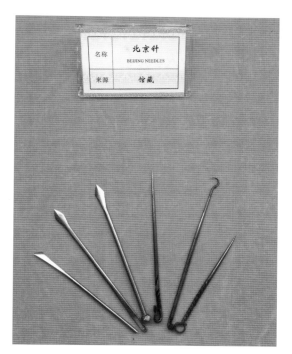

北京针

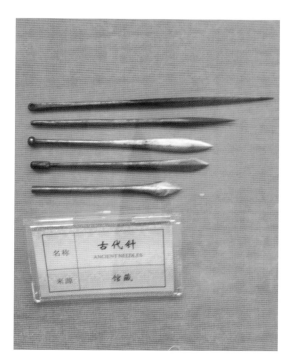

古代针

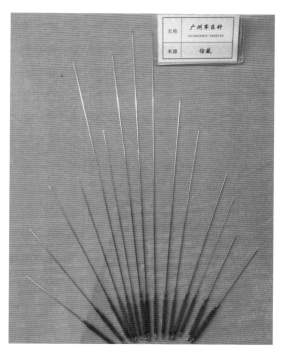

广州军区针

中兽药标本及器具图谱

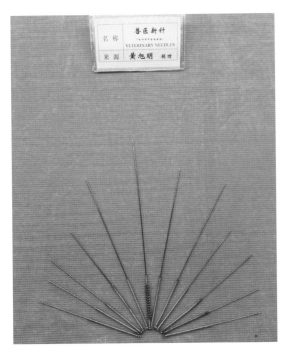

兽医新针

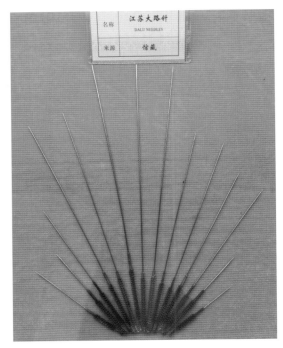

江苏大路针

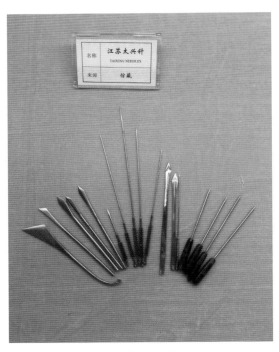

江苏太兴针

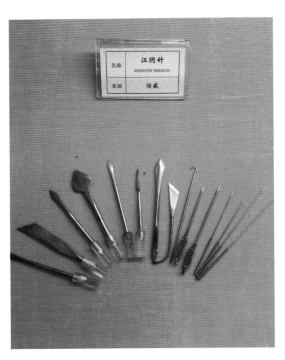

江阴针

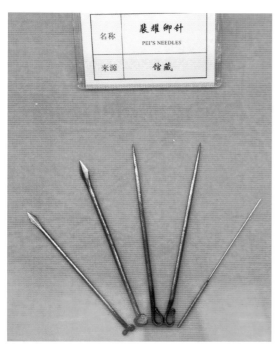

裴耀卿针

日本针

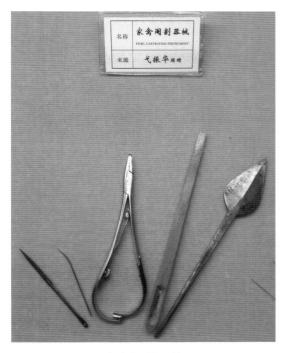

家畜阉割器械

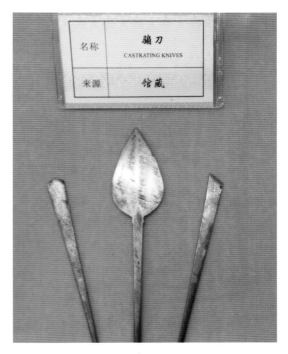

骟刀

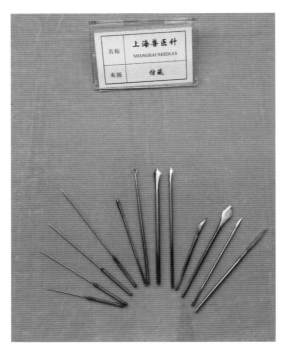

上海兽医针

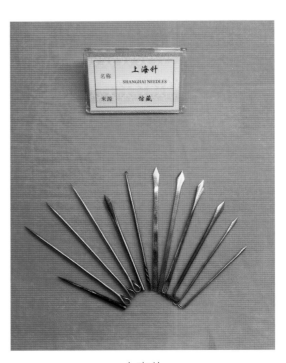

上海针

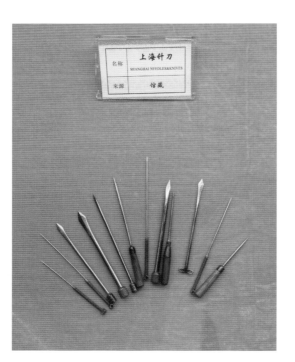

上海针刀

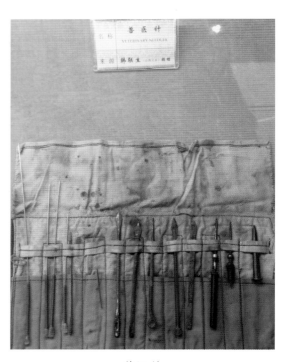

兽医针

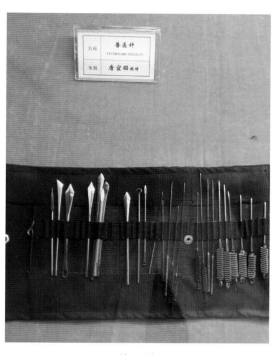

兽医针

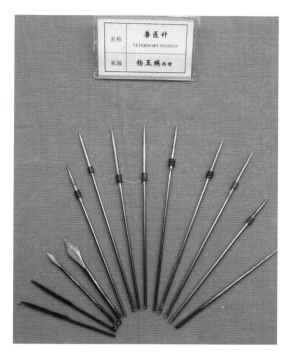

兽医针

兽医针

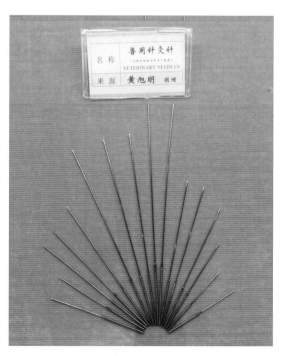

兽用针灸针

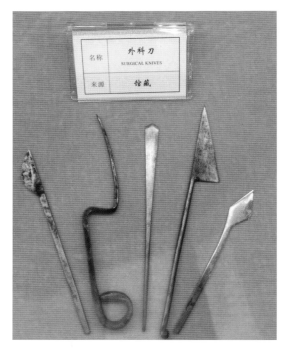

外科刀

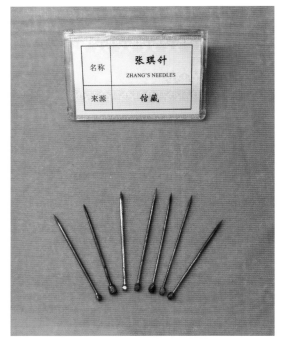

张琪针

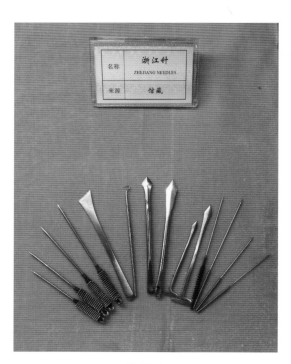

浙江针

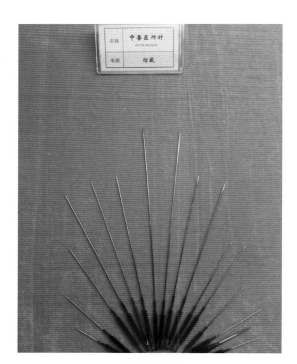

中兽医所针

414

青石捣药罐

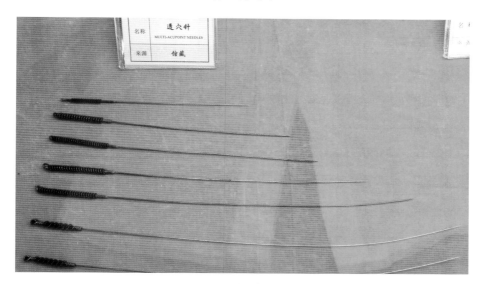

透穴针

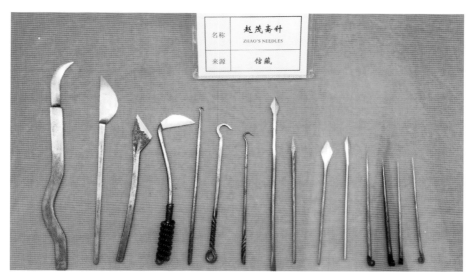

赵茂斋针

参考文献

《牛病防治》编写组，1978.牛病防治[M].杭州：浙江人民出版社.

《全国兽医中草药制剂经验选编》编写组，1977.全国兽医中草药制剂经验选编[M].北京：科学出版社.

《全国中兽医经验选编》编审组，1977.全国中兽医经验选编[M].北京：科学出版社.

安徽农学院，1972.中兽医诊疗[M].合肥：安徽人民出版社.

安徽省革命委员会农林局，1974.安徽省中兽医经验集[M].合肥：安徽省革命委员会农林局.

安徽省农业厅，1956.牲畜疫病中药验方汇编[M].合肥：安徽省农业厅.

巴达仁贵，1984.兽医简便良方[M].呼和浩特：内蒙古人民出版社.

宝艳儒，杨洋，许丹丹，等，2019.藏药绿萝花的化学成分与药理活性研究进展[J].中国药房，30（2）：277-281.

北京农业大学，1979.中兽医学[M].2版.北京：农业出版社.

毕玉霞，方素芳，2009.中兽医学[M].北京：化学工业出版社.

卞管勾集注，中国农业科学院中兽医研究所校，1959.痊骥通玄论[M].兰州：甘肃人民出版社.

陈复正编撰，杨金萍整理，2006.幼幼集成[M].北京：人民出版社.

陈立卿，1959.广西中兽医药用植物[M].北京：科学出版社.

陈实功，1989.外科正宗[M].上海：上海科学技术出版社.

陈无择，2011.三因极一病症方论[M].北京：中国医药科技出版社.

陈自明，1956.校注妇人良方[M].上海：上海卫生出版社.

陈自明，1982.外科精要[M].北京：人民卫生出版社.

程国彭，1955.医学心悟[M].北京：人民卫生出版社.

程衷逸，1953.家畜病中药治疗法[M].上海：上海畜牧兽医出版社.

程衷逸，1956.牲畜病针灸与中药疗法[M].南京：畜牧兽医图书出版社.

程衷逸，1957.兽医中药类编[M].北京：财政经济出版社.

崔涤僧，1959.中兽医诊疗经验第四集[M].北京：农业出版社.

豆子烈，1960.中兽医二十年经验积方[M].北京：农垦出版社.

窦汉卿辑著，窦梦麟增辑，任玉兰，王一童，孙天晓等校注，2021.疮疡经验全书[M].中国中医药出版社.

樊克锋，郭永刚，汤法银，等，2017.看中医药2016纪事，议中兽医药未来发展[J].中兽医学杂志（4）：61-63.

方广，王英，曹钒，等，2015.丹溪心法附余[M].北京：中国中医药出版社.

方贤，1959.奇效良方[M].北京：商务印书馆.

冯洪钱，1984.民间兽医本草[M].北京：科学技术文献出版社.

冯洪钱，1989.民间兽医本草（续编）[M].北京：科学技术文献出版社.

福建省农科院兽医研究所，1976.福建省中兽医诊疗经验[M].福州：福建人民出版社.

福建省农业科学实验站，1971.赤脚兽医手册[M].福州：福建省农业科学实验站.

福建省农业厅畜牧局，1963.福建中兽医常用草药图说[M].福州：福建人民出版社.

傅山，2007.傅青主女科[M].北京：人民军医出版社.

傅述凤，1959.养耕集[M].南京：江苏人民出版社.

傅述凤手著，杨宏道校注，1981.养耕集校注[M].北京：农业出版社.

甘孟侯，杨汉春，2011.中国猪病学[M].北京：农业出版社.

甘肃农业大学兽医系，1979. 简明兽医词典 [M]. 北京：科学出版社.

甘肃省畜牧局兽医处，1960. 甘肃省中兽医经验集 [M]. 兰州：甘肃人民出版社.

甘肃省兽医研究所，1976. 中兽医科技资料选辑 [M]. 北京：农业出版社.

高德俊，高安骥，1985.《中兽医汤头·药性赋》新编 [M]. 北京：人民出版社.

葛可久，1956. 十药神书 [M]. 北京：人民卫生出版社.

龚廷贤，1959. 寿世保元 [M]. 上海：上海科学技术出版社.

梁洁榆，1982. 中兽医疗牛集 [M]. 广州：广东科技出版社.

广西兽医研究所，1974. 广西兽医中草药处方选编 [M]. 南宁：广西人民出版社.

贵州省兽医实验室，1957. 贵州民间兽医验方 [M]. 贵阳：贵州人民出版社.

贵州省兽医实验室校注，1960. 猪经大全 [M]. 北京：农业出版社.

郭怀西，1988. 新刻注释马牛驼经大全集 [M]. 北京：农业出版社.

郭志邃，1995. 痧胀玉衡 [M]. 北京：人民卫生出版社.

国家中医药管理局，2005. 中华本草 [M]. 上海：上海科学技术出版社.

韩矜，1985. 韩氏医通 [M]. 南京：江苏科学技术出版社.

河北省定县中兽医学校，1961. 兽医中药与处方学 [M]. 北京：农业出版社.

河北省定县中兽医学校，1962. 中兽医外科学 [M]. 北京：农业出版社.

河北省农业厅中兽医进修班，1958. 中兽医验方 [M]. 石家庄：河北人民出版社.

河北中兽医学校，1979. 中兽医内科学 [M]. 北京：农业出版社.

河南省农林厅畜牧兽医处，1954. 河南中兽医临床药方汇集 [M]. 郑州：河南人民出版社.

河南省农业厅畜牧兽医站，1959. 河南中兽医治疗牲畜疾病单方 [M]. 郑州：河南人民出版社.

黑龙江省农业厅畜牧兽医局，1963. 黑龙江中兽医经验集 [M]. 哈尔滨：黑龙江人民出版社.

黑龙江省农业厅畜牧兽医局，1963. 青海省中兽医经验集 [M]. 哈尔滨：黑龙江人民出版社.

胡申俊，1989. 合欢与山合欢的鉴别 [J]. 中国中药杂志，14（8）：9-10.

胡廷光，2006. 伤科汇纂 [M]. 北京：人民卫生出版社.

湖北省农业局，湖北省农科所金水分所，1972. 养猪手册 [M]. 武汉：湖北人民出版社.

湖南省畜牧兽医研究所，1961. 湖南中兽医药物集 [M]. 长沙：湖南科技出版社.

湖南省农林局，1972. 兽医手册 [M]. 长沙：湖南人民出版社.

湖南省农业厅畜牧局，1961. 湖南省中兽医诊疗经验集 [M]. 长沙：湖南科学技术出版社.

湖南省农业厅畜牧兽医局，1958. 湖南中兽医诊疗经验 [M]. 长沙：湖南人民出版社.

华嘉，1959. 春耕集 [M]. 广州：广州文化出版社.

黄文尚，1999. 常见猪病防治 [M]. 北京：中国农业出版社出版.

吉林农业大学牧医系，1974. 中兽医学讲义 [M]. 长春市：吉林农业大学牧医系.

吉林省兽医科学研究所，1960. 吉林省中兽医验方选集 [M]. 长春：吉林人民出版社.

季烽，徐叔云，1992. 安徽中药志：第一卷 [M]. 合肥：安徽科学技术出版社.

贾思勰，石声汉校，2015. 齐民要术 [M]. 北京：中华书局.

贾延漪，1979. 山东科技报 [M]. 济南：山东科技报社.

江苏新医学院，1977. 中药大辞典 [M]. 上海：上海人民出版社.

江西共大总校畜牧兽医系，1972. 兽医药物学 [M]. 南昌：江西人民出版社.

江西省赣州地区农业局，1974. 兽医中草药临症应用 [M]. 南昌：江西人民出版社.

江西省共产主义大学畜牧兽医，1971. 兽医中草药处方选编 [M]. 南昌：江西科学技术出版社.

江西省农业局、江西共大，1970. 常见猪病防治 [M]. 南昌：江西新华书店.

江西省农业局、江西共大，1971. 兽医手册 [M]. 南昌：江西新华书店.

江西省农业厅中兽医实验所，1959. 抱犊集 [M]. 北京：农业出版社.

参考文献

江西省中兽医研究所，赣南区畜牧兽医站，1964.江西民间常用兽医草药 [M].南昌：江西人民出版社．

江西省中兽医研究所，1975.中兽医诊疗经验 [M].南昌：江西人民出版社．

寇宗爽，1990.本草衍义 [M].北京：人民卫生出版社．

兰茂，2004.滇南本草 [M].昆明：云南科技出版社．

李东垣，2007.内外伤辨惑论 [M].北京：中国中医药出版社．

李峰，1980.中兽医方剂选解 [M].济南：山东科学技术出版社．

李杲，1957.脾胃论 [M].北京：人民卫生出版社．

李建喜，杨志强，王学智，2005.中兽医学的研究现状与未来展望 [J].动物医学进展，26（2）：51-54.

李石等著，邹介正校注，1959.司牧安骥集 [M].北京：农业出版社．

李英伟，邹亚民，1955.江西省萍乡县秋江猪种的调查报告 [J].畜牧与兽医（5）：187-189.

《赤脚兽医手册》编写组，1976.赤脚兽医手册 [M].沈阳：辽宁人民出版社．

辽宁省农业厅畜牧兽医局，1979.辽宁省中兽医经验集 [M].沈阳：辽宁人民出版社．

林吕何，1976.广西药用动物 [M].南宁：广西人民出版社．

刘振乾，1982.兽医中草药验方选 [M].长沙：湖南科技出版社．

陆汉军，白凝凝，2001.虎杖解毒汤治疗急性乙型病毒性肝炎 128 例 [J].辽宁中医杂志（7）：415.

内蒙古自治区畜牧局，1974.中兽医治疗经验集 [M].呼和浩特：内蒙古人民出版社．

内蒙古自治区畜牧厅兽医局，1961.中兽医经验集：第二册 [M].呼和浩特：内蒙古人民出版社．

内蒙古自治区革命委员会畜牧局，1974.中兽医治疗经验集 [M].呼和浩特：内蒙古人民出版社．

农业部畜牧兽医局，1956.中兽医验方汇编 [M].北京：中国农业出版社．

农业部畜牧兽医总局，1957.民间兽医献方汇编 [M].北京：财政经济出版社．

裴文炳，王钧昌，1982.畜禽病土偏方治疗集 [M].银川：宁夏人民出版社．

裴耀卿，1959.中兽医诊疗经验：第二集 [M].北京：农业出版社．

钱乙，2008.小儿药证直诀 [M].北京：中国中医药出版社．

青海省畜牧局，1965.青海省中兽医验方汇编 [M].西宁：青海人民出版社．

青海省畜牧局兽医组，1972.中兽医药方及针灸 [M].西宁：青海人民出版社．

青海省畜牧兽医总站，1982.青海省兽医中草药 [M].西宁：青海省畜牧兽医总站．

瞿自明，徐方舟，江锡基，1989.兽医中草药大全 [M].北京：中国农业科技出版社．

芮正祥，王若葵，武祖发，1997.安徽中药志：第二卷 [M].合肥：安徽科学技术出版社．

山东省中草药新医疗法展览会，1971.兽医中草药验方选编 [M].济南：山东人民出版社．

山西人民出版社，1974.家畜新医疗法 [M].太原：山西人民出版社．

山西省农业厅，1957.山西省名兽医座谈会经验秘方汇集 [M].太原：山西人民出版社．

山西省农业厅畜牧兽医局，1956.山西省名兽医座谈会经验秘方汇编 [M].太原：山西人民出版社．

陕西省农林厅畜牧局，1957.陕西省中兽医治疗经验汇集 [M].西安：陕西人民出版社．

陕西省农业厅畜牧局，1956.兽医中药处方汇编 [M].西安：陕西人民出版社．

上海人民出版社，1973.兽医常用中草药 [M].上海：上海人民出版社．

上海市农科院畜牧兽医研究所，1972.兽医中草药与针灸 [M].上海：上海市农科院畜牧兽医研究所．

尚小飞，潘虎，2015.若尔盖高原常用藏兽药及器械图谱 [M].北京：中国农业科学技术出版社．

沈金鳌，2006.杂病源流犀烛 [M].北京：人民卫生出版社．

沈莲舫，1960.中国农业科学院中兽医研究所校.牛经备要医方 [M].北京：农业出版社．

盛庆寿，2017.朱丹溪传世名方 [M].北京：中国医药科技出版社．

雙木，1953.介绍杀虫的草药——毛鱼藤 [J].中国药学杂志，1（3）：105-108.

四川省农业科学研究所，1959.中兽医猪病医疗经验 [M].北京：农业出版社．

四川省农业厅畜牧局，1959.四川省中兽医诊疗经验 [M].成都：四川人民出版社．

四川省兽医研究所校注，1980. 活兽慈舟校注 [M]. 成都：四川人民出版社.

宋太平，1959. 太平惠民和剂局方：十卷 [M]. 北京：人民卫生出版社.

宋许叔，1963. 普济本事方 [M]. 上海：上海科学技术出版社.

孙思邈，1982. 备急千金要方 [M]. 北京：人民卫生出版社.

孙思邈著，刘彬编，2008. 千金方 [M]. 北京：中医古籍出版社.

谭荫初，1997. 耕牛春季常见病的防治 [J]. 猪业观察（3）：21.

陶节庵编撰，谢忠礼校注，2012. 伤寒全生集 [M]. 中原农民出版社.

汪昂，2011. 医方集解 [M]. 北京：中国医药科技出版社.

王好古，2011. 此事难知 [M]. 北京：中国医药科技出版社.

王怀隐，1958. 太平圣惠方 [J]. 北京：人民卫生出版社.

王清任，2007. 医林改错 [M]. 北京：人民军医出版社.

王士雄，2007. 温热经纬 [M]. 北京：中国中医药出版社.

王衮衮，1959. 博济方 [M]. 北京：商务印书馆.

王愈等，1958. 刘寿山校补. 蕃牧纂验方 [M]. 南京：江苏人民出版社.

王振国，杨金萍，赵佶，2018. 圣济总录 [M]. 北京：中国中医药出版社出版.

文传良，1991. 兽医验方新编 [M]. 成都：四川科学技术出版社.

吴德峰，陈佳铭，2014. 中国动物本草 [M]. 上海：上海科学技术出版社.

吴谦等编，郭金生整理，2017. 医宗金鉴 [M]. 北京：人民卫生出版社.

吴硕显，1984. 猪病防治 [M]. 上海：上海科学技术出版社.

吴唐，1963. 温病条辨 [M]. 北京：人民卫生出版社.

谢元庆，1990. 良方集腋 [M]. 北京：人民卫生出版社.

新疆部队后勤部卫生部，1971. 家畜常见病防治手册 [M]. 乌鲁木齐：新疆人民出版社.

徐清河，林丹红，2006. 方剂学 [M]. 北京：中医古籍出版社.

徐自恭，1960. 中兽医诊疗经验：第五集 [M]. 北京：农业出版社.

薛己撰，胡晓峰整理，2007. 外科发挥 [M]. 北京：人民卫生出版社.

严用和，1956. 济生方 [M]. 北京：人民卫生出版社.

杨宏道，邹介正校注，1982. 抱犊集校注 [M]. 北京：农业出版社.

杨来瑾，1982. 骆驼病诊疗经验 [M]. 兰州：甘肃人民出版社.

杨士瀛原著；孙玉信，朱平生主编（校），2006. 仁斋直指方 [M]. 第二军医大学出版社.

佚名，1996. 万宝全书 [M]. 郑州：中州古籍出版社.

于船，张克家校注，1959. 牛经切要 [M]. 北京：农业出版社.

于船，1982. 中国兽医史 [J]. 中国兽医杂志（5）：41–46.

于匆，1957. 实用家畜疾病诊疗法 [M]. 南京：畜牧兽医出版社.

喻本元，喻本亨著，谢成侠校注，1957. 元亨疗马集 [M]. 北京：农业出版社.

喻本元，1955. 牛经大全 [M]. 上海：锦章书局.

喻昌著，史欣德整理，2006. 医门法律 [M]. 北京：人民卫生出版社.

袁福汉，崔善民，郑富，1981. 陕西中兽医诊疗经验选编 [M]. 西安：陕西科学技术出版社.

云川道人，1985. 珍本医书集成（九）（方书类甲）绛囊撮要 [M]. 上海：上海科学技术出版社.

云南省昆明畜牧兽医站，1973. 兽医中草药选 [M]. 昆明：云南人民出版社.

张介实，1991. 景岳全书 [M]. 上海：上海古籍出版社.

张克家，1994. 中兽医方剂大全 [M]. 北京：中国农业出版社.

张璐，1963. 张氏医通 [M]. 上海：上海科学技术出版社.

张锡纯，王吉匀，2007. 医学衷中参西录 [M]. 河北科学技术出版社.

参考文献

张仲景，2005. 伤寒论 [M]. 北京：人民卫生出版社.

张仲景，何任，何若苹整理. 金匮要略 [M]，2005. 北京：人民卫生出版社.

赵浚，金士衡，权仲和，1985. 新编集成马医方、牛医方 [M]. 北京：农业出版社.

赵汝能，2003. 甘肃中草药资源志 [M]. 兰州：甘肃科学技术出版社.

赵阳生，1990. 兽医针灸学 [M]. 北京：农业出版社.

浙江农业大学畜牧兽医系，1971. 赤脚兽医手册 [M]. 杭州：浙江人民出版社.

浙江省卫生局，1969. 浙江民间常用草药 [M]. 杭州：浙江人民出版社.

浙江省温岭县革委会生产指挥组，1973. 兽医常用中草药 [M]. 上海：上海人民出版社.

郑继方，2012. 兽医中药学 [M]. 北京：金盾出版社.

郑藻杰，1958. 兽医国药及处方 [M]. 南京：畜牧兽医图书出版社.

郑藻杰，1979. 兽医常用中药及处方 [M]. 南京：江苏科技出版社.

中国畜牧兽医学会，1981. 中国兽医杂志 [M]. 北京：农业出版社.

中国科学院，1960. 四川中药志 [M]. 成都：四川人民出版社.

中国科学院动物研究所，北京军区装甲兵某部，1971. 猪病防治手册 [M]. 北京：科学出版社.

中国科学院植物研究所，中国植物志：http://frps.iplant.cn.

中国农业科学院中兽医研究所，1960. 兽医中药学 [M]. 北京：农业出版社.

中国农业科学院中兽医研究所，1962. 中兽医治疗学 [M]. 北京：农业出版社.

中国农业科学院中兽医研究所，1979. 藏兽医经验选编 [M]. 北京：农业出版社.

中国农业科学院中兽医研究所，1979. 新编中兽医学 [M]. 兰州：甘肃人民出版社.

中国人民解放军海军后勤部卫生部，1977. 中国药用海洋生物 [M]. 上海：上海人民出版社.

中国人民解放军解放军，1971. 军马卫生员手册 [M]. 济南：山东人民出版社.

中国人民解放军兽医大学，1953. 兽医药物学讲义 [M]. 北京：中国人民解放军兽医大学.

中国兽药典委员会，2015. 中华人民共和国兽药典（2015 年版）一部 [M]. 北京：中国农业出版社.

中华人民共和国农林部，1979. 兽药规范 [M]. 北京：农业出版社.

钟赣生，2012. 中药学（全国中医药行业高等教育"十二五"规划教材）[M]. 北京：中国中医药出版社.

重庆市农业科学研究所，重庆市兽疫防治所，1963. 重庆市中兽医诊疗经验 [M]. 重庆：重庆人民出版社.

周海逢编著，于船校注，1959. 疗马集 [M]. 北京：农业出版社.

周仲瑛，于文明，严道南，2014. 中医古籍珍本集成：疫喉浅论 [M]. 长沙：岳麓书社.

朱盘铭，1958. 五十年疗畜积方 [M]. 郑州：河南人民出版社.

朱芹，王成，李群，等，2012. 中兽医学发展史 [J]. 中兽医医药杂志（2）：77-80.

朱橚，1959. 普济方 [M]. 北京：人民卫生出版社.

朱震亨撰，王英，竹剑平，江凌圳整理，2005. 丹溪心法 [M]. 北京：人民卫生出版社.

邹介正评注、陈明增等参校，1981. 牛医金鉴 [M]. 北京：农业出版社.

药名拼音索引

中兽药标本及器具图谱

中兽药标本及器具图谱

拉丁学名索引

中兽药标本及器具图谱

中
兽
药
标
本
及
器
具
图
谱

中兽药标本及器具图谱

拉丁学名索引

中兽药标本及器具图谱

中兽药标本及器具图谱

441

442